Deepen Your Mind

Deepen Your Mind

推薦語

雲端運算並非新生事物，經歷十餘年的發展，在理論、技術、產品和商業模式方面都日趨成熟。近年來，雲端運算應用已經遍佈政府、金融、製造、能源等領域，特別是在運算能力、安全技術、資料庫、Serverless 等領域已實現世界領先，有望成為支撐「新基建」、企業數位化轉型、智慧升級、融合創新等服務的無處不在基礎設施。然而，安全始終是縈繞著雲端運算的重大威脅與挑戰。調查顯示，雲端運算各個層次的安全問題已成為影響全球企業、電信業者、政府向雲端運算過渡的最大障礙，成千上萬的國家政令、經濟資料、商業秘密、使用者隱私，甚至是國防資訊都儲存在「雲端」，一旦雲端運算「停擺」就會帶來無法估量的重大損失。

恰逢其時，欣聞王紹斌博士的新作即將出版。本書在密切關注和追蹤雲端運算及安全技術進展的同時，在專業領域也涉及廣泛：介紹了 CSF、CAF、GDPR 等多個與雲端基礎設施、雲端治理、雲端規劃和雲端資料密切相關的安全框架；介紹了 ATT&CK、零信任等前端防護系統理念；在為讀者提供頂層角度的同時，還從雲端安全的實作出發，從基礎到提升，再到綜合應用，精心設計了多個雲端安全技術實驗，使理論與實踐相互印證、切實「實踐」；還從能力驗證與評估的角度給企業提供了安全「上雲」的行動指南，是一本不可多得的廣度與深度兼具、理論與實踐交相輝映的雲端安全領域新作。

卿昱
中國電子科技網路資訊安全有限公司董事長
中國電子科技集團公司第三十研究所所長

雲端運算作為網路和資訊技術領域的一種創新應用模式，已經改變了資訊技術的商業模式。雲端運算在這個時期扮演著不可替代的重要角色。隨著「網際網路＋」政務服務應用的不斷深入，會有越來越多的資訊系統「上雲」，雲端運算安全將受到前所未有的高度重視。

本書系統地介紹了雲端運算安全的基礎知識和技術方法，以及雲端運算安全能力建設的實踐經驗，對「上雲」產業的各個部門提高雲端運算安全能力具有重要的參考價值。本書深入淺出，不僅能讓讀者真正達到從入門到精通，而且也是雲端運算安全從業人員不可多得的實作參考書，特此推薦！

李新友

國家資訊中心首席工程師

國家資訊中心網路安全部副主任

《資訊安全研究》主編

等級保護 2.0 提出了網路安全戰略規劃目標，定級物件從傳統的資訊系統擴充到網路基礎設施、資訊系統、巨量資料、雲端運算平台、工業控制系統、物聯網系統、採用行動使用者技術的資訊系統等。網路安全綜合防禦系統包含安全技術系統、安全管理系統、風險管理系統、網路信任系統；覆蓋全流程的機制能力措施包括組織管理、機制建設、安全規劃、安全監測、通告預警、應急處置、態勢感知、能力建設、技術檢測、安全可控、隊伍建設、教育教育訓練、經費保障。

本書作者作為亞馬遜雲端運算公司的安全從業人員，在複習雲端運算安全實踐的基礎上，將雲端運算安全能力建設由淺入深地進行了系統複習，這對雲端運算產業應用和產業發展，對國家推進安全等級保護制度，對提高各行各業的安全能力建設，都具有重要的參考價值，也是讀者學習雲端安全能力建設實踐的重要參考。

李超

雲端運算產業的發展已經進入第四代，作者作為亞馬遜雲端安全的資深專家，編寫的這本權威著作，以亞馬遜雲端安全實踐技術為主線，非常清晰地描述了雲端安全的概念、技術系統和實踐方法，並透過基礎篇、提升篇和綜合篇，幫助讀者由淺入深地進行雲端安全的最佳實踐與動手實驗。本書對致力於網路空間安全專業學習和實踐的大學生和研究所學生，以及致力於雲端安全綜合能力建設的不同規模和不同產業的從業人員來說，都是一本極佳的實踐性教材和實用指南。

沈晴霓

北京大學教授，博士生導師

我認識王紹斌博士好多年了，他一直深耕在安全計算領域，孜孜不倦。本書理論結合實踐，可讀性強，是他在雲端運算領域中不斷耕耘的又一豐碩果實。

陳震

北京清華大學教授

雲端運算是一種透過網路統一組織和靈活呼叫各種ICT（Information and Communications Technology）資訊資源，實現大規模計算和儲存的資訊處理方式。在過去的十幾年中，雲端運算已經從單純技術上的概念過渡到影響整個ICT產業的業務模式。自2020年以來，全球雲端運算技術、產業、應用等多方面都呈現更加迅速的發展趨勢。

人們常把雲端運算服務比喻成自來水公司提供的供水服務。原來每個家庭和單位自己挖水井、修水塔，自己負責水的安全問題，如避免受到污染、防止別人偷水等。從這個比喻中，我們窺見到雲端運算及雲端安全的本質：雲端運算隨時隨地享受雲端中提供的服務，而不關心雲端的位置和實現途徑，是一種到目前為止最進階的服務方式。與傳統安全不同的是，隨著服務方式的改變，雲端運算時代的安全裝置和安全措施的部署位置不同，安全責任的主體也發生了變化。在自家掘井自己飲用的年代，水的安全性由自己負責，而在自來水時代，水的安全性由自來水公司做出承諾，客戶只需要在使用水的過程中注意安全問題即可。

雲端安全主要關心三個問題：第一，雲端運算服務商提供服務的安全性，如使用者的帳號安全、資料的儲存安全等。第二，當使用者使用雲端運算服務時，也需要在安全性和性能上做平衡，雲端中儲存的資料需要按照敏感程度來採用明文或加密的儲存方式，獲得更加主動的安全性。第三，防止他人盜用帳號中的資源。

未來的時代將是雲端的時代，而雲端安全是雲端運算走入各家各戶的前提。本書作者在全球領先的雲端運算公司工作多年，將雲端安全的基礎理論結合最佳實踐娓娓道來、深入淺出，相信能夠幫助讀者快速進入雲端安全領域，並加深對雲端安全相關知識的瞭解。除了基礎理論，本書還設計了大量的綜合性實驗，以實踐驗證理論，既可以作為教材，也可以作為雲端安全的技術參考書。

陳晶

武漢大學教授，博士生指導教授生導師

這本書實踐性很強，而且覆蓋了雲端運算安全的各方面。以 AWS 為主，兼顧其他主要雲端服務環境，涵蓋了美國、歐洲等主要相關標準和治理系統，值得專業人士和入門人員一讀。

趙糧

綠盟科技海外業務 COO

本書作者在雲端安全方面有豐富的經驗，本書內容注重理論和實踐結合，既包括雲端安全相關的系統和模型，也包括動手實驗，同時還介紹了如 NIST 有關安全符合規範方面的要求，非常全面和實用。

薛鋒

微步線上創始人，CEO

紹斌兄聯繫我給他的這本新書寫推薦，一開始我完全是一頭霧水。雖然最近幾年在做一些安全相關的工作，但是自己沒法和專職的安全從業人員相比，我怎麼有資格給一本權威的安全圖書來寫推薦呢？讀完書稿，我才覺得這本書對和我一樣的技術人員來說，在怎樣保證雲端上系統安全方面，真是一場「及時雨」。

對各個企業來說，是否「上雲」已經不是一個需要討論的話題了。各種純公有雲和混合雲的方案層出不窮。前幾年，有人認為雲端不如自己的機房安全，也有人認為雲端廠商已經幫我們設計好了。而 AWS 的安全責任共擔模式對如何在雲端上考慮安全責任的邊界進行了清晰的說明，但是具體該怎麼實施呢？

負責安全的人都有這種感覺，概念聽了不少，工具買了一堆，但是當被問到系統是否安全時，心裡還是沒底。這是因為安全問題遵循缺陷理論，即使實施了再多的安全措施，但只要有一個遺漏，也會滿盤皆輸。說到底，還是缺乏系統安全性。大家在傳統機房或私有雲端安全方面工作多年，也累積了一些經驗，但是在涉及公有雲的安全時還是無從下手。NIST 的 CSF 安全框架是安全領域的權威指導，雖然後來 NIST 也發佈了一個雲端運算的參考架構，但是其偏理論，不易作為實際操作的指南。

本書充滿了作者對雲端安全問題的精彩見解，不僅全面覆蓋了與公有雲端安全相關的基礎理論，而且提供了大量的實驗來指導讀者建構安全能力。本書不僅把 NIST 的 CSF 對應到不同雲端運算安全性群組元件，同時提供怎樣使用這些元件進行動手實驗，既解決了為什麼這麼做的問題，也解決了怎麼做的問題。

在拜讀本書的時候，美國最大成品油管道因為遭遇勒索軟體而被迫關閉，影響了美國東海岸近一半的燃油供應。2021 年 2 月美國佛羅里達州一家水處理工廠被駭客攻入，差點對供水系統投毒。由此來看，電腦安全威脅已經從線上到了線下，從資料安全擴散到了人身安全。每家企業的技術人員都值得花時間好好閱讀本書，以便系統性地提升建構雲端安全的能力。

張明

Two Sigma（騰勝投資）前架構副總裁

我們已經邁入了雲端運算時代，如果你想找一本雲端運算安全方面的圖書，我非常推薦本書。

本書作者在雲端運算安全領域深耕多年，有非常豐富的經驗，其帶領 AWS 中國安全團隊很多年，對於企業如何安全「上雲」，具有很高的造詣及豐富的實戰經驗。這本書由作者多年的經驗沉澱所成，其中的構思、覆蓋範圍、文筆及具體案例，讓我這個工作多年的安全老手也讚歎不已。

如書名所言，本書偏重實踐，透過動手實驗的方式，讓你從容處理從基礎到提高，再到綜合應用的不同安全場景。同時，本書也從更高維度來說明雲端安全，如和不同安全系統的結合（NIST，CAF、GDPR、零信任、ISO 27000等），以及雲端安全的推薦建設路徑。 本書理論結合實踐，非常值得一看。

歐建軍

百濟神州首席資訊安全官

富豪汽車亞太區前首席資訊安全官

雲端運算技術經過十多年的發展，已經成為各行各業數位化建設中必不可少的一部分。無論是使用公有雲，還是建構私有雲和混合雲，雲端運算安全系統的建設都非常重要。紹斌師兄長期工作在雲端安全的第一線，其新作既有豐富的安全理論知識，又有基於實戰複習出來的最佳實踐與動手實驗。對於想深入了解和實踐雲端運算安全系統建設的人員具有非常大的參考價值。

李華

北京海雲捷迅科技有限公司聯合創始人，董事長

序言 1

在資訊時代，雲端運算是基礎。雲端運算產業從 2006 年到現在已經進入發展的第二個十年，成為傳統產業數位化轉型升級、向網際網路＋邁進的核心。雲端運算透過方便的隨選使用的方式，透過網路，利用共用的可設定的運算資源池，以最少的管理快速部署，提供運算資源（如網路、伺服器、儲存、應用和服務）。雲端運算是以應用為目的，透過網際網路創建的內耗最小、功效最大的虛擬資源服務集合。雲端運算社會就是利用雲端運算思想來實現社會資源的高效利用和分配，大幅提高社會生產率。

根據 Gartner 的報告，亞馬遜是全球雲端運算領域的領導者和開拓者。Gartner 已將 Amazon Web Services 區域 / 可用區模式視為運行高可用性的企業應用程式的一種推薦方法。在 2020 年雲端基礎設施和平台服務（Cloud Infrastructure and Platform Services，CIPS）魔力象限中，Gartner Research 將 Amazon Web Services 定位在「領導者象限」中。在此魔力象限中，CIPS 被定義為「標準化、高度自動化的產品，其中基礎設施資源（如計算、聯網和儲存）由整合式平台服務加以補充」。

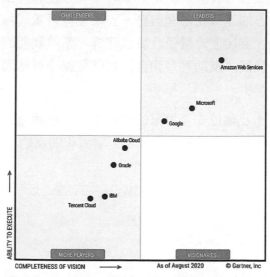

Gartner：2020 年雲基礎設施和平台服務魔力象限

截至目前，全球雲端運算市場的開發還不到 10%。雲端運算產業和技術的發展日新月異，Amazon Web Services 提供了大量基於雲端的全球性產品，其中包括計算、儲存、資料庫、分析、聯網、行動產品、管理工具、物聯網、安全性和企業應用程式等。這些服務可以幫助組織快速發展、降低 IT 成本。很多大型企業和熱門的初創公司都非常信任 Amazon Web Services，並透過這些服務為各種工作負載提供技術支援，其中包括 Web 和行動應用程式、遊戲開發、資料處理與倉庫、儲存、存檔及很多其他工作負載。

我們希望及時複習和分享自己的實踐經驗，和我們的客戶與合作夥伴共同成長。感謝亞馬遜 Amazon Web Services 大中華區產品團隊對雲端安全經驗的整理與複習。本書作者在複習 Amazon Web Services 安全實踐經驗的基礎上，系統梳理了雲端運算及雲端安全的基礎知識、應用實踐與系統實驗，並將雲端運算安全能力建設的具體實踐對應到 NIST CSF 中，從理論、標準、需求分析、設計與實現、安全評估等各個環節由淺入深地複習了雲端運算安全產業實踐。希望本書的出版能夠對雲端運算相關產業客戶的安全能力建設造成參考作用。

本書的撰寫和出版是普及和推廣雲端運算很好的嘗試，我們將繼續及時複習和分享 Amazon Web Services 雲端運算實踐系列：雲端運算服務、雲端儲存服務、雲端網路路服務、雲端運算架構設計、雲端運算人工智慧服務、雲端運算區塊鏈服務、雲端運算物聯網服務、雲端運算巨量資料分析服務、雲端運算衛星通訊服務、雲端運算量子計算服務等。希望我們的分享能夠促進雲端運算產業的快速發展，幫助客戶和合作夥伴更進一步地服務社會，共同促進資訊時代社會的進步。

再次感謝王紹斌博士及幾位安全專家的經驗複習，感謝電子工業出版社的支持，感謝所有參與評審的業界領導、專家、學者和朋友們。

顧凡

亞馬遜 Amazon Web Services 大中華區產品部總經理

2021 年 5 月 23 日

序言 2

當今，世界進入了數位時代。雲端運算作為數位經濟的基礎設施推動著數位化轉型、推動著各行各業的數位化和互聯互通，AI、巨量資料、區塊鏈、邊緣計算、5G、物聯網等新興技術也在雲端運算的支撐下打破技術邊界，合力支撐產業變革、賦能社會需求。相對應的，隨著越來越多的價值和使命由雲端運算來承載和支撐，雲端運算的安全已成為影響國家安全、社會穩定、產業安全、企業安全，以及個人的人身安全、財產安全、隱私保護等各方面的大事，而且與我們每個人的日常生活息息相關。因此，雲端運算的安全，不僅是相關領域的科學家、工程師、專業從業人員必須要關心的，而且也值得每個人關注和學習，並積極運用學到的知識、技能和能力來武裝和保護自己。

在雲端安全的發展歷程中，亞馬遜 AWS、CSA（Cloud Security Alliance，雲端安全聯盟）、NIST 分別是服務廠商、產業組織、政府智庫的典型代表。

2006 年，亞馬遜第一次推出專業雲端運算服務，AWS 以 Web 服務的形式向企業提供 IT 基礎設施服務，並建立了資料中心安全等基礎安全保障措施。

2009 年，國際 CSA 發佈了首個雲端運算安全的最佳實踐《雲端運算關鍵領域安全指南》1.0 版本。

2010 年，CSA 提出《雲端控制矩陣（Cloud Control Matrix，CCM）》，其被業界認為是雲端安全的黃金標準。

2013 年，CSA 正式發佈了基於 CCM 的 STAR 認證，使雲端服務安全性第一次得到全球通用的自我評估和第三方評估。

2018 年，NIST 發佈了網路安全框架 CSF1.1，從網路空間安全的更高層級對雲端安全能力建設系統性地列出對應。

然而，雲端運算的普及對雲端安全從業者的數量和品質提出了極大的需求，本書的問世是產業之幸。它對雲端安全的基礎知識、基礎實驗、前端實踐、發展趨勢等內容做了綜合、全面的介紹，不僅能幫助所有安全技術領域的人員迅速掌握基本理論，並且能獲得雲端安全實操經驗，縮短從入門到精通的時間，可以說這本書是對 CSA CCSK 雲端安全知識很好的補充。

我認識本書主要作者王紹斌博士多年，他具有豐富的雲端安全建設經驗，相信他帶領作者們所奉獻的內容必定是安全技術領域的精彩佳作。

李雨航

國際雲端安全聯盟（CSA）大中華區主席

2021 年 5 月 13 日

前 言

2019 年 11 月，電子工業出版社李淑麗編輯向我約稿，希望我能寫一本指導雲端運算相關公司建構雲端運算安全能力的書，於是有了本書。感謝李淑麗編輯讓我和電子工業出版社能夠再續前緣，希望以後能夠基於興趣繼續和電子工業出版社合作出版好書。

雲端運算產業的發展已經進入第二個十年，雲端運算身為基礎設施已經開始大規模支持各行各業的發展。本書在參考軟體工程的思想和 NIST CSF（National Institute of Standards and Technology Cybersecurity Framework，美國國家標準與技術研究院網路安全框架）的基礎上，將雲端運算安全能力建設對應到 NIST CSF 中，從雲端運算安全能力建設的角度由淺入深地複習雲端運算安全產業實踐的基本常識、雲端安全能力建構的基礎實驗與雲端運算產業安全的綜合實踐。我們希望本書能夠對雲端運算相關產業的安全能力建設造成參考作用。

本書編寫原則：①少而精。只介紹與雲端安全相關的成熟的知識、技術、方法與實踐。②自成邏輯。每個章節既可以自成系統，又可以作為本書的一部分來組成整體知識系統。③由淺入深，從入門到精通。在介紹基本原理的基礎上，以雲端運算應用安全能力建設為主，重點介紹在雲端安全能力建設中的典型案例與實驗。

本書共分為 11 章。

第 1 章介紹雲端安全的基礎知識，包括雲端運算的基本定義、雲端運算的發展階段、雲端安全的定義、雲端安全的理念與責任共擔模型、雲端安全產業的發展，以及基於雲端運算的安全產品。

第 2 章介紹雲端安全相關的幾種框架和系統，重點介紹 NIST CSF 和雲端採用框架（Cloud Adoption Framework，CAF），其他的安全系統作為補充簡介。

第 3 章介紹雲端安全治理模型，主要從戰略的角度介紹如何選擇雲端安全治理模型、如何建構雲端安全治理模型和如何實踐雲端安全治理模型。其目的是為不同規模的使用者提供從上往下的參考模型，為不同安全要求的使用者提供可參考的雲端安全規劃設計架構。

第 4 章介紹雲端安全的需求、規劃、建設和實施路徑。不同產業、不同規模的公司對雲端安全起點的要求是不一樣的。為了更進一步地幫助使用者選擇適合自己的安全建設目標和路徑，我們基於 Security by Design (SbD) 方法將使用者的實際情況和發展方式進行了梳理，從而提供給使用者可參考的、持續的雲端安全規劃和建設路徑。

第 5 章將雲端運算安全建設實踐對應到 NIST CSF 框架中，以 Amazon Web Services（本書中簡稱為 AWS）雲端原生安全產品和服務為例，介紹在雲端運算安全建設實踐中與 NIST CSF 對應的雲端安全辨識能力、雲端安全保護能力、雲端安全檢測能力、雲端安全回應能力和雲端安全恢復能力。

第 6 ～ 8 章為基礎篇、提高篇和綜合篇，分別介紹雲端安全綜合能力建設的實踐與實驗。

第 6 章基礎篇是雲端上基礎安全實驗，適合雲端安全初學者，主要目的是幫助初學者動手操作，快速學習雲端上基本的安全性原則、安全功能和安全服務，並幫助讀者學習設定自動部署雲端安全實驗場景和安全最佳實踐。其包括 10 個基礎實驗：手工創建第一個根使用者帳戶；手工設定第一個 IAM 使用者和角色；手工創建第一個安全資料倉儲帳戶；手工設定第一個安全靜態網站；手工創建第一個安全運行維護堡壘機；手工設定第一個安全開發環境；自動部署 IAM 組、策略和角色；自動部署 VPC 安全網路架構；自動部署 Web 安全防護架構；自動部署雲端 WAF 防禦架構。

第 7 章提高篇是雲端上安全進階實驗組，主要目的是幫助讀者深入學習雲端上的安全服務和技術，深度體驗雲端上安全能力的設計與實現。其包括 9 個提高實驗：設計 IAM 進階許可權和精細策略；整合 IAM 標籤細粒度存取控制；設計 Web 應用的 Cognito 身份驗證；設計 VPC EndPoint 安全存取策略；設計 WAF 進階 Web 防護策略；設計 SSM 和 Inspector 漏洞掃描與加固；自動部署雲端上威脅智慧檢測；自動部署 Config 監控並修復 S3 符合規範性；自動部署雲端上漏洞修復與符合規範管理。

第 8 章綜合篇是雲端上安全綜合實驗組，主要目的是幫助讀者全面進行自訂安全整合和綜合複雜安全架構的設計與實現。其包括 6 個綜合實驗：整合雲端上 ACM 私有 CA 數位憑證系統；整合雲端上的安全事件監控和應急回應；整合 AWS 的 PCI-DSS 安全符合規範性架構；整合 DevSecOps 安全敏捷開發平台；整合 AWS 雲端上綜合安全管理中心； AWS Well-Architected Labs 動手實驗。

第 9 章介紹雲端安全能力評估。本章基於 CAF 和 CSF 模型，聚焦於指導企業評估採用雲端服務時應具備的安全能力，以及如何保證雲端上安全建設與主流雲端廠商的最佳實踐保持一致。本章從評估原則、範圍、方法等角度出發，指導企業從實際出發評估雲端上安全能力，從實際出發制定自己的建設計畫。

第 10 章以 AWS 的認證系統和競訓平台為例，幫助企業了解不同知識儲備的員工可以透過哪些課程、認證和訓練平台來培養、改進和提升雲端運算及雲端安全的技能。

第 11 章介紹雲端安全的發展趨勢與雲端安全面臨的挑戰。

本書可以作為雲端運算相關產業從業者和具備基本電腦知識的學生，從入門到精通學習雲端安全實踐的技術參考書。

雲端運算技術和安全技術發展得很快，本書的內容可能存在遺漏甚至錯誤的地方，懇請讀者不吝批評指正。

本書獲得了亞馬遜 AWS 大中華區產品部總經理顧凡先生，亞馬遜 AWS 大中華區市場部總經理邱勝先生，亞馬遜 AWS 大中華區公共關係部門總監鐘敏先生的大力支持。本書獲得了電子工業出版社的大力支持，電子工業出版社編輯李淑麗女士為本書的出版做了大量的工作。

本書還獲得了業界專家學者的評審和推薦，還有一些專家學者和朋友評閱了本書的初稿，在此一併致以誠摯的謝意。沒有你們的支持就不可能有本書的順利出版，謝謝你們！

最後要感謝我的兒子。在家寫稿的過程中，他常常站在我的身旁看我寫作，
也熱切地期盼著本書的出版，他的關注給了我完成本書的動力。

王紹斌

繁體中文版出版說明

本書作者為中國大陸人士，原書 AWS 的使用環境為簡體中文。為保持全書
內容完整性，本書中有關 AWS 操作畫面均維持原書簡體中文介面，請讀者
對照繁體前後文操作。

目 錄

第 1 章　雲端安全基礎

第 2 章　雲端安全系統

第 3 章　雲端安全治理模型

第 4 章　雲端安全規劃設計

第 5 章　NIST CSF 雲端安全建設實踐

第 6 章　雲端安全動手實驗―基礎篇

第 7 章　雲端安全動手實驗一提升篇

第 8 章　雲端安全動手實驗—綜合篇

第 9 章　雲端安全能力評估

第 10 章　雲端安全能力教育訓練與認證系統

第 11 章　雲端安全的發展趨勢

第 1 章

雲端安全基礎

1961 年，在麻省理工學院一百周年紀念典禮上，約翰·麥卡錫（John McCarthy）（1971 年圖靈獎獲得者）第一次提出了「Utility Computing」的概念。2002 年亞馬遜啟用了 AWS（Amazon Web Services）平台。Google 發表了 Google-File-System（2003 年）、Google-MapReduce（2004 年）、Google-Bigtable（2006 年），分別指出了 HDFS（分散式檔案系統）、MapReduce（平行計算）和 Hbase（分散式資料庫），至此奠定了雲端運算的發展方向。2006 年，亞馬遜第一次將其彈性運算能力作為雲端服務售賣，這標誌著雲端運算新的產業和商業模式誕生。直到 2008 年 4 月，Google 才將自己的雲端業務 GAE（Google App Engine）對外發佈，透過專有 Web 框架，允許開發者開發 Web 應用並部署在 Google 的基礎設施上。同年，微軟發佈雲端運算平台 Windows Azure Platform，並嘗試將技術和服務託管化、線上化。

在資訊時代，雲端運算是基礎。雲端運算產業從 2006 年到現在已經進入發展的第二個十年，已成為傳統產業向「網際網路 +」邁進的核心支撐。

1. 什麼是雲端運算

雲端運算是透過網路，以方便、隨選使用的方式，利用共用、可設定的運算資源池，以最少的管理快速部署來提供運算資源，如網路、伺服器、儲存、應用和服務。

雲端運算是以應用為目的，透過網際網路創建的內耗最小、功效最大的虛擬資源服務集合。

雲端運算社會就是利用雲端運算思想實現社會資源的高效利用和分配，大幅度提升社會生產率。

雲端運算本質上是商業模式的創新，是最佳化社會資源設定的方式，是「網際網路＋」發展的核心競爭力，是社會管理變革的需要，是資訊時代社會分工發展的必然結果。

雲端運算本身沒有獨創的技術，而是在滿足雲端運算商業模式創新基礎上的技術整合與創新。

創新的本質是服務於人的需求，而亞伯拉罕·馬斯洛的需求理論把人的需求進行了分類，給了我們創新的指引。人的活動空間就是我們的創新空間。每個企業提供的服務其實就是在滿足社會中人的某一種層次的需求，這個需求也可以對應到馬斯洛的需求理論中。因此，在資訊時代，雲端運算是社會分工發展的必然結果，是生產力驅動生產關係變革的必然結果，不以人的意志為轉移。

2. 雲端運算產業發展

雲端運算產業發展可以分為四個階段：

第一個階段：IT 資源的雲端化（傳統 IT 運算資源網際網路化）。這一階段的主要目標是實現全球 IT 基礎設施的互聯互通，為全球 70 億人創建互聯互通的資訊公路，為全球企業和個人提供運算資源。這一階段起步於 2003 年前後，標示性的事件是亞馬遜把運算資源提供給合作夥伴和客戶。

第二個階段：物質資源的雲端化（物聯網、工業網際網路和產業網際網路）。在有了資訊公路之後，還必須將物理世界數位化、資訊化，才能實現對物理世界中社會資源的高效利用和分配。此主要目標是將原有的封閉的物理系統數位化、自動化，形成開放共用的物理世界。這一階段起步於 2010 年前後，即開始對物聯網、工業網際網路和產業網際網路進行大規模研究的時期。

第三個階段：智力資源的雲端化（人工智慧、巨量資料、機器學習等）。智力資源作用的物件是物質資源，而物理世界的數位化是實現智力資源的雲端化基礎。這一階段的主要目標是透過人工智慧、巨量資料分析和機器學習等技術，把人類社會創造的智力資源的最佳實踐應用在各行各業，大幅度提升社會生產率。其起步於 2013 年前後，當時人工智慧、巨量資料開始向各個產業大規模滲透。其中，2017 年 10 月機器人「索菲婭」被授予沙烏地阿拉伯公民身份具有里程碑的意義，她也因此成為全球首個獲得公民身份的機器人。

第四個階段：社會管理的雲端化（資料壟斷、政治安全、全球化）。當物理世界和智力世界的互聯和共用突破了原有的社會邊界，可以實現全球共用時，現有的以國家為邊界的社會治理方式已經不能適應資訊時代全球協調發展的模式。生產力的發展驅動生產關係的變革導致社會上層建築的管理方式必將發生翻天覆地的變化。這一階段起步於 2016 年，當時各國政府開始意識到傳統政治的治理與控管方式在資訊時代失靈了，開始加強對資訊傳播的研究、控管，以及對資訊時代社會治理的探討，其主要表現在全球化和反全球化的政治鬥爭中，並擴散到了商業領域。

3. 雲端運算的優勢

傳統的資料中心由各種硬體組成，透過遠端伺服器連接到網路。此伺服器通常安裝在場所內，並為使用硬體的所有員工提供對業務儲存資料和應用程式的存取。擁有此 IT 模型的企業必須購買額外的硬體和升級，以擴充其資料儲存和服務來支援更多的使用者。傳統 IT 基礎架構還需要強制軟體升級，以確保硬體在發生故障時可以採用故障安全系統。對於擁有 IT 資料中心的企業而言，需要內部 IT 部門來安裝和維護硬體。

與傳統的資料中心模式不同，雲端運算模式具有很強的可擴充性、彈性，並且能節省成本和快速全域部署。

可擴充性。雲端可以讓你輕鬆使用各種技術，從而更快地進行創新，並可以建構幾乎任何可以想像的東西。你可以根據需要快速啟動資源，從計算、儲存和資料庫等基礎設施服務到物聯網、機器學習、資料湖和分析等。你也可以在幾分鐘內部署技術服務，並且可以實現從構思到實施的速度比以前快幾個數量級。這些都可以使你自由地試驗、測試新想法，以打造獨特的客戶體驗並實現業務轉型。

彈性。借助雲端運算，你無須為之後處理業務高峰期的活動而預先過度預置資源。相反，你可以根據實際需求預置資源量，也可以根據業務需求的變化立即擴充或縮減這些資源，以擴大或縮小容量。

節省成本。利用雲端運算，你可以將資本支出（如資料中心和物理伺服器的費用）轉變為可變費用，並且只需為使用的 IT 付費。此外，由於規模經濟的效益，可變費用比自行部署費用低得多。

快速全域部署。借助雲端運算，你可以擴充到新的地理區域，並在幾分鐘內進行全域部署。舉例來說，AWS 的基礎設施遍佈全球，而你只需點擊幾下滑鼠即可在多個物理位置部署應用程式，另外，將應用程式部署在離最終使用者更近的位置，可以減少延遲並改善他們的體驗。

4. 雲端運算的類型

雲端運算主要包括基礎設施即服務（IaaS）、平台即服務（PaaS）和軟體即服務（SaaS）三種類型。由於每種類型的雲端運算都提供不同等級的控制、靈活性和管理，因此你可以根據需要選擇正確的服務集。

IaaS 包含雲端 IT 的基本建構區塊，通常提供對網路功能、電腦（虛擬或專用硬體）和資料儲存空間的存取。IaaS 提供最高等級的靈活性，這可以使你對 IT 資源進行管理控制。它與許多 IT 部門和開發人員熟悉的現有的 IT 資源很相似。

PaaS 可以讓你無須管理底層基礎設施（一般是硬體和作業系統），從而將更多精力放在應用程式的部署和管理上。這有助提升工作效率，因為你不用操心資源購置、容量規劃、軟體維護、更新安裝或與應用程式運行有關的任何無差別的繁重工作。

SaaS 提供了一種完整的產品，其運行和管理皆由服務提供者負責。在大多數情況下，人們所說的 SaaS 指的是最終使用者應用程式（如基於 Web 的電子郵件）。使用 SaaS 產品，你無須考慮如何維護服務或管理基礎設施，只需要考慮如何使用特定軟體即可。表 1-0-1 列出了幾種典型的雲端部署模型和雲端服務類型。

表 1-0-1

雲端部署模型	說明
公有雲 （Public Cloud）	公有雲是基於標準雲端運算的模式，其中，服務提供者創造資源，公眾可以透過網路獲取這些資源。類似於 AWS，Microsoft Azure 和 GCP（Google Cloud Platform）的公共多租戶產品
私有雲 （Private Cloud）	一個業務實體的專用雲端環境，通常由該實體中的許多組織共用，不對公眾提供服務
混合雲 （Hybrid Cloud）	混合雲是公有雲和私有雲端服務的組合
多雲端 （Multiple Cloud）	雲端服務的組合，通常包括託管在多個公有雲和私有雲端上的多種類型的服務（計算、儲存等）
雲端服務類型	說明
IaaS	隨選提供對網路功能、電腦（虛擬或專用硬體）和資料儲存空間的服務
PaaS	提供基於雲端的應用程式開發環境和框架
SaaS	隨選提供解決方案或完整的產品，其運行和管理皆由服務提供者負責，使用者只需要考慮如何使用特定軟體即可

1.1 雲端安全定義

安全是一種感覺，安全感是客觀風險 / 主觀承受能力的動態平衡。客觀風險包涵當前業務風險、技術風險、符合規範風險等，主觀承受能力是針對客觀風險可以採用的防範方法、工具和手段。企業安全符合規範的目標是將業務風險控制在可接受的範圍內。如果辨識出來的所有風險都有對應的防範手段且足夠預防該風險，並且針對未辨識的客觀風險有例外的預防措施，我們就認為針對該業務的安全措施是足夠安全的，在客觀上是不受威脅的，在主觀上是不存在恐懼的。客觀風險和主觀承受能力都是可以被量化的，其中對客觀風險最簡單、最基本的量化方法就是，列出所有潛在的風險，根據該風險對業務影響的重要程度由低到高順序評分，並求和整理形成客觀風險的量化指標。對主觀承受能力量化的基本方法就是針對防範的方法、工具和手段可以預防的客觀風險，根據該客觀風險對應的重要程度由低到高順序評分，並求和整理形成客觀風險對應的主觀承受能力的量化指標。

安全的最大問題是如何確定安全度，一般會基於以下三個因素來選擇一個合適的安全目標：第一，定義或量化有哪些安全威脅。第二，評估被保護物品的價值。第三，明確安全措施所要達到的目標。

資訊安全，就是保護資訊及資訊系統免受未經授權的進入、使用、揭露、破壞、修改、檢視、記錄及銷毀。資訊安全的目標是保護資訊的機密性、完整性、可用性、不可否認性，以及以此為基礎的其他的安全屬性。如圖 1-1-1 所示，資訊安全的目標和保護機制就是保障資訊平台及資訊內容「進不來、拿不走、看不懂、改不了、逃不掉、打不垮」。資訊平台安全包含物理安全、網路安全、系統安全、資料安全、邊界安全、使用者安全。

1.「進不來」─存取控制機制。

2.「拿不走」─授權機制。

3.「看不懂」─加密機制。

4.「改不了」─教據完整性機制，

5.「逃不掉」─稽核、監控、簽名機制、法律、法規。

6.「打不垮」─資料備份與災難恢復機制。

圖 1-1-1

以上資訊安全的基本常識同樣適用於雲端安全。

雲端安全是指保護基於雲端的關鍵業務應用程式的可用性、資料和虛擬基礎架構的機密性、完整性、可用性、不可否認性等。雲端安全的要求適用於所有雲端部署模型（公有雲、私有雲、混合雲、多雲端），以及所有類型的基於雲端的服務和隨選解決方案（IaaS，PaaS，SaaS）。

雲端安全面臨的挑戰涉及技術、管理和法律法規等多個方面。根據雲端安全聯盟發佈的統計資料，雲端運算面臨九大安全威脅：

1）資料破壞。

2）資料遺失。

3）帳戶或業務流量被綁架。

4）不安全的介面和 API。

5）拒絕服務。

6）惡意的內部人員。

7）雲端服務的濫用。

8）部署雲端服務前沒有對雲端運算進行足夠的審查。

9）共用技術漏洞。

圖 1-1-2 列出了幾種典型的雲端安全威脅範例。網路攻擊者可以使用盜取的憑證或受到威脅的應用程式利用雲端安全性漏洞來發起攻擊，破壞服務或竊取敏感性資料。

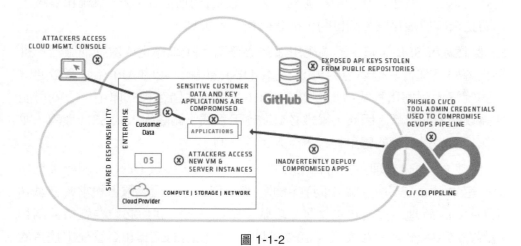

圖 1-1-2

雲端安全的三大研究方向：

1）雲端運算安全，主要研究如何保障雲端自身及雲端上各種應用的安全，包括雲端運算機系統安全、使用者資料的安全儲存與隔離、使用者連線認證、資訊傳輸安全、網路攻擊防護、符合規範稽核等。

2）安全基礎設施的雲端化，主要研究如何採用雲端運算新建與整合安全基礎設施資源，最佳化安全防護機制，包括透過雲端運算技術建構超大規模的安全事件、資訊擷取與處理平台，實現對巨量資訊的擷取與連結分析，提升對全網安全事件的把控能力及風險控制能力。

3）雲端安全服務，主要研究各種雲端運算平台提供給使用者的安全服務，如防病毒服務等。

雲端安全常見的最佳實踐如下：

1）保護雲端管理主控台。所有雲提供商都會提供管理主控台，用於管理帳戶、設定服務、排除故障，以及監視使用情況和費率。由於這些主控台是網路攻擊者的常見目標，因此組織必須嚴格控制和監視對雲端管理主控台的特權存取，以防止攻擊和資料洩露。

2）保護虛擬基礎架構。虛擬伺服器、資料儲存、容器和其他雲端資源也是網路攻擊者的常見目標。網路攻擊者可能會利用 Puppet，Chef 和 Ansible 等自動設定工具發起攻擊和中斷服務。客戶必須實施強大的安全系統和實踐，以防止未經授權存取雲端自動化指令稿和設定工具。

3）保護 API SSH 金鑰。雲端應用通常會呼叫 API 來停止或啟動伺服器、實例化容器及進行其他環境的更改。諸如 SSH 金鑰之類的 API 存取憑證通常被強制寫入到應用程式中，放置在 GitHub 等公共儲存程式庫中，這就可能成為攻擊者的目標。因此，組織必須從應用程式中刪除嵌入式 SSH 金鑰，並確保只有經過授權的應用程式才能夠存取它們。

4）保護 DevOps 管理主控台和工具的安全。由於大多數 DevOps 組織都依賴於一組 CI/CD 工具在雲端中開發和部署應用程式，因此攻擊者經常會嘗試利用 DevOps 管理主控台和工具發起攻擊或竊取資料。客戶必須要嚴格控制和追蹤在應用程式開發和發表管道的每個階段中使用的工具和對管理主控台的存取，以降低風險。

5）保護 DevOps 管道程式。在整個開發和發表管道中，攻擊者可能會利用雲端應用程式的漏洞進行攻擊。由於開發人員經常將安全憑證強制寫入儲存在共用儲存或公共程式儲存程式庫的原始程式碼中，因此如果使用不當，應用程式憑證可能會被用於竊取專有資訊或造成嚴重破壞。客戶必須從原始程式碼中刪除機密資訊，並根據策略採用適當的系統和實踐自動監視和控制存取。

6）保護 SaaS 應用程式管理員帳戶的安全。每種 SaaS 產品都包括一個用於管理使用者和服務的管理主控台，而 SaaS 管理員帳戶一般是駭客和網路犯罪者的目標。客戶必須嚴格控制和監視 SaaS 管理主控台的存取權限，以確保 SaaS 安全並降低風險。

1.2 雲端安全理念與責任共擔模型

在雲端運算時代，隨著服務方式的改變，雲端安全裝置和安全措施的部署位置與傳統安全有所不同，安全責任的主體也發生了變化。在「自家掘井自己飲用」的年代，水的安全性由自己負責；在自來水時代，水的安全性由自來水公司負責，客戶只需在使用水的過程中注意安全問題即可。在網路安全方面同樣如此，原來使用者自己要保障服務的安全性，而現在由雲端運算服務提供者來保障。

在雲端環境下，有幾個基本的安全理念。

第一，自動化。所有的安全措施必須自動化。如果不能實現自動化，而需要人工操作，那麼人工操作本身就是最大的安全風險。

第二，鬆散耦合。每個安全措施或服務，都要既可以加進來也可以拿出去。加進來不會對現有系統帶來新的風險，造成新的破壞；拿出去不會對原有系統產生影響。

第三，微服務。微服務把安全限定在最小的邊界範圍內。對於每個服務，我們都要把它的安全風險和控管措施限定在服務的邊界內。

基於自動化、鬆散耦合和微服務的理念，我們可以靈活地把服務加進來，拿出去，在不安全的基礎上建構安全。在雲端環境下，我們可以實現在沙灘上建構高樓大廈。我們認為每一粒沙子都是安全的，並把所有的沙子堆積起來，形成基礎或地基。假如每一粒沙子是一個 CPU，則由這些「沙子」建構出來的運算資源支撐著雲端環境。當某個 CPU 壞掉時，可以有足夠的 CPU 來隨時自動替換，以便使整個雲端平台對客戶提供的計算服務是安全可靠的。

雲端平台的安全措施主要有隨機、隔離、即時可驗證機制（可信，零信任機制）幾種方法保障。

當一個計算單元壞掉或達到一定的峰值時，它可以根據預先設定的策略隨時自動啟動一個新的計算單元。當計算和儲存資源隨機分配時，下一個租戶無法判斷前一個租戶使用的資源。隨機加上虛擬化的隔離技術，再利用可信計算技術，從物理的信任鏈實現可驗證安全，可保證雲端平台是安全的。

公有雲比傳統的 IT 環境更安全是因為公有雲端上使用的技術、解決方案經過了每個產業及其典型客戶長時間的驗證。針對面臨的客觀風險，公有雲提供的控制手段足夠強大，能把業務風險控制在可接受的範圍，能做到客觀上不受威脅，主觀上不存在恐懼，這樣就會讓客戶覺得安全。

雲端上資料的基本策略是加密，既可以實現用戶端、服務端的加密，也可以根據客戶的需要、應用場景和安全性原則實現點對點的加密。

租戶之間的安全機制採用隔離加隨機分配資源加訂製化的安全性原則實現。在雲端平台上，因為存在公共的不可接受的原則，如租戶之間不可以相互攻擊，所以隔離加隨機加雲端平台的安全性原則和不可接受的原則，保證了租戶之間是安全的。

雲端服務商的可信就是雲端平台廠商要提供技術可證明的安全，即需要證明技術是可驗證的、安全的。客戶部署在雲端上的系統和客戶系統所產生的所有資料，都是技術可驗證的且只能由客戶完全控制，這就組成了雲端服務商的可信賴性、可驗證性。雲端平台希望賦能客戶的安全建設：客戶對自己的資料資產完全可見，對自己的系統完全實現技術可控，對自己的運行狀態可稽核，能夠根據自己的業務發展階段和安全性原則靈活建構自己的系統，透過工具的自動化實現訂製化的安全能力。

對於基於雲端的服務，雲端服務商和客戶採用責任共擔模式來保護雲端的安全。其共同承擔責任有兩個基本的原則：第一，客戶擁有和控制自己的系統和資料；第二，雲端基礎設施「誰使用，誰控制，誰負責」。按照誰使用誰控制誰負責的原則，雲端服務商負責底層基礎架構（如雲端儲存服務、雲端運算服務、雲端網路服務）的安全，而客戶則負責虛擬機器及程式之上的所有內容（如訪客作業系統、使用者、應用程式、資料等）的安全。基於責任共擔模型，客戶必須制定各種安全措施，以保護基於雲端的應用程式和資料並降低安全風險。

使用者和使用的雲端服務商不同，安全的責任也不同。如圖 1-1-3 所示。

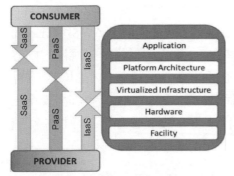

圖 1-1-3

IaaS 雲端服務商主要負責提供給使用者基礎設施服務，包括伺服器、儲存、網路和管理工具在內的虛擬資料中心。雲端服務商的基本職責包括提供雲端運算基礎設施的可靠性、物理安全、網路安全、資訊儲存安全、系統安全，以及虛擬機器的入侵偵測、完整性保護等。而雲端運算使用者則需要負責其購買的虛擬基礎設施以上層面的所有安全問題，如自身作業系統、應用程式的安全等。

PaaS 雲端服務商主要負責提供給使用者簡化的分散式軟體開發、測試和部署環境。雲端服務商除了負責底層基礎設施的安全，還需要解決應用介面安全、資料與計算可用性等問題。而雲端運算使用者則需要負責作業系統或應用環境之上的應用服務的安全。

SaaS 雲端服務商需要保障其所提供的 SaaS 服務，即從基礎設施到應用層的整體安全。雲端運算使用者需要維護與自身相關的資訊安全，如身份認證帳號、密碼的防洩露等。

無論是 IaaS，PaaS，還是 SaaS，都是分介面上下的移動。無論是雲端服務商還是雲端客戶，根據「誰使用，誰控制，誰負責」的原則，它們的分介面都在上下浮動。因此，在雲端的安全責任中，無論是安全稽核、監控、認證，還是資料安全、負載安全、虛擬層的安全、網路層的安全、物理層的安全都由它們共同承擔責任。如果這些資源都由本地使用，也就是我們傳統的資料中心或私有雲，則由雲端使用者完全控制，自己負責。除此以外，只要是中間有分界線的，就屬於服務商和客戶之間按照「誰使用，誰控制，誰負責」的原則分擔責任，這就是雲端責任共擔模型的核心。

AWS 一直將安全當成首要任務，並將責任共擔模式作為頂層設計，圖 1-1-4
所示為 AWS 強制執行的責任共擔模型。其中，雲端的安全由 AWS 負責，而
雲端中的安全則由客戶來承擔。客戶在雲端中的系統，不論是對應用、內容
的保護，還是對平台、網路的保護，都由客戶來自主選擇並具有對安全的控
制權。這與客戶對資料中心（on-site）的保護沒有區別。AWS 有許多安全工
具和功能可供使用者選擇，以滿足其對網路安全、設定管理、存取控制和資
料加密的安全需求。

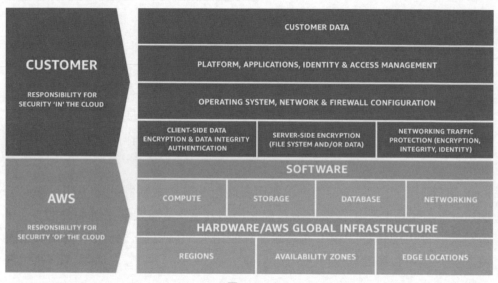

圖 1-1-4

在這種責任共擔模式下，AWS 雲端服務商需要向客戶證明由平台控制的部
分是安全的。一般有兩種證明模式：第一，直接向客戶證明。如果客戶有強
大的安全團隊想自己驗證，那麼我們會告訴客戶如何進行技術驗證來證明平
台是安全的，但這種方式使用很少。因為我們不能要求客戶都具有非常強大
的安全團隊和安全能力去獨立開展技術驗證。第二，透過客戶認可的第三方，
即透過客戶信任的認證機構、測評機構、稽核機構等獲得稽核和驗證，以可
信賴的第三方向客戶證明平台是安全的。客戶控制的部分，由客戶負責。雲
端服務商只是向客戶提供該領域內的全球最佳實踐、符合規範要求及參考實
現，而由使用者做最終決策。

1.3 雲端安全產業與產品

雲端運算安全與傳統資訊安全並無基本的差異，許多安全問題並非是雲端運算環境所特有的，如駭客入侵、惡意程式碼攻擊、拒絕服務攻擊、網路釣魚或敏感資訊外泄等，都是存在已久的資訊安全問題。在網路安全日益嚴峻的形勢下，傳統的網路安全系統與防護機制在防護能力、回應速度、防護策略更新等方面越來越難以滿足日益複雜的安全防護需求。面對各類惡意威脅和病毒傳播的網際網路化，必須要有新的安全防禦想法與之抗衡，而透過將雲端運算技術引入安全領域，將改變過去網路安全裝置單機防禦的想法。透過全網分佈的安全節點、安全雲端中心超大規模的計算處理能力，可實現統一策略動態更新，全面提升安全系統的處理能力，並為全網防禦提供了可能，這也正是安全網際網路化的表現。

在傳統資料中心的環境中，員工洩密時有發生，而同樣的問題極有可能出現在雲端運算的環境中。由於雲端運算自身的虛擬化、無邊界、流動性等特性，使得其面臨較多新的安全威脅；同時，由於雲端運算應用導致 IT 資源、資訊資源、使用者資料、使用者應用的高度集中，因此其帶來的安全隱憂與風險也比傳統應用的高很多。舉例來說，雲端運算應用將企業的重要資料和業務應用都放在雲端服務商的雲端運算系統中，雲端服務商如何實施嚴格的安全管理和存取控制措施，來避免內部員工、其他使用者、外部攻擊者等對使用者資料的竊取和濫用；如何實施有效的安全稽核對資料的操作進行安全監控；如何避免雲端運算環境中多客戶共存帶來的潛在風險、資料分散儲存和雲端服務的開放性；如何保證使用者資料的可用性等，這些都是對現有安全系統帶來的新挑戰。

此外，雲端服務商可能同時經營多項業務，在開展業務和開拓市場的過程中可能會與其他客戶形成競爭關係，也可能存在巨大的利益衝突，這都將大幅增加雲端服務商內部員工竊取客戶資料的動機。此外，某些雲端服務商對客戶智慧財產權的保護是有限制的。因此，在選擇雲端服務商時，除了考慮它與其他客戶的競爭關係，還需要審核它提供的合約內容。此外，有些雲端服務商所在國家的法律規定，允許執法機關未經客戶授權直接對資料中心的資料進行調查，這也是在選擇雲端服務商時必須要注意的。歐盟和日本的法律限制涉及個人隱私的資料傳送及儲存於該地區以外的資料中心。

基於以上雲端安全的現實環境，雲端安全產業可以分為兩個部分：一部分是服務商直接提供的安全產品，另一部分是第三方安全公司提供的安全產品。前者也被叫作雲端原生安全產品，指的是雲端廠商配套雲端服務提供的安全產品；後者指的是轉換雲端原生服務（如容器、微服務等）的安全產品。

1.3.1 雲端原生安全產品

雲端平台本身也是雲端安全的服務商，這一點毋庸置疑。但是它們與第三方合作廠商的關係及對生態的了解又都是不一樣的。而 AWS 無論是在雲端運算相關產品上還是在雲端安全上都做到了產業標桿，其對雲端安全的定位和做法引領了產業的發展。圖 1-1-5 所示為公有雲端平台提供的安全產品，可以看出各個雲端平台提供的安全能力，其中 AWS 和 Google 的 GCP 處於領先地位，接下來是 Microsoft 和 Alibaba。

Google 在 GCP 中不斷投入，它無論是在主控台還是 API 方面都有細顆粒的安全設定策略，同時有大量的安全認證和廣泛的安全生態，還提供 Guest OS 的安全及 K8S 和容器的安全。但是它沒有硬體的安全支援，也缺少安全總覽視圖。

圖 1-1-5

AWS 的 API 相比較較友善，IaaS 層的安全思考最多。主控台有 IAM（Identity and Access Management，身份辨識與存取管理）類的功能，其中透過 inspector 可以解決 Guest OS 的問題、VPC（Virtual Private Cloud，虛擬私有雲）可以解決網路隔離的問題、Macie 可以解決資料發現和分類的問題。

微軟的 Azure 安全平台的大部分功能都可以透過 PowerShell 的指令稿實現。Azure 提供很多安全類產品，也正準備提供無密碼驗證機制、整合 Microsoft Graph 開發工具，以及工作負載的安全基準線功能。

2019 年的 AWS 雲端安全報告提到，雲端安全客戶最關注的問題是資料洩露、資料隱私和機密性，如圖 1-1-6 所示。

AWS 的安全產品和管理服務如圖 1-1-7 所示，在 AWS 的原生安全產品中有 71% 的受訪者使用了 IAM 產品，65% 的使用了 CloudWatch，45% 的使用了 CloudTrail。另外，還有 42% 的使用了 AD（Active Directory）管理和 35% 的使用了 Trusted Advisor。

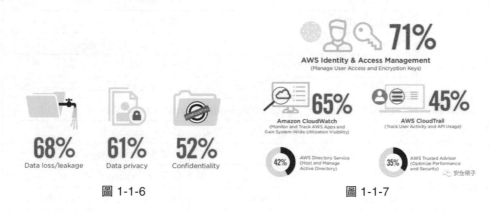

圖 1-1-6　　　　　　　　　　　　　　　圖 1-1-7

由此可以看出，客戶非常關心資料安全的問題，而且大部分客戶使用了雲端運算平台提供的安全產品。

由於 AWS 對雲端安全責任共擔模型的了解及對安全生態的重視，因此形成了一系列產品。AWS 平台提供的雲端原生安全產品包括五類：身份存取控制類、檢測式控制類、基礎設施保護類、資料保護類、事故響應類及符合規範類，如表 1-1-2 所示，表 1-1-3 所示為 AWS 的管理與監管工具。

表 1-1-2

類別	使用案例	AWS 服務
身份存取 控制類	管理對服務和資源的存取	AWS Identity & Access Management
	單點登入（(Single Sign On，SSO）服務	AWS Single Sign-On
	應用程式身份管理	Amazon Cognito
	託管的 Microsoft Active Directory	AWS Directory Service
	分享 AWS 資源的服務	AWS Resource Access Manager
	集中控制與管理 AWS 帳戶	AWS Organizations
檢測式 控制類	一體化的安全性與符合規範性中心	AWS Security Hub
	託管的威脅檢測服務	Amazon GuardDuty
	分析應用程式的安全性	Amazon Inspector
	記錄和評估 AWS 資源的設定	AWS Config
	追蹤使用者活動和 API 使用的情況	AWS CloudTrail
	IoT 裝置的安全管理	AWS IoT Device Defender
基礎設施 保護類	DDoS 保護	AWS Shield
	過濾惡意 Web 流量	AWS Web 應用程式防火牆（WAF）
	集中管理防火牆規則	AWS Firewall Manager
資料保護類	大規模發現和保護敏感性資料	Amazon Macie
	金鑰儲存和管理	AWS Key Management Service (KMS)
	實現監管符合規範性的、基於硬體的金鑰儲存	AWS CloudHSM
	預置、管理和部署公有和私有 SSL/TLS 證書	AWS Certificate Manager
	輪換、管理和檢索金鑰	AWS Secrets Manager
事故回應類	調查潛在的安全問題	Amazon Detective
	快速、自動且經濟實惠的災難恢復	CloudEndure Disaster Recovery
符合規範類	免費的自助門戶，允許隨選存取 AWS 符合規範性報告	AWS Artifact

表 1-1-3

工具	說明
Amazon CloudWatch	監控資源和應用程式
AWS Auto Scaling	擴充多種資源以滿足需求
AWS 聊天機器人	適用於 AWS 的 ChatOps
AWS CloudFormation	使用範本創建和管理資源

工具	說明
AWS CloudTrail	追蹤使用者活動和 API 使用情況
AWS 命令列介面	用於管理 AWS 服務的統一工具
AWS 計算最佳化器	確定最佳的 AWS 運算資源
AWS Config	追蹤資源庫存和變更
AWS Control Tower	設定和管理安全、符合規範的多帳戶環境
AWS 主控台行動應用程式	在外出時存取資源
AWS License Manager	追蹤、管理和控制許可證
AWS 管理主控台	基於 Web 的使用者介面
AWS Managed Services	適用於 AWS 的基礎設施營運管理
AWS OpsWorks	利用 Chef 和 Puppet 實現操作自動化
AWS Organizations	集中控制與管理 AWS 帳戶
AWS Personal Health Dashboard	AWS 服務運行狀況的個性化視圖
AWS Service Catalog	創建和使用標準化產品
AWS Systems Manager	了解運行狀況並採取對應措施
AWS Trusted Advisor	最佳化性能和安全性
AWS Well-Architected Tool	檢查並改進工作

AWS 的安全產品是讓客戶能夠安全地使用雲端運算，因為很多時候不是 AWS 的安全性不夠，而是客戶沒有極佳地設定而導致安全問題，如 S3 設定不當引發的資料洩露。

AWS 友善且安全的 API，讓很多雲端安全廠商可以極佳地開發基於 AWS 的安全產品，這也啟動了 Azure 和 GCP 的雲端安全建設想法，這樣有利於把雲端安全生態真正地建立起來。

Google 在 2015 年成立了 CNCF（Cloud Native Computing Foundation），這使得雲端原生受到越來越多的關注。如圖 1-1-8 所示，雲端原生應用整合的四個概念：DevOps、持續發表、微服務和容器。

CNCF 對雲端原生技術的定義是有利於各組織在公有雲、私有雲和混合雲等新型動態環境中，建構和運行可彈性擴充的應用。雲端原生的代表技術包括容器、服務網格、微服務、不可變基礎設施和宣告式 API。雲端原生是基於雲端環境訂製化設計雲端上應用的一種設計想法，用於建構和部署雲端應用，以充分發揮雲端運算的優勢。

未來的雲端原生架構可分為三個方向：新的應用場景、新的技術變革和新的生態發展。如圖 1-1-9 所示。

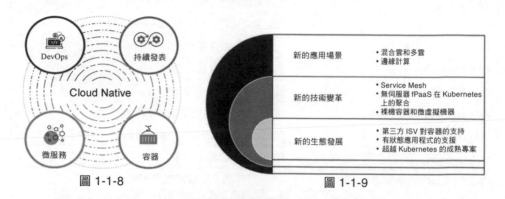

圖 1-1-8　　　　　　　　　　　　　　　　圖 1-1-9

新的應用場景會降低對雲端環境的依賴，因為容器會讓工作負載和應用變得與平台無關，所以雲端原生架構在雲端各種環境下都能得到很好的轉換。考慮到計算和網路資源的有限，使用容器和簡單的編排工具更適用於邊緣計算這種場景。

新的技術變革有 Service Mesh 微服務執行時期的架構，包括控制層面的技術，如 Consul, Istio 和 SmartStack，資料層面的技術，如 Envoy, HAProxy 和 NGINX，以及將兩者結合的技術，如 Linkerd。無服務的 fPaaS 也是雲端運算產生的一種應用方向，它類似於 AWS 的 Lambda，都是基於 Kubernetes 和 Container 的技術。目前，容器都是運行在 VM 上的，這極佳地結合了兩者的優點，一個用於分發，另一個用於安全隔離，但是 VM 導致的虛擬化資源消耗問題還需要解決，可能未來會透過直接在裸機上運行容器來解決這一問題，如 Kata Container 和 gVisor 技術。

新的生態發展需要更多的廠商支援。一方面是對 ISV 容器化發表的壓力，目前容器化發表的軟體還是以開放原始碼為主，如 Elasticsearch, NGINX 和 Postgres。商業化軟體也在做相關努力，如 IBM 在對 WebSphere 和 DB2 做容器化的發表方案。另一方面是之前容器運行的都是無狀態的服務，為了支援有狀態的服務就需要有儲存的加成，因此出現了軟體定義儲存（Software-Defined Storage，SDS）及雲端儲存服務。除了 Kubernetes 專案，新的生態發展還需要更多成熟的專案。目前，CNCF 完成的專案有 Kubernetes（編排）、Promethus（監控）、Envoy（網路代理）、CoreDNS（服務發現）、Containerd（容器運行）、Fluentd（日誌）、Jaeger（呼叫追蹤）、Vitess（儲存）和 TUF（軟體升級），另外還有很多孵化中的專案。

CNCF 對雲端原生安全的了解可以簡稱為 4C，即 Cloud（雲端），Cluster（叢集），Container（容器）和 Code（程式），如圖 1-1-10 所示。

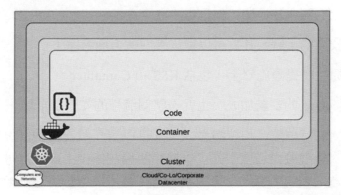

圖 1-1-10

Cloud 是基礎，雲端平台的安全和安全使用是基礎，跟上文提到的 CSPM 一致，但是除去這些還有一些基於 Kubernetes 的基礎安全問題，如 Kubernetes Masters 不能對外開放、Master 節點和 Worker 節點只能在特定限制下通訊、K8S 存取雲端運算 API 遵守最小許可權原則等。

Cluster 分為兩個方面：叢集自身的安全和在叢集上運行的業務的安全。叢集自身安全包括 K8S 的 API 存取安全、Kubelete 的存取安全、工作負載執行時期的安全及相關元件的安全等四個部分。K8S 的 API 存取安全主要要做到 API 的認證和授權控制及 TLS 的加密支援。對於 Kubelete 的 API，也需要做到認證和授權控制。對於執行時期的工作負載，要限制使用資源和控制許可權，以及禁止載入非必要的核心模組，除此之外還需要限制網路存取、雲端平台的 API 存取和 Pod 在 Node 上的運行。相關元件的安全要考慮 etcd 的存取控制、開通稽核日誌、限制 alpha 和 beta 的功能存取、經常更換架構的認證憑證、對於第三方的整合要進行安全評估、金鑰進行加密和定期更新漏洞等。

Container 層面涉及三個安全問題：容器的漏洞掃描、映像檔簽名與策略和許可權控制。

Code 層面的安全包括 SAST，DAST 和 IAST 的產品，以及 SCA 對開放原始碼軟體安全的考慮。

CNCF 對雲端原生安全的了解大部分都是基於 K8S 進行的，雖然 K8S 在容器編排層面上已經成為標準，但是也未必全面。

對雲端原生安全的了解，其實可以從以下四個方面考慮：

第一、雲端原生基礎設施安全，包括 K8S 和 Container。

第二、DevSecOps 的安全加成，也就是整個流程的安全工具鏈。

第三、CI/CD 的持續整合和持續發表，其可以讓整個安全的修復做到非常自然，即在一次持續發表過程中就可以把相關漏洞修復上線，也可以跟隨整個軟體發表的週期來內生植入安全因素，同時還可以做憑證的更換等。之前，在系統上線之後就很難僅針對安全進行變更，而在這個敏捷開發的過程中其就有了很好的保證。

第四、微服務安全。其中，API 是微服務的基礎，也是未來應用的對話模式。而除了 API，關注微服務的發現、隔離等安全內容也具有特定的價值。

1.3.2　第三方雲端安全產品

比較主流的第三方雲端安全產品有 CSPM（Cloud Security Posture Management，雲端安全設定管理）、CWPP（Cloud Workload Protection Platform，雲端工作負載保護平台）和 CASB（Cloud Access Security Broker，雲端存取安全代理）三種，其中 CSPM 適合於多雲端環境或 Iaas+fPaaS 的情況，CWPP 適合於 IaaS 或以容器為主的 IaaS，CASB 適合於 SaaS 或 PaaS 的情況。這三種產品都是伴隨著雲端運算的興起而產生的。

1. CSPM

CSPM 也被叫作雲端安全態勢管理,核心解決的是雲端運算平台在使用過程中的設定安全問題,這類設定問題包括存取控制類、網路類、儲存類、資料加密類等類型。CSPM 能自動掃描並及時發現雲端上的風險,本質是使用雲端服務的安全主控台。

CSPM 的典型應用場景包括符合規範評估、營運監控、DevOps 整合、事件回應、風險辨識和風險視覺化。目前,CSPM 的相關功能在其他產品中也有所覆蓋,比如在 CWPP 和 CASB 類型的產品中也涉及這個領域的功能,同時一些雲端運算廠商也有基本的設計,包括 AWS 的 Trust Advisor,Azure 的 Security Center 和 GCP 的 Security Command Center。但是每個雲端上的安全設計只是解決了自身雲端的問題,而混合雲的情況就需要第三方廠商來統一管理。多雲端的管理平台有時候也會利用 CSPM 的能力對多雲端安全的問題做一些工作。因此,CSPM 本身更像是一種能力,被其他產品或雲端廠商擁有,但作為單獨產品的競爭力不夠。

目前,CSPM 的廠商還是集中在 AWS 上,因為 AWS 的客戶數量較大,但是做的深度不夠。另外,AWS 現在的雲端運算產品越來越多,而 CSPM 涉及的產品類型比較少,還是集中在一些基本的產品上,如 S3。這種產品的定價是基於雲端管理平台的管理員帳戶數量來定的,每個帳戶的使用費用在 1000 美金左右。

2. CWPP

在介紹 CWPP 雲端工作負載保護平台之前,先說明一下 CSPM 和 CWPP 的區別,如圖 1-1-11 所示。在雲端運算方面,CSPM 管理控制層的安全問題,CWPP 管理資料層的安全問題。

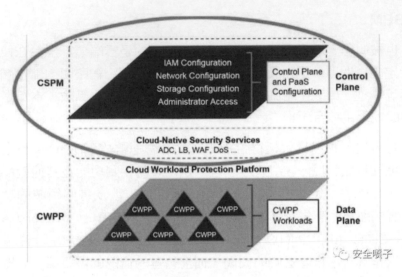

圖 1-1-11

CWPP 主要具有三個方面的安全能力：攻擊面減小、執行前防護和執行後防護。

3. CASB

CASB 已經進入了 Gartner 報告的魔力象限圖，其比 CSPM 和 CWPP 更加成熟，擁有較大的市場空間。

CASB 在全球各地的發展有很大差異，核心原因是 IT 環境不同。美國的整個辦公環境在 SaaS 領導者 Salesforce 的推進下獲得了全面發展，如 CRM 使用 Salesforce，HRM 使用 Workday，運行維護使用 ServiceNow，安全使用 Crowdstrike，市場人員使用 Hubspot，辦公使用 Office365 或 Google Docs，儲存使用 Box 或 Dropbox，IM 使用 Slack，視訊會議使用 Zoom。這些 SaaS 化的辦公產品完全可以支撐 SMB，甚至一些大客戶的日常辦公，這就使得 SaaS 的應用安全變得更加重要。從本質上來說，SaaS 化的應用場景帶來了對 CASB 的需求，Gartner 公司斷言 CASB 對於雲端就相當於防火牆對於傳統的資料中心。

雖說已經有一些公司在 SaaS 化辦公環境下做了一些工作，但是滲透率一直不高，主流還是傳統的辦公環境和當地語系化部署的軟硬體。在這種情況下，

CASB 的需求並沒有凸顯出來，甚至有些公司把 CASB 了解為傳統辦公環境的應用安全。

CASB 有四個核心方面的支撐：視覺化、資料安全、威脅保護和符合規範。視覺化是表示在企業中對所有的應用都有識別的能力，不會遺漏一些未知的 SaaS 應用。資料安全包括資料分類、資料發現及敏感性資料的處理，也被叫作雲端的 DLP。針對資料安全保護，還有一些解決方案會使用部分同態加密技術，把資料加密儲存在雲端，然後直接對加密進行處理，而最終在本地的是明文。威脅保護主要是指存取控制，有的廠商會與 UEBA 結合建設零信任機制，有的會 OEM 一些反惡意軟體和沙盒類產品來檢測威脅。符合規範的重點就是利用 CSPM 的一些能力整合來達成符合規範的一些要求。

CASB 的基礎架構如圖 1-1-12 所示，資料來源包括 IaaS 或 SaaS 的 API、正向代理、反向代理，以及已存在產品的資料，如 SWG、FW 的資料和 API 的四個方面。正向代理或反向代理獲取的資料只是技術層面的，而 IaaS 和 SaaS 的 API 及其他產品的資料很難獲取。

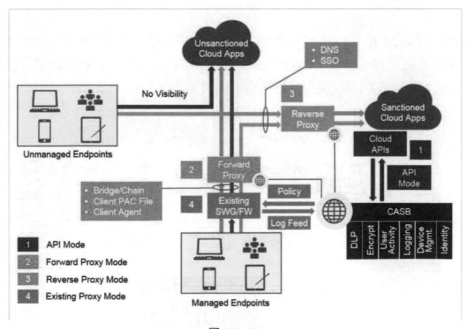

圖 1-1-12

圖 1-1-13 是 CASB 的一些經典使用場景，企業內部人員在存取 IaaS，PaaS
和 SaaS 時都會受到 CASB 的監控，外部人員想要進入企業內部也需要
CASB 的認證，同時 CASB 也會阻止一些非法應用的存取。

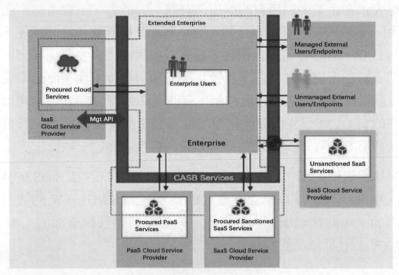

圖 1-1-13

CSPM，CWPP 和 CASB 在 IaaS 層面上的部署，如圖 1-1-14 所示，CSPM 透
過 API 互動來實現功能，CWPP 在每個工作負載上部署，CASB 既可以使用
網路代理的資料也可以使用雲端平台的 API 資料。

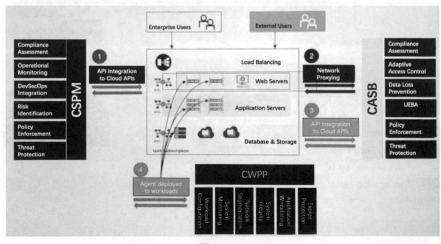

圖 1-1-14

1.4 雲端安全優勢

雲端運算平台的核心競爭力主要有兩點：①修路。有全球化的平台（能提供基礎設施統一的全球超級市場）。②造工具。有足夠豐富、無差別的服務（能提供數位世界繁榮的商品和服務系統）。基於以上兩點，與傳統 IT 安全不同，雲端安全有下面六方面的優勢。

第一，繼承全域安全性和遵從性控制。雲端平台提供的是全球無差別的產品和服務，故必須滿足全球和地區最嚴格的符合規範要求，且經過了大量企業客戶的長期驗證。這是傳統個體企業沒有辦法匹配和實現的。

第二，具有卓越的可視性和可控制性。遵循「誰使用，誰控制，誰負責」的精神，雲端服務商要為客戶提供可見、可控、可稽核的安全能力，這也是傳統企業難以實現的。但雲端在最開始的設計階段就已經基於責任共擔模型將這些設計客戶可以直接採用雲端的可見、可控、可稽核能力。

第三，滿足最高標準的隱私和資料安全。因為雲端要在全球使用，所以必須要滿足全球和各地區隱私資料安全的要求。

第四，業務和安全融合，透過深度整合自動化提升業務安全性。雲端不是基於單一產品和安全的目標，而是基於業務的目標和風險的控制，透過深度整合自動化實現業務安全。

第五，可靠的安全市場和合作夥伴豐富了客戶的選擇。當安全廠商希望作為合作夥伴在雲端上提供安全服務時，必須要滿足雲端平台對它的基本檢驗。雲端安全市場和合作夥伴網路，既為客戶提供各種選擇，同時由於雲端平台具有很高的存取控制門檻，也幫助客戶做好了安全把關。

第六，快速規模化創新的生命週期。由於雲端平台提供的是全球無差別的產品和服務，因此客戶只要在雲端上做好技術可行性和商業可行性的驗證，雲端平台就可以幫助客戶快速規模化部署到全球，實現自動縮放，提升創新的生命週期，在雲端上實現最快速的疊代。

第 2 章
雲端安全系統

雲端運算在帶來便利的同時，也帶來了新的安全技術風險、政策風險和安全符合規範風險。那麼，如何設計雲端運算安全架構、如何保障雲端運算平台的安全符合規範、如何有效提升安全防護能力是需要研究的重要課題。本章介紹 NIST CSF、CAF、GDPR、雲端安全攻擊模型、零信任網路、等級保護、ISO 安全標準、SOC 等雲端安全設計重點參考的安全框架。

2.1 NIST CSF

2.1.1 什麼是 NIST CSF 框架

NIST CSF（National Institute of Standards and Technology Cyber Security Framework）即美國國家標準與技術研究院網路安全框架，是目前全球最受歡迎的安全框架之一，重點是指導企業進行雲端安全的建設和營運。如今，NIST CSF 作為 NIST 於 2005 年開發的 800-53 安全標準的替代品，已被廣泛接受。NIST 800-53 本質上是 2002 年的 FISMA（Federal Information Security Management Act，聯邦資訊安全管理法案）的具體實施綱要，該法案之所以獲得透過，是因為在「9·11」之後需要更進一步地保護網路免受威脅。然而，NIST 800-53 相比較較複雜並包含大量基於傳統資料中心架構的安全要求，對一般企業上雲端的指導意義有限，因此為了適應企業上雲端的需要，NIST CSF 應運而生。

NIST CSF 不是強制監管標準，也沒有任何稽核機構能認證。企業採用 NIST CSF 的意義在於能切實將設計目標建立在基於安全風險的建設上，並以結果為導向。如果你深入研究該框架的各個部分，就能夠體會到它的指導性和實用性。

在實踐中，並非所有的企業都面臨相同的威脅或持有對風險相同的態度和反應，如一些公司努力推動創新並可以接受一定的風險，而另一些公司則希望提供高可靠的服務來為客戶提供支援，而此框架透過形式化的過程使企業可以靈活地根據業務目標、風險偏好、預算和資源限制等情況來實施適宜的安全戰略，也能很容易被企業管理層或各個相關部門了解。

NIST CSF 並不是一個獨立的框架，在某種意義上，它是 FISMA，HIPAA（Health Insurance Portability and Accountability Act）等許多其他標準的基礎。如今，隨著全球各國在網路空間安全能力建設和制度創新上的突飛猛進，一些國家已經根據實際情況建立了適用於本國網路安全的法律和制度，並相繼頒布了指導企業進行安全能力建設的要求和指南等，但對於需要更好的安全性保護的一般企業而言，NIST CSF 更容易被了解和採用，並且已經被包括亞馬遜在內的主流雲端平台作為指導客戶進行安全建設的重要依據。

CSF 的誕生最早應追溯到 2012 年，美國國土安全部（Homeland Security）的報告顯示當年的網路安全事件比上一年增加了 52%，在網路安全不斷惡化的形式下，美國時任總統歐巴馬於 2013 年簽署了第 13636 號行政命令，以提升關鍵資訊基礎設施的網路安全能力。這個行政令要求隸屬於商務部的 NIST（美國國家標準與技術研究院），基於已有的標準和指導來研究和制定美國聯邦關鍵基礎設施的安全標準，隨後在 2014 年的網路安全增強法（Cybersecurity Enhancement Act）中鞏固了 NIST 的地位。由 NIST 的 3000 多位來自政府、學術界和各產業的網路安全專業人士共同研究和編寫，並於 2014 年 2 月 12 日發佈了 SP 800-53《資訊系統與組織的安全和隱私控制框架》的 1.0 版本。CSF 是一組標準和最佳實踐指導，可以幫助組織管理網路安全的風險，提升業務效率。

2017 年 5 月 11 日，美國時任總統川普簽署了 13800 號行政令，將 CSF 納入聯邦政府策略範圍，要求聯邦機構執行 CSF 網路安全框架，以支援組織的網路安全保護和風險管理。在過去的幾年中，CSF 不僅在保護關鍵資訊基礎設施上發揮了重大作用，而且已經成為全球許多政府、產業與組織參考和採用的通用框架和標準。根據 Gartner 的報告，CSF 在更新後的第一年—2019 年已被超過 30% 的私營機構採用，目前已成為全球最流行的安全建設框架參考指導之一。

2018 年 2 月在國際標準組織（International Organization for Standardization，ISO）發佈的 ISO/IEC 27103 標準報告中，輝映了 CSF 的網路安全框架與最佳實踐，在辨識、保護、檢測、回應和恢復的五個階段，利用已有的標準、認證和框架，聚焦組織的安全成果輸出。2018 年 4 月 16 日，NIST 又發佈了《提升關鍵資訊基礎設施網路安全框架》的 1.1 版本，其提供了更全面的身份認證、供應鏈安全、網路攻擊生命週期、物聯網、安全軟體開發、企業安全風險治理等內容，並沿用至今。

2.1.2 CSF 的作用

CSF 可以指導企業根據其業務目標、需求、風險承擔能力和資源情況來確定安全防禦和風險管理的優先順序，具體來說，企業可以確認哪些措施對保障業務安全最重要。將會有助對企業的安全規劃和投入進行優先排序，最大限度地提升單位投入的安全投資回報，在此過程中企業也能不斷改進。整體來說，CSF 具有通用性、指導性、自發性和靈活性等優點。

首先，對企業而言，CSF 是一個公開的自願性框架，是一個基於現有標準、實踐的自願性指導檔案，目的在於幫助組織更進一步地進行安全治理與風險管理。CSF 並不創建任何新標準系統或語言，而是充分利用已有的安全技術和標準，根據客戶需求組織和建立一套更加一致的框架。它雖然不是一個完全意義上的標準，但卻是一套很好的可以幫助組織了解目前網路安全態勢的方法。在辨識跨組織業務的網路安全風險後，企業便可以建構適合自己的控制能力。

其次，在企業使用該框架時，可以根據自身情況進行訂製，以尋找最適合自身風險狀況和需求的方案。由於不同的企業面臨著獨特的風險、威脅和承受能力，因此在實踐中，它們期待實現的安全防禦效果也會有所不同。無論是關鍵基礎設施營運者，還是企事業單位，都不應該把 CSF 當作核查清單來全面實施框架中的各項要求，而應該充分發揮其指導性和靈活性的特點，將框架中的標準描述與自身的網路安全防禦和風險管理進行比較，以確定安全優先順序和改善措施。

與此同時，它也提供了一種解決網路安全風險管理的通用語言，其有助促進內部和外部組織所有利益相關者關於風險和網路安全管理的溝通，也將改善包括 IT 部門、建設部門、運行維護部門，以及進階管理團隊之間的溝通和了解。在外部客戶和服務商的溝通中，企業也可以利用該框架介紹和傳遞安全保障能力和安全建設期望等資訊。

CSF 不僅可以作為企業風險管理全生命週期的框架指導，在企業遷移至雲端上時，還可以作為一個操作性非常強的優良架構的最佳實踐參考。圖 2-1-1 列出了 CSF 的主要特點。

圖 2-1-1

無論是對於安全防護能力較為成熟的企業，還是剛剛開始考慮網路安全的企業，都可以考慮使用該框架，區別是每個企業的當前安全狀態和安全建設的優先順序有所不同。從符合規範層面上來講，一些企業還可以利用 CSF 的規範來協調或消除與企業內外部政策間的衝突。CSF 框架被用作評估風險和措施的戰略規劃工具，這在一些政府和大型企業的應用案例中表現得非常有價值，如沙烏地阿拉伯亞美集團（Saudi Aramco）利用 CSF 來評價自身安全的成熟度，以改進網路安全管理能力；國際資訊系統稽核協會（Information

System Auditing and Control Association，ISACA）透過內部傳遞 CSF 框架提升認證人員對網路安全重要性的認識，並將其作為實踐指南；在日本，CSF 被用來作為日本大型企業網路安全管理人員與世界網路安全從業人員交流和溝通的重要依據。

CSF 在業界標準上也有廣泛的應用，如醫療產業的健康保險攜帶和責任法案（Health Insurance Portability and Accountability Act，HIPAA），該法案對多種醫療健康產業都具有規範作用，包括規則、機構的辨識、醫護與病人的身份辨識、醫療資訊安全、隱私和健康計畫等要求。其中涉及網路安全的規則部分沒有明確的具體控制措施和指標，但這些規則的管理流程、服務和機制與 CSF 有一致的對應關係，因此大多數的安全在提到 HIPAA 符合規範時，其安全建設的參考依據就是 CSF 的控制項。

2.1.3 CSF 的核心

CSF 提供了一套簡單但有效的安全框架結構，核心部分由安全核心（Core）、安全層級（Tiers）和安全檔案（Profile）三部分組成。下面著重介紹 CSF 的核心部分和其在雲端環境下的遵從和應對等問題。

1. 安全核心

CSF 的安全核心部分是針對關鍵資訊基礎設施的一組通用的網路安全措施、預期成果和參考。該核心在從執行層到管理層的不同層面上都提供了業界標準、準則和實踐，是一系列的安全實踐、技術和營運的管理措施，從辨識（Identify）、保護（Protect）、檢測（Detect）、回應（Respond）、恢復（Recover）五個功能維度來建議，其中每個維度都分別包含類別、子類別和資訊參考。類別代表安全能力目標，而子類別是進一步描述安全目標，資訊參考則是部分列舉目前已有的標準、指南和實踐，以供企業參考。在框架開發過程中，常常被企業引用的是指南。需要注意的是，子類別中匯集的安全標準並不是全集，而是只列出了 NIST 建議參考的部分控制措施。當企業進行雲端上建設時，可以將核心部分與每個關鍵類別、子類別中的參考資訊進行匹配，作為實踐的參考指南。圖 2-1-2 所示為 CSF 安全核心的部分系統。

Function Unique Identifier	Function	Category Unique Identifier	Category
ID	Identify	ID.AM	Asset Management
		ID.BE	Business Environment
		ID.GV	Governance
		ID.RA	Risk Assessment
		ID.RM	Risk Management Strategy
		ID.SC	Supply Chain Risk Management
PR	Protect	PR.AC	Identity Management and Access Control
		PR.AT	Awareness and Training
		PR.DS	Data Security
		PR.IP	Information Protection Processes and Procedures
		PR.MA	Maintenance
		PR.PT	Protective Technology
DE	Detect	DE.AE	Anomalies and Events
		DE.CM	Security Continuous Monitoring
		DE.DP	Detection Processes
RS	Respond	RS.RP	Response Planning
		RS.CO	Communications
		RS.AN	Analysis
		RS.MI	Mitigation
		RS.IM	Improvements
RC	Recover	RC.RP	Recovery Planning
		RC.IM	Improvements
		RC.CO	Communications

圖 2-1-2

（1）辨識

辨識功能是 CSF 核心維度的第一項，包含資產管理、商業環境、治理、風險管理策略和供應鏈風控。企業透過資訊系統、人員、資產、資料等資訊形成對組織層面的了解，可以提升對風險的辨識和管理能力，通過了解資產狀態、業務環境、支援關鍵業務的資源情況，以及所涉及的安全風險，能夠專注於根據風險管理策略和業務需求進行優先順序排序。

辨識和管理 IT 資產是企業進行安全治理的首要環節，但由於網路分層、分級等原因，資產清點工作和維持準確的資產帳目都並非易事，這就可能導致資產被忽略，而無法及時進行管理和更新，留下安全隱憂。但在雲端環境下，不僅傳統 IT 環境中客戶費力的維護物理裝置的工作將被省去，而且資產雲端化對資產和資料將帶來極大的可管理性。無論雲端上負載是否在運行，還是網路結構如何分層、分級，客戶都可以利用雲端原生的管理工具來快速地辨識、分類、標記或採用需要的策略並對邏輯資產進行盤點和管理。企業在雲端上也更容易針對風險等級和重要性操作進行自動化管理，雲端原生服務可以最大化地避免人為誤操作和誤判斷帶來的安全意外，由此，雲端上的 IT 資源、存取權限、存取行為都可以更加視覺化地被呈現和管理。

（2）保護

企業可以透過制定和實施適當的防護措施，來確保關鍵服務的安全。保護功能旨在控制和限制網路安全的威脅和安全事件的影響範圍，包含身份管理和存取控制、安全意識與教育訓練、資料安全、資訊保護過程與步驟、運行維護和安全防護技術。

當涉及威脅和安全防護時，我們一般會從業務的可用性、保密性和完整性等角度去考慮。相比傳統的資料環境，雲端服務能夠帶來更高的服務可用性，這主要是由於企業可以將應用部署在邏輯隔離的不同區域，雲端平台的容量管理彈性能夠極佳地處理資料中心的中斷等問題。在保密方面，雲端平台需要能夠對資料流轉和保存的全生命週期進行加密，同時也需要具備 TLS/SSL 等可支援建立虛擬私人網絡或其他安全傳輸通道的能力來保障雲端與外部環境資訊通訊的保密性。在完整性方面，雲端平台需要透過各類管理工具對保護物件（資料、日誌、操作行為等）進行完整性檢查和狀態改變監控。與此同時，雲端上使用者需要既能輕鬆管理身份存取控制，也能使用第三方提供的身份許可權驗證，以便安全和方便地管理客戶到雲端平台的存取環境。針對雲端上的安全意識教育訓練，雲端平台也應該能夠提供針對不同雲端上角色的教育訓練，同時還需要具備透過生態向客戶提供特色安全教育訓練服務的能力。

（3）檢測與監控

檢測與監控是指制定並實施措施來持續檢測和發現安全事件，功能包括異常行為和事件檢測、持續的安全監控及監控流程保持。

這部分要求企業具備收集、分析和預警安全事件並能夠進行風險管理的能力，雲端平台可以自動進行帳戶級的操作稽核，這是因為雲端平台都是透過向客戶提供 API 來呼叫雲端資源的。當然，巨量的資料分析是一個很大的挑戰，因此能夠對日誌、流量等巨量資料進行快速和自動化的分析以回應安全事件，同時過濾誤報和低風險警報是考量雲端平台的指標。當企業對異常行為或安全事件分析時，結合威脅情報、資料重要性等多維度數據的連結性分析必不可少，因此，雲端平台的人工智慧與機器學習服務也可能會被利用起來進行深度即時分析。

（4）回應

透過採取措施來對檢測到的網路安全事件及時回應，也是安全建設非常重要的環節。回應的作用在於限制威脅蔓延和安全事件的影響範圍，包括回應計畫、內外部溝通、分析、緩解和改進五個子類別。

對於任何一個企業，對威脅的回應速度都非常重要，雲端平台恰好可以提供對複雜回應計畫和流程的自動化處理能力，縮短從威脅發現到回應的時間。比如，對於可疑的雲端實例，其可以快速隔離、留存快照、透過安全分析工具進行分析處置，這種自動化流程在雲端會更加具備一致性和可重複性。雲端平台也可以引入人工作業對安全事件進行調查，整個自動化和人工分析過程都可以被記錄下來，以便回顧和複盤。

（5）恢復

恢復是安全核心部分的最後一個環節，但也是企業安全建設的根本要求，即在遇到安全事件時，可以恢復提供服務，保證業務正常運行。恢復包括恢復計畫、改善和內外部溝通機制三部分，其目的是最大限度地減小網路安全事件的影響。

在恢復階段，客戶需要對自身的資料和應用的恢復負責，前面已經提到雲端平台的可用性可以極佳地解決客戶自我恢復的問題。同時，雲端平台也需要為客戶提供各類具有自我修復功能的工具。除了技術恢復手段，客戶還可以透過各類管理手段進行對外溝通，使商譽損失最小化。

2. 安全層級

安全層級代表企業的網路安全管理能力，類似於企業的安全能力成熟度模型。它描述了企業在網路安全風險管理實踐中，基於風險、威脅感知、可重複和適應性的成熟度。安全層級包含從被動式的 1 級到自我調整的 4 級，不斷提升。在層級選擇過程中，企業應根據當前的風險管理實踐、威脅環境、法律法規和商業目標，以及企業的一些約束來選擇。

雖然類似，但安全層級並不是代表成熟度的標準，而是為企業提供有關網路安全風險管理和營運風險管理的指導，即企業從整體出發評估當前的網路安全風險管理活動，並根據內部規定、法規和風險承受能力，來確認其是否充分。當具備成本效益並能降低網路安全風險時，企業可以將安全層級升級到更高等級。

在描述安全層級時，一般會從風險管理流程、綜合風控計畫和外部參與的角度對企業的安全狀態進行描述。由於這部分會因企業狀態的不同而有所差異，因此這裡只列出層級和其綜合性的描述。

- 部分的（Partial）：臨時性的，組織策略不一致的，不參與外部協作的安全層級。

- 風險指引（Risk Informed）：基於一定風險感知，內部策略不一致，較少參與外部協作的安全層級。

- 可重複（Repeatable）：具備一致性組織策略和流程，了解生態系統中企業安全態勢的安全層級。

- 自我調整（Adaptive）：有一致的組織策略，主動的且基於企業業務目標的，並能完成生態中安全協作的自我調整安全層級。

3. 安全檔案

安全檔案是企業期望的網路安全效果和產出，企業可以透過從類別和其子類別中選擇基於適合的項來進行規劃。安全檔案可以被認為是一種標準，即指導和實踐在特定場景中的實施方案和應用。企業可以將當前狀態與目標狀態進行比較並分析差距，來改善網路安全狀況。在具體實踐中，企業可以根據業務驅動因素和自身的風險評估傾向來確定最重要的類別和子類別，還可以根據情況增加類別，以解除組織的風險。

2.1.4　CSF 在雲端治理中的作用

在 CSF 中，雲端服務商在辨識方面需要嚴格執行對資料中心和資訊存取的管理，在員工和供應商不需要存取物理機房的特權時就立即取消，並針對物理機房的所有存取定期進行記錄和審核，同時嚴格控制、管理和持續監控對系統和資料的存取。如果客戶在雲端上的資料和伺服器邏輯上需要進行隔離，對於某些特權使用者就需要遵從 ISO，SOC 等要求的獨立的第三方進行稽核。雲端平台系統也需要針對系統開發的生命週期來進行威脅建模和風險評估，對平台的風險定期採取內外部的評估方案進行測評。同時，在採購和供應商管理方面，雲端平台需要遵循 ISO27001 等標準。在防護階段，雲端平台員工的許可權需要基於最小許可權進行管理，而在存取物理環境時，需要根據職責對個體進入資料中心的層級、時長等進行細顆粒的管理。雲端平台也需要依據商業目的對第三方的存取進行最小許可權管理，而這部分應該與對應的雲端平台廠商的介面部門進行責任連帶的綁定，因為介面部門的員工有責任對第三方的行為進行管理。大規模的雲端平台應該具備更強的專業性和完整的能力來營運、維護、控制、部署、監控任何基礎設施環境的變化，並提供容錯、緊急回應、資料擦拭等專業服務，以確保安全防護措施的有效性。

另外，在檢測環節中，雲端平台應該提供各類工具來幫助客戶進行失陷檢測和發現潛在的安全問題，應該透過有經驗的安全團隊來確定安全閾值和警報機制，應該將在邏輯和物理環境中由監控系統獲取的資訊進行連結，以增強平台的安全性。在回應階段，雲端平台應該支持使用者部署一個完整的事件回應策略和計畫，包括啟動應急、通知流程、恢復流程和重建階段。另外，雲端平台還應該進行應急回應的自測，透過演練發現平台的問題，測試安全團隊在檢測、分析、遏制、消除、恢復等階段的能力，並不斷最佳化回應計畫和流程，以提升回應能力。最後，在恢復階段，雲端天然的彈性架構和自動化的處理流程可以幫助企業快速從事件中恢復，降低安全事件對業務的干擾。

近年來，日本、義大利、以色列、英國等國家都把 CSF 作為建構網路安全能力的指導和參考。而隨著越來越多的政府機構和企業承認 CSF 的價值，其將逐漸成為機構安全建設和風險管理的通用參考和工具，而世界主流的雲端服務商也開始結合該框架給客戶提供完整的網路安全服務。儘管大多數企業都意識到改善企業網路安全有益於協作價值的提升，但制定和實施 CSF 說起來容易做起來難，企業還在不斷持續疊代和驗證、不斷修正，以使其更加貼合業務需求。

2.2 CAF

2.2.1 什麼是 CAF

CAF（Cloud Adoption Framework，雲端採用框架）是雲端廠商與公立機構及商業機構客戶共同創建的企業雲端轉型的框架。它可以幫助組織更進一步地設計採用雲端服務的途徑，在建構貫穿 IT 建設生命週期的雲端採用方法中提供指導和最佳實踐，而企業透過使用 CAF 可以更快地以較低的風險從採用的雲端服務實踐中實現可衡量的業務收益。CAF 是一個公開的框架，任何人都可以在網路上獲取它。需要注意的是，CAF 並不是一個企業可以拿來即用的發表手冊，而是一個資訊框架。

基於商業目標，CAF 為企業提供了一個全域的角度來驅動高效、安全的框架。CAF 可以幫助企業對上雲端商業價值進行辨識，因為企業若想成功轉型，就需要準確地辨識哪些能力需要改善、哪些能力需要增加等。CAF 可以幫助企業制定有效的雲端採用戰略和計畫，解決目前的技術與管理架構與上雲端後存在的差距問題。

2.2.2 CAF 的維度

最早，CAF 是從業務、人員、成熟度、平台、流程、營運和安全七個維度劃分的，但之後改為業務、人員、治理、平台、營運和安全六個維度，這主要是出於以下幾個方面的考慮：

- 成熟度並不應該作為獨立的維度劃分,因為它在雲端環境中,無論是業務、平台還是安全,都會有表現。

- 流程被融入治理,這是因為流程往往會引起技術和業務治理的混淆,而把它與治理合併,統一從業務角度去看待流程,將使定義更加清晰。同時,技術的流程部分歸入營運更為合適。

- 將先前定義的維度中包含的元件重新分解並定義為客戶需要具備的能力,將會有助簡化企業建構雲端應用的設計要求,避免出現不同企業的不同元件使企業上雲端之路的規劃不一致的問題。

- CAF 在更新中越來越匹配客戶的實踐要求,而在新版 V2 中,已經聚焦如何透過技能和過程來實現企業雲端上各項能力維度的建設。

- CAF 考慮的每個維度都包含獨特的利益相關方及他們管理或擁有的責任。一般來講,平台、安全和營運聚焦技術能力,而業務、人員和治理偏重於業務能力。

2.2.3　CAF 的能力要求

每個企業上雲端的過程都有獨特的起點和要求,故需要根據業務優先順序和現狀來確定自己的 IT 牽引過程和目標。CAF 可以幫助企業管理層、業務部門、財務部門的人員了解他們在採用雲端服務後角色的轉變,以便提前進行調整。

CAF 的每個安全維度都由一系列的能力要求組成,每個能力要求都由一些技能和流程組成,表 2-2-1 列出了 CAF 的六個維度及其角色和要求。

表 2-2-1

維度	角色	能力要求
業務	業務、財務與預算、戰略管理者	幫助相關部門了解如何調整員工技能和組織流程來適應雲端化環境
人員	人力資源等	透過提升員工技能、最佳化組織流程和幫助各利益相關方更進一步地保持組織勝任力,來為雲端戰略做準備
治理	首席資訊官、專案經理、商業分析師等	提供對應技術和流程來支撐在雲端上的業務治理,管理和衡量投資在雲端上帶來的價值

維度	角色	能力要求
平台	首席技術官、IT 經理、技術架構師等	提供能實現和最佳化雲端上方案和服務的技能和流程的支撐
營運	運行維護經理、IT 支持經理等	提供保證系統健康和可靠性的技能和流程，以支撐雲端遷移、敏捷管理，持續性地實現雲端上最佳實踐
安全	首席安全官、安全管理員、安全分析師等	提供基於組織安全控制、彈性和符合規範等要求相關的雲端上安全架構

2.2.4 CAF 的核心內容

雲端服務商應該把安全作為第一優先順序的工作，並有能力對安全最敏感的客戶提供安全的能力支撐，以滿足 CAF 對安全維度的要求。如圖 2-2-1 所示，CAF 的安全維度包含四個部分：

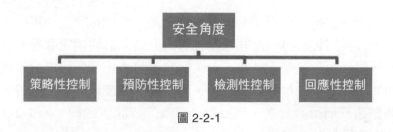

圖 2-2-1

第一是策略性控制機制（Directive），旨在圍繞營運環境建構治理、風險和符合規範的模型。其主要是在遷移中提供安全規劃，而有效進行安全規劃的關鍵是制定一份指導並提供給實施和營運的人員，該指導會確定控制機制及營運的具體內容，包括帳戶、許可權、控制框架、資料分類、資產變更與管理、資料位置、最低許可權存取等。

第二是預防性控制機制（Preventative），旨在保護你的工作負載並減少威脅和漏洞。它為實施安全基建提供了指南，而實施適當的預防性控制措施的關鍵在於安全團隊可以建構自動化部署，以便在敏捷、可擴充雲端環境中建立安全能力。在利用策略性控制機制確定控制措施後，再利用預防性控制機制確定如何有效地實施控制措施，包括身份和存取、基礎設施保護、資料保護等。

第三是檢測性控制機制（Detective），其可以使企業在雲端中的部署實現操作視覺化。企業透過收集大量的資料資訊，並將這些資訊集中到用於管理和監控日誌、事件、測試、稽核的可擴充平台中，可以幫助自身了解安全的整體狀況，提升安全營運的透明度和敏捷性。這個環節包括日誌記錄和監控、安全測試、資產管理、變更檢測。

第四是回應性控制機制（Responsive），旨在校正偏離安全基準線的行為，它為企業對安全事件的回應提供了指南。企業透過準備和模擬回應所需要的流程和操作，可以更進一步地應對日後可能出現的事件。同時，借助於自動化事件回應和恢復能力，企業可以將安全團隊的重點從回應轉移到執行取證和根因分析上，這個環節包括事件回應、安全事件回應模擬、取證等。

2.2.5　CAF 在雲端轉型中的作用

CAF 提供了一系列的行動計畫來幫助客戶更進一步地進行雲端遷移，其步驟並不複雜，但實施起來有一定的難度。首先，企業需要確定哪些利益相關者對採用雲端服務非常重要。其次，企業需要了解哪些問題可能會延遲或阻礙它們採用雲端，然後去解決這些問題，比如提升技能或調整流程等。最後，企業需要創建一個行動計畫，以更新已辨識的技能或過程，圖 2-2-2 所示是亞馬遜雲端的行動計畫範例，以供參考。

從圖 2-2-2 中可以看到，企業在 CAF 的六個維度上都需要辨識和提煉出對應不同部門或角色的行動計畫。但當上升至組織層面時，綜合的計畫和行動往往又過於複雜，變得非常難以有效執行。這時就需要有一個完整的行動計畫，以判斷近期需要完成的工作並把優先順序高的一些任務放進行動範本中，而這個過程可以是不斷循環的，以此來逐漸完成上雲端之旅。

由於 CAF 來自不同雲端廠商的經驗和實踐，因此會有細微差別，但框架涉及的方面基本類似，主要用來指導企業如何配備其雲端化的戰略目標與業務發展目標並讓它們保持一致。CAF 可以幫助企業發現其當前各種能力存在的差距，並透過設計工作流程來縮小這些差距。企業可以根據自己的需求，把 CAF 作為雲端遷移的精靈和指南，以便所有利益相關方都能快速了解在雲端遷移的過程中如何調整和改善組織技能和流程。為了更進一步地使用 CAF，企業需要分析 CAF 控制框架如何滿足自身的要求,並確定所有利益相關方的角色和工作,以及確定首要任務、長期目標、最低要求和可行的安全基準並不斷疊代,以提升雲端上各類工作的負載和資料標準。

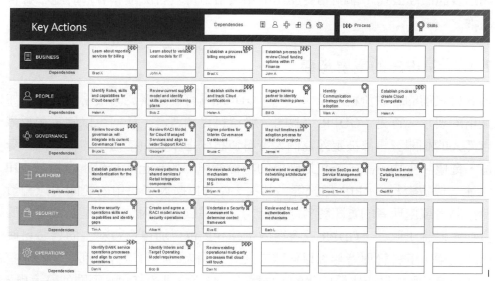

圖 2-2-2

2.3　GDPR

2.3.1　什麼是 GDPR

GDPR(General Data Protection Regulation,通用資料保護條例),是從 2018 年 5 月 25 日開始在歐盟區域實施的一項強制性的隱私法規。它作為用來保護歐盟公民個人隱私資料的一套規則,詳細約束了企業應該如何收集、使用和處理歐盟公民個人資料的行為,違反的企業可能會面臨最高兩千萬歐元或企業全球營收 4% 的處罰。另外,除了政府處罰,個人還可以提起集體訴訟,這表示歐盟在對個人資訊保護的管理上達到了前所未有的高度。

其實,歐洲議會在 2016 年就已經通過了 GDPR,其包括 11 個章節和 99 個條款,取代了使用 20 多年的《第 95/46/EC 號保護個人在資料處理和自動移動中權利的指令》,更加偏重資料主體的權利,為歐盟公民提供了對個人資訊控制和處理的權力，使得歐盟區域各國之間有了更明確的、統一的保護資料隱私的法律框架。GDPR 的推出極大地提升了資訊服務的提供方與客戶之間的信任，在過去的幾年，包括 Google、臉書在內的擁有大量個人資訊的網際網路資訊服務公司，都開始更加慎重和嚴格對待資料處理和客戶的隱私資料保護。

2.3.2　GDPR 的重要意義

相對於之前的各類資料隱私保護法，GDPR 具有更加廣泛的使用範圍和更加嚴格的要求。首先，GDPR 定義的一般資料更加廣泛，任何可以確定和辨識自然人的相關資訊都被定義為個人資料資訊，這不僅包括通用的物理個人身份、健康和生物資訊，還包括虛擬的身份資訊，如線上的身份辨識標識、IP 位址、位置資料、RFID 標籤等。其次，GDPR 擴大了使用的範圍。無論資料控制者或處理者的實際資料處理行為是否在歐盟境內，只要是為歐盟內的資料主體提供服務，GDPR 就會有效；GDPR 也更加尊重資料主體對資料使用的授權，資料管理者無論以何種方式收集個人的資料數據，都需要透過宣告或肯定行動，徵求主體明確的、具體的、毫不含糊的許可，否則就是違規。GDPR 的範圍還包括監控歐盟個人的行為，即使該監控行為由位於歐盟之外的資料管理者來完成。實際上，每個網站和應用程式都或多或少以某種方式追蹤存取者的網上活動。因此，GDPR 也擴大了資料的責任範圍，包括資料控制者和處理者，以及任何代理人都有責任和義務來符合規範地、安全地處理資料。另外，GDPR 第一次要求控制者在獲知個人資料洩露可能產生風險的情況下上報監管機構的最長時限，以及需要上報的內容。最後，GDPR 增加和完善了資料主體的兩個新權利：一個是完善了個人資訊的被遺忘權，即個人有主動要求服務提供者刪除一切個人相關資料的權利。另一個是個人資料可移動和可攜帶的權利，即個人擁有從資料控制者獲得通用的、讀取的資料，並無障礙地將資料提供給另一個資料控制者的權力。

可以看到，在 GDPR 生效後，企業必須重視和遵從法律指定個人的資料資訊權（獲取、改正、限制處理、反對、刪除、移動等），這對企業的管理和營運提出了新的要求，即需要多部門共同合作來提升隱私保護的水準。

2.3.3 雲端中進行 GDPR 符合規範的注意事項

1. 資料安全

與傳統環境的隱私保護相同,在雲端環境下也沒有任何單一的工具、產品、平台、服務能夠解決隱私保護的所有問題,雖然很多技術公司都在致力於推出自己的標準守則,但因為目前還沒有透過國際公認的標準,所以沒有辦法透過第三方稽核或評估來確保 GDPR 符合規範。在這種局面下,企業需要充分掌握哪類資料可以放在雲端中,以及在雲端上的各個層面怎樣保障資料的安全,同時對重要、敏感或管制的資訊進行隔離或增加安全保障措施。

2. 資料位置

在雲端環境下,企業需要明確雲端服務商的資料所在區域,以及雲端服務商如何處理和傳輸租戶的資料,其中充分了解資料所屬的管轄區域尤為重要。當資料跨境時,資料控制者需要澄清資料獲取、使用場景、使用目的等問題,保證遵從 GDPR。

3. 資料許可權

所有資料的使用都需要在法律的允許下進行,資料主體需要明確資料的授權存取、擷取和使用,但由於 GDPR 擴大了個人資訊資料的範圍,因此隱私保護的邊界變得更加模糊。資料控制者需要能充分幫助個人定義誰有許可權在雲端存取企業的資料,什麼樣的資料可以被存取,確保雲端服務商限制有許可權存取企業資料的員工、供應商的最小範圍。這樣做,有助企業在面臨調查時能夠全面展示並提供資料被存取的許可權全景圖,同時還有助企業根據具體授權場景來判斷客戶可以接受哪些資料被使用或擷取,避免保護過度。

4. 資料監管

雲端上資料的保護和管理涉及內外部的許多部門,包括外部的雲端服務商、SaaS 合作夥伴,內部的產品、研發、營運、法務、符合規範等多個部門,資料的擁有主體、使用和處理主體在不同階段也可能不盡相同,所以資料隱私安全會涉及技術、管理、流程等多方面的問題,故無論是加強技術保障還是透過完善內部管理和流程都不能完全保證符合規範。因此，在沒有明確的符合規範清單時，企業需要從產品互動、IT 架構、營運機制、符合規範稽核等多個方面進行隱私與符合規範設計並且不斷完善。當發生資料安全事件時，企業可以支援及時警報和資訊收集，並記錄解決問題的全過程。

2.3.4　GDPR 的責任分擔

從 GDPR 的角度來看，雲端服務商既是資料控制者又是資料處理者。

雲端服務商在收集並決定處理資料時，被認為是資料控制者。此時，他們除了考慮採用的技術和執行成本，還需要考慮擷取資料的性質、範圍、情境、目的，以及對個人的權力和自由不同程度的影響和風險等因素，並實施適當的技術和管理措施。其具體包括：可以支援個人資料使用別名；能夠保持服務的保密性、完整性、可用性和彈性；在發生物理或技術事件時，能夠及時恢復資料的可用性；具備定期評估技術和管理措施的有效性機制，以保證資料的安全性。

當企業使用雲端服務商的服務來處理最終使用者的資料時，雲端服務商充當資料處理者的角色，企業是資料控制方。這時若出現資料的安全事件，雲端服務商必須有能力支撐企業及時了解具體情況，以便其進行上報。需要注意的是，雲端服務商作為資料處理方若想利用第三方合作夥伴的能力，也必須獲得資料控制方的允許。

雲端服務商無論是作為資料控制者還是作為資料處理者，都必須保留資料處理的記錄，以方便監督部門查詢。另外，雲端平台作為資料控制者，在擷取、處理、儲存和使用資料時，能夠透過合適的技術手段和管理措施，在預設條件下僅處理為實現目的所用的最小資料量，另外未經個人允許，資料不能被非特定的自然人存取。

在被要求時，雲端服務商也應該展示他們為 GDPR 符合規範所做的準備和所處的水準，並能夠提供詳細的服務定義和說明。雲端服務商需要明確資料在哪裡，客戶聯絡人是誰，以及如何幫助客戶解決任何可能的問題，比如供應商中誰有權力存取個人資料等。

CISPE（Cloud Infrastructure Services Providers in Europe）是歐洲的雲端基礎設施服務提供者聯盟，為雲端服務商提供資料保護的行為準則認證。該行為準則以 GDPR 的符合規範要求為基礎，可以幫助雲端服務商按照 GDPR 的標準進行資料的保護。該行為準則明確了資料保護責任人的責任，明確了雲端服務商和客戶在雲端環境下按照 GDPR 應該承擔的角色；也介紹了雲端服務商需要表明 GDPR 符合規範的承諾和幫助客戶符合規範所需要採取的行動，同時客戶可以利用雲端服務商提供的資訊來建立自己的符合規範戰略。另外，該行為準則向客戶提供他們在制定符合規範性相關決策時所需的與資料保護相關的資訊，客戶使用此類資訊可以充分了解自己的安全等級，同時要求雲端服務商在履行安全承諾時要公開所採取的具體步驟。

如果雲端服務商提供的雲端服務符合行為準則的要求，則可以為客戶提供承諾，使其放心地使用雲端服務，而不用擔心服務商是出於自己的行銷、分析等目的而使用客戶的隱私資料。CISPE 行為準則還提供了一個資料隱私保護的符合規範框架，保證客戶能在符合規範且可靠的環境中控制資料，這對客戶能夠更進一步地實現隱私保護的控制權會產生極大的幫助。

2.3.5 雲端服務商的 GDPR 傳導路徑

1. 資料存取控制

GDPR 第 25 筆要求資料控制者應實施適當的技術和組織規範，確保在預設情況下僅處理每個特定目的所必需的資料，僅允許授權的管理員、使用者和應用程式存取雲端服務資源和客戶資料。

雲端服務商可以透過身份存取控制，為不同的任務定義不同的帳戶和角色，並指定完成每個任務所需的最小許可權。透過身份存取控制，不僅可以保證特定角色存取特定的資源，還可以允許任何執行特定任務的使用者能利用臨時安全憑證存取資源。雲端服務商應當確保臨時安全憑證是動態生成的，僅供短期使用，過期後不能重用。另外，對於重要資料的存取或操作，雲端服務商還應該提供多重驗證機制，以提升安全性。

雲端服務商還應該對不同的人員設定不同等級的資源許可權，實現對資源的精細存取，並且對營運設定進行策略性的強制遵從，並提供對密碼的保存和管理的能力。地理位置限制是 GDPR 的重要功能，雲端服務商可以對來自特定區域的使用者進行細顆粒的存取控制，如控制他們對 Web 應用程式和行動應用程式的存取。另外，管理來自不同來源的存取也是雲端服務商非常重要的能力，通過了解來自哪些行動應用的存取查看了哪些資源，會更加精準地做好敏感性資料的存取控制。

2. 監控與稽核

GDPR 第 30 筆要求資料控制者保留對所有資料處理行為的記錄，並明確哪些資訊應當被保存和相關的要求。同時，它還要求資料控制者和資料處理者能夠及時發出違規通知，這就需要雲端服務商具備監控各類日誌記錄的能力。

雲端服務商不僅需要記錄管理和資產設定的資訊，還需要記錄這些資源是如何連結的，以及歷史設定記錄和變化，以便評估設定變化情況、帳戶連結情況、資源變動歷史等，更進一步地做好資料行為的記錄。此外，雲端服務商還應該具備持續監控帳戶存取行為和資源呼叫歷史的能力，以辨識哪些使用者和帳戶呼叫了資源，並能實現自動化狀態追蹤和控制，這些記錄可以用於稽核或事件排除等工作。雲端服務商還應該能夠快速回應事件，並通知使用者進行違規的補救，避免不符合規範帶來的巨大經濟損失。

雲端服務商在啟用日誌記錄後，日誌包含的內容應該足夠豐富，如操作日誌、流日誌、存取日誌、DNS 日誌等，並能對威脅進行自動化異常檢測。同時，雲端服務商應該能進行集中式安全管理，避免分散的治理帶來不平衡的流程管理，並提供資源使用的可見性，這樣就可以進行進一步的安全趨勢分析和優先順序排序，以降低嚴重資料安全事件帶來的影響。

3. 資料保護

GDPR 第 32 條要求企業必須採用適當的措施來確保具備合適的風險應對能力等，也必須防止出現未經授權的資料洩露或個人資料存取。

透過在各個層級加密可以極大地降低相關隱私資料被洩露的風險，因為使用者如果沒有正確的金鑰，則無法讀取資料。對於靜態資料和傳輸中的資料也要進行加密，確保沒有有效金鑰的任何使用者或應用程式都無法存取敏感性資料。雲端服務商還應該提供可擴充的資料加密服務，以保護雲端上儲存和處理資料的完整性。同時，為了確保系統與服務的可靠性，雲端服務商也需要做資料的備份災難恢復。

4. 應急演練

應急演練的目的是評估響應流程，透過演練加強內部各個部門的協作，它是GDPR 實踐的必要條件，因為任何一個部門都無法涵蓋 GDPR 符合規範的所有需求，所以雲端服務商應該為企業的資料安全事件回應機制提供支援，並加以評估測試。

2.3.6 雲端使用者的 GDPR 挑戰與影響

GDPR 的頒佈迫使企業要立即進行基於隱私保護的設計，而為了確保隱私設計的合理性，企業需要進行資料隱私影響的評估。在這個過程中，企業需要考慮評估和如何保護正在使用的資料，考慮所有資料儲存程式庫的位置、處理方式及是否會被第三方存取，還需要考慮涉及哪些國家，並保證它們的保護水準具有一致性。

在制訂 GDPR 計畫時，考慮到隱私符合規範和資料主體的權利，企業必須先評估風險再制定優先順序。根據 GDPR 的要求，比較企業當前的隱私現狀需要先評估風險和差距，再執行優先順序清單，證明其符合規範性。在具體執行時，需要遵循以下幾個步驟：

1）促使管理層了解隱私保護改造的重要性和緊迫性，並聯合企業內所有需要使用客戶資訊的部門參與到設計中。

2）企業需要更加了解所保存和處理的歐盟公民資料及其風險，另外為了降低風險所採用的措施也可能會引入新風險。

3）在企業內部建立隱私保護組織或就職資料保護負責人，專職進行資料保護方面的管理和組織工作。

4）制訂、改善、更新符合 GDPR 要求的資料保護計畫，同時建立 GDPR 符合規範進度表來監控計畫的落實。

5）尋求外部資源的支持，因為有一個遵從 CISPE 行為準則的可靠的服務商非常重要。

6）測試違規後的回應計畫，確保能在 72 小時內完成違規報告，把損失降到最低，並持續監控和改進流程。

GDPR 強調企業從規劃設計開始就應該做到安全，並把安全保護作為預設規則，這是因為隱私和安全是影響業務發展是否持續的重要因素。雖然 GDPR 還缺乏具體的實踐案例，但未來更多的國家會圍繞 GDPR 的隱私保護法案頒布類似的法律法規，而且隨著個人隱私及資料意識的增強，資料安全保護及符合規範要求會越來越細緻、越來越嚴格。

2.4 ATT&CK 雲端安全攻防模型

2.4.1 ATT&CK 定義

ATT&CK（Adversarial Tactics, Techniques, and Common Knowledge）是由 MITRE 公司在 2013 年推出的，包含對抗策略、技術和常識，是網路對抗者（通常指駭客）行為的精選知識庫和模型，反映了攻擊者攻擊生命週期的各個階段，以及已知的攻擊目標平台。

ATT&CK 根據真實的觀察資料來描述和分類對抗行為，將攻擊者的攻擊行為轉為結構化清單，並以矩陣、結構化威脅資訊運算式（Structured Threat Informatione Xpression，STIX）和指標資訊的可信自動化交換（Trusted Automatede Xchangeof Indicator Information，TAXII）的形式來表示。由於此列表全面地呈現了攻擊者在攻擊網路時所採用的行為，因此它對各種具有進攻性和防禦性的度量、表示和其他機制都非常有用。

從視覺角度來看，ATT&CK 矩陣按照易於了解的格式將所有已知的戰術和技術進行排列。攻擊戰術展示在矩陣頂部，每列下面列出了單獨的技術。一個攻擊序列至少包含一個技術，並且從左側（初始存取）向右側（影響）移動，這樣就建構了一個完整的攻擊序列。一種戰術可能使用多種技術,如攻擊者可能同時嘗試魚叉式網路釣魚攻擊中的釣魚郵件和釣魚連結。

ATT&CK 戰術按照邏輯分佈在多個矩陣中,並以「初始存取」戰術開始,如發送包含惡意附件的魚叉式網路釣魚郵件就是該戰術下的一項技術。ATT&CK 中的每一種技術都有唯一的 ID 號碼,如技術 T1193。矩陣中的下一個戰術是「執行」,在該戰術下有「使用者執行 T1204」技術,該技術描述了在使用者執行特定操作期間執行的惡意程式碼。在矩陣後面的階段中,你將遇到「提升特權」、「水平移動」和「滲透」之類的戰術。

攻擊者不會使用矩陣頂部所有的 12 項戰術,相反,他們會使用最少數量的戰術來實現目標,因為這可以提升效率並且降低被發現的機率。舉例來說,攻擊者使用電子郵件中傳遞的魚叉式網路釣魚連結對 CEO 行政助理的憑證進行「初始存取」,在獲得管理員的憑證後,攻擊者將在「發現」階段尋找遠端系統。接下來可能是在 Dropbox 資料夾中尋找敏感性資料,因為管理員對此也有存取權限,因此無須提升許可權。最後攻擊者透過將檔案從 Dropbox 下載到電腦來完成收集。

2.4.2 ATT&CK 使用場景

在各種日常環境中,ATT&CK 都很有價值。當開展防禦活動時,可以將 ATT&CK 分類法作為預判攻擊者行為的參考依據。ATT&CK 不僅能為網路防禦者提供通用技術資料庫,還能為滲透測試和紅隊提供基礎,即通用語言。組織可以以多種方式來使用 ATT&CK,下面是一些常見的場景。

1. 對抗模擬

ATT&CK 可用於創建對抗性模擬場景,對常見對抗技術的防禦方案進行測試和驗證。

2. 紅隊 / 滲透測試活動

攻防雙方的滲透測試活動的規劃、執行和報告可以使用 ATT&CK,為防禦者和報告接收者提供一種通用語言。

3. 制定行為分析方案

ATT&CK 可用於建構和測試行為分析方案，以檢測環境中的對抗行為。

4. 防禦差距評估

ATT&CK 可以用於以行為為核心的常見對抗模型中，以評估組織內現有防禦方案中的工具、監視和緩解措施。在研究 ATT&CK 時，大多數安全團隊都傾向於為 Enterprise 矩陣中的每種技術嘗試開發某種檢測或預防控制措施。雖然這並不是一個壞主意，但是 ATT&CK 矩陣中的技術通常可以透過多種方式執行。因此，阻止或檢測執行這些技術的一種方法並不一定表示涵蓋了執行該技術的所有可能方法。由於某種工具阻止了用另一種形式來採用這種技術，而組織機構已經適當地採用了這種技術，這可能會產生一種虛假的安全感。這時，攻擊者仍然可以採用其他方式來採用該技術，但防禦者卻沒有任何檢測或預防措施。

5. SOC 成熟度評估

ATT&CK 可身為度量，確定 SOC 在檢測、分析和回應入侵方面的有效性。SOC 團隊可以參考 ATT&CK 已檢測或未涵蓋的技術和戰術，這有助了解防禦的優勢和劣勢並驗證緩解和檢測控制措施，以便發現設定錯誤和其他操作問題。

6. 網路威脅情報收集

ATT&CK 對網路威脅情報很有用，因為 ATT&CK 是在用一種標準方式描述對抗行為，是根據攻擊者利用的 ATT&CK 技術和戰術來追蹤攻擊主體。這就為防禦者提供了一個路線圖，以便他們可以對照操作控制措施，針於某些攻擊主體查看自己的弱點和優勢。針對特定的攻擊主體創建 ATT&CK 導覽工具內容，是一種觀察環境中攻擊主體或團體的優勢和劣勢的好方法。ATT&CK 還可以為 STIX 和 TAXII 2.0 提供內容，從而很容易地將支援這些技術的現有工具納入其中。

2.4.3 AWS ATT&CK 雲端模型

隨著雲端運算平台的快速發展，對雲端基礎設施的攻擊也顯著增加。2019 年 AWS 針對雲端攻擊推出了 AWS ATT&CK 雲端模型，下面針對雲端攻擊模型的攻擊戰略和戰術，以及防護和緩解措施做詳細的介紹。

1. 初始存取

攻擊者試圖進入你的網路。

初始存取是使用各種入口向量在網路中獲得其初始立足點的技術。其用於立足的技術包括針對性的魚叉式欺騙和利用針對公眾的 Web 伺服器上的安全性漏洞獲得的立足點，例如有效帳戶和使用外部遠端服務等。

攻擊者透過利用針對網際網路的電腦系統或程式中的弱點，產生破壞行為，這些弱點可能是錯誤、故障或設計漏洞等。這些應用程式通常是指網站，但也包括資料庫（如 SQL）、標準服務（如 SMB 或 SSH），以及具有 Internet（網際網路）可存取開放通訊端的任何其他應用程式，如 Web 伺服器和相關服務。

如果應用程式託管在基於雲端的基礎架構上，則對其使用可能會導致基礎實例受到損害，如使對手獲得存取雲端 API 或利用弱身份和存取管理策略的路徑。

對於網站和資料庫，OWASP（Open Web Application Security Project，開放式 Web 應用程式安全性專案）公開的前十大安全性漏洞和 CWE（Common Weakness Enumeration，常見弱點枚舉）排名前 25 位，突出了最常見的基於 Web 的漏洞。

2. 執行

執行策略是使攻擊者控制的程式在本地或遠端系統上執行的技術。此策略通常與初始存取結合使用，作為獲得存取權限後執行程式的手段，以及水平移動以擴充對網路遠端系統的存取權限。

有權存取 AWS 主控台的攻擊者可以利用 API 閘道和 Lambda 創建能夠對帳

戶進行更改的後門，那麼一組精心設計的命令就會觸發 Lambda 函數返回角色的臨時憑證，然後將這些憑證增加到本地 AWS CLI（AWS Command-Line Interfoce，AWS 命令列介面）設定檔中來創建惡意使用者。

3. 持久性

對手試圖保持立足點。

持久性是指攻擊者利用重新啟動、更改憑證等手段對系統存取的技術組成。攻擊駐留技術包括任何存取、操作或設定更改，以便使它們能夠在系統內持久隱藏，例如替換、綁架合法程式或增加啟動程式。

Amazon Web Service Amazon Machine Images（AWS AMI），Google Cloud Platform（GCP）映射和 Azure 映射，以及容器在執行時期（如 Docker）都可以被植入後門以包含惡意程式碼。如果指示基礎架構設定的工具始終使用最新映射，則可以提供持久性存取。

攻擊者已經開發了一種工具，可以在雲端容器映射中植入後門。如果攻擊者有權存取受感染的 AWS 實例，並且有權列出可用的容器映射，則他們可能會植入後門，如 Web Shell。攻擊者還可能將後門植入在雲端部署無意使用的 Docker 映射中，這在某些加密挖礦僵屍網路實例中已有報導。

4. 提升許可權

攻擊者可以使用憑證存取技術竊取特定使用者或服務帳戶的憑證，或在偵察過程的早期透過社會工程來獲取憑證以獲得初始存取權限。

攻擊者使用的帳戶可以分為三類：預設帳戶、本地帳戶和域帳戶。預設帳戶是作業系統內建的帳戶，如 Windows 系統上的 Guest 和 Administrator 帳戶，或其他類型的系統、軟體、裝置上的預設工廠或提供者設定帳戶。本地帳戶是由組織設定的帳戶，供使用者遠端支援、服務或在單一系統或服務上進行管理。域帳戶是由 Active Directory 域服務和管理的帳戶，其中為跨該域的系統和服務設定存取權限。域帳戶可以涵蓋使用者、管理員和服務。

受損的憑證可能會用於繞過放置在網路系統上各種資源的存取控制，甚至可能會用於對遠端系統和外部可用服務（如 VPN，Outlook Web Access 和遠端桌面）的持久存取。受損的憑證也可能會增加攻擊者對特定系統或存取網路受限區域的特權。攻擊者可能不選擇將惡意軟體或工具與這些憑證提供的合法存取結合使用，以便更難檢測到它們的存在。

另外，攻擊者也可能會利用公開揭露的私密金鑰或失竊的私密金鑰，透過遠端服務合法連接到遠端環境。

在整個網路系統中，帳戶存取權、憑證和許可權的重疊是需要關注的，因為攻擊者可能會跨帳戶和系統進行輪轉以達到較高的存取等級（即域或企業管理員），從而繞過存取控制。

5. 防禦繞過

攻擊者試圖避免被發現。

防禦繞過包括攻擊者用來避免在整個攻擊過程中被發現的技術。逃避防禦所使用的技術包括移除或禁用安全軟體或對資料和指令稿進行混淆或加密。攻擊者還會利用和濫用受信任的處理程序來隱藏和偽裝其惡意軟體。

攻擊者在執行惡意活動後可能會撤回對雲端實例所做的更改，以逃避檢測並刪除其存在的證據。在高度虛擬化的環境（如基於雲端的基礎架構）中，攻擊者可以透過雲端管理儀表板使用 VM 或資料儲存快照的還原輕鬆達到此目的。該技術的另一個變形是利用附加到計算實例的臨時儲存。大多數雲端服務商都提供各種類型的儲存，包括持久性儲存、本機存放區和臨時儲存，後者通常在 VM 停止或重新啟動時被重置。

6. 憑證存取

攻擊者試圖竊取帳戶名稱和密碼。

憑證存取包括用於竊取憑證（如帳戶名稱和密碼）的技術，包括金鑰記錄和憑證轉儲。若攻擊者利用了合法的憑證存取系統，則更難被發現，此時攻擊者可以創建更多帳戶以幫助其增加最終實現目標的機率。

攻擊者可能會嘗試存取雲端實例中繼資料 API，以收集憑證和其他敏感性資料料。

大多數雲端服務商都支援雲端實例中繼資料 API，這是提供給正在運行的虛擬實例的服務，以允許應用程式存取有關正在運行的虛擬實例的資訊。可用資訊通常包括名稱、安全性群組和其他中繼資料的資訊，甚至包括敏感性資料（如憑證和可能包含其他機密的 UserData 指令稿）。提供實例中繼資料 API 是為了方便管理應用程式，任何可以存取該實例的人都可以存取它。

如果攻擊者在運行中的虛擬實例上存在，則他們就可以直接查詢實例中繼資料 API，以標識授予對其他資源存取權限的憑證。此外，攻擊者可能會利用針對公眾的 Web 代理中的伺服器端請求偽造（Server-Side Request Forgery，SSRF）漏洞，該漏洞可以使攻擊者透過對實例中繼資料 API 的請求存取敏感資訊。

7. 發現

攻擊者試圖找出你的環境。

發現包括攻擊者可能用來獲取有關系統和內部網路知識的技術。這些技術可幫助攻擊者在決定採取行動之前觀察環境並確定方向。它們還允許攻擊者探索他們可以控制的東西及進入點附近的東西，以便發現如何使他們當前的目標受益。

攻擊者可以透過查詢網路上的資訊，來嘗試獲取與他們當前正在存取的受感染系統之間或從遠端系統獲得的網路連接的列表。

獲得基於雲端環境的一部分系統存取權的攻擊者，可能會規劃出虛擬私有雲或虛擬網路，以便確定連接了哪些系統和服務。針對不同的作業系統，所執行的操作可能是相同類型的攻擊發現技術，但是所得資訊都包括與攻擊者目標相關的聯網雲端環境的詳細資訊。不同雲端服務商可能有不同的虛擬網路營運方式。

8. 水平移動

水平移動由使攻擊者能夠存取和控制網路上的遠端系統的技術組成，並且可以但不一定包括在遠端系統上執行工具。水平移動技術可以使攻擊者從系統中收集資訊，而無須其他工具，如遠端存取工具。

如果存在交換帳戶角色，攻擊者就可以使用向其授予 AssumeRole 許可權的憑證來獲取另一個 AWS 帳戶的憑證。在預設情況下，當使用 AWS Organization 時，父帳戶的使用者可以在子帳戶中創建這些交換帳戶角色

攻擊者可以辨識可用作水平移動橋接器的 IAM 角色，並在初始目標帳戶中搜索所有 IAM 使用者、群組、角色策略及客戶管理的策略，並辨識可能的橋接 IAM 角色。在 AssumeRole 事件的初始目標帳戶中，攻擊者使用兩天的預設回溯視窗設定和 1% 的取樣速率收集有關任何跨帳戶角色假設的資訊。有了潛在的橋接 IAM 角色列表，MadDog 就可以嘗試獲取可用於水平移動的臨時憑證帳戶了。

透過波動模式，攻擊者可以使用 MadDog 透過從每個被破壞帳戶中獲得的憑證來破壞盡可能多的 AWS 帳戶。透過持久性模式，MadDog 將在每個違規帳戶下創建一個 IAM 使用者，以進行直接和長期存取，而無須遍歷水平移動最初使用的 AWS 角色鏈。

9. 垂直移動

垂直移動包括使攻擊者能夠存取和控制系統並同時在兩個不同的平面（即網路平面和雲平面）上旋轉的技術。

攻擊者可以使用 AWS SSM（Simple Server Manager）來獲得具有適當許可權的 AWS 憑證在電腦中的反向 Shell。借助雲端的控制，攻擊者可以向自己授予讀取網路中所有硬碟的許可權，以及在磁碟中搜尋憑證或使用者的許可權。

10. 收集

攻擊者正在嘗試收集目標感興趣的資料。

收集包括攻擊者用來收集資訊的技術。一般來說收集資料後的下一個目標是竊取（洩露）資料。常見的目標來源包括各種驅動器類型、瀏覽器、音訊、視訊和電子郵件。常見的收集方法包括捕捉螢幕截圖和鍵盤輸入。

攻擊者可能會從安全保護不當的雲端儲存中存取資料物件。

許多雲端服務商都提供線上資料儲存解決方案,如 Amazon S3,Azure 儲存和 Google Cloud Storage。與其他儲存解決方案(如 SQL 或 Elasticsearch)的不同之處在於,它們沒有整體應用程式,它們的資料可以使用雲端服務商的 API 直接檢索。雲端服務商通常會提供安全指南,以幫助最終使用者設定系統。

最終使用者的設定出現錯誤是一個普遍的問題,發生過很多類似事件,如雲端儲存的安全保護不當(通常是無意中允許未經身份驗證的使用者進行公共存取,或所有使用者都過度存取),從而允許公開存取信用卡、個人身份資訊、病歷和其他敏感資訊。攻擊者還可能在來源儲存資料庫、日誌等中獲取洩露的憑證,以獲取對具有存取權限控制的雲端儲存物件的存取權。

11. 滲透與資料竊取

攻擊者試圖竊取資料。

滲透由攻擊者用來從網路中竊取資料的技術組成。攻擊者收集到資料後,通常會打包,避免在刪除資料時被發現,這包括資料壓縮和資料加密。用於從目標網路中竊取資料的技術通常包括在其命令和控制通道或備用通道上傳輸資料,以及在傳輸中設定大小限制。

攻擊者透過將資料(包括雲端環境的備份)轉移到他們在同一服務上控制的另一個雲端帳戶中來竊取資料,從而避免典型的檔案下載或傳輸和基於網路的滲透檢測。

透過命令和控制通道監視向雲端環境外部大規模傳輸的防禦者,可能不會監視向同一個雲端服務商內部的另一個帳戶的資料傳輸。這樣的傳輸可以利用現有雲端服務商的 API 和內部位址空間混合到正常流量中,或避免透過外部網路介面進行資料傳輸。在一些事件中,攻擊者創建了雲端實例的備份並將其轉移到單獨的帳戶中。

12. 干擾

攻擊者試圖操縱、中斷或破壞系統和資料。

干擾包括攻擊者用來透過操縱業務和營運流程破壞系統和資料的可用性或完

整性的技術，包括破壞或篡改資料。在某些情況下，有時候業務流程看起來還不錯，但可能已進行了更改，以使攻擊者的目標受益。攻擊者可能會使用這些技術實現其最終目標，或為違反保密性提供掩護。

常見的攻擊戰術包括DDoS（Distributed Denial-of-Service，抗拒絕服務攻擊）和資源綁架。

攻擊者可以對來自 AWS 區域中 EC2 實例的多個目標（AWS 或非 AWS）執行 DDoS，也可能會利用增補系統的資源，解決影響系統或託管服務可用性的資源密集型問題。

資源綁架的常見目的是驗證加密貨幣網路的交易並獲得虛擬貨幣。攻擊者可能會消耗足夠的系統資源，從而對受影響的電腦造成負面影響或使它們失去回應。伺服器和基於雲端的系統經常是他們的目標，因為可用資源的潛力很大，但是有時使用者終端系統也可能會受到危害，並用於資源綁架和加密貨幣採擷。

2.5 零信任網路

2.5.1 為什麼提出零信任

傳統的網路架構是由外到內的分層網路，預設內部是安全的，認為網路安全就是邊界安全。一旦認為使用者是可信任的，則進入內網後，其存取就會暢通無阻。在虛擬化的雲端運算時代，大量邊界部署的安全產品失去了保護作用。

傳統網路工程師更關注基礎設施而非資料，很少考慮許可權、資料位置等因素帶來的安全隱憂。在典型的網路架構中，聚合網路流量是核心，分發層提供更強的分發能力，連線層連接使用者，而安全能力只能巢狀結構或疊加在網路各層，這樣做帶來的問題是，企業內部員工將獲得過多的信任。

零信任的首創者安全分析師約翰·金德維格認為，企業不應天然對內部或外部產生信任，而應在授權前對一切進行驗證。隨著越來越多的企業上雲端，大量高價值的資料資源造成了目標和風險的集中，企業內部使用者的越權存取等問題越來越嚴重，身份與許可權成為安全隱憂，迫使我們改變建構和營運網路的方式，因此，身份零信任安全架構也逐漸被越來越多的人所接受。零信任的基本概念並不是重建整個 IT 系統，而是一個結合已有的安全能力，基於場景和上下文，關注身份授權信任、業務安全存取並進行動態調整和持續評估的高效、安全、符合規範的網路安全構想。

2.5.2　零信任的理念

零信任系統是一種廣泛使用的系統，它不依賴於特定的技術，可以極其靈活地滿足各類場景或架構的安全需求。簡單來說，零信任模型就是消除信任網路和不信任網路的架構，所有網路流量都不可信，所有保護物件都擁有微邊界，不再定義內外網或信任區域，所有存取必須先認證再授權。因此，零信任架構並不是一種技術創新，而是一種概念創新，它需要遵循最小特權原則來進行縱深的防禦。

首先，零信任系統需要保證網路資源能被安全存取，這就要求在沒有檢查是否授權前，所有存取的流量都假設是可疑的。通常的做法是，對所有的內部流量進行加密，用與保護公網資料相同的方式來保護內部資料免遭內部惡意濫用。其次，採用最小許可權執行存取控制消除受限資源被不必要存取的隱憂。在雲端中，基於角色的存取控制和基於資源的存取會作為存取控制的重要措施被嚴格實施。最後，零信任要求企業監控並記錄所有流量，使用者只能在驗證後使用執行工作所需的資源。透過無間斷的即時監控和日誌留存的手段，分析流量和行為等資訊，來確保網路流量的可見性，以方便事後的取證與調查。

2.5.3　零信任的價值表現

隨著 IT 資源越來越多地以「雲端」的方式發表給客戶，企業的邊界被打破，網路資產和資料將面臨更大的風險，而不斷堆疊安全裝置不但不經濟，還會增加複雜性而難以管理，更無法整體對虛擬化資源進行有效管理。而零信任作為一個網路概念，透過有效編排使所有安全性元件群協調起來成為一個安全系統，企業透過拒絕授權可以最大限度地減少曝露面，避免不必要的惡意存取、資料洩露事件，並拒絕未授權的存取，以保障企業敏感性資料和網路資產方的安全。

在零信任網路中，安全裝置不再存在任何信任和不受信任的介面，不再有受信任和不受信任的網路，不再有受信任和不受信任的使用者。零信任要求安全人員不再信任任何網路流量的安全性。在零信任網路中，任何資料封包、流量、資料都不再獲得天然的信任，已防止內部的許可權濫用或惡意行為。與傳統想法不同，零信任需要由內到外建構網路。

零信任將解決傳統網路存在的三個問題，從而為安全的網路提供支持，實現安全性。首先，零信任架構有助網路域的劃分和管理，以確保安全性和符合規範性。而傳統分層的網路很難分段，這是因為專注於網路高速交換的分層結構並沒有提供有效分段的方法，即使使用虛擬 LAN（VLAN）進行分段，技術上也不能阻止惡意行為越權存取。其次，零信任架構可內建多個平行處理的交換核心。傳統網路統一的交換結構無法進行平行的資料處理，這會降低雲端環境下資料傳遞的效率。再次，零信任可以建構內生安全的高效網路架構。同時，零信任可以實現從單一主控台演進到集中管理，避免出現傳統網路中為了集中管理而造成的流量聚集和壅塞。零信任彌補了傳統安全管理中心僅對事件管理而不能深入業務和應用的不足，而能透過統一的身份管理中心和存取控制中心進行集中認證、授權與存取控制管理，使安全與業務深度結合，並提供統一的細顆粒的動態存取控制，幫助企業的安全管理者更全面、更清晰地掌握自身的網路風險。

零信任的流行，為重塑網路並創建安全網路提供了機遇。零信任系統與平台無關，可以支持任何類型的資源。零信任系統將降低企業為了滿足符合規範性或其他安全評估產生的大量成本，比如滿足金融產業 PCI 符合規範要求的最有效的方法之一是透過網路分段來限制 PCI 的範圍。零信任可以幫助企業在網路中限制資料所在的位置範圍，簡化符合規範性並降低評估成本。零信任支持安全能力的虛擬化，這使得在虛擬化環境中做網路分域的問題不復存在，也可以透過微邊界分割無線網路與有線網路，保證非法存取點無法直接連接到核心交換元件，以保證其符合規範性。由於零信任架構要求所有元件模組化，因此它可以靈活擴充和調整。另外，零信任網路架構的模組化特點允許使用者創建網路的子集合，並將較小的零信任網路連接到現有網路，以方便創建分段的符合規範子網，這樣可以輕鬆地平衡工作負載，實現裝置的互通性並降低營運成本。我們可以看到，零信任架構中這些理想的特點都可以在雲端環境下得到極佳地發揮。

值得注意的是，對於一些對資料不敏感的企業和組織，零信任反而是一種過度投資。在符合規範的前提下，針對某些以提供基礎設施服務或營運服務的客戶，資料安全並非其核心，細顆粒的存取控制也可能會造成過度的投資，這點需要企業仔細考慮。

2.5.4　零信任的安全系統

在零信任系統中，安全性不再僅是覆蓋在網路元件上的附加層，而是存在於網路中的一種內生能力。在理想的零信任架構中，使用整合的微閘道作為網路的核心，創建可平行處理的安全網路域並進行集中管理，同時對各種資料進行擷取以獲得完整的網路可見性，是架構的靈魂與核心。

1）資料零信任：要求企業透過分類、隔離、加密、控制等技術和管理手段，建構自身的資料分類方案，以實現對所有儲存、傳輸和使用中的資料加密。企業從資料安全的角度建立零信任系統相對更容易實踐，無論資料處於終端、伺服器、資料庫、應用中的哪個位置，都應該存在自己的微邊界，以便執行更細顆粒的規則。因此，辨識敏感性資料，了解使用者、應用、資料之間的關係，了解敏感性資料如何在網路內外流動，創建自動化的資料安全性原則並持續監控和回應，是資料零信任的關鍵。

2）網路零信任：企業需要透過分段、隔離和控制等手段來保護網路安全。這麼做的主要目的是實現支援微分段和微邊界，使連接到網路分段閘道所在的交換區裡的安全等級相同，這些平行工作的網路分段可以單獨擴充，使其安全能力得以提升。

3）人員身份零信任：嚴格執行存取驗證且進行持續監控以保證基於身份的合理存取授權，減少非法使用者的惡意行為是確保新「身份邊界」安全可靠的重要能力。攻擊者常用的手段是透過盜用身份憑證進入企業網路環境，並透過提權、水平移動等方式進行下一步的威脅滲透，因此企業需要從組織控制、資源使用、角色許可權、階段場景等角度進行動態的身份存取管理。

4）工作負載零信任：企業所有前後端的應用系統，包括應用堆疊、虛擬機器、容器等都可能成為被威脅的因素，故都需要進行安全控制。而企業要想實現這一點，就需要透過收集使用者、應用、裝置、網路等上下文的資訊並增加附加的驗證機制，來排除可能存在的風險。

5）裝置零信任：智慧裝置的出現使得裝置類型不再侷限於電腦或手機，物聯網帶來的風險要求企業將所有連接到網路中的裝置都視為不受信任的資產，需要根據最初收集的裝置資訊始終進行安全驗證，對於不符合規範的裝置要啟動修復通知，而且在連接過程中要持續地監控裝置，始終執行存取策略，排除一次信任永久授權的舊模式。

6）視覺化分析：企業需要充分辨識和了解威脅，並透過各類工具、平台和系統來獲取和分析與安全相關的資料；需要在不同的場景下基於業務、技術等多維度綜合認知，建立自身的威脅視覺化能力，這就對企業網路提出了一定的要求。而在雲端環境下，由於網路管理、身份管理、應用之間的依賴關係相對清晰，因此可以更有效地支撐零信任系統的建構。

7）自動化編排：在零信任原則下，安全事件促使企業針對威脅具備根據目標的優先順序排序和自動化回應的能力。事件的執行需要透過預先定義的策略來處理，這樣就可以經濟、高效、準確地對事件進行回應和處理了，這不僅需要平台具備支援微邊界下的內建處理能力，還需要具備自動與生態中的產品進行對接和整合的更完整的回應與處置能力。

2.5.5 零信任的核心內容

根據自己的最佳實踐，不同的廠商會提供對於建構零信任系統的不同方案，這裡我們對 NIST 在 2019 年提出的零信任架構比較重要的一些邏輯元件介紹。

策略引擎元件：該元件負責是否為指定主體授權，可以將企業已有的策略和規則，或引入的外部規則作為信任模型的考慮因素。

策略管理元件：該元件用來建立用戶端與資源的連接，並提供存取憑證。它可以與策略引擎合成一個元件，也可以是單獨的兩個。

策略執行元件：該元件負責啟用、監控和中斷用戶端與服務資源之間的連接，分為用戶端策略執行元件（代理）和服務端策略執行元件（閘道）兩部分。

持續診斷元件：該元件收集企業當前系統的狀態資訊，並更新和設定軟體的元件。簡單來說，它可以判斷存取來源的裝置是否運行了存在已知漏洞的系統、應用等。

產業符合規範元件：該元件包含所有垂直產業規範要求的策略規則，以確保企業的符合規範性。

威脅情報元件：該元件提供來自多來源的安全威脅情報，包括惡意 IP 位址、DNS 黑名單、惡意軟體、遠控漏洞等，其中策略引擎可以利用情報進行威脅的判斷與阻止。

資料存取策略元件：該元件包含企業自訂的一系列基於資料屬性的規則和策略，透過存取者的角色、任務來提供基於資料和資源的許可權。

公開金鑰基礎設施元件：該元件向資源、存取者和應用頒發數位憑證，也可以與第三方證書機構或政府的公開金鑰基礎設施進行整合。

身份管理元件：該元件負責創建、儲存和管理企業的使用者帳戶和身份記錄，包含使用者相關資訊、角色、存取屬性和分配的系統等資訊。

安全事件管理元件：該元件可以匯集各類日誌、流量、資源特權，對企業威脅進行警報，並提供企業安全狀況等資訊。

2.5.6 零信任在雲端平台上的應用

零信任不是一套單一的框架系統，而是網路設計的一種指導原則，各機構也都根據自己的了解發佈了零信任架構的框架指南。

在約翰·金德維格正式提出零信任後，Google 從 2011 年開始探索零信任系統，並在 2014 年發表了 BeyondCorp 系列論文，並分享了其作為使用者使用零信任的實踐。諮詢公司 Gartner 在 2017 年發佈了自我調整安全框架的 3.0 版本，提出了 ZTNA- 零信任網路架構和 CARTA- 持續自我調整的風險與信任評估，它的理念與零信任一脈相承，這進一步推動了零信任的發展。2018 年，金德維格又開始發佈新的零信任擴充生態 ZTX 研究報告，探索零信任架構在企業中的應用，以及對零信任廠商進行評估。

從 2019 年開始，NIST 也發表了 Special Publication 800-207 零信任架構的 1.0 和 2.0 草案，研究零信任的元件與結構。近年來，也有一些安全公司開始發表管理零信任的文章，這推動了零信任系統結合實際場景的實踐和理論延伸。

雲端運算是實現零信任比較方便的服務發表方式，但其也需要企業對現有的組織架構、業務流程等進行全面的調整和改善，這個過程需要制定分階段的目標並做好以下幾項工作。

1）充分溝通，獲得組織內部認同：由於它涉及由舊系統到新系統的轉移和許多相關利益方，因此得到高層的許可和相關利益方的充分了解，有利於專案的順利執行。

2）組建合適的團隊：必須爭取到關鍵部門的配合，包括 IT、安全、基礎平台、第三方合作夥伴等。鎖定他們的時間，才能協調實踐執行。

3）確定遷移策略：從簡單到複雜，透過逐漸限制特權網路或服務逐步遷移到零信任網路，避免激進和過度。

4）認真梳理業務和收集資料：在建構零信任網路時，只有辨識各類業務的需求才能明確如何使用存取控制、如何遷移等具體工作。另外，辨識業務和收集資料除了可以精準完成遷移策略，還可以增加使用者體驗，保證不會影響日常工作。

5）特殊場景處理：針對一些強制的使用者驗證等特殊場景，需要進行特殊處理。另外，需要對某些應用做必要的改造，如某些非 HTTP 協定可以透過 SSH 和 VDI 進行存取。

由於零信任的保護重點是企業資料資源，因此在實踐過程中，標識敏感性資料及資料流程向非常重要。同時，如何設計存取的信任微邊界，如何做好持續的監控與分析，如何根據優先順序的自動化編排進行集中管理，都是決定系統實踐是否成功的關鍵。

由於零信任是一個建立在現有安全框架和概念的基礎上，不斷發展和演進的框架，依賴於對組織服務、資料、使用者和中斷的基本了解，因此零信任實踐的關鍵在於要足夠成熟且要成為當今政府或大型企業的迫切選擇。但是，目前市場上還沒有哪個廠商可以提供完整而全面的零信任解決方案。零信任系統相對容易建構，但在混合環境中企業需要花更多的精力去思考如何發揮零信任理念的價值，包括網路分段、資料分類、負載與應用安全性、非受信驗證的自動化編排、資料的視覺化和集中管理，以保證透過基礎架構的設計改善網路資產和敏感性資料的安全態勢，這方面還有很多工作需要持續進行。

2.6 ISO 27000 系列安全標準

2.6.1 ISO 27000 系列

ISO 27000 系列標準又被稱為「資訊安全管理系統標準族」，是由國際標準組織（International Organization for Standardization，ISO）及國際電子馬達委員會（International Electro- technical Commission，IEC）共同制定的標準系列。該標準系列透過複習過去的最佳實踐，提出對資訊安全管理的指導和建議，同時也包含隱私、保密、法律、組織管理等諸多方面，以適應不同類型組織的要求。

ISO 27001 全稱是 ISO/IEC 27001，是 ISO/IEC 27000 系列標準的一部分，第一個版本由 ISO 組織在 2005 年發佈，2013 年更新了版本，並在 2017 年進行了細微的調整。它旨在提供一套綜合的資訊安全管理系統與安全控制實施要求與規則。作為企業資訊安全管理評估的基礎和參考基準，它已經成為世界通用的資訊安全管理標準，在許多國家的政府、金融、電信等重要產業中被廣泛應用。為了更清晰地了解 27000 系列，這裡介紹幾個和雲端運算保護相關的標準、規範和指南。

1）ISO 27001 提供了用於開發資訊安全管理系統（Information Security Management System，ISMS）的策略、過程和控制框架，包括執行風險評估、設定目標和實施控制措施。需要注意的是 ISO 27001 是管理標準，不是安全標準，它採用基於風險評估的方法，確定組織的安全要求，然後將風險置於組織可接受範圍內所需的安全控制中進行管理。一旦確定了安全控制措施，ISO 27001 就會定義流程，以確保這些控制措施得到有效實施，同時控制措施要繼續滿足組織的安全需求。這裡的關鍵點是企業決定所需的安全等級。因為 ISO 27001 沒有定義要使用的風險評估方法，因此企業應根據風險評估和組織可接受的風險水準（風險偏好）來選擇所需的安全控制措施。

2）ISO 27002 提供了與 ISO27001 共同實施的數百種控制和安全機制，這些控制包括安全性原則、資產管理、存取控制、加密和操作安全性等。ISO 27002 旨在作為在基於 ISO 27001 資訊安全管理系統實施過程中選擇安全控制的參考，需要注意的是，企業可以獲得 ISO 27001 的認證，但不能獲得 ISO 27002 的認證。

3）ISO 27017 提供了有關實施雲端運算安全標準的指南，以及基於雲端的特定資訊安全控制對 ISO 27001 進行了補充。ISO 27017 本質上是基於雲端服務的 ISO 27002 的資訊安全控制操作規範，是建立在 ISO 27002 現有安全控制之上的指南。

4）ISO 27018 是一個適用於公有雲個人身份資訊控制的規範和其他相關指南，以解決其他 ISO 27000 標準未解決的公有雲中 PII（個人可辨識資訊）保護的問題，重點是保護雲端中個人資料的安全。

資訊的安全管理標準規則是透過實施一組適當的控制措施實現的，包括政策、技術、流程等。在實踐中，企業需要建立、實施、監控、改善這些控制措施，並在統一的框架下建構一套全面的安全管理與控制系統。

2.6.2 ISO 27001 系統框架

ISO 27001 將安全系統建設分為 14 個控制項，認證機構在符合規範性檢查時會對每個控制項進行稽核。這些控制項包含策略、組織、架構、安全管理、事件回應、業務連續性管理、符合規範等。企業的安全管理系統需要將這些控制項融入企業流程中，並建構完整的資訊安全管理系統檔案，以下對 ISO 27001 的控制項和要求進行了複習。

1）資訊安全性原則：涵蓋了應如何在資訊安全管理系統中編寫策略並進行符合規範性審查，企業的定期記錄將被審查。

2）資訊安全性群組織：包括組織內的任務和責任分工，企業對其應該有清晰的組織結構來展示。

3）人力資源安全：包括企業在員工上任、離職或換崗期間告知員工資訊安全職責的流程。

4）資產管理：資料資產管理和安全保護流程，包括軟硬體和資料庫等資產如何被管理，以保障它們的保密性和完整性。

5）存取控制：包括存取的授權原則、管理方法，以及員工的存取授權指南和流程。

6）加密：包括加密流程、加密方法和加密的最佳實踐。

7）物理與環境安全：包括物理機房、資料中心的保全流程等。

8）營運安全：在歐洲的一般資料保護法出台後，企業擷取和儲存敏感性資料的流程對企業管理建設非常重要。

9）通訊安全：企業內所有的通訊流程，包括郵件、視訊電話等是如何被使用的，以及產生和傳輸的資料是如何被保證安全性的。

10）系統採購、開發和維護：在新裝置購置後，企業需要按照一致的安全性原則進行管理，並保證它們的高安全性。

11）供應商關係：所有企業與外部供應商的合約、合作方式和外部供應商存取企業資料的安全流程都需要明確和被管理。

12）安全事件管理：包括安全事件回應的最佳實踐及企業如何發現和處置的流程。

13）企業涉及安全的連續性管理：指企業如何從業務中斷或重大更改中恢復的流程。

14）符合規範：企業如何遵從所在地政府和產業的安全規範的流程和證據。

具體的安全管理系統將取決於企業組織和業務類型，只有將業務相關的流程落實合格，企業才有可能達到標準要求。

2.6.3 ISO 27001 對雲端安全的作用

ISO 27001 可以幫助企業建立一套規範的安全管理系統，可以更全面地對資訊安全進行高效率地綜合管理。具體表現在以下方面：

1）實施 ISO 27001 可以改進風險管理和資訊安全性，使企業的內部資訊安全管理標準化，形成基於風險管理的框架。

2）ISO 27001 提供了一套標準的資訊安全性原則，這些策略能闡明組織實施控管的方法，確保企業良好的資訊安全保護規範和流程，如強大的存取管理策略要求企業必須詳細說明組織如何實施存取管理策略，該策略必須提供給所有員工，並且必須包含在其所提供的所有教育訓練中。

3）ISO 27001 要求企業必須保留存取資料的個人資訊列表，並且必須有理由作為支撐，為了確保遵循此過程，還必須對企業進行監視和審核，並及時處理違規行為。

4）企業透過 ISO 27001 資訊安全管理系統認證後需要定期接受監督審核，這可以對其商業客戶或合作夥伴展示很強的安全能力，而作為雲端平台也可以降低雲端客戶在雲端環境下產生的安全疑慮。

5）企業實施此標準還可以提升不同部門對資訊安全的意識並有利於加強協作。

6）ISO 27001 的國際通用性可以幫助企業更進一步地完成其所在地區或產業的符合規範要求。

在公有雲環境中，獲得 ISO 27001 等符合規範性認證是一個基本要求，這可以更進一步地證明平台各個層面對資訊安全的承諾，並能與產業領先的最佳實踐始終保持一致。

2.6.4 企業如何在上雲端中合理使用標準

把標準要求融入企業的安全管理流程中是一項長期的工作，而實際的過程又由企業的業務決定。企業並不需要全面而深入地對要求中的所有項進行細化，只需把控制措施中與企業密切相關的內容進行細化即可，兼顧覆蓋其他的控制要求，並且透過不斷地最佳化來持續改善。

首先，在風險評估和資產管理階段，企業應該做好資產的辨識，即全面、準確地了解企業資產及風險，這是一項系統性的工程，必須依賴多部門的協作共同完成。因此，在公司內這需要獲得高層的許可，以便開展資訊安全性群組織支撐系統建設的工作。需要注意的是，在不同階段資產具有的價值和風險可能有所不同，故判斷和分類尤為重要。同時，在資產確認後還需要對資產進行分級分類，並歸納找出資產之間的關係，這一步需要做好，否則後續一切系統建設都無從談起。

其次，在企業有了資產清單後，就可以開始後續的安全政策和系統設計的工作。在這部分工作中，部門人員的角色與許可權、資料的分類分級規劃、安全政策的設計是核心。這裡的安全政策是指標對不同身份的存取權限設計、不同重要性的資料管理方式，以及事件管理、業務連續性管理和符合規範性管理等。

再次，在差距分析階段，企業需要根據標準中的 14 個控制項、35 個控制目標和 114 個控制點比較自身的安全措施和狀態，透過風險評估對可能的威脅、影響進行辨識和分析，找到企業的風險點，消除潛在隱憂。同時，企業也需要發現弱點，除了系統、應用等技術上的弱點，還包括業務流程、管理機制上的管理類問題。另外，在人力資源安全、物理和環境安全、通訊安全、資產管理、存取控制、資訊系統運行維護等不同層面上要進行弱點分析和排障，對已有的安全措施進行有效驗證。在風險判定階段，準確量化風險等級除了要考慮風險的程度、影響和可能性，還要結合企業的安全性原則、風險偏好、資源投入等條件資訊進行綜合考慮。

最後，在回應管理和處置階段，企業除了要考慮消除風險，還要考慮轉移和避開風險，以更經濟的手段進行整改。由於資訊不斷存在新的威脅，因此並沒有完美的資訊安全管理系統，而如何利用有限的資源針對性地設計安全系統是每個企業的安全管理人員面臨的最大挑戰。在實施 ISO 27001 標準時，一定要結合場景，從實際出發，真正發揮安全管理系統的最大價值，切忌刻板對應。

2.6.5 雲端服務商如何符合規範

不同的雲端服務商基本都在實施自己設計的安全模型，雖然它們完全可以依賴自己的內部策略和組織去應對威脅，但還是應該根據 ISO 27001 的標準調整自己的策略和流程。在具體實踐中，建議企業採用基於風險的方法進行控制，透過辨識資訊安全風險並選擇適當的控制措施來應對，同時需要關注以下幾個方面。

1）資料的保護與隱私：企業需要具備透過安全性原則來管理使用者角色、職責、流程，以及個人可辨識敏感性資料和系統存取的能力。

2）服務的可用性和連續性：提供雲端服務的可用性、備份和災備恢復的策略，以確保服務始終可以被存取。

3）符合規範性：有相關的管理流程來確保持續監控對標準的遵從性，以消除違規風險。

4）持續安全監控：確保雲端資源設定的安全性和一致性，並可以警報違規漏洞。

5）身份管理和存取控制：系統存取控制僅放行授權使用者、角色和應用程式，資源應該受到約束，始終禁止未經授權的存取。

6）資料完整性：雲端服務具備適當的安全性，即保護措施可以保證資訊的保密性、完整性和可用性，包括但不限於網路、加密和備份等。

2.6.6 ISO 27000 的安全隱私保護

隨著隱私保護成為安全保護的必然要求，雲端平台除了要滿足 ISO 27001 資訊保護的要求，還要滿足 ISO 27017/27018 的要求。ISO 27017 提供了雲端環境下的安全保護指南，而 ISO 27018 是一個保護雲端中個人資料安全的標準，主要價值在於能幫助雲端平台建立自己的雲端上規範，保證雲端中的個人隱私資料等不被洩露和非法利用，從而讓客戶更放心地在雲端上開展商業活動。

雖然雲端服務優勢諸多，但企業對雲端服務的安全性仍有顧慮。與 ISO 27001 配合使用的 ISO 27017 闡明了雲端服務商和雲端客戶在安全保障中的角色和所應承擔的責任，彌補了 ISO 27002 中缺少雲端環境安全保障的措施。透過 ISO 27017 的認證可以有效地保護資料，降低資料洩露的風險，以及違反法律法規帶來的風險和產生的負面影響，增加了客戶對企業的信任。在進行 ISO 27017 認證之前，企業必須先經過基本的 ISO 27001 認證。

ISO 27018 也建立了對個人資訊資料的目標和準則，作為根據公有雲端運算環境 ISO 29100 中的隱私原則實施保護個人身份資訊的措施。值得注意的是，ISO 27018 也是基於 ISO 27002 形成的準則，作為雲端環境中對個人資訊保護的法規要求，因此當任何雲端服務商在雲端中處理客戶的個人資訊時，都應該遵從 ISO 27018 的準則，這樣其無論是作為資料控制者還是作為資料處理者都可以提供給客戶信任感。

如果雲端平台通過了 ISO 27017 和 ISO 27018 的認證標準，則表示向公眾證明它們擁有一套專門處理雲端上安全和隱私保護問題的完整的雲端平台管理制度，這也是雲端平台對雲端安全和隱私內容的重要承諾。

隨著 ISO 27001 的普及，它已經不再是企業差異化的競爭優勢，而越來越成為一個贏得客戶信任的最低要求。在對待 ISO 27000 時，企業要根據自己的實際情況來訂製規範的安全管理系統，根據自己的服務模式、風險偏好、資源投入、適用範圍等來判斷如何進行系統認證。企業需要確定適合的方法並實施風險評估，選擇安全控制並確保這些控制足以滿足組織的安全需求，這也要求企業必須具備一定的風險管理與安全的專業知識，因為 ISO 27001 僅提供了執行操作的框架，而沒有提供一個符合規範清單。

客戶也需要準確地了解服務商通過了哪些認證及認證使用的範圍，避免因為市場宣傳而造成誤讀。企業不應該把通過認證作為行銷手段，而客戶也不應該完全依賴經過認證的企業解決所有的安全問題。

企業只有充分了解資訊的價值並加以保護，才能有效地實施資訊安全，這需要管理層的長期承諾，以及組織各個層面持續地實施有效的安全教育。

2.7 SOC

2.7.1 什麼是 SOC

SOC（Service Organization Control），即服務性組織控制系統標準框架，是美國註冊會計師協會（American Institute of Certified Public Accountants，AICPA）在 2011 年制定的服務性組織控制框架符合規範性標準，有 SOC 1，SOC 2 和 SOC 3 三種認證類型。SOC 1 報告主要是透過對財務方面的稽核來評估服務性機構內部控制的有效性，驗證組織向客戶提供高品質、安全的服務承諾的能力。而 SOC 2 報告和 SOC 3 報告則偏重於系統處理客戶資料的完整性問題，並基於「信任服務標準」來評估資料的保密性、可用性、完整性，以及隱私的相關控制和預先定義的標準化基準。需要注意的是，SOC 2 會詳述服務商具體的控制措施和它們如何被稽核師測試，這個報告僅被服務物件了解，而不對公眾公開。SOC 3 是可公開的材料，提供了稽核師對服務商在安全性、隱私性方面提供的服務保障承諾的意見。

由於雲端服務商會使用這種標準來驗證技術控制和流程，因此其適用於將技術資料儲存在雲端中的基於技術的服務組織。這就表示它幾乎適用於每一個 SaaS 公司，以及使用雲端儲存客戶資訊的任何公司或組織。SOC 2 是注重技術的公司必須滿足的、最常見的符合規範性要求之一。作為一個嚴格的稽核標準，SOC 已被許多企業和機構認可。由於 SOC 2 會對雲端場景下的內控、安全性和保密性進行詳細的測試和技術審查，另外要求企業遵循全面的資訊安全性原則和程式的標準要求，因此我們會在這一節重點討論。表 2-7-1 列出了 SOC 1，SOC 2 和 SOC 3 的區別。

表 2-7-1

報告	內容	使用者
SOC 1	財務報告的內控部分	稽核師、內控部門
SOC 2	安全性和隱私性的控制	監管機構、客戶等
SOC 3	安全性和隱私性的控制	公眾

2.7.2　SOC 2 的重要意義

SOC 2 並不是一個強制性的要求，但作為雲端服務商，透過 SOC 2 認證會帶來以下好處。

1）更進一步地保護資料隱私：隨著各國和各產業對資料保護重視程度的提升，保護客戶資料免遭竊取和洩露已經成為客戶的第一優先順序事項，而企業符合規範可以讓客戶更放心地在雲端上處理資訊和資料。

2）更進一步地遵從隱私保護等法律符合規範：由於 SOC 2 標準要求企業的框架需要遵從其他標準，如 ISO 27001，HIPPS 等，因此獲得 SOC 2 認證可以加快組織整體性的符合規範工作。

3）更強的風控能力：SOC 2 報告提供有關組織全面的安全風險狀態、供應商管理、內控治理及監管監督的資訊，這對於企業的隱私資料保護和風控具有非常大的參考價值。

4）更低的成本投入：相比由安全事件導致的成本損失，提前進行一定的符合規範稽核投入是非常有必要的。透過主動建構企業內部的安全措施，可以幫助企業減少由安全問題產生的損失，而且這種可能性非常高。

5）競爭優勢和市場宣傳：企業往往都會把擁有 SOC 2 和 SOC 3 報告作為差異化的優勢進行宣傳，透過在隱私方面的符合規範性來展示自己提供更安全符合規範的雲端基礎設施的能力。

2.7.3　SOC 2 的核心內容

AICPA 將 SOC 2 作為替代註冊會計師執行的第 70 號稽核標準宣告（SAS 70），旨在報告各種內部功能控制項的有效性。客戶在獲得 SOC 報告後，可以全面地了解第三方稽核的情況，這可以幫助雲端客戶了解自己選購的雲端服務產品在資料安全性上的保障能力，可以幫助客戶進行內控管理，否則客戶就需要透過就職第三方對雲端服務商進行單獨的稽核。SOC 2 報告旨在滿足擁有大量使用者的雲端服務商的符合規範需求，這些雲端上使用者需要有關服務組織控制的詳細資訊和保證。另外，SOC 2 報告對組織監督、供應商管理計畫、公司治理、風險管理流程、監管符合規範性監督等都非常重要。

這裡複習了幾點來幫助大家更進一步地了解 SOC 2 認證：

1）SOC 2 可以給將資料的收集、處理、傳輸、儲存、營運等外包給第三方的機構提供關於內部治理和評估的機制。與 SOC 1 不同，它的重點是與安全性相關的內容，而非與客戶財務報告相關的控制。需要注意的是，雖然 SOC 2 在形式上與 SOC 1 非常類似，但兩者的目的卻截然不同，不能相互替代，服務商完全可以對服務同時進行 SOC 1 和 SOC 2 的稽核。

2）SOC 2 報告允許雲端服務商以與 SOC 1 報告非常類似的格式向現有和潛在的客戶分享有關其服務設計適當性和操作有效性的資訊。

3）SOC 2 審查報告提供全面的安全性要求：如在安全性方面，要求系統提供免受未經授權的物理和邏輯存取的措施；在完整性上，要求資料處理過程是準確、及時、經過授權的，並且要求系統可按承諾或約定的方式操作和使用，以保證可用性；在隱私保護方面，要求企業按照公認會計準則 GAAP 的要求，對個人隱私資料進行收集、使用、保留、揭露和銷毀的符合規範處理。

4）雖然稽核師在稽核時會考慮五個可信服務準則（安全、可用性、完整性、保密性和隱私），但在應用 SOC 2 進行稽核時，並不是所有的準則維度都需要被考慮，而是取決於提供雲端服務的類型和客戶的要求。

5）SOC 2 包括 I 類（type1）和 II 類（type2）兩種審核報告類型。在格式上它們都包含稽核師的意見、管理層的主張及服務的控制措施，但 I 類審核意見是基於一個時間點來評價服務商是否客觀描述了系統和控制措施已經經過適當設計並符合標準。而 II 類審核雖然也是針對安全性控制措施來審核的，但稽核師需要對控制措施進行測試和評估，並在指定的審核期內（通常為 6 到 12 個月）對控制操作的有效性提出意見，因此後者是被普遍採用的一種。

6）SOC 2 中並沒有明確規定必須執行哪些控制措施才能滿足選定原則的標準。舉例來說，標準 3.4 指出：「存在防止未經授權存取系統資源的程式」，該標準提供了一些說明性控制措施，包括使用虛擬私人網路、防火牆、入侵偵測系統等，但這些都不是強制性的，服務組織完全可以自主決定控制措施，只要這些控制措施符合選定的可信服務原則即可。

7）SOC 2 的審核範圍可以根據所提供的服務進行調整，以適應與其他標準審核的相容性，服務商可以要求稽核師在 SOC 2 報告裡說明此報告還符合哪些其他標準和規範等。

8）SOC 2 不是以證書的形式頒發給服務商，但認證後的服務商可以在報告
日期後的 12 個月內，在其宣傳材料和網站上顯示 AICPA 的服務組織徽章。
與 SOC 3 不同的是，使用 SOC 2 徽章不收費，但是徽章的使用取決於是否
符合 AICPA 規定的條款和準則。

SOC 2 的 II 類作為企業最常選擇的報告類型，有許多特點。在服務主張部分，
稽核師針對服務商是否遵從可信服務原則進行了系統的、客觀的描述，獨立
服務審核報告複習了安全控制措施在對應可信服務準則時的有效性情況。另
外，報告還系統地概述了服務目的、服務商地理位置和產業等背景資訊。在
基礎架構部分，報告提供了組織使用的流程、策略、應用、資料的詳細說明，
有關第三方服務提供者已完成或當前正在進行的 SOC 審核的資訊，雲端中
使用的網路硬體、備份設定、資料庫類型等技術資訊。在控制環境部分，報
告包括風險評估過程、通訊系統、監控等資訊。

需要指出的是，如果 SOC 2 審核沒有通過，而當稽核師的意見與服務商的主
張相符或有少量意見時，後者將收到無須修改的審核意見，實際上這表明該
企業是可以信任的。但若企業存在重大例外，如未能提供足夠的控制證據，
則稽核師可能會列出不利意見。

簡而言之，雲端服務商應努力實現 SOC 2 的符合規範性，因為它不僅可以提
升客戶的信任度、提升企業的聲譽，更重要的是，還可以增強資料保護能力
並提升服務商的安全意識。

2.7.4　SOC 2 對雲端服務商的要求

在與客戶的服務協定方面，雲端服務商對客戶承諾的有關服務的安全性、
可用性、保密性等內容，需要在與客戶的服務水準協定（Service Level
Agreement，SLA）或其他協定中表現。而這些承諾應該包括服務系統基本
設計、內生的安全性及保密性原則等，其中保密性原則應該以限制未經授權
的內外部人員對資料存取為基礎，保護服務邊界內資料的安全性和可用性。

在資訊安全性原則方面，雲端服務商需要清楚地闡明系統和資料是如何被保護的，包括雲端中的各類服務是如何被設計和開發的，系統是如何運行，內部業務系統和網路是如何被管理的，以及如何應徵和教育訓練員工等事項。除此以外，雲端服務商還需要提供標準化操作流程，包括所有人工參與和自動化的標準化操作流程。

在人員組織方面，SOC 2 建議由上至下，有最高管理層牽頭提升企業對安全性的重視並植入公司文化。在組織層面建立以規劃、執行和控制商業營運為主的基礎框架。在清晰定義角色和職責後，組織需要確保有足夠的人員配備、安全性、營運效率和權責分離。當員工入職時，需要遵循標準化的入職流程，使新員工熟悉企業的各類要求、流程、系統、安全措施、政策和程式，並要為員工提供商業行為與道德守則等材料，要求進行安全與意識教育訓練，以提升員工對資訊安全的意識和責任，同時配合符合規範審核，為員工了解並遵循既定政策提供監督。

在資料處理方面，平台需要支撐客戶對自己的資料的控制權和所有權，其中客戶負責開發、操作、維護和使用其資料，服務商確保客戶無法存取未經授權的物理主機、實例等。當存放裝置達到使用壽命時，為了防止將客戶資料曝露給未經授權的第三方，也需要依據所在垂直產業的各類規範銷毀「退役」的資料和硬體。

在服務可用性方面，服務商需要有預先定義的流程來維護其服務的可用性，主要包括及時發現和回應環境中的重大安全事件，並快速恢復。這個流程需要考慮業務的連續性、災難恢復及主動性風險控制策略等，雲端服務商可以透過設計物理分隔的可用區、持續的擴充規劃等方式來實現。應急計畫和事件回應手冊需要根據過往的經驗不斷更新，以應對新的問題。服務商還需要持續監控服務的使用情況，以保護服務的持續可用。

在保密性方面，服務商需要透過使用各類控制措施，使合法客戶能夠存取和管理其服務的資源和資料、制定資料儲存位置，以及對資料進行刪除等操作，以全面管理對資源的存取，同時需要定期對第三方合作方的服務進行審查，保證不會出現供應鏈的安全風險。

2.8 FedRAMP

FedRAMP 於 2011 年推出，是美國聯邦政府的一項計畫，旨在為聯邦政府採用和使用雲端服務提供一種經濟高效並基於風險的標準和方法論。

在 FedRAMP 之前，雲端運算服務供應商必須滿足美國各個聯邦機構的不同安全要求，中間會產生大量的重複性工作，而 FedRAMP 提供了一種標準方法來對雲端運算服務和產品進行安全性評估、授權以及持續監控，透過提供通用的安全框架，降低了聯邦機構安全評估上需要做的重複性工作。此計畫推出後，想要向美國聯邦政府提供雲端服務的服務商都必須提供 FedRAMP 證明。

2.8.1 FedRAMP 的基本要求與類型

美國政府從 2010 年開始，透過「雲端優先」戰略（現為「雲端敏捷」）來推動聯邦機構上雲端。根據此戰略要求，所有聯邦機構均需要使用 FedRAMP 計畫來對所要採用的雲端服務進行安全性評估、授權和持續監控。對於雲端服務商而言，FedRAMP 計畫管理辦公室規定了以下 FedRAMP 符合規範性要求：

1）必須獲得美國聯邦機構授予的機構操作授權（ATO）或聯合授權委員會（JAB）授予的臨時操作授權（P-ATO）。

2）必須符合美國國家標準與技術研究院（National Institute of Standards and Technology，NIST）800-53 中規定的 FedRAMP 安全控制要求，並按照聯邦資訊和資訊系統安全分類標準（FIPS-199）進行資訊分類。

3）必須使用 FedRAMP 範本，包括制定 FedRAMP 系統安全計畫等。

4）必須透過授權的第三方評估機構（3PAO）的評估，並取得安全評估報告（SAR）。

5）必須根據 FedRAMP 要求創建安全評估套件。

6）制定行動計畫和里程碑（POA&M）並實施持續監控，如月度漏洞掃描。

7）將完成的安全評估發佈到 FedRAMP 安全儲存資料庫中等。

FedRAMP 有兩種類型的授權，即聯合授權委員會的臨時操作授權和機構操作授權。聯合授權委員會由來自國防部、國土安全部和總務管理局的首席資訊官組成，雲端服務商若想獲得聯合授權委員會的臨時授權，需要透過 FedRAMP 認可的第三方評估機構的評估和 FedRAMP 計畫管理辦公室的審查。雲端服務商要想獲得 FedRAMP 機構的操作授權，需要透過客戶端裝置機構的首席安全官或指定的授權官員的審核。需要特別注意的是，這兩類授權都特別關注雲端服務商是否具有適當的安全措施以保護敏感性資料。

2.8.2 FedRAMP 的評估與授權機制

FedRAMP 的安全評估框架 SAF（Security Accessment Framework）使用 NIST SP 800-37 風險管理控制框架作為基礎來進行評估，同時，FedRAMP SAF 也符合聯邦資訊安全管理法案的要求，並為不同的影響等級定義了控制群組。FedRAMP 具有與 NIST 對聯邦機構相同的要求，但增加了控制實施摘要的要求。這些要求有助於明確聯邦機構和雲端服務商各自的安全職責。

FedRAMP 簡化了 NIST SP 800-37 中的六個步驟，並將其劃分為文件記錄、評估、授權和監控四個部分。在文件記錄階段，企業需要對資訊系統分類、選擇安全控制措施，以及在系統中實施和記錄安全控制與實施安全計畫。在評估階段，雲端服務商需要獨立的評估師來測試資訊系統，以證明控制措施有效且已被實施並可驗證。在授權階段，讓授權機構根據完整的檔案套件和測試階段確定的風險做出是否授權的決定。在監控階段，雲端服務商必須實施持續監控功能以確保雲端服務保持可接受的風險態勢，此過程需要確定資訊系統中依然有效的部分和隨著時間的演進在系統及其環境中發生的計畫外更改。

2.8.3 FedRAMP 的意義與價值

整體來說，FedRAMP 提供了一種標準化的方法，使得美國聯邦機構可以根據一個通用的基準來進行雲端服務的安全性審查，雲端運算服務產品得以透過獲得一次授權來重複被多個機構使用，這為雲端服務商和聯邦機構節省了大量的資金、時間和精力。從一定程度上來講，FedRAMP 加速了美國政府對雲端服務的採用。雖然 FedRAMP 的符合規範過程很嚴格，但是雲端服務商一旦獲得了 FedRAMP 機構的 ATO 或聯合授權委員的 P-ATO，就有很大的機會將其提供的雲端服務擴充到其他的聯邦政府中。

FedRAMP 提升了雲端服務商使用 NIST 和 FISMA 定義的標準來進行安全性設計的信心，增強了美國政府與雲端提供商之間的透明度，並透過可重複利用的評估授權，提升了聯邦政府的雲端服務的採用率，提升了不同機構之間評估雲端服務標準的一致性。

第 3 章
雲端安全治理模型

安全治理是指透過定義策略和安全控制措施來管理風險，確保所有團隊中策略的一致性，將組織業務的風險控制在可以接受的範圍。本文中，我們將以 AWS 的服務為例，討論如何在組織和技術上操作，以建構有效的雲端安全治理模型。

3.1 如何選擇雲端安全治理模型

3.1.1 雲端安全治理在數位化轉型中的作用

對很多產業的雲端使用者來說，安全是上雲端的關鍵點，也是上雲端的決策點；從雲端服務商的角度來看，安全其實是上雲端前、上雲端中、上雲端後三個階段工作的重中之重。如果在上雲端初期不考慮雲端安全治理設計，後期就會與傳統資料中心安全建設的情況類似，即安全工作、安全保護和安全符合規範的落後及安全投入的成倍增加，導致安全工作難見成效、投入比例失衡，無法表現安全工作的投入產出。可以說，上雲端的安全設計需要從上往下進行治理和規劃，只有這樣才能充分發揮雲端安全的優勢和效果，才能有效地評估安全風險控管成本並增加安全工作的投入產出。

在 AWS 上，安全是軟體品質的一部分。我們已經將安全需求整合到軟體開發生命週期的各個環節中，並明確要求要及時、有效地解決安全問題，寧願延後產品上線、發佈，也要修補和整改安全問題。而且我們已經研發了多個在軟體開發過程中使用的安全整合服務，它們在幫助我們提升安全要求的同時，也簡化了安全實現，提升了安全工作的效率。這也是從 SDLC 模型到 DevSecOps 模型的一次轉型升級。

在 AWS 上，安全是全員職責的一部分。我們已經將安全要求融入每個員工的日常工作和流程中，透過各種主題的安全教育訓練和各種形式的安全提醒，對安全要求和職責進行自動化監控和警報，持續強化並提升全員的安全意識和安全責任。

在 AWS 上，安全也是每個服務的一部分。我們已經將安全功能極佳地融入很多非安全產品的功能清單中，並為不同使用者提供多種安全功能實現的選擇。使用者可以依據保護物件的安全等級選擇整合好的託管服務，也可以選擇自訂的安全功能服務，還可以選擇第三方的安全產品和服務。

在 AWS 上，安全是使用者使用雲端服務資源的重要保障服務之一，也是雲端服務商賴以生存的基礎和根本。在雲端上，我們始終遵循最高標準的安全建設和符合規範建設，同時也為符合當地監管和主管部門的法律法規的要求進行持續性建設，從而提供給使用者多種安全保障實踐、認證參考和繼承。這也是 AWS 的安全能力和責任共擔模型表現的代表性標記之一，也是我們獲得客戶信任，持續為客戶提供安全符合規範的產品和服務的代表性標記之一。

3.1.2 雲端安全治理模型的適用性說明

在國際上，許多國家或地區已將 NIST CSF 用於商業和公共部門。義大利是採用 NIST CSF 最早的國家之一，並針對五個職能制定了國家網路安全性原則。2018 年 6 月，英國調整了最低網路安全標準。此外，以色列和日本將 NIST CSF 翻譯成本國語言，而以色列則透過對 NIST CSF 的改編創建了一種網路防禦方法。烏拉圭也對 CSF 和 ISO 標準進行了映射，以便加強與國際安全系統框架的聯繫。瑞士、蘇格蘭和愛爾蘭也是使用 NIST CSF 改善其公共和商業部門組織網路安全性的國家。

在我們建構適合自己的雲端安全治理模型之前，需要堅定的原則是做正確的事情，即補齊雲端安全木桶的缺陷。在建構雲端安全治理模型之後，我們需要長期堅持的原則是正確做事情，即提升雲端安全木桶的高度。在這個過程中，雲端服務商扮演著木桶黏合劑、提供快速整合和融合安全功能的角色。

當使用者第一次遷移到雲時，決策層考慮的是要基於一個或多個與其產業相關的監管框架設計雲端安全治理模型，而大部分的客戶也要使用與其產業相關的標準框架來建構決策過程。目前，公開可參考的安全治理模型包括 NIST CSF、支付卡產業資料安全標準（Payment Card Industry Data Security Standard，PCI DSS）、ISO/IEC 27001:2013 等。

AWS 一直按照最高標準來要求其服務、產品和人員，重要的是建立了一種雲端安全治理模型。該模型能使組織中的每位成員始終如一地做出良好的安全決策，並為客戶的安全團隊提供實現此目標的能力。

3.1.3 雲端安全治理模型的三種不同場景

1. 評估雲端安全現狀

利用 CSF 模型對整個組織中企業的網路安全狀態和成熟度（當前雲端安全現狀）進行評估，確定組織所需的雲端安全狀態（雲端安全建設目標），並計畫和確定實現目標建設所需的雲端資源和工作的優先順序。

2. 評估雲端產品和服務

針對當前和方案中的雲端產品和服務進行評估，實現與 CSF 類別和子類別一致的安全目標，以及辨識能力之間的差距和減小效率重疊或重複能力的機會。

3. 為雲端安全性群組織提供重組安全團隊，流程和教育訓練的參考

以 AWS 的認證系統和競訓平台為例，AWS 的教育訓練與認證能幫助企業了解不同知識儲備的員工可以透過哪些課程、認證和訓練平台來培養和提升雲端運算及雲端安全的技能。

3.1.4 雲端安全責任共擔模型

與傳統資料中心和 IDC 託管機房的安全責任共擔模型類似。在雲端上，雲端服務商和雲端使用者也具有統一的安全責任共擔模型框架。其可以減輕雲端使用者的營運負擔，因為雲端服務商負責運行、管理和控制從主機作業系統

和虛擬層到服務營運所在設施的物理安全性群元件。客戶負責管理其作業系統（包括更新和安全更新）、其他相關應用程式軟體，以及雲端服務商提供的安全性群組防火牆的設定策略範本。客戶應該選擇適合自己的服務，因為他們的責任取決於所使用的服務種類和範圍，即服務與其 IT 環境的整合及適用的法律法規。責任共擔還為雲端使用者提供部署所需要的靈活性和控制力。以 AWS 的安全責任共擔模型為例，這種責任區分通常涉及雲端「本身」的安全和雲端「內部」的安全。

1. AWS 的安全職責

AWS 負責保護 AWS Cloud 中提供的所有服務的全域基礎架構，這是 AWS 的第一要務。該基礎架構包括運行 AWS 服務的硬體、軟體、網路和設施。儘管你不能存取我們的資料中心或到辦公室看到此保護，但是我們提供了第三方稽核報告，這些報告已經驗證了我們對各種電腦安全標準和法規的遵守。

除了保護全域基礎架構，AWS 還負責其產品的安全設定，這些產品被視為託管服務。這種類型的服務包括 Amazon DynamoDB，Amazon RDS，Amazon Redshift，Amazon EMR，Amazon WorkSpaces 等。這些服務提供了基於雲端資源的可伸縮性和靈活性，並具有被管理的額外好處。對於這些服務，AWS 可以處理訪客作業系統（OS）、資料庫修補、防火牆設定，以及災難恢復之類的基本安全任務。整體而言，安全性設定工作由服務執行。

2. 客戶的安全職責

借助 AWS 雲端，客戶可以在數分鐘而非數周的時間內設定虛擬伺服器、儲存、資料庫和桌面，還可以使用基於雲端的分析和工作流工具來隨選處理資料，然後將其儲存在自己的資料中心或雲端中。客戶使用的 AWS 服務必須確定客戶執行了多少設定工作，這是安全職責的一部分。屬於基礎架構即服務（IaaS）的易於了解的 AWS 產品（如 Amazon EC2，Amazon VPC 和 Amazon S3）完全在客戶的控制之下，並且要求客戶執行所有必要的安全設定和管理任務。與所有服務一樣，客戶應該保護自己的 AWS 帳戶憑證，並使用 IAM（Identity and Access Management）設定單一使用者帳戶，以便每個使用者都有自己的憑證，並且還可以實現職責分離。AWS 建議對每個帳戶使用多因素進行身份驗證，要求使用 SSL/TLS 與客戶的 AWS 資源進行通訊，還建議使用 AWS CloudTrail 設定 API 或使用者活動日誌記錄。

3.1.5 雲端平台責任共擔模型分類

為了了解 AWS 服務的安全性和共同責任，我們將其分為三個類別：基礎設施服務、容器服務和抽象服務。每個類別都有一個安全性所有權模型，具體如下。

1）基礎設施服務：包括計算服務，如 Amazon EC2，以及相關的服務，如 Amazon Elastic Block Store（Amazon EBS），Auto Scaling 和 Amazon Virtual Private Cloud（Amazon VPC）。借助這些服務，使用者可以使用與本地解決方案相似且與之基本相容的技術來建構雲端基礎架構，還可以控制作業系統，並設定和操作可提供對虛擬化堆疊使用者層存取權限的任何身份管理系統。

2）容器服務：其通常在單獨的 Amazon EC2 或其他基礎架構實例上運行，但有時使用者不管理作業系統或平台層。AWS 為這些「容器」提供託管服務。使用者負責設定和管理網路控制（如防火牆規則），並負責獨立於 IAM 管理平台等級的身份和存取管理。容器服務包括 Amazon Relational Database Services（Amazon RDS），Amazon Elastic Map Reduce（Amazon EMR）和 AWS Elastic Beanstalk。

3）抽象服務：包括進階儲存、資料庫和訊息傳遞服務，如 Amazon Simple Storage Service（Amazon S3），Amazon Glacier，Amazon DynamoDB，Amazon Simple Queuing Service（Amazon SQS） 和 Amazon Simple Email Service（Amazon SES）。這些服務對平台或管理層進行了抽象，使用者可以在該平台或管理層上建構和運行雲端應用程式，還可以使用 AWS API 存取這些抽象服務的端點，然後 AWS 會管理它們所駐留的基礎服務元件或作業系統。使用者共用底層基礎架構，而抽象服務則提供了一個多租戶平台，該平台以安全的方式隔離使用者的資料並提供與 IAM 的強大整合。

1. IaaS 安全責任共擔模型

Amazon EC2，Amazon EBS 和 Amazon VPC 等基礎架構服務在 AWS 全域基礎架構之上運行。它們在可用性和耐用性目標方面各不相同，但始終都在發佈的特定區域內運行。使用者可以透過在多個可用區域中使用彈性元件來建構滿足可用性目標的系統，這些系統可以滿足超過 AWS 單一服務的可用性目標的要求。圖 3-1-1 描繪了 IaaS 安全責任共擔模型的建構區塊。

圖 3-1-1

就像在自己的資料中心一樣，使用者可以在 AWS 全球基礎架構上建構並在 AWS 雲端中安裝和設定作業系統和平台，然後在平台上安裝應用程式，最終使用者的資料將駐留在自己的應用程式中，並被使用者管理。除非有更嚴格的業務或符合規範性要求，否則使用者無須在 AWS 全球基礎架構提供的保護之外引入其他保護層。

對於某些符合規範性要求，使用者可能需要在 AWS 服務與應用程式和資料所在的作業系統和平台之間附加一層保護。使用者可以施加其他控制措施，如保護靜態資料和保護傳輸中的資料，或在 AWS 和平台的服務之間引入不透明層。不透明層可以包括資料加密、資料完整性認證、軟體、資料簽名、安全時間戳記等。

AWS 提供了可用於保護靜態資料和傳輸資料的技術，或可以引入自己的資料保護工具，再或可以利用 AWS 合作夥伴的產品。

使用者可以管理對 AWS 服務進行身份驗證資源的存取方式，但是如果想要存取 EC2 上的作業系統，則需要一組不同的憑證。在 IaaS 安全責任共擔模型中，使用者擁有作業系統證書，但是 AWS 可啟動使用者對作業系統進行初始存取。

當從標準 AMI 啟動新的 Amazon EC2 實例時，使用者可以使用安全的遠端系統存取協定（如安全外殼（SSH）或 Windows 遠端桌面協定（RDP））和該實例。但是使用者必須在作業系統等級成功進行身份驗證後，才能根據需要存取和設定 Amazon EC2 實例，然後設定所需的作業系統身份驗證機制，包括 X.509 證書身份驗證、Microsoft Active Directory 和本地作業系統帳戶。

為了啟用對 EC2 實例的身份驗證，AWS 提供了非對稱金鑰對，被稱為 Amazon EC2 金鑰對，它們是業界標準的 RSA 金鑰對。每個使用者可以有多個 Amazon EC2 金鑰對，並且可以使用不同的金鑰對啟動新實例。Amazon EC2 金鑰對與之前討論的 AWS 帳戶或 IAM 使用者憑證無關，憑證控制對其他 AWS 服務的存取，而 EC2 金鑰對僅控制對特定實例的存取。

使用者在安全且受信任的環境中，可以選擇使用 OpenSSL 等業界標準工具生成自己的 Amazon EC2 金鑰對，並且可以僅將金鑰對的公共金鑰匯入 AWS，同時要安全地儲存私密金鑰。如果使用者採用這種方式，筆者建議使用高品質的亂數產生器。

使用者可以選擇由 AWS 生成 Amazon EC2 金鑰對。在這種情況下，第一次創建實例時會同時向使用者顯示 RSA 金鑰對的私密金鑰和公開金鑰。由於 AWS 不儲存私密金鑰，因此使用者必須下載並安全地儲存 Amazon EC2 金鑰對的私密金鑰，如果遺失則必須重新生成一個金鑰對。

對於使用 cloud-init 服務的 Amazon EC2 Linux 實例，當從標準 AWS AMI 啟動新實例時，Amazon EC2 金鑰對所對應的公開金鑰將被附加到初始作業系統使用者的～ /.ssh /authorized_keys 檔案中。然後，透過將用戶端設定為使用正確的 Amazon EC2 實例使用者名作為其身份（如 ec2-user），並提供用於使用者身份驗證的私密金鑰檔案，該使用者可以使用 SSH 用戶端連接到 Amazon EC2 Linux 實例。

對於使用 ec2 config 服務的 Amazon EC2 Windows 實例，當從標準 AWS AMI 啟動新實例時，ec2config 服務會為該實例設定一個新的隨機管理員密碼，並使用對應的 Amazon EC2 金鑰對的公開金鑰加密。使用者可以透過 AWS 管理主控台或命令列工具提供對應的 Amazon EC2 私密金鑰來解密，從而獲得 Windows 的實例密碼。該密碼和 Amazon EC2 實例的預設管理帳戶可用於對 Windows 實例進行身份驗證。

AWS 提供了一組靈活、實用的工具來管理 Amazon EC2 金鑰，並為新啟動的 Amazon EC2 實例提供業界標準的身份驗證。如果使用者有更高的安全性要求，則可以實施替代身份驗證機制，包括 LDAP 和 Active Directory 身份驗證，並禁用 Amazon EC2 金鑰對身份驗證。

2. PaaS 安全責任共擔模型

AWS 責任共擔模型也適用於容器服務，如 Amazon RDS 和 Amazon EMR。對這些服務，AWS 管理基礎架構、基礎服務、作業系統和應用程式平台。舉例來說，Amazon RDS for Oracle 是一項託管資料庫服務，其中 AWS 負責管理容器的所有層，包括 Oracle 資料庫平台。對 Amazon RDS 等服務，AWS 平台提供資料備份和恢復工具，但使用者有責任根據業務的連續性和災難恢復（BC／DR）策略設定和使用工具。對於 AWS Container 服務，使用者應對資料和存取容器服務的防火牆規則負責。舉例來說，Amazon RDS 提供 RDS 安全性群組，而 Amazon EMR 允許使用者透過 Amazon EC2 實例的 Amazon EC2 安全性群組管理防火牆規則。圖 3-1-2 描述了容器服務的責任共擔模型。

3. SaaS 安全責任共擔模型

對於諸如 Amazon S3 和 Amazon DynamoDB 的抽象服務，AWS 運行基礎架構層、作業系統和平台，使用者可以透過存取端點來儲存和檢索資料。另外，Amazon S3 和 Amazon DynamoDB 與 IAM 緊密整合，其中使用者負責管理資料（包括對資產進行分類），並負責使用 IAM 在平台等級對單一資源應

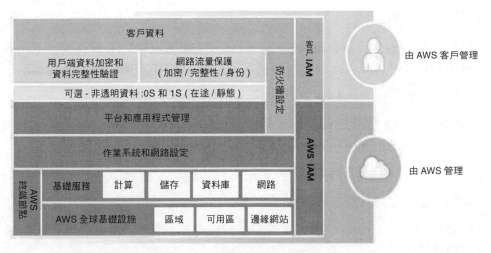

圖 3-1-2

用 ACL 類型的許可權,或在 IAM 使用者或群組等級應用基於使用者身份或使用者責任的許可權。對於某些服務(如 Amazon S3),使用者還可以對負載使用平台提供的靜態資料加密,或對負載使用平台提供的 HTTPS 封裝,以保護往返於服務的資料。圖 3-1-3 所示為 AWS 抽象服務的責任共擔模型。

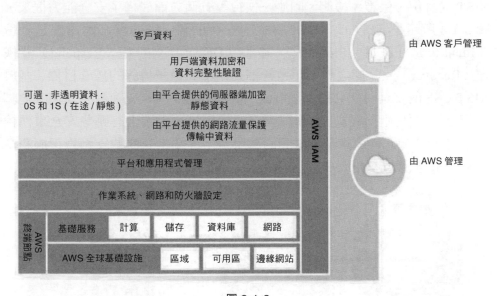

圖 3-1-3

4. 共用控制模型

共用控制模型適用於基礎設施層和客戶層，但卻是位於完全獨立的上下文或環境中的控制系統。在共用控制系統中，AWS 會提出基礎設施方面的要求，而客戶必須在使用 AWS 服務時提供自己的控制系統實施。範例如下：

更新管理：AWS 負責修補和修復基礎設施內的缺陷，而客戶負責修補其使用者的作業系統和應用程式。

設定管理：AWS 負責維護基礎設施和裝置的設定，而客戶負責設定其使用者的作業系統、資料庫和應用程式。

認知和教育訓練：AWS 負責教育訓練 AWS 員工，而客戶必須負責教育訓練自己的員工。

特定於客戶的控制系統：完全由客戶負責（基於其部署在 AWS 服務中的應用程式）的控制系統，包括客戶在特定安全環境中需要路由的資料或對資料進行分區的服務和通訊保護或分區安全性。

5. 基於 NIST CSF 的安全責任共擔模型

NIST 從身份、保護、檢測、回應、恢復等五個方面建構了安全能力框架，圖 3-1-4 所示是 NIST CSF 的網路空間安全框架。它的核心部件就是身份（Identify）、保護（Protect）、檢測（Detect）、回應（Respond）、恢復（Recover）。除此之外，其還詳細列出了二級子目錄的控管目標。基於 NIST CSF 的安全責任共擔模型解決的具體問題：雲端上有哪些使用者連結的資產需要保護？雲端上有哪些安全保護措施？雲端上有哪些安全事件檢測服務？雲端上有哪些安全應急回應服務？雲端上有哪些安全恢復服務？NIST CSF 框架已被絕大多數重點產業或關鍵技術設施參考和使用。

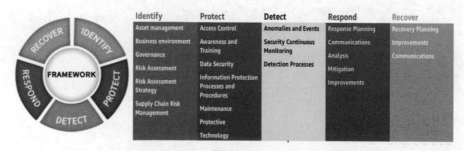

圖 3-1-4

3.2 如何建構雲端安全治理模型

3.2.1 雲端安全治理模型設計的七個原則

注重資料保護的雲端安全治理模型，應具備以下七個設計原則：

1）實施精細的身份基礎：實施最小許可權原則，並在每次與 AWS 資源互動時透過適當的授權實施職責分離。集中身份管理旨在消除對長期靜態憑證的依賴。

2）啟用自動化符合規範的可追蹤性：即時監視、警示和審核操作及對環境的更改。將日誌和度量標準的收集與系統整合在一起，以進行自動調查並採取措施。

3）所有層級應用的安全性：採用具有多種安全控制措施的縱深防禦方法，這適用於所有層，如網路邊緣、VPC、負載平衡，以及每個實例、計算服務、作業系統、應用程式和程式。

4）自動化安全最佳實踐：基於軟體的自動化安全機制可提供快速、經濟、高效的安全擴充能力。創建安全的系統結構，包括在版本控制的範本中，以程式的形式實現控制項的定義和管理。

5）保護傳輸中和靜態的資料：在適當的情況下，將資料分成敏感度不同的等級並使用諸如加密、權杖化和存取控制等機制。

6）讓人們遠離資料原則：即使用機制和工具來減少或消除對資料的直接存取或手動處理的需求，這樣在處理敏感性資料時可以減少誤操作、修改及人為錯誤的風險。

7）自動化安全事件回應：準備一個具有事件管理和調查的政策和流程，讓其與你的組織要求對齊。運行事件回應模擬並使用自動化工具來提升檢測、調查和恢復的速度。

3.2.2　基於隱私的雲端安全治理模型

將 AWS CAF 與 NIST 隱私框架（NIST Privacy Framework）結合使用，會幫助你的組織就如何在遷移期間管理雲端中的資料做出更好的隱私意識決策。這兩個框架都鼓勵你評估當前狀態，確定目標狀態，然後在開始或完成雲端遷移時進行更改，以支持你的隱私風險管理程式。

當組織遷移到雲端上時，雖然有機會提升安全性標準，但你還需要考慮如何更進一步地保護雲端中的隱私。根據組織的雲端成熟度，雲端的採用可能需要整個組織的根本變化。AWS CAF 可幫助你為組織創建可行的企業範圍的雲端遷移計畫。同樣，NIST 隱私框架也是一種自願性和可自訂的工具，其在組織內部透過將隱私風險與其他風險建立等效性，鼓勵跨組織協作來管理隱私風險。因此，與 AWS CAF 結合使用的 NIST 隱私框架將使你更輕鬆地將隱私實踐轉移到雲端中。

第 **4** 章

雲端安全規劃設計

本章介紹雲端安全在需求、規劃、建設和實施路徑方面的設計。不同規模、不同產業的企業對雲端安全的起點要求是不一樣的,為了更進一步地幫助使用者選擇適合自己的安全建設目標和路徑,我們基於 SbD(Security by Design)方法並結合使用者的實際情況和發展方式,梳理出雲端安全建設的參考路徑,從而提供給使用者可參考的、持續的雲端安全規劃和建設路徑。

4.1 雲端安全規劃方法

SbD 是一種跨產業、標準的大規模雲端安全和雲端符合規範規劃設計方法。當為所有的安全性階段設計安全性和符合規範性的功能時,客戶可以使用 SbD 在 AWS 客戶環境中設計任何內容,如許可權、日誌記錄、信任關係、加密執行、要求經批准的電腦映射等。SbD 使客戶能夠自動執行 AWS 帳戶的前端結構,將安全性和符合規範性可靠地編碼至 AWS 帳戶,讓不符合規範的 IT 控制成為過去。

客戶可以透過創建一種安全且可重複的雲端基礎架構來實現安全性,並可以捕捉、保護和控制特定的基礎架構控制元素。這些元素可以為 IT 元素部署符合安全性的流程,如預先定義和約束 AWS IAM,AWS KMS 和 AWS CloudTrail 的設計。

SbD 遵循與品質設計(QbD)相同的一般概念。品質就是設計,是品質專家約瑟夫 M．朱蘭(Joseph M. Juran)首先提出來的,為品質和創新而設計是「朱蘭三部曲」的三個通用流程之一,其中「朱蘭三部曲」描述了實現新產品、服務和流程突破所需的條件。製造公司採用 QbD 方法的整體轉變是確保將品質內建於製造過程中，而不再將後期生產品質檢查作為控制品質的主要方式。

與 QbD 概念一樣，在雲端中設計安全性可以透過系統設計規劃、實施和維護雲端中的安全服務和業務。這是一種可靠的方法，其可以確保將雲端安全技術和服務部署到整個生命週期中，實現即時、可擴充和可靠的雲端安全性和符合規範性。如果只依靠審核功能來解決當前有關安全性的問題是不可靠或不可擴充的。

4.1.1　SbD 的設計方法

AWS 的 SbD 是一種雲端安全保障系統設計方法。它可以幫助使用者規劃、設計和實現 AWS 帳戶設計的規範化、安全控制的自動化，以及稽核簡化的目標和路徑。透過在 AWS CloudFormation 中使用 SbD 範本，雲端中的安全性和符合規範性將更高效、更簡化、更自動，而且更適合不同規模的雲端使用者。

針對在 AWS 中運行的客戶的基礎設施、作業系統、服務和應用程式，SbD 概述了控制責任、安全基準的自動化、安全設定和客戶對控制的稽核。此設計具有標準化、自動化、規範化且可重複的特點，可根據常見的使用案例、安全標準和稽核要求跨產業和工作負載進行部署。

4.1.2　SbD 的目標

透過 SbD 可以幫助使用者實現以下目標：

- 創建強制性功能，使具有不可修改功能的使用者無法覆蓋。
- 建立可靠的控制操作。
- 啟用持續的即時審核。
- 監管策略技術指令稿的編寫。

結果是使用者獲得一個具有安全、保證、管理和符合規範性功能的自動化環境。現在，使用者可以實施策略、標準和規章中的內容，還可以創建強制性的安全和符合規範性規則，而這些規則可以幫助使用者創建一個適用於 AWS 環境的、可靠的功能性管理模式。

4.1.3 SbD 的過程

第 1 階段：了解你在雲端中的安全性與符合規範性的要求。

首先執行安全控制的合理化工作。你可以創建一個安全控制實施矩陣（CIM），該矩陣將辨識現有的 AWS 認證和報告中的內在性，並確定共用的、客戶架構最佳化的控制，無論安全要求如何，都應該在任何 AWS 環境中實施它。結果階段將提供特定的客戶地圖（如 AWS Control Framework），它將為客戶提供安全配方，以在整個 AWS 服務中大規模建構安全性和符合規範性。

安全控制實施矩陣致力於將功能和資源映射到特定的安全控制要求中。安全、符合規範和審核人員都可以將這些文件作為參考，以便更高效率地對 AWS 中的系統進行認證。圖 4-1-1 是 NIST SP 800-53 版本 4 控制安全控制矩陣，該矩陣概述了控制項實施參考架構和證據範例，它們滿足了 AWS 客戶環境的安全控制「風險緩解」要求。

Control ID	Subpart ID	Control Requirements	Implementation Guidance	Implementation Status	Defined in Stacks	Resources defined with Stack
AC-2		Account Management-Control: The organization:	Set AWS Identify and Access Management(IAM) to support common infrastructure personnel functions -Establishes IAM conditions for group and role membership	Partially	Yes	AWS::IAM::Role AWS::IAM::Group AWS::IAM::User, AWS::IAM::Policy
AC-2	a	a. idnetifies and selects the following types of information system accounts to support organizational missions/business fuctions:[Assignment:organizaiton-defined information system account types];	Established baseline AWS CloudTrail service enablement for data collection related to account usage, events and actions performed by personnel within the customer environment.		Yes	AWS::IAM::Role AWS::IAM::Group AWS::IAM::InstanceProfile
AC-2	b	c. Establishes conditions for group and role membership;			Yes	AWS::IAM::ManagedPolicy
AC-2	c	g. Mnitors the use of, information system accounts.			Yes	AWS:CloudTrail:Trail

圖 4-1-1

已具備安全服務（固有）：客戶可以根據其產業及與 AWS 相關的認證、證明和報告（如 PCI，MLPS，ISO 等），從 AWS 中引用和繼承安全控制元素。安全控制元素的繼承根據 AWS 提供的證書和報告不同而有所不同。

跨服務安全性（共用）：跨服務安全控制是指 AWS 和客戶在主機作業系統及使用者作業系統中實施的安全控制。這些控制包括安全技術、安全操作和安全管理（如 IAM、安全性群組、設定管理等）方面的措施，在某些情況下也可以部分繼承（如容錯）。舉例來說，AWS 在多個地理區域及每個區域內的多個可用區中建構其資料中心，從而提供最大的系統故障恢復能力。客戶可透過跨單獨的可用區進行架構設計來利用此功能，以滿足自己的容錯要求。

服務特定的安全性（客戶）：客戶的雲端安全控制措施可能基於他們在 AWS 中部署的系統和服務，而這些安全控制措施也可以利用多個跨服務控制項、安全性群組和定義的設定管理過程。

最佳化的 IAM、網路和作業系統控制：這些控制措施是組織根據領先的安全實踐、產業要求和安全標準部署的安全控制實現或安全增強功能，它們通常跨多個標準和服務，並且可以透過 AWS CloudFormation 範本和服務目錄將其編寫為已定義「安全環境」的一部分。

第 2 階段：建立「安全環境」。

這可以使你將我們提供的各種安全和稽核服務及功能聯繫在一起，並為安全、符合規範、稽核人員提供一種簡單的方法，即基於整個 AWS 客戶環境中的「最低特權」為安全性和符合規範性設定環境。這有助以某種方式調整服務，以便使你的環境在一個時間點或某個時間段內是安全且可審核的即時版本。

存取控制：創建群組和角色（如開發人員、測試人員或管理員），並為他們提供自己的唯一憑證，以便透過使用群組和角色來存取 AWS 雲端資源。

網路區域劃分：在雲端中設定子網以分隔環境（應保持彼此隔離）。舉例來說，要想將開發環境與生產環境分開，則設定網路 ACL，以控制流量在它們之間的路由。客戶還可以設定單獨的管理環境，以便透過使用堡壘主機限制對生產資源的直接存取來確保安全的完整性。

資源約束與監控：建立和使用與 Amazon EC2 實例相關的強化訪客作業系統和服務，以及最新的安全更新；執行資料備份並安裝防病毒和入侵偵測工具。部署監視、日誌記錄和通知警示。

資料加密：當資料或物件儲存在雲端中時加密，方法是上傳之前在雲端或用戶端自動加密。

第 3 階段：加強範本使用。

在創建「安全環境」後，你需要在 AWS 中強制使用它，可以透過執行服務目錄來執行此操作。在實施服務目錄後，有權存取該帳戶的每個人都必須使用你創建的 CloudFormation 範本創建其環境。當每次有人使用該環境時，所有這些「安全環境」標準規則和約束都將被應用。這就有效地實施了對其他客戶的帳戶進行安全設定，並為你做好稽核準備。

階段 4：執行驗證活動。

此階段的目標是確保 AWS 客戶可以支援基於公共的、公認的稽核標準的獨立稽核。審核標準提供了對審核品質的度量，以及當在審核 AWS 客戶環境中建構系統時要實現的目標。

AWS 提供了工具來檢測是否存在不符合規範的實際情況。AWS Config 為你提供了架構的當前時間點設定，另外你還可以利用 AWS Config Rules（該服務可以使你將安全環境用作權威標準）對整個環境中的控制項執行全面檢查。你將能夠檢測到誰未加密、誰正在打開 Internet 通訊埠，以及誰在生產 VPC 之外擁有資料庫，另外還可以檢查 AWS 環境中 AWS 資源的任何可測量特徵。

如果你正在使用的 AWS 帳戶並未建立和實施安全環境，那麼進行全面審核的能力就特別有價值。這樣，無論你如何創建帳戶，都可以檢查整個帳戶，並根據你的安全環境標準審核。借助於 AWS Config Rules，你還可以持續對帳戶進行監視，並且主控台會隨時顯示哪些 IT 資源符合標準。此外，你還可以知道使用者是否符合規範，即使在很短的時間內，這就使得時間點和時間段審核極為有效。由於稽核過程在各個產業中不同，因此 AWS 客戶應根據其產業領域查看所提供的稽核指南，如有可能，儘量請具有「雲端意識」的稽核組織參與，並了解 AWS 提供的獨特稽核自動化功能。

此外，AWS 透過安全的讀取存取權限，以及獨特的 API 指令稿提供了多種稽核證據收集功能，其中指令稿可實現稽核自動化的證據收集。這就為審核員提供了執行 100% 審核測試的能力（相對於採用抽樣方法進行的測試）。

4.2 雲端資產的定義和分類

4.2.1 雲端中資產的定義與分類

在基於 ISO 27000 安全管理系統設計 ISMS 之前，使用者需要確定保護的所有資訊資產，然後設計一種在技術和財務上可行的雲端安全解決方案來保護它們。由於很難用財務術語量化每項資產，因此你可能會發現使用定性指標（如可忽略 / 低 / 中 / 高 / 非常高）是最好的選擇。

雲端資產的分類：基本要素，如業務資訊、流程和活動；支援基本要素的元件，如硬體、軟體、人員、網站和合作夥伴組織。

詳細資產樣本見表 4-2-1。

表 4-2-1

資產名稱	資產所有者	資產類別	依賴關係	成本
針對客戶的網站應用程式	電子商務團隊	主要	EC2、Elastic Load Balancing、RDS、開發	部署、替換維護、成本或損失後果
客戶信用卡資料	E-C 電子商務團隊	主要	PCI 卡持有人環境、加密、AWS PCI 服務	
人員資料	COO	主要	Amazon RDS、加密提供者、開發和營運 IT、第三方	
資料存檔	COO	主要	S3、Glacier、開發和營運 IT	
HR 管理系統	人力資源	主要	EC2、S3、RDS、開發和營運 IT、第三方	
AWS Direct Connect 基礎設施	CIO	網路	網路營運、電信提供商、AWS Direct Connect	
商業智慧基礎設施	BI 團隊	主要	EMR、Redshift、Dynamo DB、S3、開發和營運	
商業智慧服務	COO	主要	BI 基礎設施、BI 分析團隊	
LDAP 目錄	IT 安全團隊	安全性	EC2、IAM、自訂軟體、開發和營運	
Windows AMI	伺服器團隊	軟體	EC2、更新管理軟體、開發和營運	
客戶憑證	符合規範性團隊	安全性	日常更新：存檔基礎設施	

4.2.2　雲端中資料的定義與分類

資料分類是規劃雲端安全治理模型的核心，也是上雲端安全風險管理的基礎。它涉及辨識組織擁有或營運的資訊系統中正在處理和儲存的資料類型，還涉及確定資料的敏感性，以及資料面臨的損害、遺失或誤用可能產生的影響。為了確保有效的風險管理，組織應從資料的上下文開始倒推工作，並創建一種分類方案來對資料進行分類，該方案應考慮指定使用案例是否對組織的營運產生重大影響。舉例來說，如果是機密的，則需要完整性和可用性。

1. 資料分類

資料分類已經使用了數十年，以幫助組織做出決定，並以適當的保護等級保護敏感或關鍵資料。資料無論是在內部系統中進行處理或儲存還是在雲端中進行，資料分類都是根據組織的風險來確定資料的機密性、完整性和可用性的適當控制等級起點的。舉例來說，與一般的「公開」資料相比，被視為「機密」的資料應得到更高的安全標準。而資料分類可以使組織根據敏感性和業務影響來評估資料，以幫助組織評估與不同類類型資料相關的風險。

NIST 推薦企業使用資料分類，以便可以根據資訊的相對風險和重要性對資訊進行有效的管理和保護，並建議採取平等對待所有資料的做法。每個資料分類的等級都應該與建議的安全控制基準集連結，以提供與指定保護等級相對應的漏洞、威脅和風險的保護。

需要注意的是，資料過度分類產生的風險。有時組織會以相同的敏感度等級對大量不同的資料集進行廣泛的分類，這可能會進一步影響業務營運的昂貴控制措施而出現不必要的支出。這種方法還可以使組織將注意力轉移到不太重要的資料集上，並透過過度分類產生不必要的符合規範性要求，限制了資料的業務使用。

2. 資料分類方法

在建立資料分類策略時，下面的步驟不僅在開發階段會對你有所幫助，而且在重新評估資料集是否具有對應保護措施的適當層時也可以被用作度量。

以下是資料分類的方法，以及基於客戶在制定資料分類時可以考慮的國際公認指導原則。具體如下：

1）建立資料目錄。首先對組織中存在的各種資料類型、如何使用，以及是否由遵從性法規或政策來管理進行盤點，然後將資料類型分組為組織採用的資料分類等級之一。

2）評估業務關鍵功能並進行影響評估：確定資料集安全等級的重要方面是了解資料對業務的重要性。在評估業務關鍵功能之後，客戶可以對每種資料類型進行影響評估。

3）標籤資訊。進行品質保證評估，以確保資產和資料集在各自的分類桶中得到適當的標籤。此外，由於隱私或其他符合規範性問題，可能有必要為資料的子類型創建輔助標籤，以區分層中的特定資料集。Amazon SageMaker 和 AWS Glue 等服務可以提供洞察力和支援資料標記活動。

4）資產處理。當為資料集分配一個分類層時，會根據適合該等級的處理準則來處理資料，其中包括特定的安全控制措施。這些處理常式應當正規化，但也可以隨著技術的變化而調整。

5）持續監視。要繼續監視系統和資料的安全性、使用情況和存取模式，這可以透過自動（首選）或手動過程來完成，以辨識外部威脅，維護正常的系統操作、安裝更新並追蹤對環境的更改。

3. 現有資料分類模型

（1）國外五級數據分類模型

國外已經建立了對公共部門資料的分類方案，一般政府都採用三級分類方案，而大多數公共部門則使用較低的兩級分類方案。

此資料分類方案具有簡短的屬性清單和相關度量或標準，這可以幫助組織確定適當的分類等級。比如，華盛頓特區於 2017 年實施了一項新的資料政策，該政策的重點是提升透明度，同時仍保護敏感性資料。為此華盛頓特區實施了五層模型，具體如下：

等級 0：公開資料。公開的政府網站和資料集上的資料隨時可供公眾使用。

等級 1：公共資料，未主動發佈的資料，即不受公開揭露保護的資料或不受任何法律、法規或合約約束的資料。在公共 Internet 上發佈這些資料可能會危害資訊中人物的安全或隱私。

等級 2：供區政府使用的資料。高度不敏感的資料，可以在政府內部分發而不受法律、法規或合約的限制，其主要是政府日常業務的營運資料。

等級 3：機密資料。資料受法律、法規或合約的保護，或高度敏感，或受法律、法規或合約的限制，不得向其他公共機構揭露。這包括與隱私相關的資料，如個人身份資訊（PII）、受保護的健康資訊（PHI）、支付卡產業資料安全標準（PCI DSS）、聯邦稅收資訊（FTI）等。

等級 4：受限機密。未經授權揭露此類資料可能會給資訊中所辨識的人員造成重大損失或傷害，甚至死亡，或以其他方式嚴重損害該機構履行其法定職能的能力。

（2）國外三級數據分類模型

美國政府對國家安全資訊使用三級分類方案，如第 135261 號行政命令所述，該方案著重處理指示，如果該指令被揭露，則會對國家安全產生潛在影響（即機密性）。

機密資訊：可以合理地預期，在未經授權的情況下揭露會對國家安全造成損害的資訊。

機密：可以合理地預期，未經授權的揭露會嚴重損害國家安全的資訊。

最高機密：可以合理地預期，在未經授權的情況下進行揭露會嚴重損害國家安全的資訊。

在這些分級中，還可以應用輔助標籤，它們可以提供原始資訊並修改處理指示。

4. 資料分類中的注意事項

無論是初創還是確定的雲端運算旅程，建立資料分類規則都是非常重要的，其與透過審查現有的安全做法並根據更新的威脅建立更好的策略類似。下面介紹資料分類的注意事項，為客戶重新存取現有資料分類策略提供參考。

1）資料分散在各處：現代技術的廣泛使用及企業各個部門對資訊的依賴，表示大量資料需要在許多系統、裝置和最終使用者之間進行儲存、處理和傳輸。對於負責管理和保護大量資料的企業而言，可能會面臨重大挑戰。

2）組織內和組織間的依存關係：對資料需求的不斷增加，會在同一部門或具有類似任務需求（如醫院和醫療保健網路）的組織內，以及組織之間形成協作和共用資訊。

3）最終使用者知識：依賴最終使用者對資料進行標識和分類的模型（如用於機器學習過程的模型）容易出錯，並且常常不完整。另外，最終使用者可能缺乏對資料進行有效分類和管理的技能或風險意識。

4）資料分類器和標籤：通常缺乏對分類器的通用定義和了解，缺乏跨產業的標準或標籤的持久性。

5）上下文：上下文很重要。資訊的實際敏感性和重要性在很大程度上取決於其他因素，如資訊的使用方式和與人的關係，而非資訊的本質。當組織開發和實施資料分類時，它們是需要被考慮的因素。

4.2.3　AWS 三層資料分類法

在大多數情況下，AWS 建議從三層資料分類法開始，表 4-2-2 所示為三個層次及每個層次的命名約定，該方法足以滿足公共和商業客戶的需求。對於具有更複雜的資料環境或各種資料類型的組織，輔助標籤將很有幫助，而不會增加層的複雜性。我們建議使用對組織有意義的最少數量的層。

表 4-2-2

Data Classification	System Security Categorization	Cloud Deployment Model Options
Unclassified	Low to High	Accredited Public Cloud
Official	Moderate to High	Accredited Public Cloud
Secret and Above	Moderate to High	Accredited Private/Hybrid/Community Cloud/Public Cloud

我們需要根據組織和風險管理的需求制定自己的分類方案，尋求擺脫繁重分層計畫的方法，而使用更少的易於管理和分類的分層計畫，如三層模型。

4.3 雲端安全建設路徑

不同產業的企業上雲端的安全要求不同，不同規模的企業上雲端的路徑也不同，但是在上雲端的過程中，它們都會聚焦雲端安全和雲端符合規範的問題，也都經歷過安全落後帶來的重複成本的增加和風險，也都感受過安全建設路徑的曲折和艱辛，以及面臨價值無法表現等問題。

在上雲端過程中，所有公司都會將安全作為最高優先順序的工作。有的公司會將雲端安全作為上雲端的焦點，如基於線下發展主營業務的公司，在上雲時會提出個別層面的安全需求。有的公司會將雲端安全作為上雲端的重點，如向網際網路轉移主營業務的公司，在上雲時會提出多個層面的安全需求。有的公司會將雲端安全作為上雲端的亮點，如完全基於網際網路發展主營業務的公司，在上雲時會提出全面的安全需求。

與傳統資料中心的安全建設相比，雲端平台已經將安全技術和功能整合並融合在不同的技術層面和產品服務中，而且已經突破了很多傳統安全產品和服務無法解決的難題。舉例來說，不同品牌安全產品的日誌標準不統一，不同安全產品的功能整合困難耗時，安全產品功能無法有機融合到非安全產品中，以及安全功能自動化和智慧程度不高等問題。

為了在上雲端的不同階段能更順利地進行，企業選擇適合自身業務發展需求的雲端安全建設路徑是非常有必要的。為了更進一步地了解企業的不同發展階段，我們選擇了基於網際網路業務模式的使用者存取量這個指標來說明，並舉例說明不同發展階段的安全建設路徑和可參考的安全建設架構。

一般的初創公司都會經歷起步、升級、發展、合併、成熟等不同的發展階段，而在不同的發展階段，公司在 IT 資源上的投入與企業業務的發展業績是互相影響的。我們可以將 0 到千萬使用者的業務增長分為 5 個等級：0 ～ 1 萬使用者存取量；1 萬～ 10 萬使用者存取量；10 萬～ 50 萬使用者存取量；50 萬～ 100 萬使用者存取量；100 萬以上使用者存取量。根據不同等級，透過 AWS 的設計建議，客戶可以輕鬆地實現高性能、高可用、安全與符合規範的基礎架構。

4.3.1 起步階段的雲端安全建設路徑

1. 起步階段的安全現狀及重視安全的意義

大多數網際網路初創公司為了節省資源一般只架設一個網站，租用託管的一兩台伺服器，有的甚至將資料庫和應用安裝在一台主機上，即只要能連線網際網路就可以開展業務。它們在安全方面的投入幾乎為零，幾乎不會在這個階段考慮安全設計。因此，在傳統資料中心和 IDC 資源自建與租用模式下，最初的安全投入缺乏足夠的推動力。

創業初期就需要重視安全的意義：一是安全工作需要得到從上往下的重視和推動才可以彌補木桶中最短的一板；二是對於初創公司，全員參與安全工作、建構安全發展文化是最好的開始，也是節省安全成本的新起點；三是初創公司未來的快速和持續穩定發展都離不開安全與符合規範保障，因為在網際網路時代，它們會直接影響公司的信譽和品牌價值。

2. 起步階段的雲端安全建設需求

在全球化資料隱私保護的大環境下，公司更需要提前考慮基礎雲端平台安全、應用安全、開發安全、資料安全和業務安全等不同層面的安全需求。這就要求企業需要將安全作為應用軟體品質的重要指標，需要將符合規範嵌入到發展過程中，需要將隱私保護滲透到底層資料結構的邏輯中。因此，初創公司，特別是基於網際網路的創業公司，需要抓住雲端安全建設的新起點，制定安全性原則，為後面業務的快速、長期發展奠定安全與符合規範基礎。

在大多數網際網路初創公司的起步階段，由於缺乏人員和費用，在選擇雲端服務公司方面，它們可以利用雲端資源的優勢提前規劃啟用基本的、必要的安全功能設定，而且在雲端上可以先選擇免費的安全服務功能。雖然初期缺乏資源且費用非常有限，但是公司也需要初步了解安全系統框架，並選擇適合自身發展的安全框架模型。舉例來說，選擇將 GDPR 資料隱私保護作為上雲端安全系統框架的基礎，選擇將 CAF 作為上雲端分層安全系統框架建設的基礎，或選擇 CSF 的網路安全框架。

在管理層，建議明確三個安全性原則：

1）明確安全是否是未來業務發展的基礎安全功能指標。

2）明確安全是否是軟體品質的一部分。

3）明確資料安全等級。

在技術層，可以參考傳統的物理、網路、主機、應用和資料的分層模式設計安全需求，在雲端上我們更建議聚焦在職責範圍設計安全需求。因此，在上雲端初期基於 CAF 優先選擇免費的雲端安全服務和安全功能的需求如下。

1）帳號及許可權安全：設定三權帳號，選擇密碼輪換策略，啟用特權帳號免費的 MFA（Multi-Factor Authentication，多因素身份驗證）。

2）系統基礎安全防護：設定兩個 SA 安全性群組並設定最小的 ACL 存取控制策略。

3）資料安全保護：設定最需要保護的資料等級，啟用服務端 AWS 託管加密功能。

4）檢測與控制安全：參考 CIS 的 level1 安全基準線進行人工設定和人工檢測。

5）安全事件回應：選擇開發生命週期中的環節進行安全回應。

本階段建議客戶考慮的安全需求，如表 4-3-1 中的 NIST CSF 架構所示。

表 4-3-1

NIST CSF 框架		安全產品	
		安全需求類別	是否啟用
積極主動（Proactive）	辨識（Identify）	設定管理	不啟用
		系統管理	不啟用
		漏洞評估	啟用
		安全意識教育訓練	啟用
	保護（Protect）	存取管理	啟用
		資料隱藏	啟用
		DDoS 防禦	啟用
		終端防禦	不啟用
		防火牆	啟用
		操作技術教育訓練	不啟用

NIST CSF 框架		安全產品	
		安全需求類別	是否啟用
被動反應 （Reactive）	檢測（Detect）	入侵偵測系統	不啟用
		網路監控	不啟用
		SIEM	不啟用
	回應（Respond）	事件回應服務	不啟用
		問題單系統	不啟用
	恢復（Recover）	系統和終端備份	不啟用

3. 起步階段的雲端安全建設參考框架

在起步階段，我們建議在 AWS 上選擇集中部署模式，設定單可用區域、單 VPC、雙 SG 安全性群組和網際網路出口 IGW，將 EC2 伺服器部署到一個或兩個子網區域，其中 SG 等於傳統資料中心的防火牆，而且是 AWS 免費的功能。

本階段的安全建設策略是分層建構，主要聚焦在網路層和主機層，圖 4-3-1 是起步階段的網路架構圖。

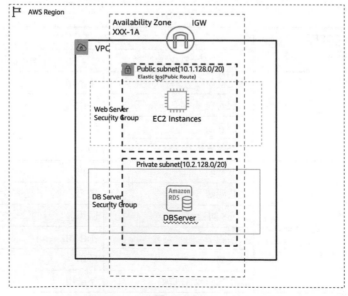

圖 4-3-1

4.3.2 升級階段的雲端安全建設路徑

1. 升級階段的安全現狀

隨著網站的存取人數越來越多，公司會發現系統的壓力越來越大，回應速度也越來越慢，而且比較明顯的是資料庫和應用互相影響，於是就進入了安全升級階段，即基於對業務發展速度的估算，開始增加基礎資源投入。

在這個階段，從性能的角度，公司需要將 Web 應用和資料庫進行分離部署，變成兩台主機、兩個子網區域。另外，為了確保使用者體驗和保證客戶存取性能，可以考慮負載平衡 ELB 服務，還可以考慮採用快取機制來減小資料庫連接資源的競爭和對資料庫讀取的壓力，同時可能會選擇將靜態頁面與動態頁面分開部署。這樣在程式上不做修改，就能極佳地減小 Web 的壓力。

從安全的角度，由於安全事件無法檢測，因此發生安全事件就會影響應用的正常運行。如果存在比較嚴重的存取控制漏洞和 Web 漏洞，則會導致嚴重的安全事故，甚至出現資料洩露和資料庫惡意刪除等。

從符合規範的角度，由於資料隱私保護的全球化和產業安全監管要求越來越嚴，因此如果不及時辨識符合規範需求並制訂安全與符合規範補救計畫，則會限制業務下一個階段的快速發展。

2. 升級階段的雲端安全建設需求

在這個階段，一般公司會開始考慮增加雲端安全人員和安全費用的預算。在基於 AWS CAF 安全防護框架選擇免費的雲端安全服務的同時，我們建議公司將 CSF 聚焦在 1 至 2 個安全能力上進行深入建設，如選擇「Identity」和「Protect」。由於在雲端上不用擔心傳統資料的物理安全和網路邊界的防護安全，因此公司可以根據 AWS 的責任共擔模型，優先選擇與使用者體驗和業務相關的安全需求進行規劃建設。同時，還要考慮到公司現有人力資源不足的問題，盡可能選擇容易啟用、無須太多維護的安全服務和功能，而且最好選擇自動化的安全功能和策略範本。

在管理層，建議明確五個安全性原則：

1）細化未來業務發展的基礎安全功能指標。

2）細化軟體品質中的安全管理策略。

3）細化資料安全等級。

4）設定專職安全角色。

5）設計安全責任共擔模型。

在技術層，需要開始聚焦更多雲端安全服務和安全功能，需求如下：

1）帳號及許可權安全：設定最小授權策略，設定密碼策略自動化監控，擴充免費的 MFA 使用範圍。

2）系統基礎安全防護：設定兩個以上 VPC 和三個以上 SA 安全性群組，啟用 VPC 日誌並設定連結日誌監控指標，設定分層的存取控制策略。

3）資料安全保護：細化保護資料等級，擴巨量資料加密的服務範圍。

4）檢測與控制安全：可以考慮配備安全 CIS 基準線掃描工具。

5）安全事件回應：選擇一種安全事件進行威脅建模或啟用整合多個威脅模型的服務。

本階段建議客戶考慮的安全需求，如表 4-3-2 所示。

表 4-3-2

NIST CSF 框架		安全產品	
		安全需求類別	是否啟用
積極主動（Proactive）	辨識（Identify）	設定管理	啟用
		系統管理	啟用
		漏洞評估	啟用
		安全意識教育訓練	啟用
	保護（Protect）	存取管理	啟用
		資料隱藏	啟用
		DDoS 防禦	啟用
		終端防禦	不啟用
		防火牆	啟用
		操作技術教育訓練	啟用

NIST CSF 框架		安全產品	
		安全需求類別	是否啟用
被動反應 （Reactive）	檢測 （Detect）	入侵偵測系統	不啟用
		網路監控	不啟用
		SIEM	不啟用
	回應 （Respond）	事件回應服務	啟用
		問題單系統	不啟用
	恢復 （Recover）	系統和終端備份	不啟用

3. 升級階段的雲端安全建設參考框架

在升級階段，由於業務系統剛剛部署，使用者的業務存取量還很少，人員和費用投入非常有限，因此我們建議在 AWS 上選擇集中部署模式，設定單可用區域、單 VPC、雙 SG 安全性群組和網際網路出口 IGW，其中將 EC2 伺服器部署到一個或兩個子網區域。

本階段的安全規劃和安全建設偏在於主動策略，因為業務發展不夠穩定。雲端安全規劃需要聚焦在資料層、應用層、主機層和網路層。圖 4-3-2 為升級階段的網路架構圖，但是這個小型的架構存在一些問題，如當存取量突然增加時，主機可能無法支援業務存取量，而且沒有業務轉移和資料容錯機制。

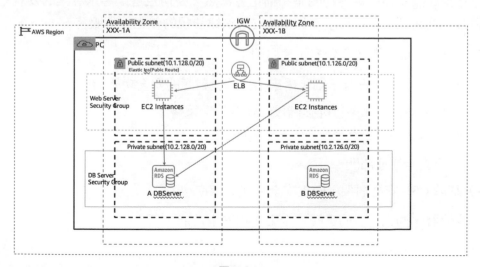

圖 4-3-2

4.3.3　發展階段的雲端安全建設路徑

1. 發展階段的安全現狀

這個階段，很多初創公司的業務已初具規模，有了一定的使用者量，成本投入開始有了收益。以 Web 應用為例，正在迫切地考慮升級網際網路 Web 應用基礎架構。基於對業務發展速度的估算，其開始增加對基礎資源的投入。在大多數情況下，它們開始考慮高可用性，主機從 1 台擴充到多台，為了確保使用者體驗和保證客戶存取性能，開始考慮將 Web 與資料庫分開部署。

在網站吸引了部分使用者之後，逐漸會發現系統的壓力越來越大，回應速度越來越慢，而這個時候比較明顯的是資料庫和應用互相影響，於是進入了第一步升級演變階段：將應用和資料庫從物理上分離，變成兩台主機，這時技術上沒有新的要求，但你會發現確實產生了效果，系統又恢復到以前的回應速度，並且支撐住了更高的流量，而且資料庫和應用不會互相影響。

2. 發展階段的雲端安全建設需求

這個階段，大多數初創公司已經進入穩定的發展期，開始關注安全和符合規範要求對業務發展的短期和長期的影響，開始深入全面地規劃和設計安全功能和符合規範的策略和目標。本階段，公司加強了對業務保障的安全驅動，基於之前兩個階段的安全性原則和安全措施的實際情況，本階段的安全規劃和安全建設路徑會更容易明確和細化。當然，公司也可以尋求專業的安全諮詢方，讓它們提供基於產業和當地安全法律法規的差距評估服務。

在管理層，建議明確三個安全性原則：

1）基於 CSF 安全框架，細化未來業務發展對應的安全功能指標。

2）細化軟體開發和運行維護階段的安全管理策略。

3）將資料安全和隱私保護細化為三個等級。

4）設定安全管理部門。

5）基於 CSF 安全框架，細化安全責任共擔模型。

在技術層，擴充更多的雲端安全服務和安全功能，需求如下：

1）帳號及許可權安全：設定多帳號最小授權策略、許可權邊界策略、密碼策略自動化監控、帳號金鑰自動化監控，以及 MFA 使用帳號和資料保護範圍。

2）系統基礎安全防護：設定獨立的 VPC 安全區、兩個以上 VPC 和三個以上 SA 安全性群組，啟用所有 VPC 日誌，並在 CloudWatch 中設定連結日誌監控指標，規劃和啟用安全性記錄檔集中管理平台。

3）資料安全保護：細化保護資料等級並建立資料生命週期中的安全措施列表，規劃建設點對點的資料加密功能。

4）檢測與控制安全：啟用 Inspector 的安全服務，可以考慮配備安全 CIS 基準線掃描工具。

5）安全事件回應：啟用 config 或 Security Hub 建構半自動化安全事件回應。

本階段建議客戶考慮的安全需求，如表 4-3-3 所示。

表 4-3-3

NIST CSF 框架		安全產品	
		安全需求類別	是否啟用
積極主動（Proactive）	辨識（Identify）	設定管理	啟用
		系統管理	啟用
		漏洞評估	啟用
		安全意識教育訓練	啟用
	保護（Protect）	存取管理	啟用
		資料隱藏	啟用
		DDoS 防禦	啟用
		終端防禦	啟用
		防火牆	啟用
		操作技術教育訓練	啟用
被動反應（Reactive）	檢測（Detect）	入侵偵測系統	不啟用
		網路監控	啟用
		SIEM	不啟用
	回應（Respond）	事件回應服務	啟用
		問題單系統	啟用
	恢復（Recover）	系統和終端備份	啟用

3. 發展階段的雲端安全建設參考框架

在發展階段，安全性群組架構和人員投入已經基本合格，安全規劃投入開始增加。為了確保業務能夠更穩定、更安全地發展，公司需要在高可用設計的基礎上，全面提升安全架構。舉例來說，設定獨立安全可用區域，設計多個VPC 和多個 SG 安全性群組，啟用安全自動化評估、自動化日誌收集和自動化監控回應工具和服務。根據業務的發展規模，設計多帳戶部署結構，使整個安全架構覆蓋到 CSF 的五個能力。

本階段的安全規劃和安全建設策略是平台化策略。雲端安全規劃需要聚焦在資料層、應用層、主機層和網路層，圖 4-3-3 所示為發展階段的網路架構圖。

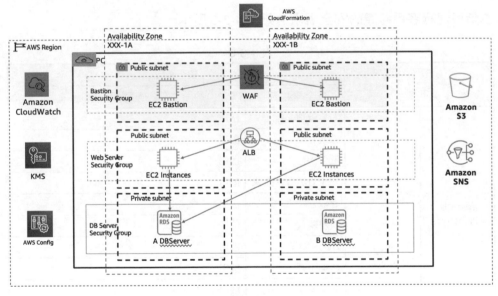

圖 4-3-3

4.3.4　整合階段的雲端安全建設路徑

1. 整合階段的安全現狀

這個階段，公司的業務重心可能會出現變化和調整，核心業務和非核心業務會出現合併和重組。如何確保公司的整體業務順利完成合併，實現業務的連續性和平穩過渡；如何做好安全保障工作，這是很多公司的 CIO 和 CTO 最需要關注的。

2. 整合階段的雲端安全建設需求

在本階段，初創公司開始考慮安全功能與符合規範能力的全面提升，以便為業務的合併和整合提供支撐和安全符合規範保障。

在治理層，建議規劃與業務發展戰略匹配的安全符合規範建設策略。

在管理層，建議明確三個安全性原則：

1）基於 CSF 安全框架，分層建設安全能力指標。

2）細化軟體開發和運行維護階段的安全管理策略。

3）將資料安全和隱私保護細化為三個等級。

4）設定安全管理部門。

5）基於 CSF 安全框架細化安全責任共擔模型。

在技術層，擴充更多雲端安全服務和安全功能，需求如下：

1）帳號及許可權安全：設定多帳號最小授權策略、許可權邊界策略、密碼策略自動化監控、帳號金鑰自動化監控，以及 MFA 使用帳號和資料保護範圍。

2）系統基礎安全防護：設定獨立的 VPC 安全區、兩個以上 VPC 和三個以上 SA 安全性群組，啟用所有 VPC 日誌，並在 CloudWatch 中設定連結日誌監控指標，規劃和啟用安全性記錄檔集中管理平台。

3）資料安全保護：細化保護資料等級並建立資料生命週期中的安全措施列表，規劃建設點對點的資料加密功能。

4）檢測與控制安全：啟用 Inspector 的安全服務，可以考慮配備安全 CIS 基準線掃描工具。

5）安全事件回應：啟用 config 或 Security Hub 建構半自動化安全事件回應。

本階段建議客戶考慮的安全需求，如表 4-3-4 所示。

表 4-3-4

NIST CSF 框架		安全產品	
		安全需求類別	是否啟用
積極主動（Proactive）	辨識（Identify）	設定管理	啟用
		系統管理	啟用
		漏洞評估	啟用
		安全意識教育訓練	啟用
	保護（Protect）	存取管理	啟用
		資料隱藏	啟用
		DDoS 防禦	啟用
		終端防禦	啟用
		防火牆	啟用
		操作技術教育訓練	啟用
被動反應（Reactive）	檢測（Detect）	入侵偵測系統	啟用
		網路監控	啟用
		SIEM	啟用
	回應（Respond）	事件回應服務	啟用
		問題單系統	啟用
	恢復（Recover）	系統和終端備份	啟用

3. 整合階段的雲端安全建設參考框架

本階段的安全建設策略是自動化策略，主要聚焦在綜合保護能力上，圖 4-3-4 為整合階段的網路架構圖。

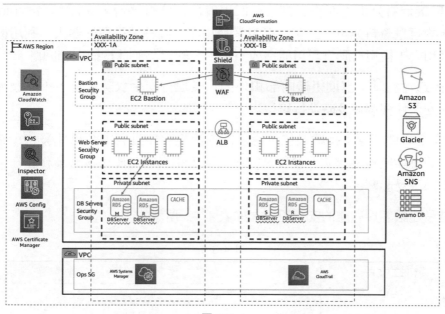

圖 4-3-4

4.3.5 成熟階段的雲端安全建設路徑

1. 成熟階段的安全現狀

在這個階段，公司已經過了業務快速發展期，目標是尋求穩健、可持續的發展。客戶的整體系統架構趨於成熟，經過前面幾個階段的安全建設，其安全防護能力獲得了有效提升，基本上可以確保業務不會受到大的突發性網路攻擊的威脅。

2. 成熟階段的雲端安全建設需求

本階段，公司開始考慮量化安全能力建設，在安全方面的投入更具前瞻性和融合的能力。

在治理層和管理層，請參考整合階段的建議。

在技術層，擴充更多的雲端安全服務和安全功能，需求如下：

1）巨量資料分析：部署資料湖和使用者行為分析平台，進行 7×24 小時不間斷的巨量資料分析，並結合自身業務特點，訓練智慧型機器人，利用機器學習和人工模型自動發現可能造成不利影響的行為並進行捕捉和回應。

2）滲透性測試：定期組織內部和外部人員進行安全攻防演練，不斷發現系統的安全性漏洞並及時進行修復。

3）安全事件回應：持續最佳化應急回應流程，一旦有安全事件發生，確保整個系統能夠做到預防、發現、檢測、回應和修復，確保核心業務在任何情況下都不受影響。

本階段建議客戶考慮的安全需求，如表 4-3-5 所示。

表 4-3-5

NIST CSF 框架		安全產品	
		客戶需求類別	是否啟用
積極主動（Proactive）	辨識（Identify）	設定管理	啟用
		系統管理	啟用
		漏洞評估	啟用
		安全意識教育訓練	啟用
	保護（Protect）	存取管理	啟用
		資料隱藏	啟用
		DDoS 防禦	啟用
		終端防禦	啟用
		防火牆	啟用
		操作技術教育訓練	啟用
被動反應（Reactive）	檢測（Detect）	入侵偵測系統	啟用
		網路監控	啟用
		SIEM	啟用
	回應（Respond）	事件回應服務	啟用
		問題單系統	啟用
	恢復（Recover）	系統和終端備份	啟用

3. 成熟階段的雲端安全建設參考框架

本階段的安全建設策略是量化整合策略，主要聚焦在綜合防禦能力建設上。
圖 4-3-5 所示為成熟階段的網路架構圖。

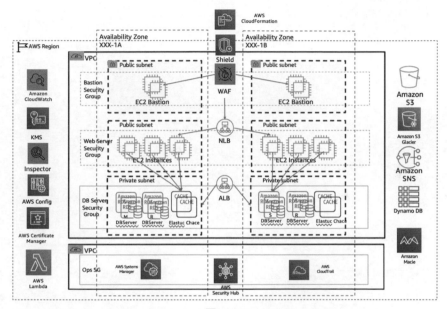

圖 4-3-5

第 5 章

NIST CSF 雲端安全建設實踐

本章將雲端運算安全建設實踐對應到 NIST CSF 框架中，以 AWS 雲端運算安全服務為例，介紹雲端運算安全建設實踐中的安全辨識能力、安全保護能力、安全檢測能力、安全回應能力、安全恢復能力。

NIST CSF 框架中對應的客戶需求，如表 5-0-1 所示。

表 5-0-1

NIST CSF 框架		主要產品類別	
		客戶應有需求	客戶進階需求
積極主動（Proactive）	辨識（Identify）	設定管理	應用程式安全測試
		系統管理	可選
		漏洞評估	滲透性測試
		安全意識教育訓練	可選
	保護（Protect）	存取管理	加密
		資料隱藏	入侵防禦系統
		DDoS 防禦	安全的映像檔或容器
		終端防禦	強大的認證
		防火牆	防火牆策略管理
		操作技術教育訓練	可選
被動反應（Reactive）	檢測（Detect）	入侵偵測系統	資料分析
		網路監控	資料洩露防禦
		SIEM	可選
	回應（Respond）	事件回應服務	終端檢測和回應
		問題單系統	法政分析
	恢復（Recover）	系統和終端備份	高可用和映像檔服務

5.1 雲端安全辨識能力建設

NIST CSF 框架中辨識能力對應的 AWS 安全服務與措施，如表 5-1-1 所示。

表 5-1-1

CSF 類別	建構能力	序號	對應 AWS 服務	核心作用
辨識能力	辨識雲端資產，管理帳戶的帳號、認證和授權策略	1	AWS Identity & Access Management（IAM）	安全地管理對服務和資源的存取
		2	IAM access analyzer	分析整個 AWS 環境中的公共帳戶和跨帳戶的存取功能
		3	AWS Organizations	集中控制與管理 AWS 的多帳戶服務
		4	AWS Directory Service	託管的 Microsoft Active Directory 通用使用者管理服務
		5	AWS Single Sign-On	雲 SSO 服務
		6	Amazon Cognito	應用程式身份管理
		7	AWS Control Tower	自動設定基準環境或登入區
		8	AWS Resource Access Manager	用於分享 AWS 資源的簡單而安全的服務
		9	AWS Trusted Advisor	最佳化性能和安全性服務

5.1.1 雲端安全辨識能力概述

雲端安全辨識能力包含六個子項：資產管理、業務環境、治理、風險評估、風險管理策略和供應鏈風險管理。

資產管理（ID.AM）：根據組織對業務目標和組織風險戰略的相對重要性，對讓組織實現業務目標的資料、人員、裝置、系統和設施進行辨識和管理。

業務環境（ID.BE）：了解組織的使命、目標、利益相關者和活動並確定優先順序。

治理（ID.GV）：了解用於管理和監視組織的法規、法律、風險、環境和營運要求的政策和流程，並為網路安全風險管理提供資訊支撐。

風險評估（ID.RA）：了解組織營運（包括任務、職能、形象或聲譽）、組織資產和個人面臨的網路安全風險。

風險管理策略（ID.RM）：確定組織的優先順序、約束、風險容忍度和假設，並用於支持營運風險決策。

供應鏈風險管理（ID.SC）：建立組織的優先順序、約束、風險容忍度和假設，並用於支援與管理和供應鏈風險相關的風險決策。但前提是，該組織已經建立並實施了辨識、評估和管理供應鏈風險的流程。

使用雲端運算服務的客戶，其辨識能力需要考慮幾個方面：確定雲端上的虛擬資產和軟體資產，以建立資產管理計畫。辨識組織制定的網路安全政策，以定義治理計畫，以及辨識與本組織網路安全能力相關的法律法規要求。辨識雲端資產的脆弱點和對內部和外部組織資源的威脅，以及作為組織風險評估基礎的風險應對活動。確定組織的風險管理策略，包括建立風險容忍度。

5.1.2 雲端安全辨識能力組成

1. 身份辨識與存取控制

主流的雲端廠商通常都會使用身份辨識與 IAM 來控制使用者和雲端資源的許可權和存取，其中 IAM 控制對哪些使用者進行身份驗證（登入）和授權（具有許可權）以存取資源，這樣當使用者存取雲端上資源時，就無須在應用程式上使用密碼或憑證，避免了許可權洩露的風險。IAM 策略是一組許可權策略，可以被附加到使用者或雲端資源上，以授權他們存取的資源範圍及對資源執行的操作。IAM 一般包含使用者、使用者群組、角色、策略及第三方身份提供商物件等，其中使用者或使用者群組是與雲端服務進行互動的單一使用者或群眾實體；角色可以視為具有某些許可權的身份，但它並不應該具備長期憑證，而是在與物件目標（使用者、應用、服務等）進行連結時，使用者會被授予臨時的特定許可權，這在跨帳戶存取資源時非常有用；策略就是可以授權的許可權，而第三方身份提供商物件就是聯合使用者的提供方，如基於 LDAP 協定進行認證和授權的企業傳統目錄。

認證和授權是 IAM 需要具備的最基本的存取控制過程。在認證過程中，IAM 透過用戶名、密碼或憑證對主體進行身份驗證。IAM 也需要支援 MFA 的方式，來對根使用者（超級管理員）等特殊許可權帳號進行認證。在授權過程中，IAM 應該支持基於角色的存取控制（Role-Based Access Control，RBAC）和基於屬性的存取控制（Attribute-Based Access Control，ABAC），以便進行細顆粒的許可權控制。在多帳戶、多使用者的大型企業中，由於一個一個控制每個存取物件的許可權非常不方便，因此為了方便管理，IAM 還應該能夠限制單帳戶中的使用者或角色的最大許可權範圍，並且可以在多帳戶的企業中，幫助其設定某個帳戶或帳戶群組的最大許可權使用範圍，同時能夠提供基於階段的臨時許可權，以及提供支援第三方身份提供商物件聯合身份的驗證。

2. 存取控制分析器

雲端上的存取權限管理也並非萬無一失，在複雜架構場景下，企業在設定身份與存取管理中很容易缺失某些關鍵細節，而在授予特權操作過程中的微小失誤往往就會導致嚴重的安全問題，因此使用存取控制分析器來監控資源策略和管理存取的過程很有必要。

存取控制分析器的主要作用是分析外部使用者從外部帳戶存取組織或帳戶內資源的風險，這些外部使用者可以是某個帳戶、某個帳戶中的使用者（包括第三方聯合身份使用者）、角色或某個服務等實體。透過辨識帳戶中與外部實體共用的資源，存取控制分析器可以發現和分析可能產生安全隱憂的策略風險，如角色、儲存桶或金鑰的過度授權等。存取控制分析器一般需要先定義信任區域，而對所有來自非信任區域的存取，則要收集和展示存取資源的詳細資訊，以供安全管理員了解和發現風險並可以立即對有風險的策略進行處置。這就表示你可以以整體和安全的方式控制存取權限，而不必單獨查看每個資源的策略，節省了分析資源策略和跨帳戶判斷公眾可存取性的時間，並且實現了自動化的持續監控，這對於存取控制來說，是非常重要的補充功能之一。

3. 多帳戶管理服務

存取與控制管理服務對單一使用者或小規模的企業非常有效，但在擁有多個分支機構或部門的大型企業中，使用同一個帳戶會增加非常多的安全風險，並且策略管理也會異常複雜。因此，企業往往會使用多帳戶來隔離不同的工作職能，為組織的每個「部門」建立一個帳戶，並僅允許某些特定使用者存取需要建構特定於該帳戶本身的服務。這樣一來，每個帳戶都可以在較大的組織內提供針對其功能的特定服務，而且方便成本管理和資源分組。

企業透過多帳戶管理服務，可以提供組織在安全性、符合規範性上的能力，其中服務控制策略是必不可少的組成部分。企業透過利用服務控制策略，可以根據組織層面的管理要求來設定對特定帳戶或一組帳戶的限制條件，禁止某些特定的存取行為，並且可以確保這些策略具有比其他控制和授權策略更高的優先順序。

雲端平台若能夠提供多帳戶管理服務來從組織層面劃分許可權，則可以簡化多個帳戶創建層次結構的工作，這就解決了大規模多帳戶環境下的管理複雜度和統一的服務限制控制策略問題，保證了企業整體管理和安全管理策略的一致性。

4. 目錄服務

由於在大型企業中往往都已經存在本地主動目錄，因此雲端中的身份與本地目錄的「對話」或將本地目錄移到雲端中就顯得十分重要。對雲端服務商來說，需要將本地的 AD 與雲端中的服務結合，這樣管理員就可以方便地使用原有的主動目錄來管理使用者，以及對資訊和資源進行存取。這裡應該包含多種靈活的存取方式，當企業雲端中的應用程式需要支援 Active Directory 或 LDAP 時，能提供雲端中託管的主動目錄管理服務，它能夠支援將 Active Directory 的各種應用程式移到雲端中。除了應該確保所有相容性的應用都可以與託管 AD 中的憑證一起使用，目錄服務還應該支援聯合身份的場景。若僅需要允許本地使用者使用其 Active Directory 憑證登入到雲端中的應用程式和服務，目錄服務也需要支援將引用連接到本地 AD 使用的簡單方法，以確保託管聯合身份架構的成本和複雜性。

5. SSO

SSO 就是保證一個帳戶在多個系統上實現單一使用者登入的功能。隨著服務在雲端環境下被劃分得越來越細，SSO 就越來越成為雲端服務商必不可少的功能。透過 SSO，雲端使用者可以一鍵登入和存取組織中所有授權的帳戶和應用中的資源，雲端服務商可以集中管理所有帳戶和雲端應用的存取。SSO 還可以幫助企業管理常用的第三方軟體，即 SaaS 應用程式，以及自訂應用程式（支援安全斷言標記語言（SAML）2.0）的存取和許可權。

6. 第三方行動端的連線和認證

隨著行動應用的普及，雲端平台應該能夠為 Web 和行動應用程式提供身份驗證、授權和使用者管理的服務，即使用者可以透過第三方應用的身份來登入並存取雲端上的資源。這裡的兩個主要元件是使用者池和身份池。使用者池為應用程式提供註冊和登入選項的使用者目錄，身份池是授予使用者存取雲端上服務許可權的元件，透過這兩個元件的配合可以完成使用者透過應用服務商已有的身份對雲端資源存取的工作，方便行動端的存取和管理。

7. 自動化可信評估

雲端服務商一般都會根據自己長期的安全營運經驗，複習出各種最佳實踐，而透過自動化的可信評估服務，使用者可以快速得到基於最佳實踐的評估和指導，從而減少安全風險、提升容錯能力、監控服務資源用量和改善服務性能。

這類服務往往不會事無鉅細地進行基於最佳實踐的全面的差距分析，但企業應該確保服務會對涉及安全性的關鍵策略進行監控和檢查，如儲存桶的策略、安全性群組的過度授權和不受限制存取狀態、根帳戶是否使用多因數認證、是否存在存取日誌記錄、存取金鑰是否曝露、資料庫實例是否多區域部署等。

8. 自動化符合規範監控

在管理和評估資源變動方面，企業需要一個自動化的設定符合規範監控工具來提升治理、稽核和通知追蹤的能力。雲端上的設定符合規範監控服務可以為企業提供雲端中資源及其當前設定的詳細清單，同時還可以持續監控任何記錄的更改。

透過這個服務，企業首先可以預建構範本、自訂設定規則，之後便可以自動化評估這些設定和更改不符合企業預先定義的設定。比如，當發現一種或多種資源的設定、檢索一個或多個資源的歷史設定、生成當前設定的快照、隨選進行資源設定、監控任何操作（創建、修改或刪除）資源並通知管理員，以及展示資源之間的關係等不符合規範時，能自動進行修復。

在企業中，內部審核監控各類設定的符合規範性是一個詳細而複雜的過程，而此時如果企業能提供所有操作的清晰的歷史記錄是非常重要的，這有利於稽核人員快速進行組織評估。在擁有設定符合規範監控服務後，企業只需要創建和實施符合符合規範性要求的計畫，之後便可以對複雜雲端環境中設定的安全性和符合規範性進行自動化監控，一旦出現不當改變就會第一時間發出警報，無論是透過自動修復還是通知安全管理人員進行處置，這都會極大地提升雲端中的安全性。

5.1.3 雲端安全辨識能力建設實踐

雲端安全的起始點是辨識雲端資產和辨識安全風險。與雲端上安全相關的資產主要是指雲端的虛擬資源，包括虛擬機器、儲存、資料庫、在 PaaS 上部署的各類雲端基礎設施的設定、應用工作負載和資料等。同時，與企業安全相關的資產包括人員組織架構、運行維護管理政策、流程和工具等。

1. 辨識雲端資產

以 AWS 雲端為例，表 5-1-2 列舉了客戶在 AWS 上常常用到的資產。

表 5-1-2

分類	雲端資產實體	AWS 雲端實現
基礎架構類	計算	EC2、Lambda 函數、Elastic Beanstalk、ECR、ECS、EKS、自建 Kubernetes 容器、製作的虛擬機器和容器的映像檔、標籤 tag 等
	儲存	EBS、S3 Glacier、EFS、FSx、Storage Gateway
	網路	VPC、VPN、CloudFront、Direct Connect、API Gateway、負載平衡器、Route53、IP 位址資源
	資料庫	託管的關聯式資料庫 RDS（MySQL、SQL Server、Oracle、Postgrad SQL）、Aurora、key-Value 資料庫 DynamoDB、DocumentDB、記憶體中資料庫 ElastiCache、圖資料庫 Nepture、資料倉儲 RedShift、在 EC2 虛擬機器上自建的各種資料庫
	作業系統	各類版本的 Linux，各種不同版本的 Windows 等
應用系統類	OA 系統	自建或第三方
	門戶網站	自建或第三方
	身份管理系統	IAM 或第三方
	SAP 系統	自建或第三方
	輔助業務系統	自建或第三方
	核心業務系統	自建或第三方

雲端上的標籤，是一個非常重要的功能。其可以為各類資源附加標籤，也可以為雲端的運行維護管理提供強大的能力，而標籤本身也是企業需要管理的資產。雲端租戶的資產還包括保存在上述基礎架構類資產和應用系統類資產中的資料。

基於以上分類，雲端客戶辨識自己的資產一般有以下幾種途徑：

第一種是透過雲端平台提供的介面，以 AWS 為例，客戶透過 console 管理主控台，可以看到自己在各個不同類型服務中的資產清單、健康狀況及服務限制情況。圖 5-1-1 是 AWS EC2 服務的管理控制儀表板。

在這個儀表板中，我們可以看到當前帳戶在虛擬機器相關資源中的資產清單，包括虛擬機器的數量、類型和儲存卷冊，虛擬機器所使用的彈性 IP、快照數量，EC2 虛擬機器所使用的安全性群組等資訊。

圖 5-1-1

同樣，我們可以在管理主控台上看到雲端網路元件的資產情況，如圖 5-1-2 所示。

圖 5-1-2

從 VPC 主控台上可以看到，當前帳戶使用的虛擬私有網路 VPC 的數量，以及相關重要元件，如子網、路由表、網際網路閘道、存取控制清單、NAT、終端節點等資產的資訊。

同時，在主控台中，我們可以看到帳戶下 AWS Config 服務的所有資源清單，如圖 5-1-3 所示。

圖 5-1-3

第二種是透過程式的方式實現，如透過雲端平台服務的 API 開發的管理工具，成熟的雲端平台都提供豐富的 API，開發者可以透過 API 實現資源的創建、更改、刪除、查詢等操作，其能實現的操作和管理主控台的大致相同，有時甚至會更全面，如批次處理能力。透過此類途徑實現資產辨識的典型代表是雲端管理平台（Cloud Management Platform，CMP）。目前，市場上有多種此類工具，它們按照統一的形式搜集各類資源資訊並展示在一個介面中，以方便客戶看到全部資產，但是看到的每類資產的資訊比較少，一般只顯示部分基本資訊。

以 AWS 為例，AWS 的 EC2 服務提供了 25 類 148 個 API，其中包括啟動虛擬機器 EC2 實例、創建映像檔、為 EC2 實例和映像檔打標籤、各種查詢等功能。

第三種是命令列，也就是從命令行使用 AWS CLI 工具直接執行相關操作。這個方法和 API 類似，為日常的雲端運行維護和開發提供了非常強大的功能。這裡不再詳細說明。

2. 辨識並監控資產脆弱點

在雲端上，客戶需要知道自己的資產是否存在安全脆弱點，因為只有了解了自己的脆弱點才能做好防護，而雲端服務商提供以下方法幫助客戶去辨識並持續監控。

當初次接觸雲時，很多客戶對安全問題並不是很重視，這就會由於沒有正確合理地使用雲端服務，而導致出現安全問題，如被人掃描、利用軟體漏洞入侵等。針對這種情況，雲端服務商應該提供雲端安全最佳實踐的指導，告訴客戶可能存在的安全風險並指導他們完成安全架構部署和安全運行維護。以 AWS 為例，AWS 提供了安全最佳實踐的一系列白皮書，複習了全球客戶多年使用 AWS 的經驗和教訓，對客戶容易碰到的安全問題列出了詳細的建議。同時，AWS 還提供 Trust Advisor 和 Well Architect 等服務，其中優良的 Well Architect 框架可以幫助客戶在上雲端前和上雲端初期，就能從架構、運行維護規劃上關注安全問題並投入資源；在上雲端後，Trust Advisor 服務可以幫助客戶持續檢查安全相關的風險。由於雲端的服務比較多，很多服務也比較複雜，因此客戶就需要 AWS 提供 AWS Config 服務。該服務列舉了客戶帳戶下所有的雲端資產，並進行統一的管理，建立基準線並持續監控基準線的變化。該服務內建了大量已經設定好的規則，這可以幫助客戶控管資源的狀態，如是否加密傳輸、是否執行健康檢查等。該服務的主控台，如圖 5-1-4 所示。

隨著資料安全越來越受到重視，辨識資料安全的脆弱點也變得尤其重要，因此雲端服務商和客戶都需要為此投入大量資源。在雲端平台上，一個很重要的問題是辨識重要資料和敏感性資料，而 AWS 提供的 Macie 服務可以解決這一問題，即透過機器學習的方法對保存在 Amazon S3 上的資料進行分類和監控，防止敏感性資料的洩露和濫用。另外，很多其他安全公司也提供資料分類分級的解決方案。

圖 5-1-4

3. 辨識安全威脅

辨識雲端風險的脆弱點，就需要關注來自外部的安全威脅。外部攻擊或入侵的主要突破口是客戶對雲端平台的不合理或不正確的使用。除此之外，還有一些軟體資產附帶的脆弱點。為了減少這種問題的發生，客戶還要關注作業系統、中介軟體和應用軟體的安全。

根據雲端安全責任共擔模型，雲端的虛擬機器作業系統也是客戶需要維護的範圍，包括作業系統本身的安全性漏洞、映像檔的安全性和作業系統的存取控制，如安全性群組、存取控制清單、安全更新等。一般雲端平台都會提供各類系統軟體的漏洞資訊，這些資訊大多都來自權威的第三方威脅情報資料庫，或雲端服務商自己的安全風險情報資料庫。

針對中介軟體和應用軟體的風險處理，在安全管理上除了要不斷關注威脅情報中的相關漏洞資訊和各種新出現的攻擊手段，還要在雲端平台上透過日常運行維護的工作，如系統更新、監控等方式減少風險。

5.2　雲端安全保護能力建設

NIST CSF 框架中保護能力對應的安全服務與措施，如表 5-2-1 所示。

表 5-2-1

CSF 類別	建構能力	序號	對應 AWS 服務	核心作用
保護能力	對雲端基礎設施和客戶資訊進行保護	1	AWS Shield	DDoS 防護服務，用於防禦各類 DDoS 攻擊
		2	AWS WAF	Web 應用防火牆，用於防禦各類 Web 攻擊
		3	AWS Firewall Manager	統一防火牆策略管理系統，實現 WAF 和安全性群組的統一策略控制
		4	AWS Secrets Manager	輪換、管理和檢索加密
		5	AWS Certificate Manager	證書管理器
		6	AWS Key Management Service (KMS)	金鑰管理系統，實現 CMK 的生命週期管理
		7	AWS CloudHSM	硬體加密機

5.2.1 雲端安全保護能力概述

雲端安全保護能力是雲端服務商提供的基本安全保護的能力，以確保客戶的應用程式能夠安全地在雲端上運行。其主要表現在幾個方面：透過嚴格的身份管理策略和最小授權原則，確保正確的人在正確的時間存取正確的資源；能夠抵禦常見的針對應用程式的網路攻擊，如 DDoS 攻擊、Web 攻擊等；客戶儲存在雲端上的資料是經過可靠演算法進行加密的，以確保客戶資料不遺失；如果客戶的應用程式透過容器封裝，則雲端服務商應提供容器安全防護。

雲端保護能力包含六個子項：存取控制、意識和教育訓練、資料安全、資訊保護過程和程式、維護，以及保護技術。

存取控制（PR.AC）：對物理和邏輯資產及相關設施的存取僅限於授權使用者，並對未授權的存取活動和交易的風險進行管理。

意識和教育訓練（PR.AT）：向組織人員和合作夥伴提供網路安全意識教育並接受教育訓練，以便按照相關政策、程式和協定履行與網路安全有關的職責。

資料安全（PR.DS）：根據組織的風險策略對資訊和記錄（資料）進行管理，以保護資訊的機密性、完整性和可用性。

資訊保護過程和程式（PR.IP）：維護安全性原則（解決目的、範圍、角色、職責、管理承諾及組織實體之間的協調）、過程和程式，並將其用於資訊系統的管理和資產的保護。

維護（PR.MA）：按照政策和程式進行工業控制系統和資訊系統元件的維護和修理。

保護技術（PR.PT）：管理安全解決方案以確保系統和資產的安全性和彈性，並與相關的政策、程式和協定保持一致。

5.2.2　雲端安全保護能力組成

1. VPC

一般來說雲端服務商都會從技術、法規、安全和經濟的角度在各個國家和地區建設一個或多個資料中心。除了要保證資料中心在性能和延遲的最佳表現，他們往往會從資料安全性、各國隱私要求和物理位置安全性的角度來考慮雲端基礎設施的最佳位置。一般一個區域會包含多個互相獨立、物理隔離的可用區。在一個區域內，會存在一個與傳統資料中心的網路架構極其相似的虛擬網路，這個網路一般可以跨多個可用區，被稱為 VPC（Virtual Private Cloud）。VPC 的邏輯概念如圖 5-2-1 所示。

在 VPC 中，企業可以透過虛擬化的方式來啟動和管理所需的 IT，從而實現傳統環境中網路的邏輯隔離和安全局劃分，同時也可以獲得雲端中彈性伸縮和靈活部署的體驗。雖然不同的雲端服務商的 VPC 定義有所區別，但一般包含 VPC 虛擬網路、子網、路由表、閘道（網際網路閘道、虛擬閘道等）、VPC 終端節點、安全性群組、網路存取控制清單（NACL）、網路位址編譯（NAT）、彈性 IP 等。VPC 可以被看作一個獨立虛擬網路，它可以包含多個子網，每個子網在邏輯上可被看作一段 IP 位址，子網透過路由表的規則來決定雲端中流量的流向。若 VPC 需要與網際網路或其他 VPC 進行通訊，則閘道可以造成橋樑的作用。需要注意的是，對於不同帳戶中 VPC 的互聯，需要雲端服務商可以提供對等連接來實現高效的通訊。VPC 終端節點可以實現 VPC 在雲端中直接與其他雲端服務連接，而無須透過網際網路或建立 VPN 來實現，以確保通訊在內部雲端服務商的網路內完成，安全性群組和網路存取控制清單分別對實例和子網進行存取控制，保證網路層的安全性，限制風險曝露面。需要注意的是，從網路的方便性和可實施性的角度考慮，建議 VPC 不要跨區域分佈，子網最好限制在一個可用區內。VPC 終端節點不要支援跨區域的 VPC 與資源的連通，以免造成安全風險，安全性群組規則與實例都應該屬於同一個區域，而一個網路位址編譯元件也應該只對同一個可用區實例流量生效。

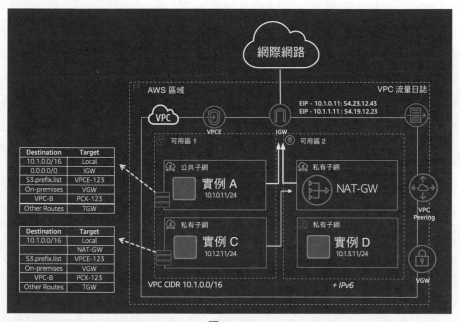

圖 5-2-1

2. DDoS 與 WAF 防護

在雲端環境下，針對實例、負載平衡器、域名解析等物件，資源的可用性和安全性都非常重要。無論是針對巨量 DDoS 分散式拒絕服務攻擊還是針對基於 OWASP 十大威脅的各類應用層威脅，雲端廠商都應該提供基礎性的防護能力。

針對網路和傳輸層的 DDoS 防禦，可以極佳地結合原生的 CDN（內容分發網路）來增加緩解高流量攻擊的容量，同時還可以實現更接近原始伺服器的過濾和基於地理位置的清洗，更加靈活地利用全球的資源來幫助企業降低巨量攻擊的影響。針對應用層的請求，企業需要應用防火牆 WAF 來有條件地對 Web 攻擊提供保護，比如針對 SOL 注入、惡意指令稿、來自特定 IP 或地區或請求中包含某類字串等。需要注意的是，為了降低誤操作的影響，WAF 規則除了允許和組織，還應該包含計數規則。另外，雲端服務商強大的生態夥伴往往可以提供託管的規則來幫助企業實現不同場景下的訂製需求。

在管理控制方面，雲端服務商應該提供針對 DDoS 防禦和 WAF 規則的統一管理能力。一方面，企業可以設定一次性的規則和策略，並將策略應用到不斷被增加的新的被保護資源上，而無須重複設定，這樣可以降低人為誤操作的風險，確保管理的一致性。另一方面，雲端服務商也應該支持某個特定類型或特定標籤的所有資源，這對於大型企業靈活地保護不斷變化的組織物件非常有幫助。另外，統一的管理能力也方便企業進行集中監控和控管，同時也能提升安全防禦能力和管理能力。

3. 加密管理服務

加密管理服務是指用於管理數位身份驗證憑證的工具，包括用於應用程式、服務、特權帳戶等敏感資源的密碼、金鑰、API 憑證、權杖、SSH 金鑰、SSL 私密金鑰和密碼等。由於許多應用程式需要憑證才能連接到資料庫、需要 API 金鑰才能呼叫服務或需要證書才能進行身份驗證，因此機密資訊數量和種類的激增，使得安全儲存、傳輸和審核機密資訊變得越來越困難，故憑證和密碼的安全傳送和管理變成了一項十分複雜的工作。雲端服務商應該提供憑證和機密資訊的管理工具來幫助企業在其整個生命週期中儲存、檢索和管理機密資訊。該工具需要可以儲存、檢索、輪換、加密和監視機密資訊的使用情況。

4. 證書管理服務

隨著企業的互聯裝置、員工數量和使用應用的不斷增加，確保只有授權使用者才能請求證書、隨時保持每個證書的續訂等工作將變得非常複雜。證書管理服務是一項託管的證書管理服務，可以方便企業轉換、管理和部署與雲端上服務一起使用的公共和私有 SSL/TLS 證書，而無須再像耗時的傳統證書管理方式一樣，手動購買、上傳和續訂 SSL/TLS 證書。證書管理服務能夠幫助企業建立自己的 CA，以便可以發行和管理數位憑證，這些證書可以大大降低企業以前為內部服務和裝置購買公有證書或自建私有 CA 基礎設施付出的成本，同時因為設定方便，也簡化了證書的申請流程，縮短了部署時間。

5. 金鑰管理服務

雲端上的資料保護與傳統環境中的一樣，都非常重要。若你在應用程式的設定中，將密碼或 API 金鑰之類的機密資訊儲存為明文，將會帶來極大的風險。由於絕大多數網站和應用都可能被託管在雲端上的共用環境中，因此只要打開應用程式的設定檔，任何有權存取的使用者都可以獲得密碼或 API 金鑰。因此，企業需要雲端上的金鑰管理服務來創建和控制用於加密資料的金鑰。將金鑰存放在安全的保管資料庫中，透過存取權限管理，並隨時取出對有需要的物件進行加解密是一種非常安全的做法。金鑰管理服務的主要資源是客戶主金鑰，通常主金鑰可以加密或解密 4096 位元組的資料，但其對於雲端中包含很多巨量資料的資料庫、儲存等服務來講是遠遠不夠的。因此，我們會透過金鑰管理服務來生成、加密和解密資料金鑰，再用這些資料金鑰來加密巨量資料，而資料金鑰又會透過主金鑰進行加密保護或解密使用，這就是被稱為「信封加密」技術的原理。

在一些特殊情況下，如符合規範要求、多雲端或混合 IT 環境，敏感級較高的應用程式和工作負載可能會被要求用基於雲端的硬體模組進行金鑰管理。

相比託管的金鑰管理服務，將金鑰存放在硬體管理平台中最大的好處是除了符合規範，主金鑰還可以被匯入或匯出，同時又省去了硬體預置、軟體修補、高可用性和備份的繁瑣工作。另外，雲端服務商僅負責監控其運行狀態和可用性，而沒有許可權參與到儲存金鑰材料的創建和管理工作中，確保了安全性。

企業一般會採用用戶端加密或服務端加密兩種方式對檔案進行加密處理。用戶端加密資料庫旨在讓使用者在資料發送之前可以在本地瀏覽器等用戶端使用業界標準和最佳實踐輕鬆加密和解密資料，以便讓使用者專注於應用程式的核心功能，而非如何更進一步地加密和解密資料。無論是用戶端的加密還是服務端的，都可以透過請求金鑰管理服務來獲得資料金鑰或利用應用程式或服務資源中儲存的主金鑰來加密資料。

6. VPC 傳輸閘道

雲端服務商需要提供 Transit Gateway 來集中建立 VPC 之間的連接。一方面，這樣資料在區域間傳遞時可以自動加密，並且不會在公共網際網路上進行傳播。另一方面，這個服務也可以簡化跨區域及雲端與本地之間的存取帶來的網路複雜性，並能將所有內容合併到一個集中管理的閘道中，而且沒有單點故障或避免出現頻寬瓶頸，防止邊緣網路攻擊帶來的威脅。對於大型企業，VPC 可能位於不同的區域中，如果要實現混合網路架構就需要複雜的網路路由，Transit Gateway 可以幫助企業集中管理所有 VPC 和邊緣的連接，快速辨識問題並對網路上的故障和事件做出反應。Transit Gateway 需要能夠提供網路聯通性的各類統計資訊和日誌，包括頻寬使用情況、資料封包流計數和資料封包捨棄計數等。

7. 雲端直連

雲端直連可以使企業透過專用連接而非透過公共 Internet 來存取公有雲端服務。與透過在網際網路中建立隧道不同，雲端服務商會提供與傳統網路部署中類似的專線服務，這個服務最大的特點就是允許不使用網際網路來建立本地與雲端的連接，一般使用業界標準的 IEEE 802.1Q 來建立直接連接，這些專用連接可以劃分為多個虛擬介面，以便用於連接存取公共資源或私有資源，同時保持公共和私有環境之間的網路隔離。這個服務還可以幫助企業降低網路成本、提升頻寬流量，是一種比基於網際網路連接更為一致的網路體驗的連接方式。

5.2.3 雲端安全保護能力建設實踐

1. VPC 安全建設實踐

隨著越來越多的企業選擇雲端運算服務，雲端運算環境也變得越來越複雜，這就需要企業必須從開始就制定全面、主動的安全性原則，並要隨著基礎架構的擴充而發展，以保持系統和資料的安全。

在雲端廠商提供的各類基礎設施中，VPC 承擔了非常重要的角色。在網路安全方面，VPC 提供了安全性群組和網路存取控制清單等進階安全功能，以及在實例和子網等級啟用入站和出站的篩選功能。了解針對 VPC 的最佳實踐，無論是對於正在維護現有 VPC 網路的企業，還是對於計畫遷移到雲端環境的企業，都是有益的。AWS 推薦的 VPC 安全架構，如圖 5-2-2 所示。

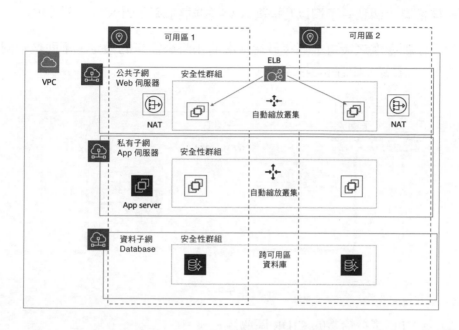

圖 5-2-2

下面我們詳細介紹企業設計 VPC 架構時需要遵守的安全原則：

（1）選擇滿足需求的 VPC 設定

VPC 是網路架構的基礎。設計一個良好的 VPC 網路架構需要考慮子網、網際網路閘道、NAT 閘道、虛擬私有閘道、對等連接、VPC 終端節點等的合理設定與安全管理，並要滿足具體業務的需求。考慮到 VPC 的複雜性及其對於系統的重要程度，強烈建議在規劃 VPC 時，企業要根據至少兩年後的擴充需求來設計 VPC 的具體實施。

下面以 AWS 雲端服務平台為例，當在 AWS 管理主控台的「Amazon VPC」頁面選擇「啟動 VPC 精靈」時，客戶會看到用於網路架構的四個基本選項：

- 僅帶有一個公有子網的 VPC。
- 帶有公有和私有子網的 VPC。
- 帶有公有和私有子網以及提供 AWS 網站到網站 VPN 存取的 VPC。
- 僅帶有一個私有子網以及提供 AWS 網站到網站 VPN 存取的 VPC。

客戶要仔細考慮之後再去選擇最適合當前和將來需求的設定。下面是一個簡單的 VPC 部署，如圖 5-2-3 所示。

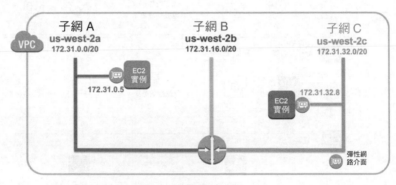

圖 5-2-3

（2）為 VPC 選擇恰當的 CIDR 區塊

在設計 VPC 實例時，客戶必須考慮所需的 IP 位址數量以及與資料中心的連接類型，然後再選擇 CIDR 區塊，其中包括 RFC1918 私有 IP 位址或公有路由 IP 的範圍。此外，在設計混合架構實現 VPC 與本地資料中心通訊時，要確保 VPC 中使用的 CIDR 範圍不重疊或不會與本地資料中心的 CIDR 區塊發生衝突。

（3）隔離 VPC 環境

本地環境中存在的物理隔離也應該是雲端環境實踐的重要原則。許多最佳實踐表明，最好要為開發、生產和預發佈創建獨立的 VPC。有許多人習慣在一個 VPC 中管理它們，但其難度是可想而知的。

（4）增強對 VPC 的保護

運行具有關鍵任務工作負載的系統需要多個層次的安全性，而企業透過遵循以下方法可以有效地保護 VPC。

- WAF 是一種 Web 應用程式防火牆，可以保護部署在 VPC 上的 Web 應用程式或使 API 免遭常見 Web 漏洞的攻擊，這些漏洞可能會影響可用性、損害安全性或消耗過多的資源。
- 為了防止未經授權使用或入侵網路，可以設定入侵偵測系統（IDS）和入侵防禦系統（IPS）。
- 啟動身份認證和存取管理，記錄操作日誌，審核和監視管理員對 VPC 的存取。
- 為了在不同區域或同一區域的 VPC 之間安全地將資訊傳輸到本地資料中心，可以設定點對點 VPN。

（5）在 VPC 上設定網路防火牆

VPC 上面的防火牆提供了一種虛擬防火牆的功能，可在實例等級控制入站和出站的資料流程。但是管理 VPC 網路安全的方式與傳統網路防火牆的使用方式有所不同。防火牆的中心元件是安全性群組，就是其他防火牆供應商稱為策略（或規則的集合）的群組。但是，安全性群組和傳統防火牆策略之間存在關鍵區別：

首先，安全性群組的規則中沒有特定的「操作」來宣告流量是被允許的還是被捨棄的。這是因為與傳統的防火牆規則不同，AWS 安全性群組中的規則預設都是允許的。

其次，安全性群組規則可以指定流量來源或流量目的地，但不能在同一規則上同時指定兩者。對於入站規則，我們可以指定流量的來源，但不能指定目的地。對於出站規則，我們可以設定目的地，但不能指定來源。這樣做的原因是，安全性群組始終將未指定的一方（來源或目的地）設定為使用該安全性群組的 EC2 實例。

（6）如不需要請勿打開 0.0.0.0/0（::/0）

透過在安全性群組中開放 0.0.0.0/0（IPv6 下為 ::/0）的通訊埠來允許 VPC 中的實例與外界通訊是很多專業人員在設定安全性群組時最常出現的錯誤，這樣使用者就會將其雲端資源和資料曝露於外部威脅中。因此，當制定安全性群組的策略時需要遵循「最小許可權原則」，僅開放所需的通訊埠，而非為了簡化管理讓網路曝露在威脅之下。同樣，我們還要關閉不必要的系統通訊埠。

（7）啟用和設定 VPC 流日誌

為 VPC 或子網或網路介面（ENI）等級啟用 VPC 流日誌，可以捕捉傳入和傳出 VPC 網路介面的 IP 流量的資訊。VPC 流日誌在控制介面中呈現為流經 EC2、ELB 和其他服務的彈性網路卡或雲端中安全性群組的記錄檔項目。透過檢索這些 VPC 流日誌的項目，可以檢測攻擊模式，以對 VPC 的內部異常行為和流量進行警報。

我們不必擔心 VPC 流日誌對生產環境網路的影響，因為流日誌資料的收集是在 VPC 網路流量路徑之外，故不會影響網路輸送量或產生延遲。

（8）用好 VPC 對等連接

VPC 對等連接是兩個 VPC 之間的網路連接，透過此連接，客戶可以使用私有的 IPv4 位址或 IPv6 位址在兩個 VPC 之間路由流量。這兩個 VPC 中的實例可以彼此通訊，就像它們在同一個網路中一樣。VPC 對等連接如圖 5-2-4 所示。

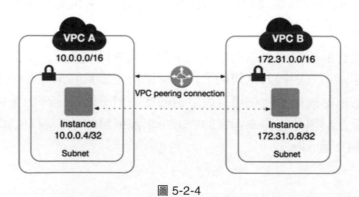

圖 5-2-4

雲端廠商可以使用 VPC 現有的基礎設施來創建 VPC 對等連接,該連接既不是閘道也不是 VPN 連接,並且不依賴某一單獨的物理硬體,沒有單點通訊故障也沒有頻寬瓶頸。

從安全性上來說,VPC 對等連接的網路流量都保留在私有 IP 空間中,而所有區域間的流量都經過加密,沒有單點故障或頻寬瓶頸。另外,流量一直處於全球 AWS 骨幹網中,不會經過公共 Internet,這樣可以減少面臨的威脅,如常見漏洞和 DDoS 攻擊。一般來說 VPC 對等連接可滿足許多需求,例如:

- 互連的應用程式需要在雲端內部進行私有和安全存取,通常這可能發生在單一區域中運行多個 VPC 的大型企業中。
- 系統已由某些業務部門部署在不同的帳戶中,並且需要共用或私有使用。
- 更好的系統整合存取,如客戶可以將其 VPC 與核心供應商的 VPC 對等。

2. DDoS 防禦建設實踐

雲端服務商應該提供針對 DDoS 的防禦措施,即 DDoS 防禦彈性架構。以 AWS 為例,AWS 服務自動包含某些形式的 DDoS 緩解措施。客戶可以透過結合使用具有特定服務的 AWS 架構和實施其他最佳實踐來進一步提升 DDoS 彈性。AWS Shield Standard 可以防禦針對客戶網站或應用程式的頻繁發生的網路和傳輸層 DDoS 攻擊,在所有 AWS 服務和每個 AWS 區域中均提供此功能。在 AWS 區域中,AWS Shield 會檢測到 DDoS 攻擊,並自動為流量設定基準,辨識異常並根據需要創建緩解措施。此安全服務提供了許多針對常見基礎結構層攻擊的保護。客戶可以將 AWS Shield 用作 DDoS 彈性架構的一部分,以保護 Web 和非 Web 應用程式。

此外,客戶可以利用在邊緣位置運行的 AWS 服務(例如 Amazon CloudFront 和 Amazon Route53)來建構針對所有已知基礎架構層攻擊的全面的可用性保護。當客戶從分佈在世界各地的邊緣位置服務 Web 應用程式流量時,使用這些服務可以提升應用程式的 DDoS 彈性。

圖 5-2-5 展示了彈性的 DDoS 防禦參考架構,其中包括 AWS 全球邊緣節點服務。

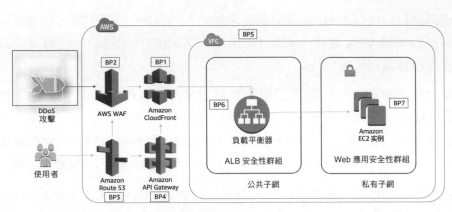

圖 5-2-5

此參考結構包括一些 AWS 服務，其可以幫助客戶提升 Web 應用程式抵抗 DDoS 攻擊的彈性。下面詳細介紹一下該參考架構。

（1）基礎設施層防禦

在傳統的資料中心環境中，客戶可以使用超額設定容量部署 DDoS 緩解系統或借助 DDoS 緩解服務清理流量等技術來緩解基礎設施層 DDoS 攻擊。AWS 會自動提供 DDoS 緩解功能，並允許客戶擴充以應對過多的流量，但是客戶可以透過選擇最能利用這些功能的架構來最佳化應用程式的 DDoS 彈性。緩解大規模 DDoS 攻擊需要考慮的主要因素包括確保有足夠的傳輸能力和多樣性，並保護客戶的資源（如 Amazon EC2 實例）免受攻擊流量的影響。

實例大小（BP7）：

由於 Amazon EC2 提供了可調整大小的運算能力，因此客戶可以根據需求快速擴大或縮小規模。客戶可以透過在應用程式中增加實例來實現水平縮放，還可以透過使用更大的實例來實現垂直縮放。某些 Amazon EC2 實例類型支援更輕鬆地處理大量流量的功能，如增強型網路。透過 25 個十億位元網路介面，每個實例可以支援更大的流量。這有助防止已到達 Amazon EC2 實例的流量發生介面堵塞。與傳統實現相比，支援增強網路的實例可提供更高的 I/O 性能和更低的 CPU 使用率。這提升了實例處理具有更巨量資料封包流量的能力。

選擇地區（BP7）：

AWS 服務可在全球多個位置使用。這些在地理位置上相互獨立的服務可用區被稱為區域（AWS Region）。在設計應用程式時，客戶可以根據需要選擇一個或多個區域。常見的考慮因素包括性能、成本和資料主權。在每個區域中，AWS 都提供一組獨特的 Internet 連接和對等關係的存取權限，以便為區域的使用者提供最佳的延遲和輸送量。

當為應用程式選擇區域時，客戶也需要重點考慮 DDoS 彈性。許多區域都接近 Internet 服務商，因此它們與主要網路的連線性更高，與國際電信業者和大型活躍的服務商保持著密切聯繫，這也可以幫助客戶減小潛在的攻擊。

負載平衡（BP6）：

由於大型 DDoS 攻擊可能會淹沒單一 Amazon EC2 實例的容量，因此增加負載平衡器可以幫助客戶提升 DDoS 彈性。客戶可以從幾個選項中進行選擇，以便透過平衡多餘的流量來緩解攻擊。借助彈性負載平衡器（ELB），客戶可以透過在許多後端實例之間分配流量來降低應用程式超載的風險。對於在 Amazon VPC 中建構的應用程式，根據客戶的應用程式類型，可以考慮兩種類型的 ELB：ALB（應用程式負載平衡器）或 NLB（網路負載平衡器）。

對於 Web 應用程式，可以使用 ALB 根據其內容路由流量，並且僅接受格式正確的 Web 請求。這表示 ALB 將阻止許多常見的 DDoS 攻擊，如 SYN 泛洪或 UDP 反射攻擊，從而保護客戶的應用程式免受攻擊。當 ALB 檢測到這些類型的攻擊時，它會自動擴充以吸收更多流量。

對於基於 TCP 的應用程式，客戶可以使用 NLB 以超低延遲將流量路由到 Amazon EC2 實例。在創建 NLB 時，可以為客戶啟用的每個可用區（AZ）創建一個網路介面。客戶可以選擇為負載平衡器啟用的每個子網分配一個彈性 IP（EIP）位址。NLB 的關鍵考慮因素是，任何到達有效監聽器上的負載平衡器的流量都將被路由到客戶的 Amazon EC2 實例，而非被吸收。

AWS Edge（BP1，BP3）：

邊緣節點提供的大規模、多樣化的 Internet 連接可以最佳化延遲和提供使用者輸送量，並具有吸收 DDoS 攻擊和隔離故障的能力，可最大限度地降低對應用程式可用性的影響。AWS 邊緣位置提供了一層額外的網路基礎架構，可為使用 Amazon CloudFront 和 Amazon Route53 的任何 Web 應用程式提供這些功能。

邊緣的 Web 應用程式發表（BP1）：

Amazon CloudFront 是一項服務，可用於發表整個網站，包括靜態、動態、流式傳輸和互動式內容。持久的 TCP 連接和可變的存活時間（TTL）設定可用於移除來自原始伺服器的流量，即使客戶不提供可快取的內容也是如此。這些功能表示使用 Amazon CloudFront 可以減少返回原始伺服器的請求和 TCP 連接的數量，這有助保護客戶的 Web 應用程式免受 HTTP 的攻擊。Amazon CloudFront 僅接受格式正確的連接，這有助防止許多常見的 DDoS 攻擊（如 SYN 泛洪和 UDP 反射攻擊）到達客戶的原始伺服器。

如果客戶使用 Amazon S3 在 Internet 上提供靜態內容，則應該使用 Amazon CloudFront 保護客戶的儲存桶。客戶可以使用 Origin Access Identify（OAI）來確保使用者僅使用 CloudFront URL 存取客戶的物件。

邊緣的域名解析（BP3）：

Amazon Route53 是一種高度可用且可擴充的 DNS（網域名稱系統）服務，可用於將流量定向到客戶的 Web 應用程式。它包括流量、基於延遲的路由、地理 DNS 及運行狀況檢查和監視等進階功能，其可讓客戶控制服務如何回應 DNS 請求、改善 Web 應用程式的性能並避免網站中斷。

Amazon Route53 使用了隨機分片和 Anycast 分散連結化等技術，即使 DNS 服務受到 DDoS 的攻擊，它也可以幫助使用者存取客戶的應用程式。Anycast 分散連結化允許每個 DNS 請求由最佳位置服務，從而分散了網路負載並減少了 DNS 延遲。反過來，這也提供給使用者了更快的回應。此外，Amazon Route53 還可以檢測 DNS 查詢的來源和數量中的異常情況，並對來自可靠使用者的請求進行優先順序排序。

（2）應用層防禦

本書中討論的許多技術都可以有效降低基礎設施層 DDoS 攻擊對應用程式可用性的影響。為了同時防禦應用層攻擊，客戶需要實現一種系統結構，該系統結構允許客戶專門檢測和擴充以吸收和阻止惡意請求。這是一個重要的考慮因素，因為基於網路的 DDoS 緩解系統在緩解複雜的應用程式層攻擊方面通常無效。

檢測和過濾惡意 Web 請求（BP1，BP2）：

當客戶的應用程式在 AWS 上執行時期，客戶可以同時利用 Amazon CloudFront 和 AWS WAF 來防禦應用程式層 DDoS 攻擊。

Amazon CloudFront 允許客戶快取靜態內容並從 AWS 邊緣位置提供靜態內容，這可以幫助客戶減輕原始伺服器負載。它還可以防止非 Web 流量到達客戶的原始伺服器，從而減小伺服器負載。透過使用 AWS WAF，客戶可以在 CloudFront 分配或應用程式負載平衡器上設定 Web 存取控制清單（Web ACL），以根據請求簽名過濾和阻止請求。每個 Web ACL 都包含一些規則，客戶可以將這些規則設定為與一個或多個請求屬性進行字串匹配或正規表示法匹配。此外，當與規則匹配的請求超出客戶定義的閾值時，透過使用 AWS WAF 基於速率的規則，客戶可以自動阻止不良行為者的 IP 位址。來自有問題的用戶端 IP 位址的請求將收到 403 禁止的錯誤回應，並保持阻塞狀態，直到請求速率降至閾值以下。這對於緩解偽裝成正常 Web 流量的 HTTP Flood 攻擊非常有用。

要阻止來自已知不良 IP 位址的攻擊，客戶可以使用 IP 匹配條件創建規則，也可以使用 AWS Marketplace 提供的 AWS WAF 託管規則來阻止 IP 信譽清單中包含的特定惡意 IP 位址。AWS WAF 和 Amazon CloudFront 都允許客戶設定地理限制以阻止或將來自選定國家／地區的請求列入黑名單。這可以幫助客戶阻止不希望提供給使用者服務的地理位置的攻擊。

透過客戶的 Web 伺服器日誌或使用 AWS WAF 的日誌記錄和取樣請求功能，可以辨識惡意請求。透過 AWS WAF 日誌記錄，可獲取有關 Web ACL 分析流量的詳細資訊。日誌中的資訊包括 AWS WAF 從客戶的 AWS 資源接收請求的時間、有關請求的詳細資訊以及每個請求匹配的規則操作。客戶可以使用此資訊來辨識潛在的惡意流量簽名，並創建新規則以拒絕這些請求。

如果客戶訂閱了 AWS Shield Advanced，則可以與 AWS DDoS 回應團隊（DRT）聯繫，以幫助客戶創建規則來緩解攻擊，這些攻擊會損害應用程式的可用性。DRT 僅在獲得客戶的明確授權後才能獲得對客戶帳戶的有限存取權限。

吸收規模（BP6）：

減小應用程式層攻擊的另一種方法是大規模運行。如果客戶具有 Web 應用程式，則可以使用負載平衡器將流量分配到許多 Amazon EC2 實例中，並將這些實例過度設定或設定為自動擴充。這些實例可以處理由於各種原因而發生的突發流量激增的情況。客戶可以將 Amazon CloudWatch 警示設定為啟動 Auto Scaling，以回應客戶定義的事件並自動擴充 Amazon EC2 叢集的規模。當請求數量意外增加時，這種方法可以保護應用程式的可用性。

（3）減小攻擊面

當建構 AWS 解決方案時，另一個重要的考慮因素是限制攻擊者對客戶應用程式存取的機會。舉例來說，如果客戶不希望使用者直接與某些資源進行互動，則其可以確保使用者無法從 Internet 存取這些資源。同樣，如果客戶不希望使用者或外部應用程式透過某些通訊埠或協定與客戶的應用程式通訊，則其可以確保客戶不接受該流量。這個概念也被稱為減小攻擊面。在本節中，我們提供最佳實踐，以幫助客戶減小攻擊面並限制應用程式的 Internet 曝露。

混淆 AWS 資源（BP1，BP4，BP5）：

一般來說使用者可以快速輕鬆地使用應用程式，而無須將 AWS 資源完全曝露給網際網路。舉例來說，當 ELB 後面有 Amazon EC2 實例時，這些實例本身可能不需要公開存取。相反，客戶可以提供給使用者對某些 TCP 通訊埠的 ELB 的存取權限，並僅允許 ELB 與實例進行通訊。客戶可以透過在 Amazon VPC 中設定安全性群組和網路存取控制清單（NACL）來進行設定。

安全性群組和網路存取控制清單相似，因為它們都能使客戶對 VPC 內 AWS 資源的存取進行控制。但是，安全性群組允許客戶在實例等級控制入站和出站的流量，而網路存取控制清單在 VPC 子網等級提供類似的功能。

安全性群組和網路存取控制清單（BP5）：

客戶可以在啟動實例時指定安全性群組，也可以在以後將實例與安全性群組連結。除非客戶創建允許規則以允許流量透過，否則將隱式拒絕所有流向安全性群組的 Internet 流量。舉例來說，如果客戶有一個使用 ELB 和多個 Amazon EC2 實例的 Web 應用程式，則可能決定分別為 ELB 創建一個安全性群組（ELB 安全性群組），為實例創建一個安全性群組（Web 應用程式伺服器安全性群組）。然後，客戶可以創建一個允許規則，以允許 Internet 流量到 ELB 安全性群組，以及另一個規則，以允許從 ELB 安全性群組到 Web 應用程式伺服器安全性群組的流量。這樣可確保網際網路流量無法直接與客戶的 Amazon EC2 實例進行通訊，從而使攻擊者更難了解和影響客戶的應用程式。

當創建網路存取控制清單時，可以同時指定允許和拒絕規則。如果客戶要明確拒絕某些類型的應用程式流量，將會很有用。舉例來說，客戶可以定義拒絕存取整數個子網的 IP 位址（作為 CIDR 範圍）、協定和目標通訊埠。如果客戶的應用程式僅用於 TCP 通訊，則可以創建一個規則以拒絕所有 UDP 通訊，反之亦然。在回應 DDoS 攻擊時，此選項很有用，因為它可以使客戶在知道來源 IP 或其他簽名時透過創建自己的規則來減小攻擊。

如果客戶訂閱了 AWS Shield Advanced，則可以將彈性 IP（EIP）註冊為受保護資源。這可以更快地檢測到針對已註冊為「受保護資源」的 EIP 的 DDoS 攻擊，縮短緩解時間。當檢測到攻擊時，DDoS 緩解系統會讀取與目標 EIP 相對應的網路存取控制清單，並在 AWS 網路邊界處實施它。這大大降低了客戶受多種基礎設施層 DDoS 攻擊的風險。

保護客戶的原始伺服器（BP1，BP5）：

如果客戶使用的 Amazon CloudFront 的原始伺服器位於 VPC 內，則應使用 AWS Lambda 函數自動更新安全性群組規則，以僅允許 Amazon CloudFront 流量。這可以確保惡意使用者在造訪 web 應用程式時不會繞過 Amazon CloudFront 和 AWS WAF，從而提升了原始伺服器的安全性。

保護 API 端點（BP4）：

一般來說當客戶必須在公眾公開 API 時，DDoS 攻擊可能會將 API 前端作為目標。為了降低風險，客戶可以將 Amazon API Gateway 作用在 Amazon EC2，AWS Lambda 或其他地方運行的應用程式的入口。透過使用 Amazon API Gateway，客戶自己的伺服器不需要使用 API 前端，並且可以混淆應用程式的其他元件。透過增加檢測應用程式元件的難度，可以防止 DDoS 攻擊將這些 AWS 資源作為攻擊目標。

3. Web 攻擊防禦建設實踐

隨著 HTTP 協定的不斷發展，絕大多數企業對外提供服務的視窗都是透過 Web 來實現的，因此大多數的網路攻擊都針對 Web 伺服器。為了確保企業 Web 業務的穩定和持續提供服務，就需要部署專業的 Web 防火牆，以抵禦各類針對 Web 的攻擊。

Web 防火牆可使你的 Web 應用程式或 API 免遭常見 Web 漏洞的攻擊，而這些漏洞可能會影響可用性、損害安全性或消耗過多的資源。Web 防火牆允許客戶創建防範常見攻擊模式（例如 SQL 注入或跨網站指令稿）的安全規則，以及濾除客戶定義的特定流量模式的規則，從而讓客戶可以控制流量到達應用程式的方式。客戶可以透過適用於 WAF 的託管規則快速入門，其可以解決 OWASP 十大安全風險等問題，且會隨新問題的出現定期更新。Web 防火牆應該包含功能全面的 API，借此客戶可以讓安全規則的創建、部署和維護實現自動化。

4. 資料加密最佳實踐

雲端上儲存主要包含三種類型：依附於彈性計算實例的區塊儲存 EBS、物件儲存和共用檔案儲存。確保儲存在雲端上的資料的安全是雲端安全的重要環節。下面我們詳細介紹針對每個儲存類型的加密機制。

（1）彈性區塊儲存加密

彈性計算實例應該符合責任共擔模型，該模型包含適用於資料保護的法規和準則。雲端服務商負責保護運行所有服務的全球基礎設施，保持對該基礎設施上託管資料的控制，包括用於處理客戶內容和個人資料的安全設定控制。作為資料控制者或資料處理者，客戶和合作夥伴對他們放在雲端中的任何個人資料承擔責任。

出於對資料保護的目的，我們建議客戶要保護帳戶憑證並使用認證和連線管理服務設定單一使用者帳戶，以便僅向每個使用者提供履行其工作職責所需的許可權。我們還建議客戶透過以下方式保護自己的資料：

- 對每個帳戶使用 MFA。
- 使用 TLS 與雲端資源進行通訊。
- 使用日誌稽核設定 API 和使用者活動日誌記錄。
- 使用加密解決方案確保資料安全。

我們強烈建議客戶切勿將敏感的可辨識資訊（如客戶的帳號）放入自由格式欄位或中繼資料（如函數名稱和標籤）中。當客戶向外部伺服器提供 URL 時，請勿在 URL 中包含憑證資訊來驗證客戶對該伺服器的請求。

下面介紹一下 EBS 加密的工作原理：

客戶可以加密彈性計算實例的啟動卷冊和資料卷冊。在創建加密的 EBS 卷冊並將其附加到支援的實例類型後，可以對以下類型的資料進行加密。

- EBS 卷冊中的靜態資料。
- 在 EBS 卷冊中和實例之間移動的所有資料。
- 從 EBS 卷冊中創建的所有快照。
- 從這些快照中創建的 EBS 卷冊。

EBS 應該透過業界標準的 AES-256 演算法，利用資料金鑰加密客戶的卷冊。客戶的資料金鑰與客戶的加密資料一起被儲存在磁碟上，但並非是在 EBS 利用客戶主金鑰 CMK 對資料金鑰進行加密之前，且資料金鑰絕不能以純文字的形式出現在磁碟上。同一個資料金鑰將被從這些快照創建的卷冊和後續卷冊的快照共用。

（2）物件儲存加密

對於物件儲存的加密方式，一般需要提供兩種選項，即伺服器端加密 SSE 和用戶端加密。通常雲端服務商可以為客戶提供四種資料加密模式：SSE-S3，SSE-C，SSE-KMS 和用戶端資料庫（如 Amazon S3 加密用戶端），它們都可以將敏感性資料以靜態的方式儲存在 S3 中。

1）SSE-S3 提供了一種整合式解決方案。透過它，雲端服務商可以使用多個安全層處理金鑰管理和解決金鑰保護問題。如果客戶希望雲端服務商管理自己的金鑰，則應該選擇 SSE-S3。

2）SSE-C 能讓客戶利用 S3 對物件執行加密和解密操作，同時保持對加密物件所用金鑰的控制權。借助 SSE-C，客戶無須實施或使用用戶端資料庫對 S3 中儲存的物件執行加密和解密，但是需要對其發送到 S3 中執行物件加密和解密操作的金鑰進行管理。如果客戶希望保留自己的加密金鑰而不想實施或使用用戶端加密資料庫，則可以使用 SSE-C。

3）SSE-KMS 可以讓客戶使用金鑰管理服務（如 AWS KMS）來管理自己的加密金鑰。使用 AWS KMS 管理金鑰有幾項額外的好處：AWS KMS 會設定幾個單獨的主金鑰使用權限，從而提供額外的控制層並防止 S3 中儲存的物件遭到未授權存取。另外，由於 KMS 提供稽核追蹤，因此客戶能看到誰使用了自己的金鑰在何時存取了哪些物件，還能查看使用者在沒有解密資料的許可權下嘗試存取資料失敗的次數。

4）使用 Amazon S3 加密用戶端的加密用戶端資料庫，客戶可以保持對金鑰的控制並可以使用客戶選擇的加密資料庫完成物件用戶端側的加密和解密。一些客戶傾向於擁有對加密和解密物件點對點的控制權，這樣一來，只有經過加密的物件才會被透過網際網路傳輸到 S3。

（3）共用儲存 EFS 的加密

與未加密的檔案系統一樣，客戶應該可以透過管理主控台、CLI 或以程式設計的方式透過開發套件創建加密的檔案系統。客戶可能會要求加密符合特定分類條件的所有資料，或加密與特定應用程式、工作負載或環境連結的所有資料。

客戶應該選擇在創建檔案系統時為其啟用靜態加密。在加密的檔案系統中，當資料和中繼資料被寫入檔案系統時，自動加密。同樣，當讀取資料和中繼資料時，在將其提供給應用程式之前，將自動解密。這些過程是雲端服務商透明處理的，因此，客戶不必修改應用程式。

EFS 應使用業界標準 AES-256 加密演算法對 EFS 資料和中繼資料加密，且與金鑰管理系統（如 AWS KMS）整合以管理金鑰。EFS 使用客戶主金鑰（CMK）透過以下方式加密客戶的檔案系統。以 AWS 為例：

靜態加密中繼資料：

Amazon EFS 使用適用於 Amazon EFS 的 AWS 託管 CMK，來加密和解密檔案系統的中繼資料（即檔案名稱、目錄名稱和目錄內容）。

靜態加密檔案資料：

客戶可以選擇用於加密和解密文件資料（即檔案內容）的 CMK，並可以啟用、禁用或取消對該 CMK 的授權。如果將客戶託管 CMK 作為主金鑰以加密和解密文件資料，則客戶可以啟用金鑰輪換。當啟用金鑰輪換時，AWS KMS 自動每年輪換一次客戶的金鑰。

5. 容器安全建設實踐

隨著越來越多的客戶選擇利用容器快速部署和移植應用程式，容器安全已成為客戶在部署和使用過程中首先需要考慮的方面。雲端服務商和客戶將共同負責容器的安全建設。

當設計任何系統時，你都需要考慮其安全隱憂以及可能影響安全狀況的實踐。舉例來說，你需要控制誰可以對一組資源執行操作；你還需要具有快速辨識安全事件、保護系統和服務免受未經授權的存取，以及透過資料保護維護資料的機密性和完整性的能力。擁有一套定義明確並經過預演的流程來應對安全事件，也將改善你的安全狀況。這些工具和技術都很重要，因為它們支援諸如防止財務損失或遵守監管義務之類的目標。當使用託管的 Kubernetes 服務（如 EKS）時，有幾個與安全相關的建設實踐可供客戶參考。

- 身份和認證管理。
- Pod 安全。
- 執行時期安全。
- 網路安全。
- 多租戶安全。
- 檢測控制。
- 基礎設施安全。
- 資料加密和秘密管理。
- 事件回應。

（1）身份和認證管理

控制對 EKS 叢集的存取。Kubernetes 專案支援用多種不同的策略來驗證對 kube-apiserver 服務的請求，如承載權杖、X.509 證書、OIDC 等。當前，EKS 具有對 Webhook 權杖的身份驗證和對服務帳戶權杖的本地支援。

Webhook 身份驗證策略透過呼叫一個 Webhook 來驗證承載權杖。在 EKS 上，當你運行 kubectl 命令時，這些承載權杖由 AWS CLI 或 aws-iam-authenticator 用戶端生成。當執行命令時，承載權杖將被傳遞到 kube-apiserver，該伺服器將其轉發到身份驗證 Webhook。如果請求的格式正確，則 Webhook 會呼叫嵌入在權杖主體中的預簽名 URL。該 URL 驗證請求的簽名並返回有關使用者的資訊。

不要使用服務帳戶權杖進行身份驗證。服務帳戶權杖是長期存在的靜態證書，如果它被洩密、遺失或失竊，攻擊者可能會執行與該權杖連結的所有操作，直到刪除該服務帳戶為止。有時，你可能需要為必須從叢集外部使用 Kubernetes API 的應用程式授予例外，如 CI/CD 管道應用程式。如果此類應用程式在 AWS 基礎設施（如 EC2 實例）上運行，則可以考慮使用實例設定檔並將其映射到 aws-auth ConfigMap 的 Kubernetes RBAC 角色中。

使用對 AWS 資源的最小特權存取。無須為 IAM 使用者分配 AWS 資源的特權即可存取 Kubernetes API。如果需要授予 IAM 使用者存取 EKS 叢集的許可權，則可以在 aws-auth ConfigMap 中為該使用者創建一個專案，該專案會被映射到特定的 Kubernetes RBAC 群組。當多個使用者都需要叢集的相同存取權限時，與其讓 aws-auth ConfigMap 中的每個 IAM 使用者創建一個專案，不如讓這些使用者承擔 IAM 角色並將該角色映射到 Kubernetes RBAC 群組。將會更易於維護，尤其是隨著存取使用者數量的增多，其優勢更明顯。

當創建 Role Bindings 和 Cluster Role Bindings 時，使用最小特權存取。就像授予對 AWS 資源的存取權限的觀點一樣，Role Bindings 和 Cluster Role Bindings 應該僅包括執行特定功能所需的一組許可權。除非絕對必要，否則應避免在 Roles 和 Cluster Roles 中使用 [「＊」]。如果不確定要分配什麼許可權，則可以考慮使用諸如 audit2rbac 的工具，根據在 Kubernetes 審核日誌中觀察到的 API 呼叫自動生成角色和綁定。

將 EKS 叢集端點設為私有。在預設情況下，當設定 EKS 叢集時，將 API 叢
集終節點設定為 public，即可以透過 Internet 存取它。儘管可以透過 Internet
進行存取，但該端點仍被認為是安全的，因為它要求所有 API 請求均由 IAM
進行身份驗證，然後由 Kubernetes RBAC 授權。也就是說，如果公司安全性
原則要求你限制透過 Internet 存取 API 或阻止你將流量路由到叢集 VPC 之
外，則可以將 EKS 叢集端點設定為私有。

定期審核對叢集的存取。由於存取權限可能會隨時間變化，因此你需要定期
審核 aws-auth ConfigMap，以查看授予了誰存取權限及他們的許可權。你還
可以使用諸如 kubectl- who-can 或 rbac-lookup 的開放原始碼工具來檢查綁定
到特定服務帳戶、使用者或群組的角色。

（2）Pod 安全

Pod 具有各種不同的設定，以增強或削弱你的整體安全狀況。作為
Kubernetes 的從業者，你的主要擔心應該是防止容器中運行的處理程序逃避
Docker 的隔離邊界並獲得對基礎主機的存取權。在預設情況下，容器中運
行的處理程序在 Linux 根使用者的上下文中運行。儘管容器中根使用者的操
作部分受到 Docker 分配給容器的 Linux 功能集的限制，但這些預設的特權
可以使攻擊者提升其特權和 / 或存取綁定到主機的敏感資訊，包括 Secrets 和
ConfigMaps。

EKS 使用節點限制存取控制控制器，該控制器僅允許節點修改綁定到該節點
的節點屬性和 pod 物件的有限集合。儘管如此，設法存取主機的攻擊者仍能
夠從 Kubernetes API 中收集有關環境的敏感資訊，從而在叢集內水平移動。

限制可以特權運行的容器。如前所述，以特權身份運行的容器會繼承分配給
主機根使用者的所有 Linux 功能，而容器的正常運行很少需要這些類型的特
權，故你可以透過創建容器安全性原則來拒絕設定以特權方式運行的容器。
你可以將 Pod 安全性原則視為在創建 Pod 之前必須滿足的一組要求。如果你
選擇使用 Pod 安全性原則，則需要創建一個角色綁定，以使服務帳戶可以讀
取 Pod 安全性原則。

不要以根使用者身份在容器中運行處理程序。在預設情況下，所有容器都以根使用者身份運行。這時如果攻擊者能夠利用應用程式中的漏洞並使用外殼程式存取運行中的容器，則可能會出現問題。

切勿在 Docker 中運行 Docker 或將通訊端安裝在容器中。儘管這可以使你方便地在 Docker 容器中建構或運行映射，但是其基本上是將節點的控制權完全交給了容器中運行的處理程序。如果你需要在 Kubernetes 上建構容器映射，則可以使用 Kaniko，buildah，img，CodeBuild 等建構服務。

限制使用 hostPath，或如果必要則限制可以使用的字首並將卷冊設定為唯讀。hostPath 是將目錄從主機直接載入到容器的卷冊，一般很少需要這種類型的存取權限，但如果確實需要，則需要意識到其風險。在預設情況下，以根使用者身份運行的 Pod 將具有對 hostPath 公開的檔案系統的寫入和存取權。這可能會允許攻擊者修改 kubelet 設定，創建指向目錄或檔案的符號連結，而這些目錄或檔案未直接由 hostPath 公開。為了減小 hostPath 帶來的風險，你可以將 spec.containers.volumeMounts 設定為唯讀。

為每個容器設定請求和限制，以避免資源爭用和 DDoS 攻擊。理論上，沒有請求或限制的 Pod 可以消耗主機上所有可用的資源。當將其他 Pod 排程到某個節點上時，該節點可能會經歷 CPU 或記憶體的壓力，這可能會導致 Kubelet 終止或從該節點上逐出 Pod。雖然你無法阻止這一切同時發生，但設定請求和限制將有助最大限度地減少資源爭用，並減小編寫不良的應用程式佔用大量資源的風險。

不允許特權升級。特權升級允許處理程序更改其運行所在的安全上下文。Sudo 和帶有 SUID 或 SGID 位元的二進位檔案就是一個很好的例子。特權升級是使用者在另一個使用者或群組的許可下執行檔案的方式。你可以透過實施將 allowPriviledgedEscalation 設定為 false 的 Pod 安全性原則，還可以透過在 podSpec 中設定 securityContext.allowPrivilegedEscalation，來防止容器使用特權升級。

（3）執行時期安全

執行時期安全為容器的運行提供了積極的保護，其主要是檢測和防止在容器內部發生惡意活動。使用安全計算（seccomp），可以防止容器化的應用程式對基礎主機作業系統核心進行某些系統呼叫。雖然 Linux 作業系統有數百個系統呼叫，但它們大部分並不是運行容器所必需的。透過限制容器進行的系統呼叫，可以有效地減小應用程式的攻擊面。如果你要使用安全計算，則要分析堆疊追蹤的結果以查看你的應用程式正在執行哪些呼叫，或使用 syscall2seccomp 之類的工具。

與 SELinux 不同，安全計算並非是將容器彼此隔離，而是保護主機核心免遭未經授權的系統呼叫。它透過攔截系統呼叫並僅允許已列入白名單的系統呼叫來工作。Docker 有一個預設的安全計算設定檔，適用於大多數通用工作負載。你還可以為需要其他特權的內容創建自己的設定檔。

使用第三方解決方案進行執行時期防禦。如果你不熟悉 Linux 安全性，則很難創建和管理安全計算和 Apparmor 設定檔。如果你沒有時間去精通它們，則可以考慮使用商業解決方案，其很多已經超越了 Apparmor 和安全計算的靜態設定檔，並開始使用機器學習來阻止或警告可疑活動。

在編寫安全計算策略之前要考慮增加或刪除 Linux 功能。該功能涉及對系統呼叫可存取的核心功能的各種檢查。如果檢查失敗，則系統呼叫通常會返回錯誤。你可以在特定系統呼叫開始時進行檢查，也可以在核心中更深的區域進行檢查，這些區域可以透過多個不同的系統呼叫來存取（如寫入特定的特權檔案）。另外，由於安全計算是一個系統呼叫篩選器，因此該篩選器將在所有系統呼叫運行之前應用。處理程序可以設定一個篩選器，以取消運行某些系統呼叫或某些系統呼叫特定參數的權利。

（4）網路安全

Pod 安全性原則提供了許多不同的方法來改善你的安全狀況，而又不會引起不必要的複雜性。在嘗試建構安全計算和 Apparmor 設定檔之前，你可以探索 PSP 中可用的選項。

網路安全包括多個方面，首先其涉及規則的應用，這些規則限制了服務之間的網路流量。其次是在傳輸過程中對流量進行加密。在 EKS 上實施這些安全措施的機制多種多樣，但通常包括以下幾項：

- 流量控制。
- 網路政策。
- 安全性群組。
- 傳輸中的加密。
- 服務網格。
- 容器網路介面（CNI）。
- Nitro 實例。
- 網路策略。

在 Kubernetes 叢集中，預設允許所有 Pod 到 Pod 的通訊。儘管這種靈活性可以幫助促進實驗，但是它並不安全。而 Kubernetes 網路策略提供了一種機制來限制 Pod 之間（通常被稱為東西方流量）以及 Pod 與外部服務之間的網路流量。Kubernetes 網路策略在 OSI 模型的第 3 層和第 4 層中運行，其使用容器選擇器和標籤來標識來源容器和目標容器，但也可以包括 IP 位址、通訊埠編號、協定號或它們的組合。

創建預設的拒絕策略。與 RBAC 策略一樣，Kubernetes 網路策略也應遵循最小特權存取策略。首先創建一個拒絕所有使用者存取策略以限制來自命名空間所有的入站和出站流量，或使用 Calico 創建全域策略，設定範例如圖 5-2-6 所示。

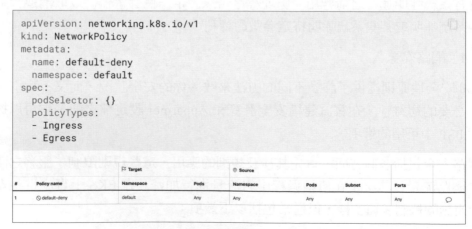

圖 5-2-6

創建規則以允許 DNS 查詢。一旦有了預設的「全部拒絕」規則，就可以開始在其他規則上分層，如允許 Pod 查詢 CoreDNS 進行名稱解析的全域規則。

記錄網路流量中繼資料。AWS VPC Flow Logs 捕捉流經 VPC 的流量的中繼資料，如來源目標 IP 位址和通訊埠及接受或捨棄的資料封包。你可以對這些資訊進行分析，以尋找 VPC 內部資源（包括 Pod）之間的可疑活動或異常活動，但是由於 Pod 的 IP 位址在更換時經常更改，因此流日誌本身可能不足。Calico Enterprise 透過 Pod 標籤和其他中繼資料擴充了 Flow Logs，從而使解密 Pod 之間的流量變得更加容易。

透過 AWS 負載平衡器加密。AWS ALB 和 AWS NLB 都支援傳輸加密（SSL 和 TLS），其中 ALB 的 alb.ingress.kubernetes.io/certificate-arn 註釋可讓你指定增加到 ALB 的證書。如果你省略註釋，則控制器將透過 host 欄位匹配可用的 AWS Certificate Manager（ACM）證書，來嘗試將證書增加到需要它的監聽器中。

設定安全性群組。EKS 使用 AWS VPC 安全性群組（SG）來控制 Kubernetes 控制平面和叢集的工作程式節點之間的流量。安全性群組還用於控制工作節點，以及其他 VPC 資源和外部 IP 位址之間的流量。當設定 EKS 叢集（使用 Kubernetes 版本 1.14-eks.3 或更新版本）時，將自動為你創建一個叢集安全性群組。安全性群組允許 EKS 控制平面與受託管節點群組中的節點之間進行通訊。為簡單起見，建議你將叢集安全性群組增加到所有節點群組，包括非託管節點群組。

傳輸中的加密。符合 PCI、HIPAA 或其他法規的應用程式在傳輸資料時需要進行加密。如今，TLS 已成為加密網路流量的優先選擇。TLS 就像它的前身 SSL 一樣，使用密碼協定在網路上提供安全的通訊。TLS 使用對稱加密，其中基於階段開始時協商的共用機密生成用於加密資料的金鑰。

（5）多租戶安全

當我們想到多租戶時，通常希望將一個使用者或應用程式與在共用基礎結構上運行的其他使用者或應用程式隔離。

Kubernetes 是單一租戶編排器，即叢集中所有租戶共用控制平面的單一實例。但是，也可以使用各種 Kubernetes 物件來創建多租戶。舉例來說，可以實現命名空間和基於角色的存取控制（RBAC），以在邏輯上將租戶彼此隔離。同樣，配額和限制範圍可用於控制每個租戶可以消耗的叢集資源量。但是叢集是唯一提供強大安全邊界的構造，這是因為獲得對叢集中主機存取權限的攻擊者可以檢索安裝在該主機上的所有 Secrets，Config Map 和 Volumes。他們還可以模擬 Kubelet，將會使他們能夠操縱節點的屬性或在叢集內水平移動。下面說明如何實現租戶隔離，如何降低使用單一租戶編排器的風險。

軟多租戶（Soft multi-tenancy）。透過軟多租戶，你可以使用本地 Kubernetes 構造，如名稱空間、角色和角色綁定及網路策略，在租戶之間創建邏輯隔離。舉例來說，RBAC 可以阻止租戶存取或操縱彼此的資源。配額和限制範圍控制著每個租戶可以消耗的叢集資源的數量，而網路策略可以防止部署到不同名稱空間的應用程式彼此通訊。

硬多租戶（Hard multi-tenancy）。硬多租戶可以透過為每個租戶提供單獨的叢集來實現。儘管這在租戶之間提供了非常強的隔離性，但它有以下缺點。

首先，當你有很多租戶時，這種方法很快就會變得昂貴。你不僅要支付每個叢集的控制平面成本，而且還將無法在叢集之間共用運算資源。這最終會導致碎片化，即叢集的子集未得到充分利用，而其他叢集則被過度利用。

其次，你可能需要購買或建構專用工具來管理所有叢集。隨著時間的流逝，管理成百上千個叢集會變得非常複雜。

最後，相對於創建名稱空間，為每個租戶創建叢集很消耗時間。但是，在要求嚴格隔離的高度管制的產業或 SaaS 環境中，可能會需要這種方法。

（6）檢測控制

出於各種不同的原因，收集和分析審核日誌變得很有用。日誌可以幫助你進行根本原因分析和歸因，即將更改歸因於特定使用者。在收集到足夠的日誌後，它們也可以用於檢測異常行為。在 EKS 上，審核日誌將被發送到 Amazon CloudWatch。

啟用審核日誌。Kubernetes 審核日誌包含兩個註釋，用於指示請求是否已被授權和決定授權的原因，你可以使用這些屬性來確定為什麼允許特定的 API 呼叫。

為可疑事件創建警示。創建警示以自動警告你「403 禁止」回應和「401 未經授權」回應增加的位置，然後使用主機、來源 IP 和 K8s_user.username 的屬性來尋找這些請求的來源。

使用 Log Insights 分析日誌。使用 CloudWatch Log Insights 監視對 RBAC 物件的更改，如角色、RoleBindings、ClusterRoles 和 ClusterRoleBindings。

審核你的 CloudTrail 日誌。使用服務帳戶 IAM 角色的 Pod 呼叫的 AWS API 會與服務帳戶的名稱一起自動登入到 CloudTrail。如果未明確授權呼叫 API 的服務帳戶名稱出現在日誌中，則可能表明 IAM 角色的信任策略設定錯誤。一般來說，CloudTrail 是將 AWS API 呼叫歸於特定 IAM 主體的好方法。

（7）基礎設施安全

保護容器映射非常重要，而保護運行它們的基礎結構也同樣重要。下面探討減小直接針對主機發起攻擊的風險的不同準則，它們應與執行時期安全部分中概述的準則結合使用。

使用針對運行容器而最佳化的作業系統。考慮使用 Flatcar Linux，Project Atomic，RancherOS 等，其中 RancherOS 是 AWS 的專用 OS，旨在運行 Linux 容器。它包括減小攻擊面、在啟動時經過驗證的磁碟映射，以及使用 SELinux 的強制許可權邊界。

借助 EKS Fargate，AWS 會自動更新基礎架構。一般來說這可以無縫完成，但是有時更新會導致你的任務重新安排。因此，當你將應用程式作為 Fargate Pod 執行時期，建議使用多個備份創建部署。

最小化對工作節點的存取。當你需要遠端存取主機時，最好使用 SSM 階段管理器而非啟用 SSH 存取。與 SSH 金鑰不同，階段管理器允許你使用 IAM 控制對 EC2 實例存取。此外，它還提供了稽核追蹤和在實例上運行命令的日誌。

將 worker 部署到專用子網。透過將 worker 部署到專用子網，可以最大限度地減少對經常發動攻擊的 Internet 的曝露。從 2020 年 4 月 22 日開始，對受託管節點群組中節點的公共 IP 位址的分配由其部署到的子網控制。在此之前，都是自動為受託管節點群組中的節點分配一個公共 IP。如果選擇將工作程式節點部署到公共子網，則你可以實施限制性 AWS 安全性群組規則以限制其公開範圍。

透過運行 Amazon Inspector 來評估主機的曝露程度、漏洞及與最佳實踐的偏離。Inspector 要求部署代理，該代理在使用一組規則評估主機與最佳實踐的一致性的同時，還能持續監視實例上的活動。

（8）資料加密和秘密管理

靜態資料加密。你可以在 Kubernetes 中使用三種不同的 AWS 本機存放區選項：EBS，EFS 和 FSx for Lustre，它們均使用伺服器管理金鑰或客戶主金鑰（CMK）提供靜態加密。EBS 可以使用樹內儲存驅動程式或 EBSCSI 驅動程式，兩者都包含用於加密卷冊和提供 CMK 的參數。EFS 可以使用 EFSCSI 驅動程式，但是與 EBS 不同，EFSCSI 驅動程式不支援動態設定。如果要將 EFS 與 EKS 一起使用，則需要在創建 PV 之前為檔案系統設定靜態加密。除了提供靜態加密，用於 Luster 的 EFS 和 FSx 還包括用於加密傳輸中資料的選項，FSx for Luster 在預設情況下會執行此操作。對於 EFS，你可以透過將 tls 參數增加到 PV 的 mountOptions 中來進行傳輸加密。

FSxCSI 驅動程式支援動態設定 Lustre 檔案系統。在預設情況下，它會使用服務管理的金鑰對資料進行加密。

密碼管理。Kubernetes 機密用於儲存敏感資訊，如使用者證書、密碼或 API 金鑰，它們作為 base64 編碼的字串被保存在 etcd 中。在 EKS 上，etcd 節點的 EBS 卷冊帶有 EBS 加密。Pod 可以透過在 podSpec 中引用金鑰來檢索 Kubernetes 金鑰物件。這些秘密可以映射到環境變數或作為卷冊安裝。

使用 AWS KMS 對 Kubernetes 機密進行信封加密。這可以讓你使用唯一的資料加密金鑰（DEK）來加密你的機密，然後使用來自 AWS KMS 的金鑰加密金鑰（KEK）並插入 DEK，該金鑰按定期計畫可以自動旋轉。使用

Kubernetes 的 KMS 外掛程式，可以使所有 Kubernetes 秘密以加密而非以純文字的形式儲存在 etcd 中，並且只能由 Kubernetes API 伺服器解密。

審核機密的使用。在 EKS 上打開審核日誌記錄並創建 CloudWatch 指標篩檢程式和警示，以在使用密碼時向你發出警示（可選）。以下是 Kubernetes 審核日誌｛（$.verb=「get」）&&（$.objectRef.resource=「secret」）｝指標篩檢程式的範例。

```
fields@timestamp,@message
|sort@timestampdesc
|limit100
|statscount (*) byobjectRef.nameassecret
|filterverb="get"andobjectRef.resource="secrets"
```

你還可以對 CloudWatchLogInsights 使用以下查詢，該查詢將顯示在特定的時間範圍記憶體取秘密的次數。

```
fields@timestamp,@message
|sort@timestampdesc
|limit100
|filterverb="get"andobjectRef.resource="secrets"
|displayobjectRef.namespace,objectRef.name,user.username,responseStatus.code
```

該查詢會顯示秘密及嘗試存取該秘密的使用者的名稱空間、用戶名和回應程式。

定期輪換你的密碼。Kubernetes 不會自動輪換密碼。如果你必須輪換密碼，則可以考慮使用外部機密儲存區，如 AWS Secrets Manager。

（9）事件回應

你對事件做出快速反應的能力可以最大限度地減小違規事件所造成的損失，而擁有一個可以警報可疑行為的可靠警示系統，是好的事件回應計畫的第一步。當確實發生事故時，你必須快速決定是銷毀和更換容器，還是隔離並檢查容器。如果選擇隔離容器以進行調查和根本原因分析，則需要進行以下活動。

確定有問題的 Pod 和輔助節點。你的第一個操作步驟應該是隔離損壞，即確定發生漏洞的位置，並將該 Pod 及其節點與其他基礎架構隔離。

透過創建拒絕到 Pod 的所有入站和出站流量的網路策略來隔離 Pod。拒絕所有流量規則可以透過切斷與 Pod 的所有連接來阻止已經在進行的攻擊。以下網路策略可應用於標籤為 app=web 的 Pod。

```
apiVersion:networking.k8s.io/v1
kind:NetworkPolicy
metadata:
name:default-deny
spec:
podSelector:
matchLabels:
app:web
policyTypes:
-Ingress
-Egress
```

如有必要，則取消分配給 Pod 或 worker 節點的臨時安全憑證。如果為工作節點分配了 IAM 角色，且該角色允許 Pod 獲得對其他 AWS 資源的存取權限，則從實例中刪除這些角色，以防止它們受到攻擊的進一步損害。同樣，如果為 Pod 分配了 IAM 角色，則評估是否可以安全地從角色中刪除 IAM 策略而不影響其他工作負載。

封鎖 worker 節點。透過封鎖受影響的工作程式節點可以通知排程程式，以避免將 Pod 排程到受影響的節點上。這可以讓你刪除要進行研究的節點，而不會破壞其他工作負載。

在受影響的工作節點上啟用終止保護。攻擊者可能會試圖透過終止受影響的節點來消除其不良行為，而啟用終止保護可以防止這種情況的發生。實例擴充保護將保護節點免受擴充事件的影響。

捕捉作業系統記憶體。MargaritaShotgun 是一種遠端記憶體獲取工具，可以幫助你實現這一目標。對正在運行的處理程序和打開的通訊埠執行 netstat 樹轉儲，會捕捉每個容器的 Docker 守護處理程序及其子處理程序。

暫停容器以進行取證，快照實例的 EBS 卷冊。

針對你的叢集運行滲透測試，定期攻擊自己的叢集可以幫助你發現漏洞和設定錯誤。在開始之前，先按照滲透測試指南操作，然後再對叢集進行測試。

5.3 雲端安全檢測能力建設

NIST CSF 框架中檢測能力對應的安全服務與措施，如表 5-3-1 所示。

表 5-3-1

CSF 類別	建構能力	序號	對應 AWS 服務	核心作用
安全檢測能力	自動檢測雲端安全事件	1	Amazon GuardDuty	基於日誌分析的入侵偵測服務
		2	Amazon Macie	自動發現、分類和保護客戶的敏感性資料
		3	AWS Systems Manager	讓客戶能夠查看和控制雲端上的基礎設施。Systems Manager 可以提供一個統一的使用者介面，供客戶查看多種服務的運行資料，並在雲端資源上自動執行操作任務
		4	Amazon Inspector	Amazon Inspector 是一項自動安全評估服務，有助提升 AWS 上部署的應用程式的安全性與符合規範性
		5	AWS IoT Device Defender	AWS IoT Device Defender 是一項完全託管服務，可保護 IoT 裝置佇列的安全。它會不斷審核你的 IoT 設定，以確保設定始終遵循安全最佳實踐
		6	AWS Security Hub	集中查看和管理安全警示及自動執行符合規範性檢查
		7	Amazon Detective	Amazon Detective 可以使客戶輕鬆分析、調查和快速確定潛在安全問題或可疑活動的根本原因

5.3.1 雲端安全檢測能力概述

雲端安全檢測主要是指辨識網路安全事件發生的適當活動，及時發現網路安全事件。在此功能範圍內的結果包括檢測到異常和事件並了解它們的潛在影響，實施安全持續監控能力，監控網路安全事件、驗證網路活動等保護措施的有效性，維護檢測過程，提供對異常事件的定義和處理建議。

雲端安全檢測能力包含三個子項：異常和事件、安全連續監視和檢測過程。下面複習了可用於與該功能保持一致的關鍵 AWS 解決方案。

- 異常和事件（DE.AE）：及時發現異常活動及事件的潛在影響並了解。
- 安全連續監視（DE.CM）：離散時間對資訊系統和資產進行監視，以辨識網路安全事件並驗證保護措施的有效性。
- 檢測過程（DE.DP）：維護和測試檢測過程和程式，以確保及時、充分地意識到異常事件。

檢測可以使你辨識到潛在的安全錯誤設定、威脅或意外行為。它是安全生命週期的重要部分，可用於支援品質過程、法律或遵從性義務，以及用於威脅辨識和回應的工作中。你應該定期檢查與工作負載相關的檢測機制，以確保能夠滿足內部和外部的策略和需求。你應該設定基於可定義條件的自動警示和通知，以方便隨後進行的調查工作。這些機制是重要的反應因素，可以幫助你的組織辨識和了解異常活動的範圍。

5.3.2　雲端安全檢測能力組成

1. 威脅監測服務

除了辨識與保護，任何企業都需要持續監測帳戶和工作負載的異常或惡意行為，比如可疑的 API 呼叫、未授權的部署、特權升級、與可疑的 IP 和 URL 的通訊等。部署基於雲端上威脅的檢測服務，可以幫助企業在不增加任何複雜性的情況下進行持續監控。

不同於傳統的威脅監測，雲端中的威脅監測一般主要針對虛擬網路的流日誌、存取日誌和 DNS 日誌進行綜合分析，並借助機器學習和威脅情報進行自動化的連結分析。由於威脅監測服務可以分析、預測和阻止大量惡意網路活動，因此企業可以對自己擁有的雲端中服務、資產等工作負載有更強的可見性，可以根據發現威脅的嚴重性等級實現有效的優先順序排序以啟動警示，以便進行下一步的處置措施。由於威脅監測的最終目的是保證企業雲端環境的正常運行，因此不會對其營運造成干擾，還會幫助確保組織遵守安全標準。

2. 敏感性資料監測與保護服務

隨著組織管理的資訊量不斷增加，企業需要辨識和定位雲端中保存的敏感性資料，如個人身份資料、金融資料、健康資料等，以確保根據各種法規和符合規範性要求適當的保護和維護。敏感性資料監測與保護服務可以自動檢測和以預先定義的規則（包括 PII、GDPR 隱私法規、HIPAA 定義的類別法）對儲存在雲端中的資料進行分類，並發現敏感性資料。當潛在的資料洩露和未授權的存取出現時，會立即向必要的參與者提供警示，以確定該操作是意外還是惡意。

一旦企業的資料被進行了分類，敏感性資料監測與保護服務便會為每個資料項目分配一個業務價值，然後連續監視該資料，以便根據存取模式來檢測任何的可疑活動。任何進入企業雲端中儲存的新資料都會被分析和創建一個基準，然後其持續地被監視是否存在可疑行為。在雲端環境下，大規模地保護此資料是一個昂貴且費時的過程，而且很容易出錯，而透過部署可擴充且具有成本效益的服務可以減輕這種負擔，以幫助企業方便地進行敏感性資料辨識。

針對敏感性資料，還需要對未加密、可公開存取或與客戶組織外部帳戶共用的任何儲存內容進行自動並持續地評估，從而使企業能夠快速解決已確定包含潛在敏感性資料的儲存桶上的意外設定。需要注意的是，雖然企業部署敏感性資料監測與保護服務可以更清晰地了解敏感性資料是如何被使用的，但是它不能替代基於角色的存取控制進行的更嚴格的安全措施。

3. 系統管理服務

企業需要系統管理服務來監控和整理來自不同區域的雲端服務營運資料，並自動執行任務以保證資源持續的可靠性和可用性。系統管理服務可以幫助企業查看資源群組的 API 活動、資源設定更改、軟體清單和更新的遵從性狀態，從而根據操作需求對每個資源群組採取措施。對管理數十個甚至數百個大型系統的企業來說，系統管理服務會自動收集雲端中所有實例和承載的軟體資訊，以及持續地監控系統組態和已安裝的應用程式的運行狀態、網路設定、登錄檔、伺服器角色、軟體更新、檔案完整性和任何有關系統的資訊，這種集中式的系統管理服務對設定的符合規範性監控有很大的幫助。

系統管理服務可以透過自動掃描託管實例來查看更新符合規範性和設定不一致的情況，並可以簡化重複性 IT 操作和管理任務，還可以透過更新程式基準自動批准要安裝更新程式的選擇類別，以確保軟體是最新的並且符合符合規範性政策。

4. 實例安全評估服務

雖然保證實例上應用程式的設定正確和修補程式更新可以提升安全性，但攻擊者還是會利用應用程式漏洞來實施駭客活動。而實例安全評估服務可以透過在生產中，或在開發中，或當部署應用程式時檢查來提升應用程式的整體安全性，還可以透過實例設定中的可存取性等來評估安全曝露面的狀況。

實例安全評估服務通常會在實例上安裝和運行軟體代理，負責監視網路流量、檔案系統、流程活動等，並收集所需資料來進行安全評估。一般企業可以自訂評估規則來設定評估範本，評估會根據評估範本來監視和執行與網路流量、檔案系統、處理程序等有關的資料，在發現安全問題後會按照嚴重性進行排序，並提供說明和解決這些問題的建議。

企業透過安全評估服務，可以在應用程式開發之前和應用程式在生產環境中執行時期自動辨識安全性漏洞，以及檢測應用程式與最佳安全實踐的偏差，這個服務會簡化在雲端環境中建立和執行最佳實踐的過程，從而使組織在快速發展中保持安全。

5. 安全管理中心

雖然企業可以使用各種各樣的工具有針對性地保護其環境，但由於這些安全監控和保護措施往往都會有自己的主控台和儀表板，因此安全管理員就需要登入不同的管理介面來進行安全管理，這種手動拼湊各種安全調查結果的方法非常耗時、耗力，還可能不夠全面。因此，企業需要集中式的安全管理中心來整理和收集所有服務產生的安全發現，並確定重要事件的優先順序，從而確保帳戶和工作負載以符合規範的方式運行。

安全管理中心一般會匯集雲端原生的安全服務，如威脅檢測的發現、漏洞掃描的結果、敏感性資料的標識，以及第三方各類安全工具的發現，然後將這些發現和分析結果進行連結和排序，以突出趨勢並確定可能需要注意的資源。安全管理中心還應該根據業界公認的最佳安全基準,如 SOC,ISO,PCI-DSS,HIPAA 等進行符合規範性檢查,如果發現任何偏離最佳實踐的帳戶或資源,則會標記該問題並建議採取補救措施。

企業將與安全相關的所有重要資訊都集中在一個易於管理的位置,這可以為安全團隊提供他們所需的可見性,以使其能夠優先進行工作並改善企業安全性和符合規範性的狀態。

6. 安全事件調查服務

雖然雲端服務商能夠提供各類工具和安全管理中心來辨識安全問題並在出現問題時通知使用者,但對於重要的安全事件,企業往往需要深入研究並找出根本原因和解決方案,這時就要用到安全事件調查服務。安全事件調查服務需要企業調查服務並收集大量的日誌資料,包括虛擬專用雲端的流日誌、API 呼叫日誌、威脅檢測的發現等異常行為指標,並將其與 AI、統計分析和圖論相結合,以幫助安全分析人員調查可疑活動的根本原因和辨識潛在的安全問題。

在傳統操作上,由於收集有效的安全調查所需的資訊是一項繁重的工作,因此沒有較大規模安全團隊的企業在以前無法進行大量的資料收集和深入的分析工作,而安全事件調查服務可以幫助企業有效地聚合資料及上下文,還可以簡化調查安全檢測的結果和縮短確定根本原因的過程。

7. 物聯網防護服務

對以指數增加的物聯網裝置來說,安全性漏洞是一個重大隱憂。大多數公司在拓展業務時由於不能始終如一地考慮物聯網裝置的安全威脅,因而導致很多基於物聯網裝置的安全事件的發生。

作為與雲端緊密互聯的邊緣智慧終端機,物聯網裝置容易出現安全性漏洞和違規行為,另外低運算能力加上有限的記憶體和遠端部署也使它們更容易受到攻擊,如駭客透過連接的裝置發動分散式拒絕服務進行攻擊。

物聯網防護服務可以透過審核和監測來降低此類事件產生的影響。審核服務透過審核與裝置相關的資源(如 X.509 證書、物聯網策略和用戶端 ID)來確保裝置機隊的安全狀況是可信賴的；透過連續審核互連裝置的設定，並根據預先定義的安全最佳實踐來檢查物聯網裝置的設定，以確保它們符合要求。監測服務可以透過裝置上的代理收集裝置的異常行為，當檢測到異常行為時，就會向客戶發送警示。

由於互聯的物聯網裝置使用不同的無線通訊協定，不斷地與彼此或雲端進行通訊，而物聯網安全性漏洞會為惡意行為者或意外資料洩露打開通路，因此，為了保護使用者和企業雲端上的資產，企業必須要重視對物聯網裝置的保護。

5.3.3 雲端安全檢測能力建設實踐

雲端安全檢測能力的建設需要從三個維度出發，即異常行為的探測與處理、網路安全事件的探測與處理和探測處理流程建設。

1. 異常行為的探測與處理

根據日常的行為模式定義正常行為的基準線，並監控和了解攻擊行為與目標，即監控日誌聚合、分析和事件發現，並分析異常事件的影響和建議異常事件警報的閾值。以 AWS 為例，我們建議你先搜集雲端資源日誌、帳戶行為日誌和應用日誌，並透過機器學習的方式定義行為基準線，如 EC2 中 CPU 佔用率和時間的關係基準線、帳戶登入時間和地點的基準線、業務應用基於時間和地理位置等諸多因素的基準線，然後複習出需要監控的雲端正常行為的監控閾值，從而設定監控系統。

在搜集和分析歷史資料方面，雲端平台應該提供對應的服務。透過 CloudWatch Logs，你可以在一個高度可擴充的服務中集中管理所使用的所有系統、應用程式和 AWS 服務的日誌。然後，輕鬆地查看和搜索這些日誌以尋找特定的錯誤程式或模式，或根據特定欄位篩選這些日誌，或安全地存檔這些日誌以供將來分析。透過 CloudWatch Logs，你可以將所有日誌作為按時間排序的單一一致的事件流進行查看而無論其來源如何，還可以查詢這些日誌並根據其他維度排序、按特定欄位分組、使用強大的查詢語言創建自訂計算，以及在主控台中顯示日誌資料。

Amazon CloudWatch 異常檢測可以應用機器學習演算法連續分析系統和應用程式的時間序列來確定正常基準線並發現異常，需要的使用者干預極少。它可以讓你創建基於自然指標模式（如一天中的時間、週期性的星期幾或變化的趨勢）自動調整閾值的警示。你還可以使用主控台上的異常檢測將指標視覺化，監視和隔離指標中的意外變化並進行故障排除。

當為指標啟用異常檢測時，CloudWatch 會應用統計演算法和機器學習演算法生成異常檢測模型，該模型會生成表示正常指標行為預期值範圍的模型。使用者可以透過兩種方式使用預期值模型：

第一種方式是根據指標的預期值創建異常檢測警示。這種類型的警示沒有利用確定警示狀態的靜態閾值，相反，它們根據異常檢測模型將指標值與預期值進行比較。你可以選擇當指標值高於預期值範圍或低於預期值範圍時，觸發警示。

當查看指標資料的圖表時，你可以將預期值疊加到圖表上作為範圍，這樣可以清晰、直觀地看出圖中的哪些值不在正常範圍內。你可以使用 AWS 管理主控台、AWS CLI、AWS CloudFormation 或 AWS 開發套件啟用異常檢測。

第二種方式是透過將 GetMetricData API 請求與 ANOMALY_DETECTION_BAND 指標數學函數結合，來檢索模型範圍的上限值和下限值。在具有異常檢測的圖表中，預期值範圍顯示為灰色。如果指標的實際值超出此範圍，則在此期間顯示為紅色。異常檢測演算法已經將指標的週期性變化和趨勢變化考慮在內。

同時，你也可以把 CloudWatch 監控到的日誌保存到 S3 儲存桶中，之後就可以透過 Amazon Machine Learning 服務或 Amazon SageMaker 服務進行統計學或機器學習演算法的分析。在建立模型之後，可以使用模型來判斷日誌中隱藏的異常行為。

2. 網路安全事件的探測與處理

我們需要探測雲端上網路及邊界中的安全事件，其方法主要是針對網路流量進行分析與處理。探測的基本實踐是在帳戶等級建立一組檢測機制，旨在記錄和檢測對帳戶中所有資源的廣泛操作，它們允許你建構全面的探測功能。

Amazon VPC 提供服務級日誌記錄功能。VPC 流日誌使你能夠捕捉關於進出網路介面的 IP 流量的資訊，這些資訊可以對歷史記錄提供有價值的見解，並基於異常行為觸發自動操作。對於不是來自 AWS 服務的 EC2 實例和基於應用程式的日誌，可以使用 Amazon CloudWatch 日誌儲存和分析日誌，用戶端代理從作業系統和正在運行的應用程式中收集日誌並自動儲存它們。一旦 CloudWatch 日誌中提供了日誌，你就可以即時處理它們，或使用 CloudWatch 日誌 Insights 深入分析。

安全操作團隊依賴日誌集合和搜索工具來發現潛在的感興趣的事件，這些事件可能指示未經授權的活動或無意的更改。然而，簡單地分析收集到的資料和手工處理資訊已經不足以跟上複雜系統結構中大量的資訊流，單靠分析和報告並不能分配正確的資源來及時處理一個事件。

建構成熟的安全操作團隊的最佳實踐是，將安全事件和發現流程深入整合到通知和工作流系統中，如票務系統、缺陷追蹤系統、工作需求系統，以及其他安全資訊和事件管理系統。這會使工作流脫離電子郵件和靜態報告，並允許你路由、升級和管理事件與發現。許多組織還將安全警示整合到聊天、協作和開發人員生產力的平台中。對開始自動化的組織來說，當計畫「首先自動化什麼」時，一個 API 驅動的、低延遲的票務系統提供了相當大的靈活性。這種實踐不僅適用於從描述使用者活動和網路事件的日誌訊息中生成的安全事件，也適用於從基礎設施本身檢測到的更改中生成的安全事件。探測變化的能力，確定一個改變是合適的並將其路由到正確的補救工作流程是必不可少的。

GuardDuty 和 Security Hub 為日誌記錄提供了聚合、將重複資料刪除和分析機制，這些日誌記錄也可以被其他的 AWS 服務使用。具體來說，GuardDuty 攝取、聚集和分析來自 VPC 和 DNS 服務的資訊，以及透過 CloudTrail 和 VPC 流日誌可以看到的資訊。Security Hub 可以吸收、聚合和分析來自 GuardDuty，AWS Config，Amazon Inspector，Amazon Macie，AWS 和 AWS 大量可用的第三方安全產品的輸出，如果建構對應的產品，你還可以使用自己的程式。

3. 探測處理流程建設

其主要包括定義探測及處理流程的角色和責任矩陣，測試探測流程及涵蓋範圍，建立探測資訊發佈與溝通機制，保持探測流程的持續改進。

對你擁有的每個檢測機制，還應該有一個 runbook 的流程進行調查。舉例來說，當你啟用 Amazon GuardDuty 時，它會產生不同的發現。另外，你應該為每種尋找類型設定一個 runbook 項目，如如果發現了一個木馬，則你的 runbook 會有簡單的指示，並指示某人調查和補救。在 AWS 中，你可以使用 Amazon Event Bridge 來調查感興趣的事件和自動化工作流中可能發生意外變化的資訊。該服務提供了一個可伸縮的規則引擎，用於代理本地 AWS 事件格式（比如 CloudTrail 事件），以及從應用程式中生成的訂製事件。Amazon GuardDuty 還允許將事件路由到那些建構事件回應系統的工作流系統，或路由到中央安全帳戶，或路由到儲存桶以進行進一步分析。檢測更改並將此資訊路由到正確的工作流也可以使用 AWS 設定規則來完成。AWS Config 可以檢測範圍內服務的更改（儘管延遲比 Amazon Event Bridge 要高）並生成事件，這些事件可以使用 AWS 設定規則進行解析，以用於回覆、執行遵從性策略，以及將資訊轉發到系統（如變更管理平台和操作票務系統）。除了編寫自己的 Lambda 函數來回應 AWS 設定事件，你還可以利用 AWS 設定規則開發套件和一個開放原始程式 AWS 設定規則資料庫。

5.4 雲端安全回應能力建設

NIST CSF 框架中回應能力對應的 AWS 安全服務與措施，如表 5-4-1 所示。

表 5-4-1

CSF 類別	建構能力	序號	對應 AWS 服務	核心作用
安全回應能力	安全事件發生後的回應	1	AWS Config	AWS Config 服務可用來評估、稽核和評價客戶的雲端資源設定
		2	Amazon CloudWatch	CloudWatch 以日誌、指標和事件的形式收集監控和營運資料，讓你能夠統一查看在 AWS 和本機伺服器上運行的資源、應用程式和服務

CSF 類別	建構能力	序號	對應 AWS 服務	核心作用
安全回應能力	安全事件發生後的回應	3	AWS CloudTrail	CloudTrail 提供 AWS 帳戶活動的事件歷史記錄，這些活動包括透過 AWS 管理主控台、AWS 開發套件、命令列工具和其他 AWS 服務執行的操作
		4	AWS Lambda	AWS Lambda 是一種 Serverless 服務，無須預置或管理伺服器即可運行程式
		5	AWS Step Functions	AWS Step Functions 是一個無伺服器函數編排工具，可輕鬆將 AWS Lambda 函數和多個 AWS 服務按順序安排到業務的關鍵型應用程式中

5.4.1　雲端安全回應能力概述

雲端安全回應能力主要包含五個子項：回應計畫、事件溝通、事件分析、事件緩解和複習提升。

客戶應該具有根據其事件回應策略實施安全事件的處理能力，包括準備、檢測和分析、遏制、根除和恢復。此外，客戶還負責將事件處理活動與應急計畫活動進行協調，並將從正在進行的事件處理活動中學到的經驗教訓納入事件響應程式中。

1. 回應計畫

回應計畫，即執行和維護回應流程和程式，以確保對檢測到的網路安全事件做出及時回應，以及資訊系統在中斷、破壞或失敗後能恢復和重建到已知狀態。

客戶負責為其系統制訂回應計畫，該計畫需要包括：

1）確定基本任務和業務功能及相關的應急要求。

2）提供恢復目標，恢復優先順序和指標。

3）解決應急角色、職責和分配的個人並包含聯繫資訊。

4）解決當出現資訊系統中斷、受損或故障時維持基本任務和業務功能的問題。

5）解決最終使完整資訊系統恢復，同時又不會破壞原計劃和實施的安全保障措施的問題。

6）由組織定義的人員或角色要根據回應計畫政策進行審核和批准。

客戶應將回應計畫的備份分發給組織定義的關鍵應急人員（透過名稱和／或角色標識）和組織元素。回應計畫必須與事件處理相協調，必須按照計畫政策中定義的頻率進行審核和更新，以解決組織、系統或運行環境的變化，以及在實施、執行和測試過程中遇到的問題。客戶應該負責將回應計畫的變更傳達給組織定義的人員，並保護計畫免受未經授權的揭露和修改。

2. 事件溝通

事件溝通包括對活動與內外部利益相關者進行的適當協調，也包括執法機構的外部支持。

當需要回應時，相關人員要知道他們的角色和操作順序。

客戶負責根據分配的角色和職責向系統使用者提供應急教育訓練，即必須根據系統變更的要求，在擔任角色的組織定義的時間段內提供教育訓練，此後以組織定義的頻率進行教育訓練。

報告的事件符合既定標準。

客戶負責按組織定義的頻率查看和分析審核記錄，以指示組織定義的不適當或異常活動，並根據其審核和問責政策將這些發現報告給組織定義的人員或角色。

客戶負責要求其人員在組織定義的時間段內向組織事件響應功能報告中可疑的安全事件，並向組織定義的權威人員報告事件資訊。

客戶負責報告客戶儲存、虛擬機器和應用程式的事件並且向雲端廠商提供連絡人和升級計畫，以促進持續的事件通訊。

客戶應與雲端廠商合作，開發廠商定報告流程和方法，以接收可能涉及違反客戶資料安全事件的通知。

在整個事件回應過程中，隨著調查的進行，雲端廠商要使客戶的進階管理層和其他必要方隨時了解響應活動。在某些情況下，執法機構可能會參與其中，執法部門提出的所有資訊請求將由雲端廠商法律顧問處理。雲端廠商安全團隊應盡其所能,遵守法律顧問批准的所有資訊要求。雲端廠商服務應對發表的材料進行審核,以確保它們完全符合要求。

資訊共用與回應計畫一致。

與利益相關者的協調要與回應計畫一致。

要與外部利益相關者進行自願資訊共用,以實現更廣泛的網路安全態勢感知。

3. 事件分析

事件分析環節非常重要,可以確保進行適當的回應並且對後續的恢復過程提供支援。其通常包含以下五個方面:

- 檢查系統發出的通知,通常是警報。
- 了解事件的影響。
- 進行取證。
- 根據回應計畫對事件進行分類。
- 建立流程以接收、分析和響應從內部(如內部測試、安全公告或安全研究人員)和外部向組織揭露的漏洞。

4. 事件緩解

事件緩解,即採取措施避免事件的影響進一步擴大,削弱事件帶來的負面影響進而消除影響。事件緩解策略要包含以下兩個環節:

- 事件可控並且被緩解。
- 新發現的漏洞已得到緩解或記錄為可接受的風險。

5. 複習提升

利用從當前和以前的檢測與響應活動中學到的經驗教訓改進組織的響應活動,並確保已將應對策略進行了更新。

5.4.2 雲端安全回應能力組成

1. 設定檢測服務

設定檢測服務可以供客戶評估、稽核和評價雲端資源的設定，可以持續監控和記錄客戶的雲端資源設定，並支援客戶自動依據設定需求評估記錄的設定。借助於該服務，客戶可以查看設定並更改資源之間的關係、深入探究詳細的資源設定歷史記錄並判斷客戶的設定在整體上是否符合內部指南中所指定的設定要求，還可以簡化符合規範性稽核、安全性分析、變更管理和操作故障排除的流程。

2. 日誌檢測分析服務

日誌檢測分析服務是一種針對開發營運工程師、開發人員、網站可靠性工程師和 IT 經理的監控和可觀測性服務。該服務為客戶提供相關資料和切實見解，以監控應用程式、回應系統範圍的性能變化、最佳化資源的使用率，並能在統一視圖中查看營運狀況。該服務以日誌、指標和事件的形式收集監控和營運資料，讓客戶能夠統一查看雲端和本機伺服器上運行的資源、應用程式和服務。客戶使用該服務還可以檢測環境中的異常行為、設定警示、並排顯示日誌和指標、執行自動化操作、排除問題，以及發現可確保應用程式正常運行的見解。

3. 操作稽核服務

操作稽核服務是一項支援對客戶的帳戶進行監管、符合規範性檢查、操作審核和風險審核的服務。借助於該服務，客戶可以記錄日誌、持續監控並保留整個雲端基礎設施中與操作相關的帳戶活動。操作稽核服務提供帳戶活動的事件歷史記錄，這些活動包括透過管理主控台、開發套件、命令列工具和其他服務執行的操作。這些事件歷史記錄可以簡化安全性分析、資源更改追蹤和問題排除的工作。此外，客戶還可以使用該服務來檢測帳戶中的異常活動。

4. 雲端函數服務

透過雲端函數服務，客戶無須預置或管理伺服器即可運行程式，且只需按使用的計算時間付費。借助於雲端函數服務，客戶幾乎可以為任何類型的應用程式或後端服務運行程式，而且完全無須管理。客戶只需上傳程式，雲端函數就會處理運行和擴充高可用程式所需的一切工作。客戶還可以將程式設定為自動從其他服務觸發，或直接從任何 Web 或行動應用程式呼叫。

5. 編排服務

編排服務是一個無伺服器函數編排工具，客戶使用它可以輕鬆地將雲端函數和多個雲端服務按順序安排到業務關鍵型應用程式中。透過其可視介面，客戶可以創建並運行一系列檢查點和事件驅動的工作流，以維護應用程式的狀態，其中每一步的輸出都將作為下一步的輸入，應用程式中的各個步驟會根據客戶定義的業務邏輯按既定循序執行。

隨著分散式應用程式變得越來越複雜，管理它們的難度也隨之增加，而編排服務可以自動管理錯誤處理、重試邏輯和狀態，憑藉內建的操作控制功能可以管理執行任務的順序，從而顯著減輕團隊的營運負擔。

5.4.3　雲端安全回應能力建設實踐

安全回應能力自動化的本質就是透過一系列計畫和設計來確保企業自動化保護資料、應用與服務的手段和方法，從而幫助企業創建可重複、可預測的流程，以回應威脅並控制網路安全事件的影響。在回應計畫階段，安全回應團隊必須有權存取所有可能涉及的環境和資源。為此，回應團隊成員需要根據公司安全風險治理策略中規定的工作職責提前設定不同等級的存取權限。作為企業的安全管理團隊，應與外部雲端架構師、合作夥伴緊密合作，充分了解包括身份授權、聯合身份認證、跨帳戶存取等在內的身份策略。在事件回應階段，雲端中建構回應能力的核心優勢來自透過自動化的手段幫助企業快速檢測和應對安全事件，因為自動化安全營運不僅可以提升對事件的回應速度，而且還可以根據工作負載的變化彈性伸縮安全的能力。

以 AWS 為例，透過設定檢測服務 Config 和操作稽核服務 CloudTrail，可以自動監測帳戶中的資源和設定更改等詳細資訊。企業透過掌握這些資訊，可以建立針對偏離正常狀態的自動回應流程，如圖 5-4-1 所示。

自動回應流程

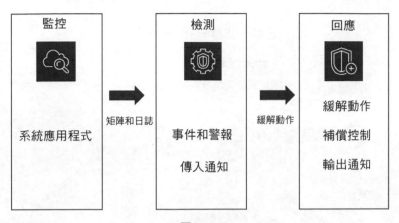

圖 5-4-1

在監控環節中，企業可以透過自動監控工具收集雲端環境中運行的資源和應用程式的資訊，包括操作稽核服務 CloudTrail 收集的操作日誌、EC2 實例的使用指標、VPC 的流量日誌資訊等。在檢測環節中，當指標超出預先定義的閾值或存在可疑活動及設定偏差時，將在系統內引發一個標示。這些觸發條件在檢測能力建設中已有說明，如 VPC 安全性群組或 WAF 存取控制清單出現較高的請求攔截數量、威脅檢測服務 GuardDuty 檢測到異常活動或資源的設定與符合規範服務 Config 定義的規則不符等。在回應環節中，可以針對檢測環節的異常通知觸發自動回應，包括修改 VPC 安全性群組、給實例系統更新、輪換金鑰憑證等。無論是利用簡單的雲端函數 Lambda，還是透過工作流編排服務 Step Function 來設計一系列複雜邏輯的任務，企業都可以利用這個通用的事件驅動回應流程，並根據自己的資源和風險控制策略設定複雜程度不同的自動回應計畫或安全自動化營運措施，圖 5-4-2 所示為一個典型的響應場景範例。

自動化事件回應可以幫助企業迅速減小受侵害資源的範圍，減輕安全團隊的重複工作量。由於安全事件回應屬於組織風險與符合規範治理的一部分，因此當涉及具體場景時其可能差別很大。下面提供一個可供參考的實例，架構如圖 5-4-3 所示。需要注意的是，當引入自動化回應時，建議事先在非生產環境中仔細測試每個自動回應的設定，切忌對業務關鍵型應用使用未經測試的自動事件回應流程。

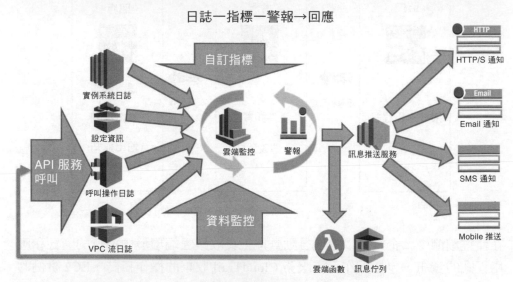

圖 5-4-2

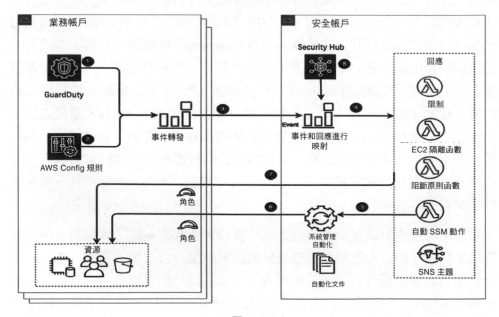

圖 5-4-3

在該事件回應流程的架構中，首先，GuardDuty 威脅檢測服務將發現的結果發送到雲端監控中，同時，Config 設定檢測服務也將偏離符合規範性狀態中的設定變更資訊推送至雲端監控中，並將形成的即時事件流通過雲端監控事件匯流排轉移到中央安全帳戶中。

在主安全帳戶中，使用 CloudWatch Events 規則將服務帳戶中的每個事件都映射到一個或多個響應操作中。其中每個規則都會觸發事件響應的動作，並對事件中定義的或多個安全的發現結果執行對應的響應動作。這裡舉例一些可能出現的回應處置動作：

- 觸發由安全帳戶中的 Lambda 函數 StratSsmAutomation 呼叫的 Systems Manager 自動化文件。

- 透過將一個空的安全性群組附加到 EC2 實例並刪除由 Lambda 函數 IsolateEc2 呼叫的任何先前的安全性群組來隔離 EC2 實例。

- 透過附加由 Lambda 函數 BlockPrincipal 呼叫的拒絕策略來阻止 IAM 主體存取。

- 將安全性群組限制在由 Lambda 函數 ConfineSecurityGroup 呼叫的安全 CIDR 範圍內。

- 將發現結果透過 SNS 訊息推送服務發送至外部進行處理，如人工評估等。

然後，透過呼叫主安全帳戶中的 Systems Manager，來指定服務帳戶和相同的 AWS 區域。針對服務帳戶中的資源，在主安全帳戶中執行 Systems Manager 自動化文件。透過承擔 IAM 角色，事件回應的動作由安全帳戶觸發並直接作用到服務帳戶的資源上，如透過隔離可能受損的 EC2 實例來完成此操作。另外，對於複雜的發現，可能需要人工預先進行判斷後再進行回應，而 Security Hub 自訂手動觸發操作在此場景下可以處理需要手動參與的過程。

任何一個企業或組織都希望能獲得清晰的資訊安全性原則決策，並據此創建對應的自動化安全回應優先順序。為此，企業或組織需要綜合考慮被保護資源的重要性、所需自動化技術的複雜程度等因素。在實踐中，建議企業從簡單的自動化流程起步，隨著經驗的累積再建設較為複雜的自動化流程。除了需要獲得高層的支援，企業的所有利益相關方，如商業部門、IT 營運部門、資訊安全部門及風險與符合規範部門等，都應該參與到應該自動執行哪些事件回應操作的決策環節中。

在某些特殊的情況下，採取自動回應還是存在風險的。舉例來說，針對核心生產資料庫伺服器的事件回應處置，可能需要在自動化回應之前先使用人工判斷；對於某些警報，企業可能預設其安全，如對提供公共服務的 Web 伺服器設定公共存取的安全性群組等。為了解決這些例外問題，AWS 為資源設定了 Security Exception 標籤，這樣就不會為具有此標籤的資源執行回應操作了。

5.5 雲端安全恢復能力建設

NIST CSF 框架中恢復能力對應的安全服務與措施，如表 5-5-1 所示。

表 5-5-1

CSF 類別	建構能力	序號	對應 AWS 服務	核心作用
安全恢復能力	按照回應計畫執行恢復操作	1	AWS CloudFormation	AWS CloudFormation 可以使客戶跨所有區域和帳戶，使用程式語言或簡單的文字檔以自動化的安全方式，為自己的應用程式所需要的所有資源建模並進行預置
		2	AWS OpsWorks	借助於 OpsWorks，客戶可以使用 Chef 和 Puppet 自動完成所有 Amazon EC2 實例或本地計算環境中的伺服器設定、部署和管理
		3	Amazon S3 Glacier	Amazon S3 Glacier 是安全、持久且成本極低的 Amazon S3 雲端儲存類，適用於資料存檔和長期備份
		4	AWS Config	AWS Config 服務可用來評估、稽核和評價客戶的雲端資源設定

5.5.1 雲端安全恢復能力概述

恢復能力是指執行並保持恢復的能力，以確保及時恢復受網路安全事件影響的系統或資產。雲端安全恢復能力包含三個子項：恢復計畫、改進和溝通。客戶負責在中斷、破壞或失敗後將資訊系統恢復和重建到已知狀態。

- 恢復計畫（RC.RP）：執行並維護恢復過程和程式，以確保及時恢復受網路安全事件影響的系統或資產。
- 改進（RC.IM）：透過將汲取的教訓納入未來的活動中，可以改進恢復計畫和流程。
- 溝通（RC.CO）：還原活動與內外部各方進行協調，如協調中心、Internet 服務提供者、攻擊系統的所有者和受害者及其他 CSIRT 和供應商。

5.5.2 雲端安全恢復能力組成

1. 整合資源部署

整合資源部署服務為客戶提供了一種通用語言，用於對雲端環境中的自有資源和第三方應用程式資源進行建模和預設定。該服務可以使客戶跨所有的區域和帳戶，使用程式語言或簡單的文字檔以自動化的安全方式為應用程式需要的所有資源建模並進行預設定。這樣就可以為客戶提供雲端廠商和第三方資源的單一資料來源。該服務以安全、可重複的方式預設定客戶的應用程式資源，使客戶可以建構和重新建構基礎設施和應用程式，而不必執行手動操作或編寫自訂指令稿，還能確定管理堆疊時要執行的適當操作，並以最高效的方式編排它們，且能在檢測到錯誤時自動回覆更改。

2. 設定管理服務

該服務提供 Chef 和 Puppet 的託管實例。Chef 和 Puppet 是自動化平台，允許客戶使用程式自動設定伺服器。借助於該服務，客戶可以使用 Chef 和 Puppet 自動完成所有的雲端運算實例或本地計算環境中的伺服器設定、部署和管理。

3. 低成本存檔服務

低成本存檔服務是安全、持久且成本極低的雲端儲存類服務，適用於資料存檔和長期備份。它們能提供 99.999999999% 的持久性，以及全面的安全與符合規範功能，並能幫助客戶滿足最嚴格的監管要求。與本地解決方案相比，此服務能讓客戶以非常低的價格儲存資料，顯著降低了成本。為了保持低廉成本，同時滿足各種檢索需求，該服務通常提供三種存取存檔的選項，檢索時間也從數分鐘到數小時不等。

4. 設定檢測服務

雲端資源設定檢測服務可供客戶評估、稽核和評價雲端資源設定。該服務可持續監控和記錄客戶的雲端資源設定，並支援客戶自動依據設定需求評估記錄的設定。借助於該服務，客戶可以查看設定並更改資源之間的關係、深入探究詳細的資源設定歷史記錄並判斷客戶的設定在整體上是否符合內部指南中指定的設定要求。透過該服務，客戶能夠簡化符合規範性稽核、安全性分析、變更管理和操作故障的排除等操作。

5.5.3 雲端運算恢復能力建設實踐

恢復能力往往和資料備份能力結合緊密，雲端上的備份能力和恢復能力同樣繼承了雲端的敏捷性，故使用很多雲端原生的服務就可以實現備份和恢復。

雲端的資料儲存包括物件儲存（S3）、區塊儲存（EBS）、檔案儲存（EFS）和混合儲存（Storage Gateway），同時雲端還提供遠端的備份服務（AWS Backup）。

AWS Backup 是一項完全託管的備份服務，可在雲端中及本地集中管理和自動執行跨 AWS 服務的資料備份。使用 AWS Backup，你可以在一個位置設定備份策略並監控 AWS 資源的備份活動。AWS Backup 可以自動執行並整合以前一個一個服務執行的備份任務，消除創建自訂指令稿和手動過程的需求。只需在 AWS Backup 主控台中點擊幾下，你就可以創建各種備份策略，從而自動執行備份計畫和保留管理工作。AWS Backup 提供了完全託管的備份服務和基於策略的備份解決方案，簡化了備份管理工作，並能使你滿足業務和法規備份的符合規範性要求。AWS Backup 服務同時也提供恢復功能。

在某個資源至少備份一次之後，即將其視為受保護的並且可以使用 AWS Backup 進行還原的資源。使用 AWS Backup 主控台，可以按照以下步驟還原資源。

- 打開中國區域的 AWS Backup 主控台。
- 在功能窗格中，選擇「Protected resources（受保護的資源）」和需要還原的資源 ID。
- 復原點的清單（包括資源類型）是按照資源 ID 顯示的，選擇資源可以打開資源詳細資訊頁。
- 如果要還原資源，則在備份面板中選擇資源復原點 ID 旁邊的選項按鈕，並在面板的右上角選擇「還原」。
- 指定還原參數，其中顯示的還原參數特定於所選的資源類型。

同時，許多第三方備份還原工具都可以在雲端使用，這些工具具備了企業級的備份和還原的能力。

第 6 章
雲端安全動手實驗——基礎篇

本章是雲端上最基礎的安全實驗，適合雲端安全初學者，主要目的是幫助初學者動手操作、快速學習雲端上基本的安全性原則、安全功能和安全服務，並自動部署雲端安全實驗場景和最佳實踐。其包括 10 個基礎實驗：手工創建第一個根使用者帳戶；手工設定第一個 IAM 使用者和角色；手工創建第一個安全資料倉儲帳戶；手工設定第一個安全靜態網站；手工創建第一個安全運行維護堡壘機；手工設定第一個安全開發環境；自動部署 IAM 群組、策略和角色；自動部署 VPC 安全網路架構；自動部署 Web 安全防護架構；自動部署雲端 WAF 防禦架構。

下面所有實驗環境都是基於 AWS 平台建構的，如果你已經熟悉 AWS，則可以靈活地選擇實驗進行測試和演練。

如果你已有 AWS 獨立帳號，則可以透過本書中的實驗步驟直接進行實踐，但是有些實驗還是需要預先架設好實驗環境才能進行。

如果你使用自己的帳號登入實驗，則在實驗完成後，要及時刪除實驗環境的相關資源，以減少不必要的成本支出。

在動手實驗之前，你需要設定實驗環境。其操作步驟如下：

步驟 1：從本章每個實驗環境架設提供的 Github Link 中下載部署檔案。

1）進入 GitHub 頁面，點擊下載，如將 aws-lab-2020-010XX- deploy.zip 檔案下載到本地電腦並解壓，這會將檔案解壓到名為 deploy 的目錄中。

2）或透過命令 Clone 將實驗檔案複製到本地，然後進行實驗環境的架設，其中有的實驗環境需要透過手動登入創建，有的需要透過 CloudFormation 的自動化部署範本進行創建。

步驟 2：用你的 AWS 帳號登入，並創建 S3 儲存桶來儲存實驗部署檔案，並拷貝部署檔案 S3 的 URL 資源路徑。操作步驟如下：

1）導覽到 S3 主控台，然後點擊「Create bucket」，並提供自己的儲存桶名稱，不要調整預設設定以防阻止公共存取，如圖 6-0-1。

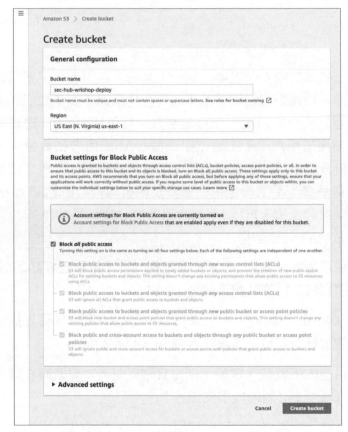

圖 6-0-1

2）記錄儲存桶名稱以備後用。

3）點擊「Create bucket」。

4）點擊你的儲存桶名稱，以導覽到儲存桶。

5）在本地電腦上，將解壓到 deploy 目錄下的內容上傳到創建的儲存桶根目錄中，如圖 6-0-2 所示。

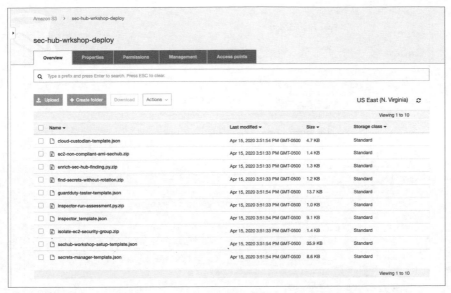

圖 6-0-2

步驟 3：導覽到 CloudFormation 主控台，將路徑增加到你的設定範本中，開始創建實驗環境部署堆疊。

詳細操作步驟：

1）導覽到 CloudFormation 主控台。

2）點擊「Create stack」。

3）在 Amazon S3 URL 中，將路徑增加到你的設定範本中。

4）在「Create stack」頁面上點擊「Next」。

5）提供你的堆疊名稱。

6）在參數中，為 GuardDuty，SecurityHub 和 Config 三個服務選擇「Yes」（啟用）或「No」（不啟用）。

7）輸入你創建的並在其中儲存 Workshop 工件的 S3 部署儲存桶的名稱，保留其餘參數的預設值，如圖 6-0-3。

8）在「Specify stack details」頁面上，點擊「Next」。

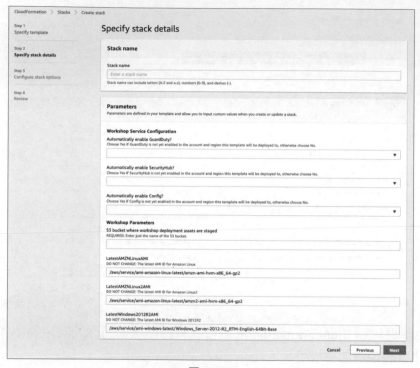

圖 6-0-3

9）在「Configure stack options」頁面上，點擊「Next」。

10）然後檢查兩個確認，如圖 6-0-4 所示。

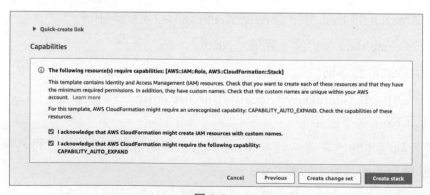

圖 6-0-4

11）點擊「Create stack」，完成實驗環境創建。

6.1 Lab1：手工創建第一個根使用者帳戶

6.1.1 實驗概述

當你第一次使用 AWS 雲端服務資源時，需要申請創建 AWS 根使用者（ROOT 使用者）帳戶，這樣你會從一個登入身份開始，該身份具有對帳戶中所有 AWS 服務和資源完全存取的許可權。由於你可以使用創建帳戶的電子郵件位址和密碼存取根使用者帳戶，因此本實驗主要是用於當創建根使用者時，指導如何設定多因素認證和設定最小的根使用者許可權，並定期輪換根使用者密碼和稽核根使用者帳戶。

6.1.2 實驗步驟

步驟 1：為使用者設定強式密碼策略。

你可以在 AWS 帳戶上設定密碼策略，以指定 IAM 使用者密碼的複雜性要求和強制輪換期限，但是 IAM 密碼策略不適用於 AWS 根帳戶密碼，使用時需要創建或更改密碼策略。

1）登入 AWS 管理主控台並打開 IAM 主控台。

2）在功能窗格中，點擊「帳戶設定」。

3）然後在「密碼策略」中，選擇要應用於密碼策略的選項，並點擊「應用密碼策略」，結果如圖 6-1-1 所示。

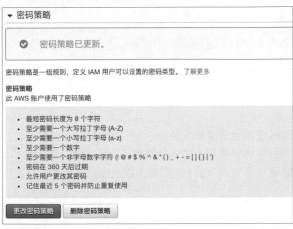

圖 6-1-1

步驟 2：設定帳戶安全挑戰問題。

帳戶安全挑戰問題可以用於驗證你是否擁有 AWS 帳戶。

1）使用你的 AWS 帳戶電子郵件位址和密碼，以 AWS 帳戶根使用者的身份登入並打開 AWS 帳戶設定頁面。

2）導覽到「設定安全問題」部分，如圖 6-1-2 所示。

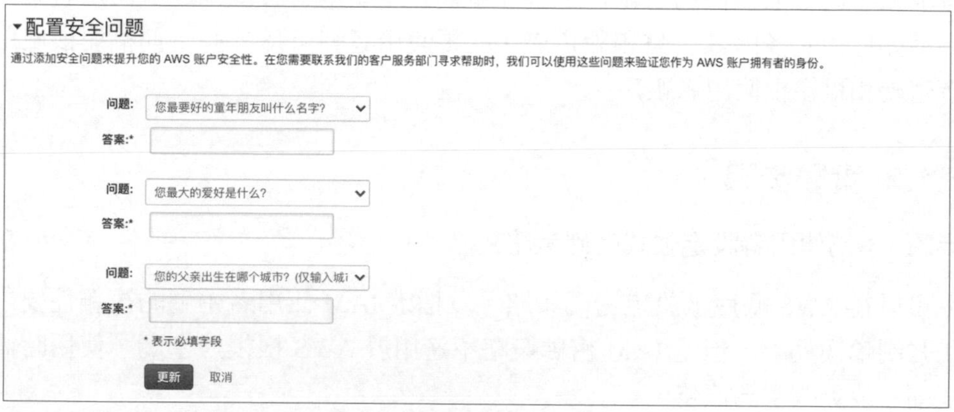

圖 6-1-2

3）選擇三個挑戰性的問題，然後為每個問題輸入答案。

4）與密碼或其他憑證一樣，你需要安全地儲存問題和答案。

5）點擊「更新」。

步驟 3：定期更改 AWS 帳戶根使用者密碼。

說明：必須以 AWS 帳戶根使用者身份登入才能更改密碼。

1）利用 AWS 帳戶電子郵件位址和密碼，以根使用者身份登入 AWS 管理主控台。

注意：如果你使用 IAM 使用者憑證登入過主控台，則瀏覽器可能會記住此選項，並打開特定於帳戶的登入頁面。因為 IAM 使用者登入頁面無法使用 AWS 帳戶根使用者憑證登入，所以如果你看到的是 IAM 使用者登入頁面，則點擊頁面底部的使用根帳戶憑證登入即可返回登入首頁面。

2）在主控台右上角點擊帳戶名稱或號碼，然後點擊「我的帳戶」。

3）在頁面右側的「帳戶設定」部分，點擊「編輯」。

4）在「密碼」行，選擇「點擊此處更改密碼」。

步驟 4：刪除 AWS 帳戶根使用者存取金鑰。

你可以使用存取金鑰（存取金鑰 ID 和秘密存取金鑰）向 AWS 發出程式設計請求，但是，請勿使用你的 AWS 帳戶根使用者存取金鑰，因為其可以讓你完全存取所有 AWS 服務的所有資源，包括帳單資訊。你不能限制與你的 AWS 帳戶存取金鑰連結的許可權。

1）如果你還沒有 AWS 帳戶的存取金鑰，除非絕對需要，否則不要創建。你可以使用帳戶電子郵件位址和密碼登入 AWS 管理主控台，並創建一個具有管理特權的 IAM 使用者，如圖 6-1-3 所示。

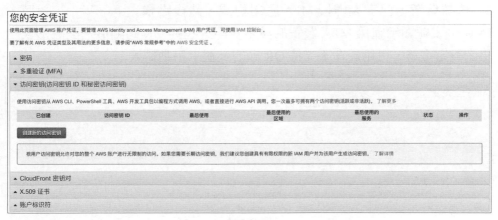

圖 6-1-3

2）如果你有 AWS 帳戶的存取金鑰，則刪除該帳戶，除非有特殊要求。如果想刪除或輪換 AWS 帳戶存取金鑰，則要先存取 AWS 管理主控台的安全憑證頁面，再使用電子郵件位址和密碼登入。你可以在「存取金鑰」中管理存取金鑰。

3）不要與任何人共用 AWS 帳戶密碼或存取金鑰。

步驟 5：為 AWS 根使用者啟用虛擬 MFA 裝置。

在 AWS 管理主控台中，你可以使用 IAM 為根使用者設定和啟用虛擬 MFA 裝置，這時必須使用根使用者憑證登入 AWS，不能使用其他憑證，然後執行下面的任一操作。

選項 1：點擊「儀表板」，然後在「安全狀態」下展開根使用者上的「啟動 MFA」。

選項 2：在導覽列的右側點擊帳戶名稱，然後點擊「您的安全憑證」。如有必要，再點擊「繼續使用安全憑證」，然後在頁面上展開「多重驗證（MFA）」，如圖 6-1-4 所示。

1）點擊「管理」或「啟動」，具體取決於你在上一步中的選項。

2）在視窗中，點擊「虛擬 MFA 裝置」，然後點擊「下一步」。

3）確認裝置上已安裝虛擬 MFA 應用程式，然後點擊「下一步」。這時，IAM 生成並顯示虛擬 MFA 裝置的設定資訊，包括 QR 碼圖形。該圖形表示秘密設定金鑰，可用於在不支援 QR 碼的裝置上手動輸入。

圖 6-1-4

4）在「管理 MFA 裝置」視窗仍然打開的情況下，打開裝置上的虛擬 MFA 應用程式。

5）如果虛擬 MFA 應用程式支援多個帳戶（多個虛擬 MFA 裝置），則點擊該選項以創建一個新帳戶（一個新的虛擬裝置）。

6）設定應用程式最簡單的方法是使用應用程式掃描 QR 碼。如果你無法掃描 QR 碼，則可以手動輸入設定資訊。

舉例來說，如果你需要點擊相機圖示或掃描帳戶條碼的命令，則可以使用裝置的相機掃描 QR 碼。如果無法掃描，則可以透過在應用程式中輸入 Secret Configuration Key 值來手動設定資訊。舉例來說，如果要在 AWS Virtual MFA 應用程式中執行此操作，則點擊「手動增加帳戶」，然後輸入金鑰，最後點擊「創建」即可。

提示：你需要對 QR 碼或設定的金鑰進行安全備份，或確保帳戶啟用了多個虛擬 MFA 裝置。因為當你遺失了託管虛擬 MFA 裝置的智慧型手機時，虛擬 MFA 裝置會變得不可用，這時你將無法登入帳戶，並且必須與客服聯繫刪除該帳戶的 MFA 保護。

7）點擊「下一步」，再點擊「完成」。

6.1.3 實驗複習

本實驗是使用雲端服務的第一步，也是你在雲端上安全設定的新起點，即透過雲端服務的安全性原則、安全功能和安全工具實現最小授權。我們建議，當你使用具有根使用者許可權的使用者執行任務並存取 AWS 資源時，要限制根使用者的使用權限和場景。必須由根使用者許可權執行的任務如下：

1）更改你的帳戶設定，包括帳戶名稱、根使用者密碼和電子郵件位址，而其他帳戶設定（如連絡人資訊、付款貨幣偏好和區域）不需要根使用者憑證。

2）關閉 AWS 帳戶。

3）還原 IAM 使用者許可權。如果唯一的 IAM 管理員意外地取消了自己的許可權，則你可以使用根使用者身份登入來編輯策略並還原這些許可權。

4）更改或取消 AWS 支持計畫。

5）創建 CloudFront 金鑰對。

6）設定 Amazon S3 儲存桶，以啟用 MFA（多重驗證）刪除。

7）編輯或刪除一個包含無效 VPCID 或 VPC 終端節點 ID 的 Amazon S3 儲存桶策略。

6.1.4 策略範例

推薦 IAM 基於身份策略的典型範例。

1）允許基於日期和時間的使用者存取策略，程式如下。

```
{
    "Version": "2012-10-17",
    "Statement": [
        {
            "Effect": "Allow",
            "Action": "service-prefix:action-name",
            "Resource": "*",
            "Condition": {
                "DateGreaterThan": {"aws:CurrentTime": "2020-04-01T00:00:00Z"},
                "DateLessThan": {"aws:CurrentTime": "2020-06-30T23:59:59Z"}
            }
        }
    ]
}
```

說明：此範例顯示，如何創建策略和允許存取基於日期和時間的操作。此策略限制存取從 2020 年 4 月 1 日到 2020 年 6 月 30 日（含這兩個日期）發生的操作，授予的許可權僅適用於透過 AWSAPI 或 AWSCLI 完成此操作。如果你要使用此策略，則將範例策略中的斜體預留位置文字替換為自己的資訊。

2）AWS：允許在特定日期內使用 MFA 進行特定存取，程式如下。

```
{
    "Version": "2012-10-17",
    "Statement": {
        "Effect": "Allow",
        "Action": [
            "service-prefix-1:*",
            "service-prefix-2:action-name-a",
            "service-prefix-2:action-name-b"
        ],
        "Resource": "*",
        "Condition": {
            "Bool": {"aws:MultiFactorAuthPresent": true},
            "DateGreaterThan": {"aws:CurrentTime": "2020-07-01T00:00:00Z"},
            "DateLessThan": {"aws:CurrentTime": "2020-12-31T23:59:59Z"}
        }
    }
}
```

說明：此範例顯示，如何使用多個條件創建策略，系統如何使用邏輯 AND 對它們進行評估。它允許對 SERVICE-NAME-1 服務進行完全存取，並且允許對 SERVICE-NAME-2 服務中的 action-name-a 和 action-name-b 操作進行存取。但是只有當使用者使用 MFA 時，才允許執行這些操作，並且只能對從 2020 年 7 月 1 日至 2020 年 12 月 31 日（UTC 時間，包含這兩個日期）發生的操作進行存取。此策略授予的許可權僅適用於透過 AWSAPI 或 AWSCLI 完成此操作。如果你要使用此策略，則將範例策略中的斜體預留位置文字替換為自己的資訊。

3）AWS：基於來源 IP 拒絕對 AWS 的存取，程式如下。

```
{
    "Version": "2012-10-17",
    "Statement": {
        "Effect": "Deny",
        "Action": "*",
        "Resource": "*",
        "Condition": {
            "NotIpAddress": {
                "aws:SourceIp": [
                    "192.0.2.0/24",
                    "203.0.113.0/24"
                ]
            },
            "Bool": {"aws:ViaAWSService": "false"}
        }
    }
}
```

說明：如果請求是來自指定 IP 範圍以外的委託人，此範例顯示如何創建策略可拒絕對該帳戶中所有 AWS 操作的存取。當你公司的 IP 位址位於指定範圍內時，該策略很有用。該策略不拒絕 AWS 服務使用委託人的憑證發出的請求，還授予在主控台上完成此操作所需的必要許可權。如果你要使用此策略，則將範例策略中的斜體預留位置文字替換為自己的資訊。

當其他策略允許這種操作時，委託人可以從 IP 位址範圍內發出請求。AWS 服務還可以使用委託人的憑證發出請求，而當委託人從 IP 範圍之外發出請求時，請求將被拒絕。如果服務使用服務角色或服務相關角色代表委託人進行呼叫，則請求也會被拒絕。

6.1.5 最佳實踐

我們推薦的 IAM 中安全最佳實踐的任務如下：

1）隱藏 AWS 帳戶根使用者存取金鑰。

2）創建單獨的 IAM 使用者。

3）使用群組向 IAM 使用者分配許可權。

4）授予最低許可權。

5）透過 AWS 託管策略開始使用權限。

6）使用客戶託管策略而非內聯策略。

7）使用存取權限等級查看 IAM 許可權。

8）為你的使用者設定強式密碼策略。

9）啟用 MFA。

10）針對在 Amazon EC2 實例上運行的應用程式使用角色。

11）使用角色委託許可權。

12）不共用存取金鑰。

13）定期輪換憑證。

14）刪除不需要的證書。

15）使用策略條件增強安全性。

16）監控 AWS 帳戶中的活動。

6.2　Lab2：手工設定第一個 IAM 使用者和角色

6.2.1　實驗概述

在 AWS 上，本實驗是使用者最小授權的最佳做法：不是將 AWS 帳戶根使用者用於不需要的任何任務，而是為每個需要管理員存取權限的人創建一個新的 IAM 使用者。然後，透過將使用者置於附加了 AdministratorAccess 託管策略的「管理員」群組中，使這些使用者成為管理員。該動手實驗將指導你使用 AWS 管理主控台設定第一個 IAM 使用者、群組和角色，以進行存取管理。

6.2.2　實驗架構

三步設定第一個 IAM 使用者、群組和角色：

1）創建管理員 IAM 使用者和群組。

2）創建管理員 IAM 角色。

3）承擔 IAM 使用者的管理員角色。

創建管理員 IAM 使用者和群組的操作流程，如圖 6-2-1 所示：

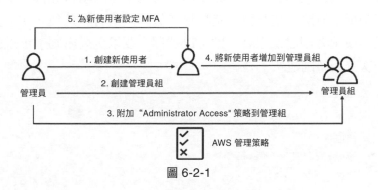

圖 6-2-1

6.2.3 實驗步驟

步驟 1：創建管理員 IAM 使用者和群組。

1）使用 AWS 帳戶電子郵件位址和密碼，以 AWS 帳戶根使用者身份登入 IAM 主控台。

2）在功能窗格中，點擊「使用者」中的「增加使用者」，如圖 6-2-2 所示。

圖 6-2-2

3）輸入用戶名，名稱可以由字母、數字和字元組成，不區分大小寫，最大長度為 64 個字元。

4）選中「AWS 管理主控台存取」旁邊的核取方塊，然後選擇「自訂密碼」，並在文字標籤中輸入新密碼，如圖 6-2-3 所示。透過不為該使用者提供程式設計存取權限（存取和金鑰），此使用者將幾乎可以執行你帳戶中的所有操作，從而降低了風險，稍後再設定特權較低的使用者和角色。如果要為自己以外的其他使用者創建使用者，則可以選擇「要求重設密碼」，以強制使用者在第一次登入時創建新密碼。

添加用户

設置用户详细信息
您可以一次添加多个具有相同访问类型和权限的用户。了解更多

用户名*　Bob

➕ 添加其他用户

选择 AWS 访问类型
选择这些用户将如何访问 AWS。在最后一步中提供访问密钥和自动生成的密码。了解更多

访问类型*　☐ 编程访问
　　　　　　　为 AWS API、CLI、SDK 和其他开发工具启用 访问密钥 ID 和 私有访问密钥。

　　　　　　　☑ **AWS 管理控制台访问**
　　　　　　　启用 密码 、使得用户可以登录到 AWS 管理控制台。

控制台密码*　◯ 自动生成的密码
　　　　　　　◉ 自定义密码

　　　　　　　☐ 显示密码

需要重置密码　☑ 用户必须在下次登录时创建新密码

* 必填　　　　　　　　　　　　　　　　　　　　　　　取消　　下一步: 权限

圖 6-2-3

5）點擊「下一步：許可權」。

6）在「設定許可權」頁面上，點擊「將使用者增加到群組」。

7）然後點擊「創建群組」，如圖 6-2-4 所示。

圖 6-2-4

8）在「創建群組」對話方塊中，輸入新群組的名稱，如 Administrators。名
稱可以由字母、數字和字元組成，不區分大小寫，最大長度為 128 個字元。

9）在策略清單中，選中「AdministratorAccess」旁邊的核取方塊。然後點擊
「創建策略」，如圖 6-2-5 所示。

圖 6-2-5

10）返回群組列表，確認核取方塊在新群組旁邊。如有必要，則點擊刷新以
查看列表中的群組，如圖 6-2-6 所示。

11）點擊「下一步：標籤」。在本實驗中，我們不會在使用者增加標籤。

12）點擊「下一步：查看」，以查看要增加到新使用者的群組成員身份列表，
然後點擊「創建使用者」，如圖 6-2-7 所示，成功增加使用者如圖 6-2-8 所示。

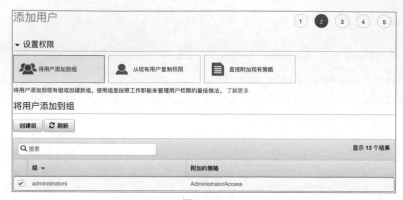

添加用户
1
2
3
4
5
设置权限
将用户添加到组
从现有用户复制权限
直接附加现有策略
将用户添加到现有组或创建新组。使用组是按照工作职能来管理用户权限的最佳做法。了解更多
将用户添加到组
创建组
刷新
搜索
显示 13 个结果
组
附加的策略
administrators
AdministratorAccess

圖 6-2-6

添加用户
1
2
3
4
5
审核
查看您的选择。在创建用户之后，您可以查看并下载自动生成的密码和访问密钥。
用户详细信息
用户名 Bob
AWS 访问类型 AWS 管理控制台访问 - 使用密码
控制台密码类型 自定义
需要重置密码 是
权限边界 未设置权限边界
权限摘要
上面显示的用户将添加到以下组中。
类型
名称
组
administrators
标签
没有添加任何标签。
取消
上一步
创建用户

圖 6-2-7

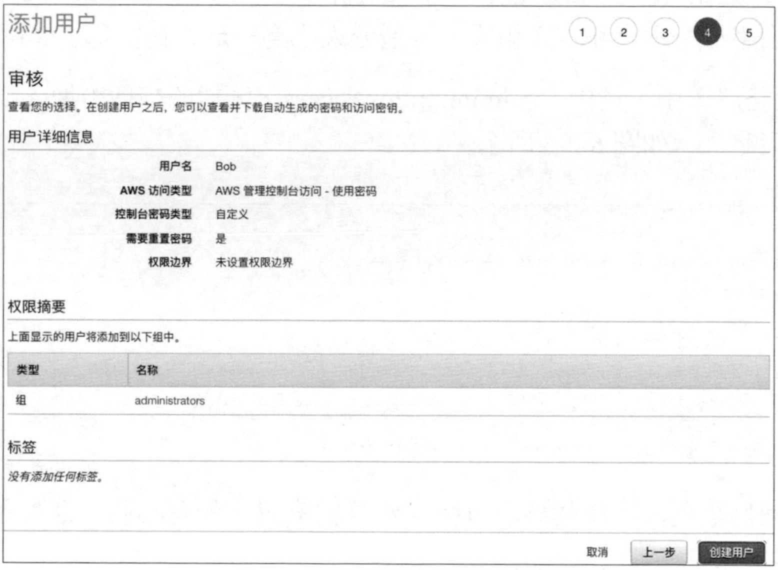

添加用户
1
2
3
4
5
成功
您已成功创建了以下所示的用户。您可以查看和下载用户安全凭证。您还可以通过电子邮件向用户发送说明来登录到 AWS 管理控制台。这是最后一次这些凭证可供下载。不过，您可以随时创建新的凭证。
具有 AWS 管理控制台访问权限的用户可在以下位置登录：
下载 .csv
用户
通过电子邮件发送登录说明
Bob
发送电子邮件
已创建用户 Bob
将用户 Bob 添加到 administrators 组
已为用户 Bob 创建登录配置文件

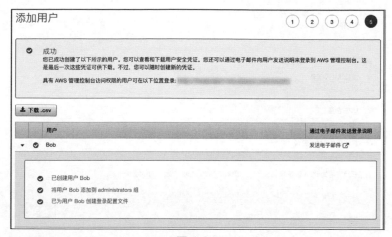

圖 6-2-8

你可以使用相同的過程創建更多的群組和使用者，並為你的使用者提供針對 AWS 帳戶資源的存取權限。

13）透過從功能窗格中選擇「使用者」，在新的管理員使用者上設定 MFA。

14）在「用戶名」清單中，點擊目標 MFA 使用者的名稱。

然後點擊「安全證書」。在指定的 MFA 裝置旁邊點擊「編輯」圖示，如圖 6-2-9，並選擇「虛擬 MFA 裝置」，如圖 6-2-10 所示。

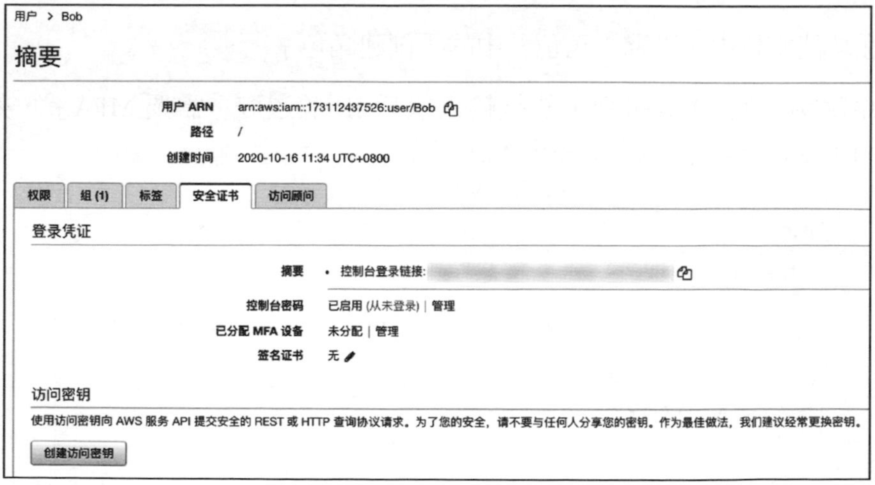

用户 > Bob
摘要
用户 ARN arn:aws:iam::173112437526:user/Bob
路径 /
创建时间 2020-10-16 11:34 UTC+0800
权限
组 (1)
标签
安全证书
访问顾问
登录凭证
摘要 • 控制台登录链接:
控制台密码 已启用 (从未登录) | 管理
已分配 MFA 设备 未分配 | 管理
签名证书 无
访问密钥
使用访问密钥向 AWS 服务 API 提交安全的 REST 或 HTTP 查询协议请求。为了您的安全，请不要与任何人分享您的密钥。作为最佳做法，我们建议经常更换密钥。
创建访问密钥

圖 6-2-9

圖 6-2-10

15）現在，你可以以此管理員使用者的身份來使用該 AWS 帳戶。最佳實踐是使用最小特權存取方法來授予許可權，其實並非每個人都需要完全的管理員存取權限。

步驟 2：創建管理員 IAM 角色。

你需要為自己（和其他管理員）創建一個管理員角色，以便與之前創建的管理員使用者和群組一起使用。

1）登入 AWS 管理主控台並打開 IAM 主控台。

2）在功能窗格中，點擊「角色」中的「創建角色」。

3）點擊另一個 AWS 帳戶，然後輸入帳戶 ID 並選取「需要 MFA」，如圖 6-2-11 所示，然後點擊「下一步：許可權」。

圖 6-2-11

4）從列表中選擇「AdministratorAccess」，然後點擊「下一步：標籤」，如圖 6-2-12 所示。

圖 6-2-12

5）點擊「下一步：查看」。

6）輸入角色名稱，如「Administrators」，然後點擊「創建角色」，如圖 6-2-13 所示。

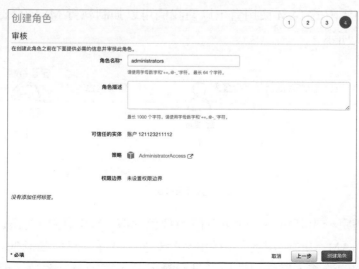

圖 6-2-13

7）你可以通過點擊剛剛創建的角色來檢查已設定的角色，記錄角色 ARN 和它們與主控台的連結。你還可以選擇更改階段持續時間，如圖 6-2-14 所示。

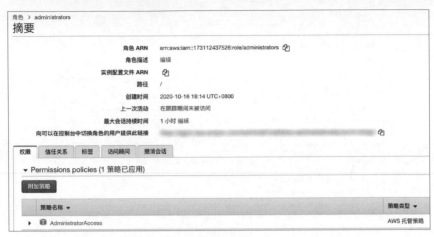

圖 6-2-14

8）現在，你已創建角色，並具有完全的管理存取權限和 MFA。

步驟 3：承擔 IAM 使用者的管理員角色。

我們將使用之前在 AWS 主控台中創建的 IAM 使用者承擔角色。由於 IAM 使用者具有完全存取權限，因此最佳做法是不讓存取金鑰在 CLI 上扮演角色，而使用受限的 IAM 使用者，以便我們可以強制執行 MFA 的要求，流程如圖 6-2-15 所示。

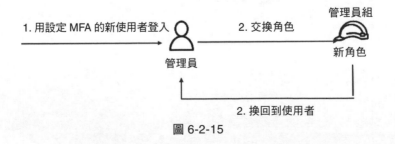

圖 6-2-15

一個角色指定一組許可權，你可以使用角色存取 AWS 資源，它類似於 AWS Identity 和 IAM 中的使用者。角色的好處是它們可以使你強制使用 MFA 權杖來保護你的憑證。當你以使用者身份登入時，將獲得一組特定的許可權。

但是，你無須登入到角色，而是（以使用者身份）登入後即可切換到角色。這會暫時保留你原始使用者的許可權，而只是為你分配角色的許可權。該角色可以在你自己的帳戶中，也可以在任何其他 AWS 帳戶中。在預設情況下，AWS 管理主控台最大階段持續時間為 1 小時。

1）以 IAM 使用者身份登入 AWS 管理主控台。

2）在主控台中，點擊右上角導覽列上的用戶名，通常類似於 username@account_ID_number_or_alias，或你也可以將連結貼上到之前記錄的瀏覽器中。

3）點擊「切換角色」，如圖 6-2-16。如果這是你第一次選擇此選項，則會顯示一個頁面，其中包含更多資訊。閱讀後，點擊「切換角色」。如果你清除了瀏覽器 cookie，則該頁面會再次出現。

圖 6-2-16

4）在「切換角色」頁面上，在「帳戶」欄位中輸入帳戶 ID 或帳戶別名，並在「角色」欄位中輸入為管理員創建的角色名稱。

5）（可選）在此角色處於活動狀態時，輸入要在導覽列上代替用戶名顯示的文字。根據帳戶和角色資訊，建議使用名稱，但是你可以將其更改為對你有意義的名稱。你還可以選擇一種顏色來突出顯示名稱，名稱和顏色可以提醒你該角色何時處於活動狀態，從而更改你的許可權。舉例來說，對於一個允許存取測試環境的角色，你可以指定「測試的顯示名稱」並選擇綠色；對於一個可以存取生產的角色，你可以指定生產的顯示名稱，然後選擇紅色。

6）點擊「切換角色」，這時顯示的名稱和顏色會替換導覽列上的用戶名，然後你就可以使用角色授予許可權了。

7）你現在正在使用具有授予許可權的角色。

8）在 IAM 主控台中停止使用角色。點擊導覽列右側角色的「顯示名稱」，返回用戶名，這時角色及其許可權被停用，並且與 IAM 使用者和群組連結的許可權將自動恢復。

6.2.4　實驗複習

在雲端上，帳號安全是安全的根本，也是後期安全綜合能力建設的基礎。本實驗的主要作用是幫助使用者初步了解 AWS 上帳號許可權的基本要素和基本設定技能。

在 AWS 中，你可以透過創建策略並將其附加到 IAM 身份（使用者、使用者群組或角色）或 AWS 資源上管理存取權限。策略是 AWS 中的物件，當其與身份或資源連結時，可以定義它們的許可權。當某個 IAM 委託人（使用者或角色）發出請求時，AWS 將評估這些策略，由策略中的許可權來確定是允許請求還是拒絕。大多數策略作為 JSON 文件被儲存在 AWS 中。

6.2.5　策略邏輯

目前，AWS 支援六種類型的策略：基於身份的策略、基於資源的策略、許可權邊界、組織 SCP、ACL 和階段策略。按使用頻率如下：

1）基於身份的策略：將託管策略和內聯策略附加到 IAM 身份，並向身份授予許可權。

2）基於資源的策略：將內聯策略附加到資源，其最常見的範例是 Amazon S3 儲存桶策略和 IAM 角色信任策略。基於資源的策略向在策略中指定的委託人授予許可權，其中委託人可以與資源位於同一個帳戶中，也可以位於不同帳戶中。

3）許可權邊界：將託管策略作為 IAM 實體的許可權邊界。該策略定義基於身份的策略可以授予實體的最大許可權，但不授予許可權，不定義基於資源的策略可以授予實體的最大許可權。

4）組織 SCP（服務控制策略）：使用 AWS Organizations SCP 為組織或組織單元（OU）的帳戶成員定義最大許可權。SCP 限制基於身份的策略或基於資源的策略授予帳戶中實體的許可權，但不授予許可權。

5）ACL（存取控制清單）：使用 ACL 來控制其他帳戶中的委託人是否可以存取 ACL 附加到的資源。ACL 類似於基於資源的策略，但它們是唯一不使用 JSON 策略文件結構的策略類型。ACL 是跨帳戶的許可權策略，向指定的委託人授予許可權，而不能向同一帳戶內的實體授予許可權。

6）階段策略：當你使用 AWS CLI 或 AWS API 擔任某個角色或聯合身份使用者時，就需要傳遞進階階段策略。階段策略限制角色或使用者的基於身份的策略授予階段的許可權，限制所創建階段的許可權，但不授予許可權。

在帳戶中，基於身份和資源的策略，以及許可權邊界、組織 SCP 和階段策略都可以影響實體的許可權。IAM 實體（使用者或角色）的許可權邊界可以設定實體具有的最大許可權，這可以更改該使用者或角色的有效許可權，而實體的有效許可權影響使用者或角色的所有策略授予的許可權。

（1）如何評估單一帳戶中策略設定的效果

AWS 如何評估策略取決於適用於請求上下文的策略類型。在單一 AWS 帳戶中，可以使用以下策略類型（按使用頻率列出）。

1）評估基於身份和資源的策略。

基於身份和資源的策略可以向策略附加到的身份和資源授予許可權。當 IAM 實體請求存取同一個帳戶中的資源時，AWS 會評估基於身份和資源的策略授予的所有權限，生成的許可權是兩種類型許可權的總和。如果基於身份的策略和 / 或基於資源的策略允許此操作，則 AWS 允許執行該操作。其中任一項策略中的顯性拒絕將覆蓋允許，如圖 6-2-17 所示。

2）評估具有許可權邊界的基於身份的策略。

當 AWS 評估使用者基於身份的策略和許可權邊界時，生成的許可權是兩種類別的交集。這表示，當你透過現有基於身份的策略在使用者增加許可權邊界時，可能會減少使用者可以執行的操作。或，當你從使用者中刪除許可權邊界時，可能會增加使用者可以執行的操作。其中任一項策略中的顯性拒絕將覆蓋允許，如圖 6-2-18 所示。

3）評估具有組織 SCP 的基於身份的策略。

當使用者屬於組織成員的帳戶時，生成的許可權是使用者的策略與 SCP 的交集。這表示，操作必須由基於身份的策略和 SCP 同時允許。其中任一項策略中的顯性拒絕將覆蓋允許，如圖 6-2-19 所示。

圖 6-2-17　　　　　　圖 6-2-18　　　　　　圖 6-2-19

（2）如何評估具有邊界的有效許可權設定的效果

在帳戶中，基於身份的策略、基於資源的策略、許可權邊界、組織 SCP 和階段策略都可以影響實體的許可權。

如果以下任一個策略類型顯性拒絕操作的存取權限，則請求會被拒絕。

1）評估基於身份的策略及邊界策略。

基於身份的策略是附加到使用者、使用者群組和角色的內聯或託管策略，向實體授予許可權，而許可權邊界限制這些許可權。有效的許可權是兩種策略類型的交集，其中任一項策略中的顯性拒絕將覆蓋允許，如圖 6-2-20 所示。

2）評估基於資源的策略。

基於資源的策略可以控制指定的委託人存取策略附加到的資源。在帳戶中，許可權邊界中的隱式拒絕不會限制由基於資源的策略所授予的許可權。許可權邊界減少了基於身份的策略為實體授予的許可權，而基於資源的策略為實體提供額外的許可權。在這種情況下，有效的許可權是基於資源的策略，以及許可權邊界和基於身份的策略的交集允許的所有操作。任一項策略中的顯性拒絕將覆蓋允許，如圖 6-2-21 所示。

3）評估 SCP。

AWS Organizations SCP 應用於整個 AWS 帳戶，它們限制帳戶中委託人所提出的每個請求的許可權。IAM 實體可能會發出受 SCP、許可權邊界和基於身份的策略影響的請求，在這種情況下，只有當三種策略類型都允許時，才允許發出該請求。有效的許可權是三種策略類型的交集，任一項策略中的顯性拒絕將覆蓋允許，如圖 6-2-22 所示。

4）評估階段策略。

階段策略是當你以程式設計的方式為角色或聯合身份使用者創建臨時階段時，作為參數傳遞的進階策略。階段的許可權來自用於創建階段的 IAM 實體和階段策略。該實體的基於身份的策略許可權受階段策略和許可權邊界的限制，這群組原則類型的有效的許可權是三種策略類型的交集，任一項策略中的顯性拒絕將覆蓋允許，如圖 6-2-23 所示。

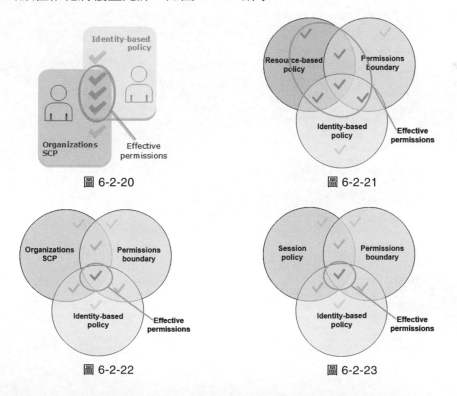

圖 6-2-20

圖 6-2-21

圖 6-2-22

圖 6-2-23

6.2.6 策略範例

範例：儲存桶擁有者向其使用者授予儲存桶許可權。

AWS 帳戶擁有一個儲存桶和一個 IAM 使用者，在預設情況下，該使用者沒有許可權。如果讓該使用者執行任務，則父帳戶必須向該使用者授予許可權。因為儲存桶擁有者和使用者所屬的父帳戶相同，所以 AWS 帳戶可以使用儲存桶策略或使用者策略向使用者授予許可權。在此範例中，你可以同時使用這兩種方法。如果物件也由同一個帳戶擁有，則儲存桶擁有者也可以在儲存桶策略（或 IAM 策略）中授予物件使用權限。

在 Amazon S3 主控台中，將以下儲存桶策略附加到 awsexamplebucket1 中，該策略包含兩個敘述。

```
{
    "Version": "2012-10-17",
    "Statement": [
        {
            "Sid": "statement1",
            "Effect": "Allow",
            "Principal": {
                "AWS": "arn:aws:iam::AccountA-ID:user/Bob"
            },
            "Action": [
                "s3:GetBucketLocation",
                "s3:ListBucket"
            ],
            "Resource": [
                "arn:aws:s3:::awsexamplebucket1"
            ]
        },
        {
            "Sid": "statement2",
            "Effect": "Allow",
            "Principal": {
                "AWS": "arn:aws:iam::AccountA-ID:user/Bob "
            },
            "Action": [
                "s3:GetObject"
            ],
            "Resource": [
                "arn:aws:s3:::awsexamplebucket1/*"
            ]
        }
    ]
}
```

1）第一個敘述向使用者 Bob 授予儲存桶操作許可權 s3:GetBucketLocation 和 s3:ListBucket。

2）第二個敘述授予 s3:GetObject 許可權。因為帳戶 A 還擁有物件，所以帳戶管理員能夠授予 s3:GetObject 許可權。在 Principal 敘述中，Bob 透過其使用者 arn 進行標識。

使用以下策略為使用者 Bob 創建一個內聯策略，該策略向 Bob 授予 s3:PutObject 許可權。你需要透過提供儲存桶名稱來更新策略，敘述如下：

```
{
    "Version": "2012-10-17",
    "Statement": [
        {
            "Sid": "PermissionForObjectOperations",
            "Effect": "Allow",
            "Action": [
                "s3:PutObject"
            ],
            "Resource": [
                "arn:aws:s3:::awsexamplebucket1/*"
            ]
        }
    ]
}
```

6.3　Lab3：手工創建第一個安全資料倉儲帳戶

6.3.1　實驗概述

在本實驗中，我們將創建一個安全資料倉儲帳戶，它能將重要的安全資料保存在安全的位置，並確保只有你的安全團隊成員才能存取。在本實驗中，我們將創建一個新的安全帳戶，並在該帳戶中創建一個安全的 S3 儲存桶，然後啟用 CloudTrail，以便將這些日誌發送到安全資料帳戶的儲存桶中。

6.3.2　實驗架構

安全資料倉儲帳戶的實驗架構，如圖 6-3-1 所示。

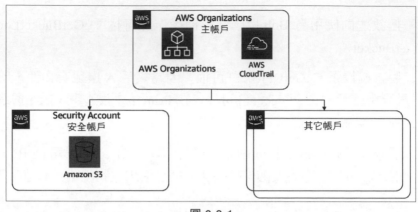

圖 6-3-1

6.3.3 實驗步驟

步驟 1：在主控台中創建資料倉儲帳戶。

最佳做法是為你的資料倉儲設定一個單獨的日誌帳戶，該帳戶只能由安全性群組中具有唯讀角色的人員存取。具體做法如下：

1）登入 AWS 組織的管理帳戶。

2）如果你在組織內沒有儲存安全性記錄檔的帳戶，則導覽到 AWS Organizations 並選擇「Create Account」，其中包括一個交換帳戶存取角色並記下其名稱（預設名稱為 OrganizationAccount AccessRole）。

3）（可選）如果你的角色無權承擔任何角色，則必須增加 IAM 策略。在預設情況下，AWS 管理員策略具有此功能，否則要按照 AWS Organizations 文件授予存取角色的許可權。

4）考慮將最佳做法作為基準，如鎖定你的 AWS 帳戶根使用者存取金鑰和使用多因素身份驗證。

5）導覽到「設定」並記下你的組織 ID。

步驟 2：創建 CloudTrail 日誌的儲存桶。

1）將角色切換到組織的日誌記錄帳戶並導覽到 S3，點擊「創建儲存桶」。

2）為儲存桶輸入名稱和唯一的 DNS 相容名稱。命名準則如下：

- 在 Amazon S3 所有現有儲存桶的名稱中必須是唯一的。
- 不得包含大寫字元。
- 必須以小寫字母或數字開頭。
- 必須在 3 到 63 個字元之間。

3）選擇你要儲存分區的 AWS 區域。建議選擇一個接近你的區域，以最大限度地減少延遲和成本，或滿足法規要求。在本範例中，將接受預設設定，已啟用預設安全設定。為了更安全，你也可以考慮啟用其他安全選項（如日誌記錄和加密）。

4）接受「阻止所有公共存取權限」的預設值。

5）啟用「儲存桶版本控制」來保留物件的多個版本，以便當誤操作物件時可以恢復，然後點擊「創建儲存桶」，如圖 6-3-2 所示。

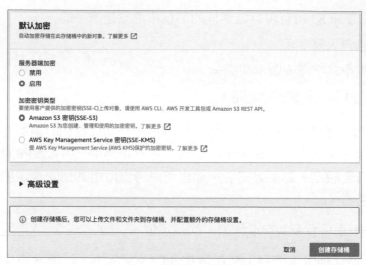

圖 6-3-2

6）點擊新建的儲存桶，然後導覽到「屬性」標籤。

7）在「物件鎖定」下，啟用符合規範性模式並設定保留期限，其長短取決於你的組織要求。如果僅出於基準安全性啟用此功能，則從 31 天開始，以保留一個月的日誌。

注意：如果該視窗或儲存桶中仍然存在物件，則將無法刪除檔案。

8）在「許可權」標籤下，用以下內容替換「儲存桶策略」範本中的 [bucket] 和 [organization id] 參數，然後點擊「保存」。

```
{
    "Version": "2012-10-17",
    "Statement": [
        {
            "Sid": "AWSCloudTrailAclCheck20150319",
            "Effect": "Allow",
            "Principal": {
                "Service": "cloudtrail.amazonaws.com"
            },
            "Action": "s3:GetBucketAcl",
            "Resource": "arn:aws:s3:::[bucket]"
        },
        {
            "Sid": "AWSCloudTrailWrite20150319",
            "Effect": "Allow",
```

```
        "Principal": {
            "Service": "cloudtrail.amazonaws.com"
        },
        "Action": "s3:PutObject",
        "Resource": "arn:aws:s3:::[bucket]/AWSLogs/*",
        "Condition": {
            "StringEquals": {
                "s3:x-amz-acl": "bucket-owner-full-control"
            }
        }
    },
    {
        "Sid": "AWSCloudTrailWrite20150319",
        "Effect": "Allow",
        "Principal": {
            "Service": "cloudtrail.amazonaws.com"
        },
        "Action": "s3:PutObject",
        "Resource": "arn:aws:s3:::[bucket]/AWSLogs/[organization id]/*",
        "Condition": {
            "StringEquals": {
                "s3:x-amz-acl": "bucket-owner-full-control"
            }
        }
    }
  ]
}
```

9）（可選）接下來，我們將增加生命週期策略來清理舊日誌。首先導覽到管理介面。

10）（可選）增加名為刪除舊日誌的生命週期規則，然後點擊「下一步」。

11）（可選）為當前和以前的版本增加過渡規則，在 32 天后移至 Glacier，並點擊「下一步」。

12）（可選）選擇當前和以前的版本，並將其設定為在 365 天后刪除。

步驟 3：確保跨帳戶存取權限為唯讀。

此步驟，即如何將在步驟 1 中創建的交換帳戶存取權限修改為唯讀。與步驟 1 一樣，將會取決於組織的策略。

注意：執行以下步驟將阻止 Organization Account Access Role 對此帳戶進行進一步的更改。在繼續之前，請確保已設定其他服務，如 Amazon Guard Duty 和 AWS Security Hub。如果需要進一步更改，則必須重置安全帳戶的根憑證。

1）導覽到 IAM，然後選擇組織帳戶存取角色。注意：預設值為 Organization Account Access Role。

2）點擊「Attach Policy」並附加 AWS 託管的 Read Only Access 策略。

3）回到 Organization Account AccessRole 並按 X 鍵刪除 Administrator Access 策略。

步驟 4：打開 CloudTrail 稽核日誌。

1）切換回管理帳戶。

2）導覽到 CloudTrail。

3）從左側選單中選擇「Trail」。

4）點擊「創建 Trail」。

5）輸入路徑的名稱，如 OrganizationTrail。

6）在「將追蹤應用到我的組織」選項中選擇「是」。

7）在「儲存位置」中，為「創建新的 S3 儲存桶」選擇「否」，然後輸入在步驟 2 中創建的儲存桶名稱。

6.3.4　實驗複習

透過本實驗，你可以了解如何在主控台中創建資料倉儲帳戶，或類似的日誌管理帳戶，透過創建 CloudTrail 日誌的 S3 儲存桶，並將其跨帳戶存取權限設定為唯讀，確保從管理帳戶中打開安全的 CloudTrail，嚴格控管稽核日誌的管理許可權並降低日誌符合規範風險。

6.4　Lab4：手工設定第一個安全靜態網站

6.4.1　實驗概述

該實驗的主要目的是讓你了解如何將靜態 Web 內容託管在 AWS S3 儲存桶中，並受 AWS CloudFront 的保護和加速。如果該帳戶僅用於個人測試或教育訓練，並且不進行拆卸，則每月的費用通常不到 1 美金（取決於請求的數量）。

6.4.2 實驗架構

本實驗需要設定一個 AWS 帳戶，並擁有對 Amazon S3 和 Amazon CloudFront 的使用權限。其基本架構，如圖 6-4-1 所示。

圖 6-4-1

6.4.3 實驗步驟

步驟 1：創建靜態網站儲存空間。

1）創建一個 Amazon S3 儲存桶，以便使用 Amazon S3 主控台託管靜態內容。

2）打開 Amazon S3 主控台，在主控台儀表板上，點擊「創建儲存桶」。

3）輸入儲存桶名稱（myfirst-website-example）和唯一的 DNS 相容名稱。

4）選擇你要儲存分區的 AWS 區域。選擇一個接近你的區域，以最大限度地減少延遲和成本，或滿足法規要求。如圖 6-4-2 所示。

圖 6-4-2

5）接受「阻止所有公共存取權限」的預設值，因為 CloudFront 將從 S3 中為你提供內容。

6）啟用「儲存桶版本控制」，以保留物件的多個版本，以便當無意修改或刪除物件時可以恢復。

7）點擊「創建儲存區」。

步驟 2：創建一個靜態網站頁面。

1）一個簡單的 index.html 檔案可以透過將以下文字複製到文字編輯器中來創建。

```
<!DOCTYPE html>
<html>
<head>
<title>Example</title>
</head>
<body>

<h1>Example Heading</h1>
<p>Example paragraph.</p>

</body>
</html>
```

2）在 Amazon S3 主控台中，點擊新建的儲存桶名稱，如圖 6-4-3 所示，然後點擊「上傳」按鈕。

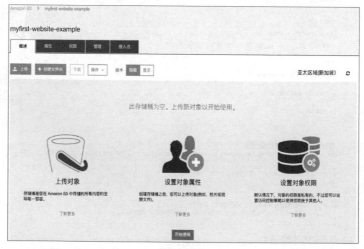

圖 6-4-3

3）點擊「增加檔案」，選擇你的 index.html 檔案，然後點擊「上傳」，如圖 6-4-4 所示。這時 index.html 檔案應該出現在列表中，如圖 6-4-5 所示。

4）點擊儲存桶中 myfirst-website-example 的目錄，選擇「靜態網站託管」標籤中的「使用此儲存桶託管網站」，並在索引文件中輸入「index.html」，然後點擊「保存」，如圖 6-4-6 所示。

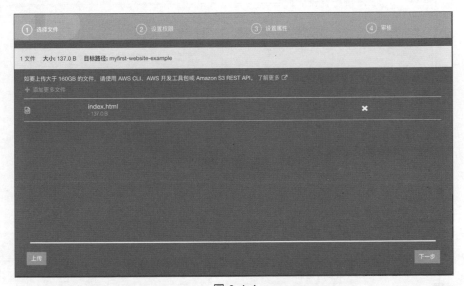

圖 6-4-4

圖 6-4-5

步驟 3：設定網站發行版本。

下面我們使用 AWS 管理主控台創建一個 CloudFront 發行版本，並將其設定為服務於之前創建的 S3 儲存桶。

1）打開 Amazon CloudFront 主控台。

2）在主控台儀表板上，點擊「創建分配」，如圖 6-4-7 所示。

圖 6-4-6

圖 6-4-7

3）然後點擊「Web」中的「入門」，如圖 6-4-8 所示。

圖 6-4-8

4）為分配指定以下設定，如圖 6-4-9 所示：

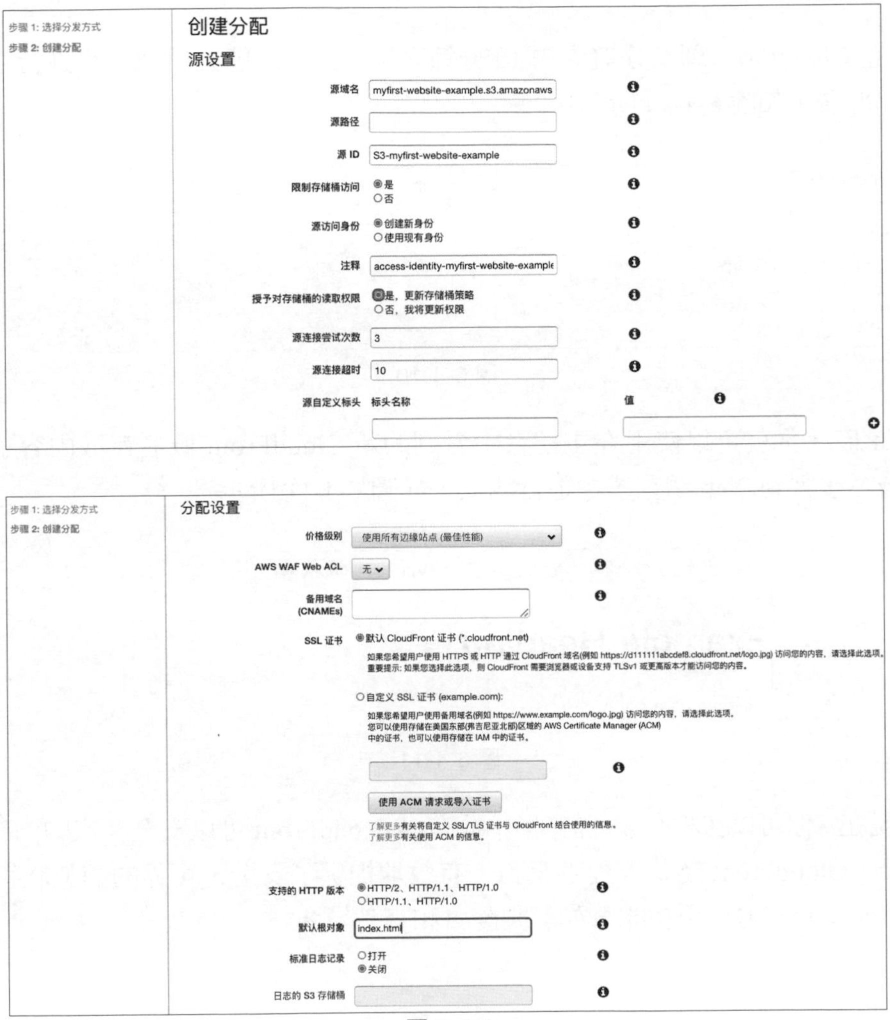

圖 6-4-9

- 在「來源域名」欄位中，選擇之前創建的 S3 儲存桶。

- 在「限制儲存桶存取」中選擇「是」；在「來源存取身份」中選擇「創建新身份」。

- 在「授予對儲存桶的讀取許可權」中」選擇「是，更新儲存桶策略」。

- 在「分配設定」中的「預設根物件」欄位中輸入「index.html」。

- 點擊「創建分發」。如果要返回 CloudFront 首頁，則從左側導覽選單中點擊「分佈」。

5）在 CloudFront 創建分發大約 10 分鐘之後，分發狀態列的值將從進行中變為已部署，如圖 6-4-10 所示。

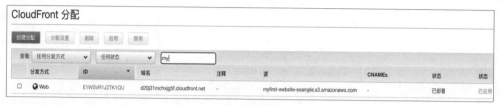

圖 6-4-10

6）這時，你就可以使用在主控台中看到的新 CloudFront 域名存取內容了。將域名複製到 Web 瀏覽器中進行測試，如圖 6-4-11 所示

圖 6-4-11

7）現在，你可以在私有 S3 儲存桶中擁有僅 CloudFront 可以安全存取的內容。然後，CloudFront 為請求提供服務，有效地提供了安全、可靠的靜態託管服務，並具有其他可用功能，如訂製證書和交替域名 。

步驟 4：清除實驗環境。

刪除 CloudFront 分配：

1）打開 Amazon CloudFront 主控台。

2）在主控台儀表板上，選擇之前創建的分配，然後點擊「禁用」。要確認，請點擊「是，禁用」。

3）大約 15 分鐘後（狀態為「禁用」），選擇分配並點擊「刪除」，然後點擊「是，刪除」進行確認。

刪除 S3 儲存桶：

1）打開 Amazon S3 主控台。

2）選中之前創建的儲存桶旁邊的框，然後從選單中點擊「清空」。

3）確認要清空的儲存桶。

4）在儲存桶清空後，選中儲存桶旁邊的框，然後從選單中點擊「刪除」。

5）確認要刪除的儲存桶。

6.4.4 實驗複習

透過本實驗，你可以了解如何在主控台中創建靜態網站，並設定網站存取權限，以及如何發佈。大多數使用者在後期都會針對 S3 檔案目錄中複雜的存取控制策略進行設計和設定，為了便於深入地了解雲端上存取控制策略的設計和設定，動手練習每個實驗是非常有必要的。

6.5 Lab5：手工創建第一個安全運行維護堡壘機

6.5.1 實驗概述

在本實驗中，堡壘主機對私有子網和公有子網中 Linux 實例提供安全存取權限。而實踐架構將 Linux 堡壘主機實例部署到每個公有子網中，以便為環境提供隨時可用的管理存取權限。在實驗中，為了保證堡壘主機的高可用性，設定了包含兩個可用區的多可用區環境，你可以根據自身的實際情況決定是否需要高可用性設定。

堡壘主機是一個具有特殊用途的 EC2 伺服器實例，託管最少數量的管理應用程式。在你的 VPC 環境中增加堡壘主機後，就可以安全地連接到 Linux 實例，而不必讓環境曝露於 Internet 中。在設定堡壘主機後，你可以在 Linux 上透過安全外殼（SSH）連接存取 VPC 中的其他實例。堡壘主機還配有安全性群組，其可提供嚴格存取控制策略。

6.5.2　實驗場景

AWS 高可用性和安全性最佳實踐：

- 將 Linux 防禦主機部署在兩個可用區中，以支援跨 VPC 的即時存取。

- 當你將新實例增加到需要防禦主機的管理存取權限的 VPC 中時，要確保安全性群組傳入規則（將防禦安全性群組引用為來源）與每個實例連結。此外，務必將該存取限制到管理所需的通訊埠。

- 在部署期間，你需要將所選 Amazon EC2 金鑰對應的公有金鑰與 Linux 實例中的使用者 ec2-user 連結。對於其他使用者，應創建具有所需許可權的使用者，並將它們與各自的 SSH 連接授權公有金鑰連結。

- 對於防禦主機實例，你應該根據使用者的數量和需要執行的操作選擇實例的數量和類型。在預設情況下，將創建一個防禦主機實例並使用 t2.micro 實例類型，不過你可以在部署過程中更改這些設定。

6.5.3　實驗架構

本架構包含以下元件的網路環境，如圖 6-5-1 所示：

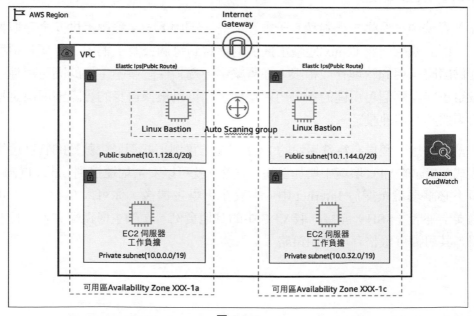

圖 6-5-1

- 跨越兩個可用區的具有高可用性的架構。
- 根據 AWS 最佳實踐設定公有子網和私有子網的 VPC 虛擬網路。
- 一個允許存取 Internet 的閘道，其可供堡壘主機來發送和接收流量。
- 託管 NAT 閘道，用於允許針對私有子網中資源的出站 Internet 存取。
- 公有子網中的堡壘主機具有彈性 IP 位址，以允許透過 SSH 存取公有子網和私有子網中的 EC2 實例。
- 入站存取控制的安全性群組。
- 具有可設定數量實例的 Amazon EC2 Auto Scaling 群組。
- 與堡壘主機實例數量相匹配的一組彈性 IP 位址。如果 Auto Scaling 群組重新開機任何實例，則需將這些位址與新實例重新連結。
- 用於存放 Linux 堡壘主機歷史記錄日誌的 Amazon CloudWatch Logs 日誌群組。

6.5.4 實驗步驟

步驟 1：登入 AWS 實驗帳戶。

1）登入 AWS 管理主控台。

2）在右上角選擇要部署的 AWS Region 區域，本範本支援在 us-west-2 區域上部署。

3）在首選區域中創建一個金鑰對。首先打開 Amazon EC2 主控台的導覽視窗，依次選擇「金鑰對」和「創建金鑰對」，輸入的名稱為「mylab-Key-pair」，然後點擊「創建金鑰對」，如圖 6-5-2 所示。

圖 6-5-2

由於 Amazon EC2 使用公有金鑰加密和解密登入資訊，因此要想登入 EC2 實例必須創建金鑰對。在 Linux 上，金鑰對還可以用來對 SSH 登入進行身份驗證。

步驟 2：創建自動部署堆疊。

1）在你的 AWS 帳戶中啟動 AWS CloudFormation 範本，範本被設定在「美國西部（俄勒岡）」區域中啟動。

注意：有兩種部署範本，分別支援部署到新 VPC 上和現有 VPC 上。現有 VPC 範本會在現有 VPC 環境中，提示你輸入 VPC 和公有子網與私有子網的 ID。你也可以下載範本並進行編輯，以創建自己的部署範本。

在「指定範本」頁面上，保留 Amazon S3 範本 URL 的預設設定，然後點擊「下一步」，如圖 6-5-3 所示。

圖 6-5-3

2）在「指定堆疊詳細資訊」頁面上，可以查看範本參數、提供需要輸入的參數值並根據需要自訂預設設定。舉例來說，你可以更改堡壘主機實例的類型或 IP 位址，還可以選擇連接到防禦主機時顯示的橫幅，如圖 6-5-4 所示。

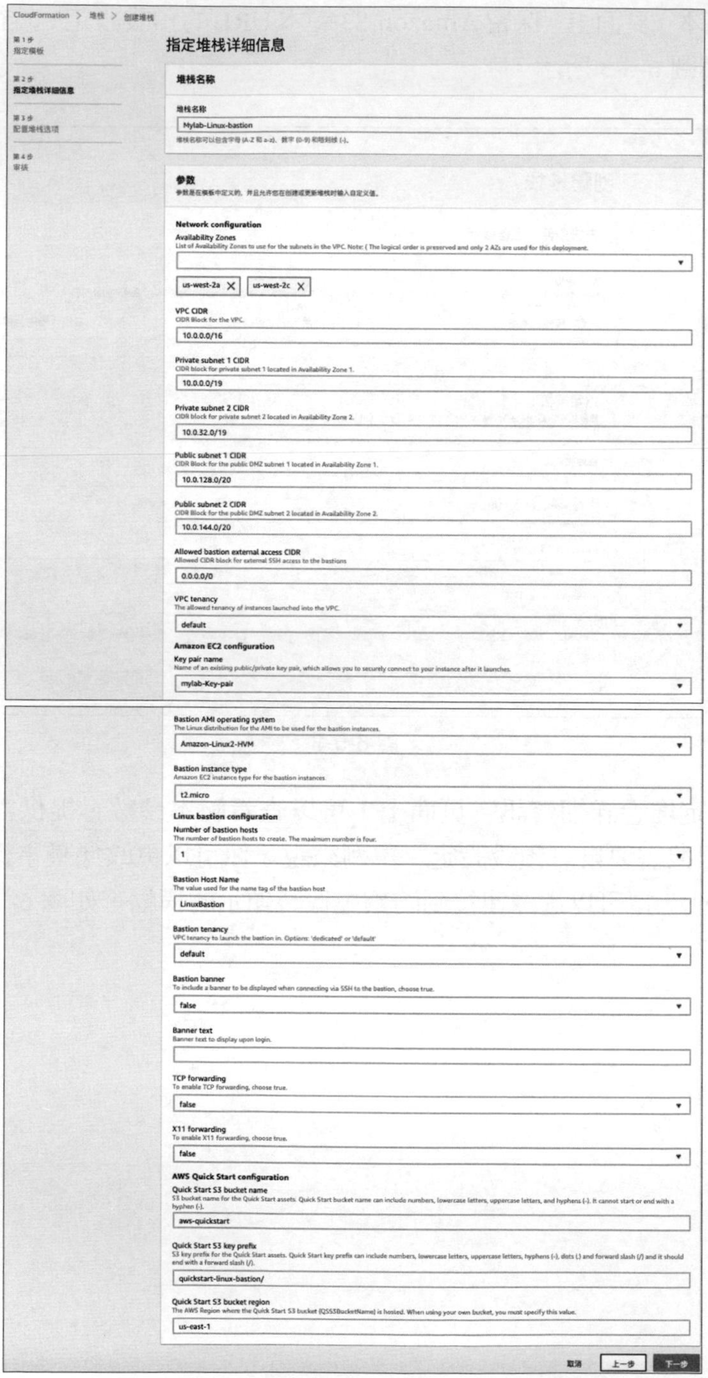
CloudFormation > 堆栈 > 创建堆栈
第 1 步
指定模板
第 2 步
指定堆栈详细信息
第 3 步
配置堆栈选项
第 4 步
审核
指定堆栈详细信息
堆栈名称
堆栈名称
Mylab-Linux-bastion
参数
Network configuration
Availability Zones
List of Availability Zones to use for the subnets in the VPC. Note: (The logical order is preserved and only 2 AZs are used for this deployment.
us-west-2a
us-west-2c
VPC CIDR
CIDR Block for the VPC.
10.0.0.0/16
Private subnet 1 CIDR
CIDR block for private subnet 1 located in Availability Zone 1.
10.0.0.0/19
Private subnet 2 CIDR
CIDR block for private subnet 2 located in Availability Zone 2.
10.0.32.0/19
Public subnet 1 CIDR
CIDR Block for the public DMZ subnet 1 located in Availability Zone 1.
10.0.128.0/20
Public subnet 2 CIDR
CIDR Block for the public DMZ subnet 2 located in Availability Zone 2.
10.0.144.0/20
Allowed bastion external access CIDR
Allowed CIDR block for external SSH access to the bastions
0.0.0.0/0
VPC tenancy
The allowed tenancy of instances launched into the VPC.
default
Amazon EC2 configuration
Key pair name
Name of an existing public/private key pair, which allows you to securely connect to your instance after it launches.
mylab-Key-pair
Bastion AMI operating system
The Linux distribution for the AMI to be used for the bastion instances.
Amazon-Linux2-HVM
Bastion instance type
Amazon EC2 instance type for the bastion instances.
t2.micro
Linux bastion configuration
Number of bastion hosts
The number of bastion hosts to create. The maximum number is four.
1
Bastion Host Name
The value used for the name tag of the bastion host
LinuxBastion
Bastion tenancy
VPC tenancy to launch the bastion in. Options: 'dedicated' or 'default'
default
Bastion banner
To include a banner to be displayed when connecting via SSH to the bastion, choose true.
false
Banner text
Banner text to display upon login.
TCP forwarding
To enable TCP forwarding, choose true.
false
X11 forwarding
To enable X11 forwarding, choose true.
false
AWS Quick Start configuration
Quick Start S3 bucket name
S3 bucket name for the Quick Start assets. Quick Start bucket name can include numbers, lowercase letters, uppercase letters, and hyphens (-). It cannot start or end with a hyphen (-).
aws-quickstart
Quick Start S3 key prefix
S3 key prefix for the Quick Start assets. Quick Start key prefix can include numbers, lowercase letters, uppercase letters, hyphens (-), dots (.) and forward slash (/) and it should end with a forward slash (/).
quickstart-linux-bastion/
Quick Start S3 bucket region
The AWS Region where the Quick Start S3 bucket (QSS3BucketName) is hosted. When using your own bucket, you must specify this value.
us-east-1
取消
上一步
下一步

圖 6-5-4

3）詳細部署參數說明。

網路設定，如表 6-5-1 所示。

表 6-5-1

參數標籤	參數名稱	預設值	說明
可用區	AvailabilityZones	需要輸入	用於 VPC 中子網可用區的列表。快速入門需要選擇清單中的兩個可用區，並保留指定的邏輯順序
VPC CIDR	VPCCIDR	10.0.0.0/16	VPC 的 CIDR 區塊
私有子網 1 CIDR	PrivateSubnet1CIDR	10.0.0.0/19	可用區 1 中的私有子網的 CIDR 區塊
私有子網 2 CIDR	PrivateSubnet2CIDR	10.0.32.0/19	可用區 2 中的私有子網的 CIDR 區塊
公有子網 1 CIDR	PublicSubnet1CIDR	10.0.128.0/20	可用區 1 中的公有子網的 CIDR 區塊
公有子網 2 CIDR	PublicSubnet2CIDR	10.0.144.0/20	可用區 2 中的公有子網的 CIDR 塊
允許遠端登入堡壘 CIDR	RemoteAccessCIDR	需要輸入	允許 SSH 從外部存取防禦主機的 CIDR 區塊，建議你將此值設定為受信任的 CIDR 區塊，如透過瀏覽器輸入 ifconfig.io 可以獲得你的公網位址或設定公司的網路位址

Amazon EC2 設定，如表 6-5-2 所示。

表 6-5-2

參數標籤	參數名稱	預設值	說明
金鑰對名稱	KeyPairName	需要輸入	公有 / 私有金鑰對使你能夠在實例啟動後安全地與它連接。當創建 AWS 帳戶時，它是你在首選區域中創建的金鑰對
堡壘 AMI 作業系統	BastionAMIOS	Amazon-Linux-HVM	本堡壘主機實例使用 AMI 的 Linux 發行版本
防禦實例類型	BastionInstanceType	t2.micro	堡壘主機實例的 EC2 實例類型

Linux 防禦主機設定，如表 6-5-3 所示。

表 6-5-3

參數標籤	參數名稱	預設值	說明
防禦主機數	NumBastionHosts	1	要運行的 Linux 堡壘主機的數量，Auto Scaling 將確保你始終具有該數量的堡壘主機處於運行中，其中最多可以有 4 台防禦主機
啟用橫幅	EnableBanner	false	顯示或隱藏透過 SSH 連接到防禦主機時顯示的橫幅。如果要顯示橫幅，則將此參數設定為 true
防禦主機橫幅	BastionBanner	預設 URL	包含登入時顯示的橫幅文字的 ASCII 文字檔的 URL
啟用 TCP 轉發	EnableTCPForwarding	false	將此值設定為 true 會啟用 TCP 轉發（SSH 隧道），此設定雖然非常有用但也存在安全風險，因此我們建議，如非必要，就保留預設設定（禁用）
啟用 X11 轉發	EnableX11Forwarding	false	將此值設定為 true 會啟用 X11（透過 SSH），此設定雖然非常有用但也存在安全風險，因此我們建議，如非必要，請保留預設設定（禁用）

S3 快速入門設定，如表 6-5-4 所示。

表 6-5-4

參數標籤	參數名稱	預設值	說明
快速入門 S3 儲存桶名稱	QSS3BucketName	aws-quickstart	為快速入門資產備份創建的 S3 儲存桶
快速入門 S3 鍵字首	QSS3KeyPrefix	quickstart-linux-bastion/	S3 鍵名稱首，用於模擬快速入門資產備份的資料夾

4）在 Options（選項）頁面上，你可以為堆疊中的資源指定標籤（鍵值對）並設定進階選項。完成此操作後，點擊「Next」。

5）在 Review 頁面上，查看並確認範本設定。選擇 Capabilities 下的核取方塊，以確認範本來創建 IAM 資源。

6）選擇 Create 以部署堆疊。

7）監控堆疊的狀態。如果狀態為 CREATE_COMPLETE，則表示部署完成，如圖 6-5-5、圖 6-5-6 和圖 6-5-7 所示。

圖 6-5-5

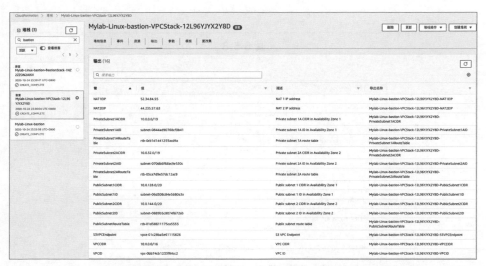

圖 6-5-6

圖 6-5-7

8）登入堡壘主機，其支援兩種方式登入：一種是 SSH 用戶端登入，另一種是透過 System Manager 階段管理器登入。其中 SSH 用戶端登入，如圖 6-5-8 ～圖 6-5-10 所示。

圖 6-5-8

圖 6-5-9

圖 6-5-10

透過 System Manager 階段管理器登入，如圖 6-5-11 所示。

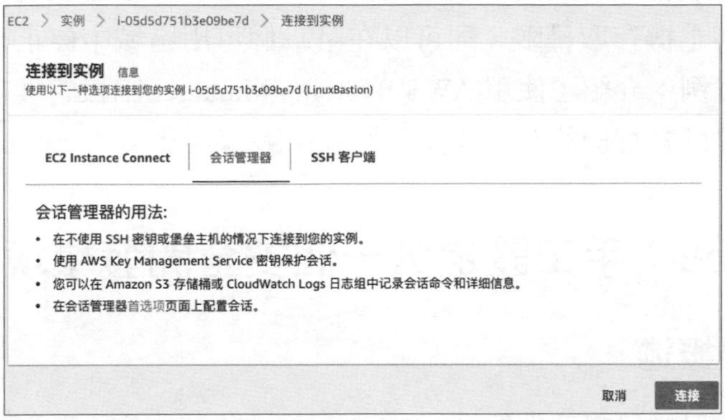
EC2 > 实例 > i-05d5d751b3e09be7d > 连接到实例
连接到实例 信息
使用以下一种选项连接到您的实例 i-05d5d751b3e09be7d (LinuxBastion)
EC2 Instance Connect
会话管理器
SSH 客户端
会话管理器的用法:
在不使用 SSH 密钥或堡垒主机的情况下连接到您的实例。
使用 AWS Key Management Service 密钥保护会话。
您可以在 Amazon S3 存储桶或 CloudWatch Logs 日志组中记录会话命令和详细信息。
在会话管理器首选项页面上配置会话。
取消
连接

圖 6-5-11

點擊「連接」即可直接登入到堡壘主機，如圖 6-5-12 所示。

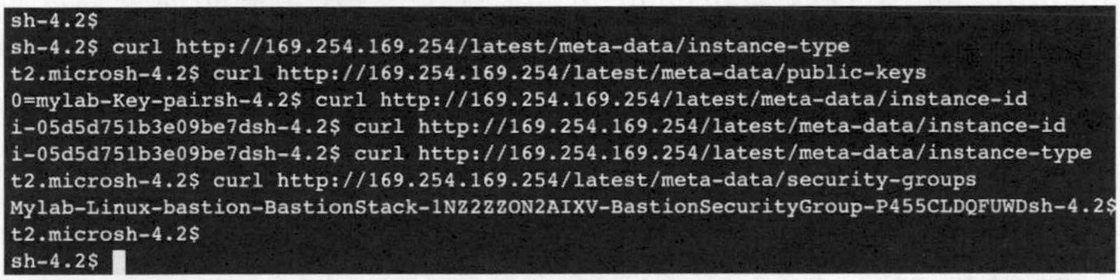
sh-4.2$
sh-4.2$ curl http://169.254.169.254/latest/meta-data/instance-type
t2.microsh-4.2$ curl http://169.254.169.254/latest/meta-data/public-keys
0=mylab-Key-pairsh-4.2$ curl http://169.254.169.254/latest/meta-data/instance-id
i-05d5d751b3e09be7dsh-4.2$ curl http://169.254.169.254/latest/meta-data/instance-id
i-05d5d751b3e09be7dsh-4.2$ curl http://169.254.169.254/latest/meta-data/instance-type
t2.microsh-4.2$ curl http://169.254.169.254/latest/meta-data/security-groups
Mylab-Linux-bastion-BastionStack-1NZ2ZZON2AIXV-BastionSecurityGroup-P455CLDQFUWDsh-4.2$
t2.microsh-4.2$
sh-4.2$

圖 6-5-12

在完成 Linux 堡壘主機建構 VPC 環境後，你可以在此 AWS 基礎設施上部署自己的應用程式，或擴充 AWS 環境以用於試用或生產。

6.5.5 實驗複習

本實驗介紹了 AWS 雲端基礎設施 Linux 堡壘主機的快速入門部署，包括部署 VPC、設定私有子網和公有子網，並在該 VPC 中部署 Linux 堡壘主機實例。另外，還介紹了在現有 AWS 基礎設施中部署 Linux 堡壘主機。由於堡壘主機託管最少數量的管理應用程式，如適用於 Windows 的遠端桌面協定（RDP）或適用於基於 Linux 發行版本的 PuTTY，因此你可以刪除所有其他不必要的服務。堡壘主機通常放置在隔離網路中，受多重身份驗證保護，並使用稽核工具進行監控。

本實驗將 Linux 堡壘主機實例部署到每個公有子網中，以便為環境提供隨時可用的管理存取權限；設定了包含兩個可用區的多可用區環境，如果不需要高可用的防禦主機存取權限，則可以在第二個可用區域中停止實例，並在需要時啟動該實例；介紹了使用 AWS Systems Manager 階段管理器快速登入到堡壘主機並提供對實例的互動式安全存取。

6.6　Lab6：手工設定第一個安全開發環境

6.6.1　實驗概述

本實驗的主要目的是幫助你熟悉 AWS Security 的基本安全服務，進一步累積使用基本安全服務安全地管理雲端環境中的系統和資源的經驗。舉例來說，AWS Systems Manager 階段管理器、Amazon EC2 Instance Connect 實例連接、AWS Identity and Access Management 等服務。另外，幫助你學習如何使用這些服務安全地遠端維護和管理 Amazon EC2 實例及本地系統，並透過設定基於標籤的存取權限和設定日誌記錄，對運行維護管理活動進行審核，從而改善雲端運行維護環境的安全狀況。

6.6.2　實驗場景

如果你所在的公司正準備向雲端上遷移，並且已經在 AWS 中部署了第一套開發和生產系統，那麼還需要在本地資料中心管理雲端中的伺服器和各種資源。作為系統管理員，其中的一項任務是為 AWS 和本地中的系統設定安全運行維護管理存取權限。作為該設定的一部分，你還需要負責審核運行維護管理活動，以便及時發現 SSH 金鑰沒有被保護和非授權存取的情況。為了節省成本，你可能希望獲得更好的解決方案以實現系統的管理存取，並希望其具有完整的運行維護審核功能以進行集中管理。

6.6.3　實驗架構

安全的開發環境架構圖，如圖 6-6-1 所示。

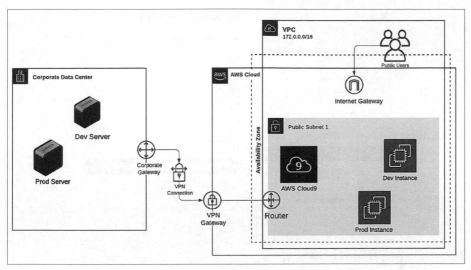

圖 6-6-1

6.6.4 實驗步驟

步驟 1：登入 AWS 實驗帳戶。

要求登入的帳戶具有管理員許可權，如 Administrator Access。如果想遵從最小許可權設定，則建議你使用自己設定好的實驗帳號登入。其至少應該具有以下許可權：

1）AmazonEC2FullAccess。

2）CloudWatchFullAccess。

3）AWSCloud9Administrator。

4）AWSCloudTrailReadOnlyAccess。

5）iam:*。

6）s3:*。

7）ssm:*。

8）cloudformation:*。

登入介面如圖 6-6-2 所示。

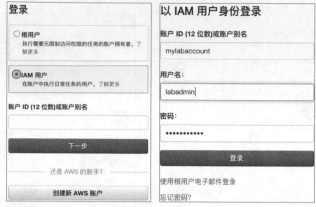

圖 6-6-2

步驟 2：創建部署開發環境堆疊。

1）部署的實驗環境架構圖，如圖 6-6-3 所示。

2）打開 AWS 主控台 CloudFormation 的自動部署介面，如圖 6-6-4 所示。

3）在「創建堆疊」下，點擊「下一步」。

4）點擊「指定堆疊詳細資訊」下的「下一步」（堆疊名稱已填寫，其他選項保留為預設設定）。

5）點擊「設定堆疊選項」下的「下一步」（其他保留為預設設定）。

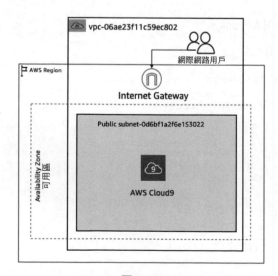

圖 6-6-3

圖 6-6-4

6）最後，點擊「創建堆疊」，如圖 6-6-5 所示。

7）然後回到 CloudFormation 主控台，你可以刷新堆疊集以查看最新狀態。在繼續之前，請確保堆疊最終顯示 CREATE_COMPLETE。在自動化部署環境創建完成後，點擊「輸出」標籤，可以查看已經創建好的資源，如圖 6-6-6 所示。

圖 6-6-5

8）點擊圖 6-6-6 中輸出選單下的 Cloud9 IDE 後面的連結可以直接到 AWS Cloud9 主控台，如圖 6-6-7 所示。

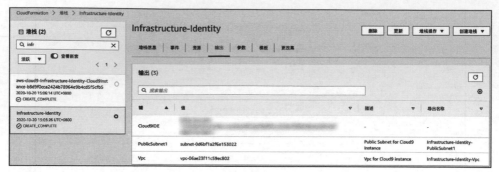

圖 6-6-6

9）現在，你需要更新 Cloud9IDE 中的憑證，以匹配你在電腦上使用的憑證。輸入「aws configure --profile default」，按 Enter 鍵確認，直到進入預設區域名稱選項（Default region name）並輸入「us-east-1」按 Enter 鍵確認，會進入 Default output format, 再次按 Enter 鍵，退出此選單，如圖 6-6-8 所示。

10）現在，你可以在 Cloud9 IDE 中運行各種系統命令，也可以在 Cloud9 IDE 管理介面中打開新終端標籤和編輯器進行設定和命令操作。

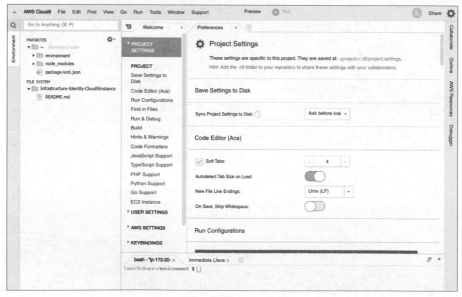

圖 6-6-7

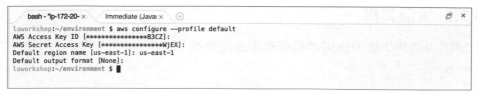

圖 6-6-8

6.6.5 實驗複習

本實驗在 us-east-1 區域中啟動 4 個 EC2 實例，其中兩個實例是你在雲端上部署的 EC2 實例伺服器，另外兩個是模擬的本地資料中心伺服器。同時，還部署了一個 Cloud9 IDE 開發環境，並將其用在實驗的工作空間中。AWS Cloud9 是基於雲端的整合式開發環境，包括程式編輯器、偵錯器和終端，其可讓你僅使用瀏覽器即可編寫、運行和偵錯應用程式的程式。由於 Cloud9 預先打包了用於流行程式語言的基本工具，並且預先安裝了 AWS Command Line Interface（AWS CLI），因此你無須為本實驗安裝任何檔案或設定你的電腦。

6.7 Lab7：自動部署 IAM 群組、策略和角色

6.7.1 實驗概述

本實驗的主要目標是自動部署 AWS 上的 IAM 群組、策略和角色，目的是讓你了解如何使用 AWS CloudFormation 自動設定 IAM 群組和角色以進行跨帳戶存取，如何使用 AWS Management Console 管理主控台和 CloudFormation 實現自動設定新的 AWS 帳戶。

AWS IAM 使用者的許可權切換到任何角色都不能累加，一次只能切換到一個角色，啟動一組許可權。當切換到角色時，你會暫時放棄原使用者的許可權，而只有分配給該角色的許可權。當退出角色時，將自動恢復使用者許可權。

6.7.2　實驗架構

本實驗的角色架構因使用者規模和組織架構的不同而不同。下面我們設計三類角色：

1）基準身份管理：BASELINE-IDENTITYADMIN，只能管理 IAM 的帳號、角色和策略的修改、查詢和創建，對於其他資源只有讀的許可權，其類似於稽核員許可權。

2）基準許可權管理：BASELINE-PRIVILEGEDADMIN，只具有基準的管理資源的許可權，類似於管理員許可權。當然，你也可以直接修改管理員資源的範圍，從而設定更精細的管理許可權。

3）基準部署的管理員：BASELINE-RESTRICTEDADMIN，只能管理 CloudFormation 服務，用來快速部署和測試自動化部署範本，可以查看其他服務資源資訊。

你可以結合自己的組織架構和人員角色劃分，設計更為嚴格的角色和策略。

6.7.3　實驗步驟

下面使用 AWS CloudFormation 部署一組帳號、角色和託管策略，這有助提升 AWS 帳戶的安全性「基準」。

步驟 1：創建 AWS CloudFormation 自動部署堆疊。

1）登入 AWS 管理主控台，選擇首選區域，如圖 6-7-1 和圖 6-7-2 所示，然後透過搜索尋找 CloudFormation 服務，或直接打開 CloudFormation 管理介面。

2）點擊「創建堆疊」，圖 6-7-3 所示。

在 Amazon S3 URL 文字標籤中輸入其位址，然後點擊「下一步」，如圖 6-7-4 所示。

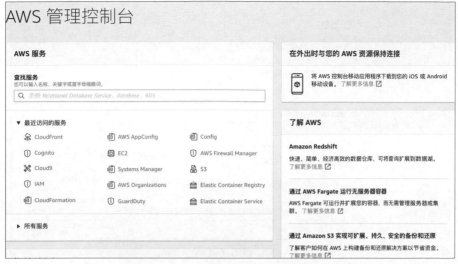

圖 6-7-1

圖 6-7-2

圖 6-7-3

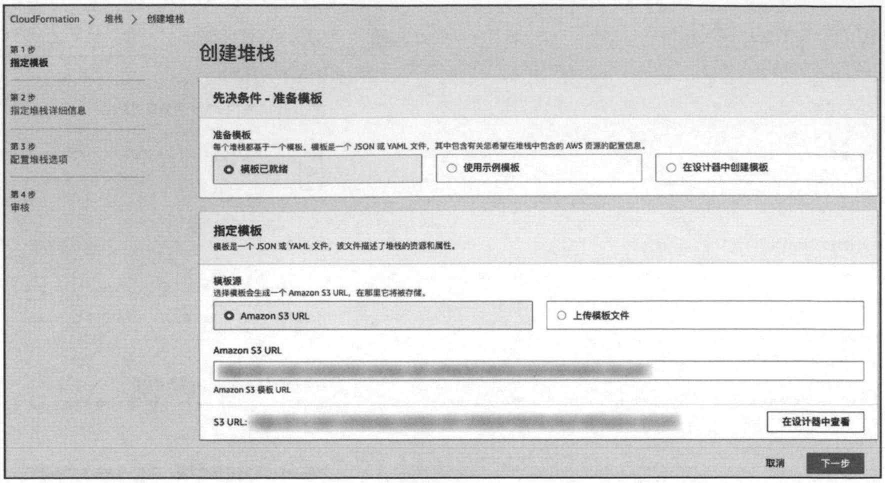

圖 6-7-4

3）在「指定堆疊詳細資訊」頁面中輸入以下資訊：

- 堆疊名稱：baseline-iam。
- AllowRegion：限制存取的單一區域，輸入你的首選區域。
- BaselineExportName：CloudFormation 匯出名稱首與創建資源的名稱一起使用，如 Baseline-PrivilegedAdminRole。
- BaselineNamePrefix：此堆疊創建的角色、群組和策略的字首。
- IdentityManagementAccount（可選）：AccountId，它包含 IAM 集中使用者並被信任承擔所有角色，如果沒有跨帳戶信任，則為空白。請注意，這裡需要對可信帳戶進行適當的保護。
- OrganizationsRootAccount（可選）：可信任的 AccountId，以承擔組織角色。如果沒有跨帳戶信任，則為空白。請注意，這裡需要對可信帳戶進行適當的保護。
- ToolingManagementAccount：受信任以承擔 ReadOnly 和 StackSet 角色的 AccountId。如果沒有跨帳戶信任，則為空白。請注意，這裡需要對可信帳戶進行適當的保護。如圖 6-7-5 所示，然後點擊「下一步」。

4）在本實驗中，不會增加任何標籤或其他選項，直接點擊「下一步」。

5）查看堆疊資訊。選中「我確認，AWS CloudFormation 可能創建具有自訂名稱的 IAM 資源。」，然後點擊「創建堆疊」，如圖 6-7-6 所示。

圖 6-7-5

圖 6-7-6

6）幾分鐘後，堆疊的狀態從 CREATE_IN_PROGRESS 變為 CREATE_COMPLETE，如圖 6-7-7 所示。

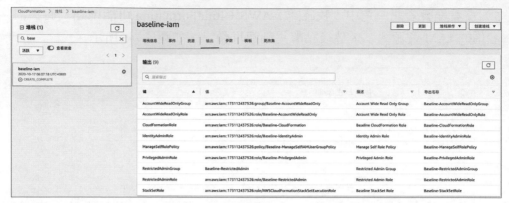

圖 6-7-7

8）通過點擊「輸出」標籤，可以查看自動化部署的輸出結果，如圖 6-7-8 所示。

9）從圖 6-7-8 中，可以看出創建了三個角色，如表 6-7-1 所示。

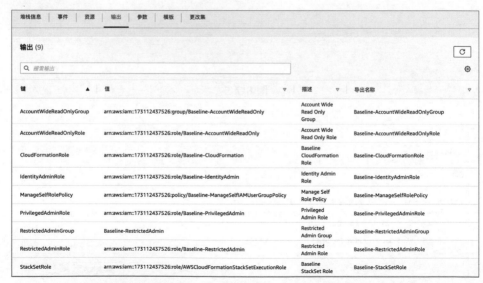

圖 6-7-8

表 6-7-1

切換角色	角色許可權策略
BASELINE-IDENTITYADMIN	ReadOnlyAccess Baseline IdentityAdminRolePolicy
BASELINE-PRIVILEGEDADMIN	AdministratorAccess
BASELINE-RESTRICTEDADMIN	ReadOnlyAccess Baseline CloudFormationAdminRolePolicy

在創建角色並向使用者授予切換為該角色的許可權後，你必須提供給使用者以下資訊：

- 角色的名稱：optional_path/role_name。
- 包含角色帳戶的 ID 或別名：your_account_ID_or_alias。

步驟 2：授予 AWS 使用者切換到角色的許可權。

要想授予使用者切換到角色的許可權，受信任帳戶的管理員首先要為該使用者創建一個新策略，或編輯現有策略以增加所需元素，然後向使用者發送連結，以讓使用者進入已填寫所有詳細資訊的切換角色頁面，或提供給使用者包含角色的帳戶 ID 或帳戶別名及角色名稱。

1）授予管理員使用者切換到角色的許可權。下面顯示的是策略允許使用者僅在一個帳戶中擔任角色。此外，該策略使用萬用字元（*）來指定。

```
{
  "Version": "2012-10-17",
  "Statement": {
    "Effect": "Allow",
    "Action": "sts:AssumeRole",
    "Resource": "arn:aws:iam::ACCOUNT-ID-WITHOUT-HYPHENS:role/baseline*"
  }
}
```

角色在使用者授予的許可權不會增加到使用者已獲得的許可權中。當使用者切換到某個角色時，會臨時放棄其原始許可權，以換取由該角色授予的許可權。當使用者退出該角色時，會自動恢復原始使用者許可權。舉例來說，假如使用者的許可權允許使用 Amazon EC2 實例，而角色的許可權策略未授予這些許可權，在這種情況下，當使用角色時，使用者無法在主控台中使用 Amazon EC2 實例。此外，透過 AssumeRole 獲取的臨時憑證無法以程式設計的方式使用 Amazon EC2 實例。

2）為實驗管理員帳號「Labadmin」授予使用者切換到角色的許可權。首先在管理員帳號設定頁面中，點擊「增加內聯策略」，如圖 6-7-9 所示。

圖 6-7-9

3）在「創建策略」頁面中，選擇「JSON」並將前面的策略程式貼上到文字標籤中，並用使用者帳號 ID 替換掉「ACCOUNT-ID-WITHOUT-HYPHENS」，如圖 6-7-10 所示，然後點擊「查看策略」。

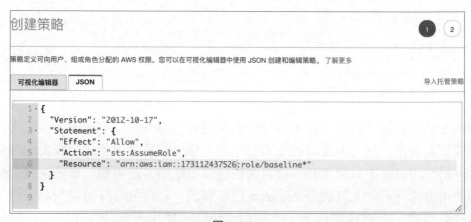

圖 6-7-10

4）在「查看策略」頁面中，填寫名稱為「AWS-Mylab-labadmin-Assume RolePolicy」，也可以是其他名稱，如圖 6-7-11 所示。

圖 6-7-11

點擊「保存策略」後，如圖 6-7-12 所示。

5）現在，你已經自動完成託管策略、群組和角色的設定，可以測試了。

步驟 3：驗證 AWS 主控台中受限管理員角色。

如果你以 AWS 帳戶根使用者的身份登入，則無法切換角色。當以 IAM 使用者身份登入時，切換角色的具體操作步驟如下。

1）以 IAM 使用者身份登入 AWS 管理主控台。

2）在主控台中，點擊右上角導覽列上的用戶名，如圖 6-7-13 所示。

圖 6-7-12

圖 6-7-13

3）也可以直接點擊角色的連結進行切換，如圖 6-7-14 所示。

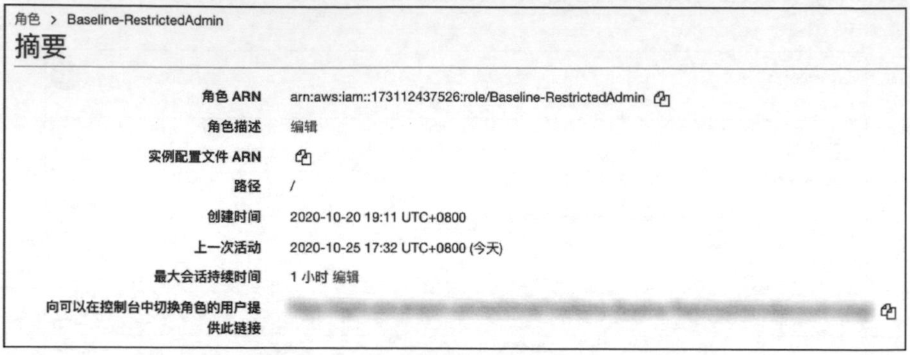

角色 > Baseline-RestrictedAdmin

摘要

角色 ARN	arn:aws:iam::173112437526:role/Baseline-RestrictedAdmin
角色描述	编辑
实例配置文件 ARN	
路径	/
创建时间	2020-10-20 19:11 UTC+0800
上一次活动	2020-10-25 17:32 UTC+0800 (今天)
最大会话持续时间	1 小时 编辑
向可以在控制台中切换角色的用户提供此链接	

圖 6-7-14

4）然後點擊「切換角色」，手動增加帳戶 ID 或帳戶別名及角色名稱，如圖 6-7-15 所示。

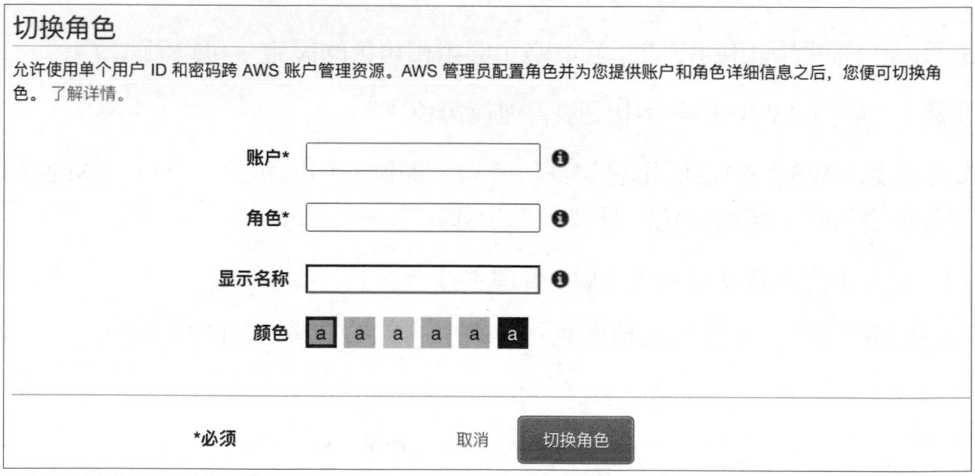

切換角色

允许使用单个用户 ID 和密码跨 AWS 账户管理资源。AWS 管理员配置角色并为您提供账户和角色详细信息之后，您便可切换角色。了解详情。

账户* [　　　　　　　　　　] ℹ️

角色* [　　　　　　　　　　] ℹ️

显示名称 [　　　　　　　　　　] ℹ️

颜色 [a] a a a a a [a]

*必须　　　　　　取消　　切換角色

圖 6-7-15

5）在「切換角色」頁面上，輸入帳戶 ID，如「123456789012」或帳戶別名，以及在上一步中為管理員創建的角色名稱，如「Baseline-RestrictedAdmin」，然後點擊「切換角色」，如圖 6-3-16 所示。

6）在成功切換角色後，點擊導覽列右上角的資訊，如圖 6-7-17 所示。

圖 6-7-16　　　　　　　　　　　圖 6-7-17

7）驗證角色 Baseline-RestrictAdmin 的許可權。由於這個角色類似於
稽核許可權，只具有管理 CloudFormation 服務的許可權（Baseline-
CloudFormationAdminRolePolicy），而且只具有唯讀所有資源的許可權
（ReadOnlyAccess），而沒有其他服務資源的創建和修改許可權，因此，
我們可以透過模擬創建一個 demo-user 帳號來驗證這個角色的許可權，如圖
6-3-18 所示。

透過 Key Management Service（KMS）服務創建客戶管理的金鑰並驗證角色
許可權，如圖 6-7-19 所示。

无法创建用户
AWS 不能创建您请求的用户。了解更多
User: arn:aws:sts::173112437526:assumed-role/Baseline-RestrictedAdmin/labadmin is not authorized to perform: iam:CreateUser on resource:
arn:aws:iam::173112437526:user/demo-user

审核
查看您的选择。在创建用户之后，您可以查看并下载自动生成的密码和访问密钥。
用户详细信息

用户名	demo-user
AWS 访问类型	编程访问和 AWS 管理控制台访问
控制台密码类型	自动生成
需要重置密码	是
权限边界	未设置权限边界

权限摘要
上面显示的用户将添加到以下组中。

类型	名称

取消　上一步　创建用户

圖 6-7-18

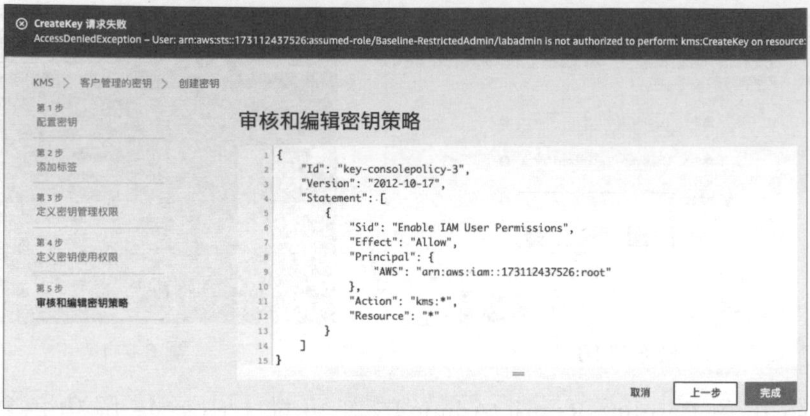

圖 6-7-19

注意：自動化範本創建的其他兩個角色分別是 Baseline-IdentityAdmin 和 Baseline-PrivilegedAdmin，你可以自行測試。

8）點擊「切換角色」，這時名稱和顏色就會替換導覽列上的用戶名，你就可以使用該角色授予的許可權了。

9）你使用的最後幾個角色也會出現在選單上，直接進行角色切換即可。如果角色未顯示在「身份」選單上，則需要手動輸入帳戶和角色資訊。

10）在 IAM 主控台導覽列的右側選擇角色的顯示名稱，然後選擇返回用戶名，即可停止使用角色，這時與 IAM 使用者和群組連結的許可權將自動恢復。

6.7.4 實驗複習

本實驗能夠幫助不同規模的使用者，在上雲端前規劃好管理帳號、委派角色和特權分離等許可權策略，這也是每個使用者在雲端上長期使用的安全和符合規範的基礎。透過本實驗，你將獲得創建 AWS 的基本許可權和進行角色分離的能力，這可以為下一步進行精細化、最小授權和許可權邊界策略的設計和實驗奠定基礎，從而為雲端上資源提供全面的、安全符合規範的管理能力。

6.8 Lab8：自動部署 VPC 安全網路架構

6.8.1 實驗概述

本實驗的主要目標是透過 CloudFormation 設定可重複的方式來重複使用範本自動化部署一個全新的 VPC 架構，其中包含多個 AWS 安全最佳實踐。舉例來說，設定安全性群組（Security Group）將網路流量限制為最小，設定 Internet 閘道和 NAT 閘道控制流量，使用具有不同路由表的子網來控制多層通訊。

6.8.2 實驗架構

本實驗架構設定網路層的多個可用性區域，VPC 端點為與 AWS 服務的專用連接而創建。NAT 閘道被創建為允許 VPC 中的不同子網連接到 Internet，網路 ACL 控制每個子網層的存取。而 VPC 流日誌捕捉有關 IP 流量的資訊並將其儲存在 Amazon CloudWatch Logs 中，如圖 6-8-1 所示。

架構圖具體包括：

1）應用程式負載平衡器——ALB1。

2）應用程式實例——App1。

3）共用服務——Shared1。

4）資料庫——DB1。

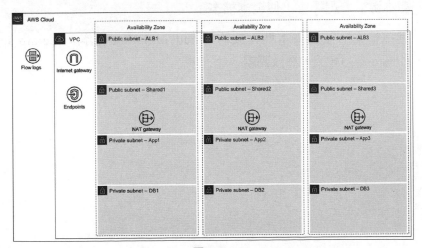

圖 6-8-1

6.8.3 實驗步驟

步驟 1：登入實驗帳戶。

1）首先創建 Labadmin 帳號，作為實驗 AWS 帳戶。

2）實驗 AWS 帳戶至少具有對 CloudFormation，EC2，VPC 和 IAM 的完全存取權限。

3）選擇部署區域，本實驗選擇新加坡 ap-southeast-1。

4）用實驗 Labadmin 帳號登入。

步驟 2：創建並部署 VPC 堆疊。

1）登入後，使用範例 CloudFormation 的最新範本創建 VPC 和所有資源。

2）然後轉到 AWS CloudFormation 主控台。

3）選擇「創建堆疊」中的「使用新資源（標準）」，如圖 6-8-2 所示。

圖 6-8-2

保持「準備範本」的設定不變。

對於「範本源」，選擇「上傳範本檔案」。

點擊「選擇檔案」並選擇本地存放的 CloudFormation 範本：vpc-alb-app-db.yaml，如圖 6-8-3 所示，然後點擊「下一步」。

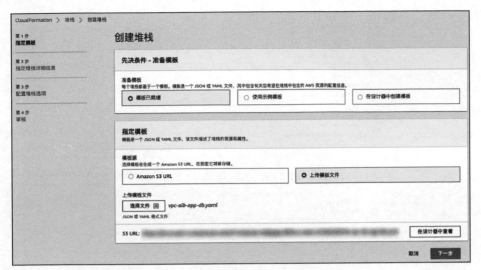

圖 6-8-3

4）進入「指定堆疊詳細資訊」頁面，其中堆疊名稱使用「MyLab-WebApp1-VPC」，如圖 6-8-4 所示。

圖 6-8-4

不改變預設參數值,設定其他部分如圖 6-8-5 所示。

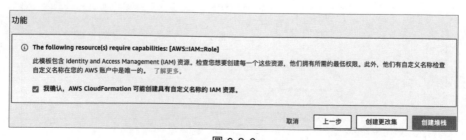

Days to retain VPC Flow Logs
VPC Flow Log retention time in days. Note that VPC Flow Logs will be deleted when this stack is deleted.

90

Application Load Balancer Tier
Application Load Balancer tier
Create subnets and other resources for application load balancer (ALB) tier. False disables the ALB tier completely.

true

Application Tier
Application tier route to internet
Application subnets route to the internet through Nat Gateways (IPv4) or egress only internet gateway (IPv6). If set to true then shared tier also must be enabled.

true

Private Link Endpoints
VPC Endpoints can be used to access example common AWS services privately within a subnet, instead of via a NAT Gateway. Note for testing purposes a NAT Gateway is more cost effective than enabling endpoint services.

false

Database Tier
Database tier
Create subnets and other resources for database (DB) tier. False disables the DB tier completely.

true

TCP port number used by database
TCP/IP port number used in DB tier for Network ACL (NACL). Default is 3306 for MySQL. Examples; 5432 for PostgreSQL, 1433 for SQL Server, , 11211 for Memcache/Elasticache, 6379 for Redis.

3306

Shared Tier
Shared tier
Create subnets for shared tier. Set to true when enabling application route to internet parameter as the shared tier contains NAT gateways that allow IPv4 traffic in the application tier to connect to the internet. False disables the shared tier completely.

true

取消　上一步　下一步

圖 6-8-5

對「設定堆疊」選項,建議設定標籤(即鍵值對),以幫助你辨識堆疊及其創建的資源。舉例來說,在金鑰的左列中輸入所有者,在值的右列中輸入你的電子郵件位址。這裡不使用其他許可權或進階選項,然後點擊「下一步」。

5)檢測設定。

在頁面底部,選擇「我確認,AWS CloudFormation 可能創建具有自訂名稱的 IAM 資源。」然後點擊「創建堆疊」,如圖 6-8-6 所示。

功能

ⓘ **The following resource(s) require capabilities: [AWS::IAM::Role]**
此模板包含 Identity and Access Management (IAM) 資源。檢查您想要創建每一个这些资源,他们拥有所需的最低权限。此外,他们有自定义名称检查自定义名称在您的 AWS 账户中是唯一的。 了解更多。

☑ 我确认,AWS CloudFormation 可能创建具有自定义名称的 IAM 资源。

取消　上一步　创建更改集　创建堆栈

圖 6-8-6

6)顯示 CloudFormation 堆疊狀態頁面及正在進行的堆疊創建。

點擊「事件」標籤，並捲動瀏覽清單。它顯示（以相反的順序）由 CloudFormation 執行的活動，如開始創建資源，然後完成資源創建。

在創建堆疊期間遇到的任何錯誤將在此標籤中列出。

7）當堆疊的顯示狀態為 CREATE_COMPLETE 時，就完成了此步驟，如圖 6-8-7 所示。

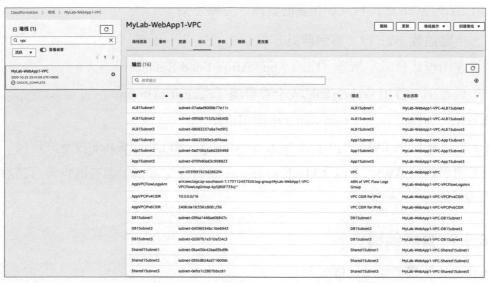

圖 6-8-7

6.8.4 實驗複習

本實驗是下一個實驗的基礎，也是很多雲端使用者上雲端部署應用的最佳安全實踐架構。本實驗的架構設計了四個子網區域和三個可用性區域，類似於傳統資料中的同城三地高可用性部署架構，設計部署了公共負載平衡子網區域、公共 App 子網區域、私有共用服務子網區域、私有資料庫子網區域。本實驗還設計了 VPC EndPoint 終端節點（關於 VPC 終端節點存取控制策略，將在下一個實驗裡詳細說明），以便在私有共用服務子網區域與 S3 儲存桶進行安全資料的傳輸，具有非常高的可用性和安全性，非常適合於初步將 Web 應用系統遷移到雲端上的使用者，以及具有一定 Web 業務規模、快速發展的使用者。

6.9 Lab9：自動部署 Web 安全防護架構

6.9.1 實驗概述

本實驗將使用 CloudFormation 範本，在自動部署完整的 VPC 架構的基礎上，結合許多 AWS 安全最佳實踐的縱深防禦方法，完成設定 Web 應用程式，部署一個基本的 WordPress 管理系統。CloudFormatio 範本主要是創建 VPC 架構內部的 Web 應用程式和相關的資源，主要包括：

1）自動縮放 Web EC2 實例群組。

2）應用程式負載平衡器 ALB（Application Load Balancer）。

3）負載平衡器和 Web 實例的安全性群組（Security Group）。

4）Web 實例的自訂 CloudWatch 指標和日誌。

5）Web 實例的 IAM 角色，向 Systems Manager 和 CloudWatch 授予許可權。

6）用最新的 AWS Linux 2 Machine Image 映射設定實例，並在啟動時自動設定服務。

6.9.2 實驗架構

WordPress 堆疊系統結構概述：

本實驗沒有透過設定 SSH 金鑰進行遠端運行維護登入，而是透過 AWS System Manager 更安全和可擴充的方法來管理用於 EC2 實例的伺服器。

1）透過使用附加到自動擴充 EEC2 實例的角色安全地獲取臨時安全憑證。

2）限制安全性群組允許的網路流量。

3）CloudFormation 自動執行設定管理。

4）實例使用 Systems Manager 代替 SSH 進行管理。

5）設定 AWS Key Management Service（AWS KMS）用於 Aurora 資料庫的金鑰管理。

在完成本實驗後，Application Load Balancer 將監聽未加密的 HTTP（通訊埠 80），因為最佳實踐是對傳輸中的資料進行加密，所以可以設定 HTTPS listener 監聽器。本實驗提供一個範例 amazon-cloudwatch-agent.json 檔案，實例會自動將其下載以設定 CloudWatch 指標和日誌，而且需要遵循 WebApp1 的範例字首命名規則，如圖 6-9-1 所示。

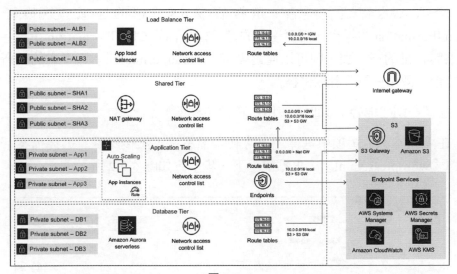

圖 6-9-1

6.9.3 實驗步驟

步驟 1：登入實驗帳戶。

1）用 6.3.2 實驗中的 AWS 帳號 Labadmin 登入 AWS 管理主控台。

2）確保 AWS 帳戶至少具有對 CloudFormation，EC2，VPC，IAM 和 Elastic Load Balancing 的完全存取權限。

3）選擇 AWS 區域 us-west-2。

4）透過 CloudFormation VPC 堆疊管理介面，部署本實驗範本。

步驟 2：創建並部署動態 Web 堆疊。

本實驗的前提條件是你已在實驗 6.8 中部署了 VPC 安全與高可用性的架構。

1）下載兩個部署範本或透過 Clone 命令複製 GitHub 儲存資料庫中的部署檔案。

• 下載 wordpress.yaml 部署範本，創建一個 RDS 資料庫的 WordPress 網站。

- 下載 staticwebapp.yaml 部署範本，創建一個靜態的 Web 應用程式，該應用程式僅顯示其正在運行的實例 ID。

2）登入 AWS 管理主控台，選擇實驗 6.8 首選的區域，然後打開 CloudFormation 主控台。需要注意的是，如果你的 CloudFormation 主控台看起來與正常的不一樣，則可以通過點擊「CloudFormation」選單中的「新建主控台」啟用重新設計的主控台。

3）選擇「創建堆疊」中的「使用新資源（標準）」。

4）在「範本源」選項中選擇「上傳範本檔案」，然後點擊「選擇檔案」並選擇「wordpress.yaml」，再點擊「下一步」，如圖 6-9-2 所示。

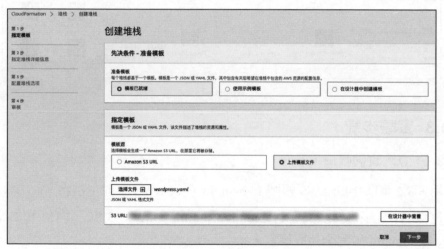

圖 6-9-2

5）進入詳細參數設定頁面，如圖 6-9-3 和圖 6-9-4 所示。

- 對於 WordPress 堆疊，使用 MyLab-WebApp1-WordPress（本實驗主要部署 WordPress）。

- 對於靜態 Web 堆疊，使用 MyLab-WebApp1-Static 並匹配大小寫（實驗中沒有部署）。

- 對於 ALBSGSource，當前使用 CIDR 表示的 IP 位址，該 IP 位址將被允許連接到應用程式負載平衡器上，從而可以在設定和測試時保護 Web 應用程式免受公眾的攻擊，這可以根據自身實際情況對存取 IP 進行設定。
在本實驗中，設定為「0.0.0.0/0」，表示允許所有 IP 位址遠端連接。

- 其餘參數可以保留為預設值。

圖 6-9-3

圖 6-9-4

6）點擊「下一步」。

7）在本實驗中，我們不會增加任何標籤、許可權或進階選項。

8）查看堆疊資訊。選中「我確認，AWS CloudFormation 可能創建具有自訂名稱的 IAM 資源。」，然後點擊「創建堆疊」，如圖 6-9-5 所示。

圖 6-9-5

9）約 5 分鐘後，最終堆疊狀態從 CREATE_IN_PROGRESS 變為 CREATE_COMPLETE，如圖 6-9-6 所示。

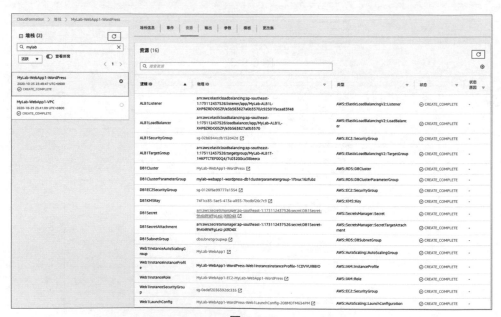

圖 6-9-6

10）現在，已經成功創建了 WordPress 堆疊。在堆疊中，點擊「輸出」標籤，
然後在 Web 瀏覽器中打開 WebsiteURL 值，如圖 6-9-7 所示。

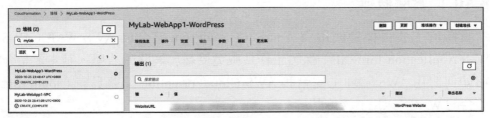

圖 6-9-7

步驟 3：刪除堆疊。

刪除 WordPress 或靜態 Web 應用程式中的 CloudFormation 堆疊：

1）登入 AWS 管理主控台，選擇你的首選區域，然後打開 CloudFormation
主控台。

2）點擊 WebApp1-WordPress 或 WebApp1-Static 堆疊左側的選項按鈕。

3）點擊「操作」按鈕，然後點擊「刪除堆疊」。

4）確認堆疊，然後點擊「刪除」。

5）存取金鑰管理服務（KMS）主控台，刪除「KMSkey」。

6.9.4 實驗複習

本實驗是 AWS 在雲端上的最佳實踐，其在部署架構中使用了 Amazon
Certificate Manager 在應用程式負載平衡器上啟用 TLS（SSL）進行加密通訊。
用 EBS 加密 Web 實例的 EBS 卷冊。實施 Web 應用程式防火牆（如 AWS
WAF）和內容發表服務（例如 Amazon CloudFront）可以幫助保護應用程式。
創建一個自動流程以修補 AMI，並在生產中更新之前掃描的漏洞。創建一個
管道，可以在創建或更新堆疊之前驗證 CloudFormation 範本的設定是否錯
誤。

6.10 Lab10：自動部署雲端 WAF 防禦架構

6.10.1 實驗概述

本實驗的主要目標是使用與 Amazon CloudFront 整合的 AWS WAF（AWS Web Application Firewall）保護工作負載免受基於網路的攻擊。其主要是介紹如何使用 AWS 管理主控台和 AWS CloudFormation 部署具有 CloudFront 整合的 WAF，以用於深度防禦。

6.10.2 實驗目標

1）透過 WAF 保護網路和主機等級的邊界。

2）加強系統安全設定和維護。

3）加強服務等級保護。

6.10.3 實驗步驟

步驟 1：登入實驗帳戶

1）用本實驗 AWS 帳號 Labadmin 登入 AWS 管理主控台。

2）確保 Labadmin 帳號至少具有對 CloudFormation，EC2，VPC，IAM 和 Elastic Load Balancing 的完全存取權限。

3）實驗範本支援 4 個 AWS 區域：us-east-1，us-east-2，us-west-1 和 us-west-2。

步驟 2：設定 WAF 應用防火牆。

下面使用 AWS CloudFormation 部署一個基本範例的 AWS WAF 設定，以便與 CloudFront 一起使用。

1）登入 AWS 管理主控台，選擇你的首選區域，然後打開 CloudFormation 主控台。請注意，如果你的 CloudFormation 主控台看起來不一樣，則可以通過點擊「CloudFormation」選單中的「新建主控台」啟用重新設計的主控台。

2）點擊「Create stack」，如圖 6-10-1 所示。

圖 6-10-1

3）輸入位址，然後點擊「Next」，如圖 6-10-2 所示。

4）輸入以下詳細資訊，如圖 6-10-3 所示。

- 堆疊名稱：此堆疊的名稱。本實驗使用 CloudFront。

- WAFName：輸入用於此堆疊的資源名稱和匯出名稱的基本名稱。在本實驗中，你可以使用 Lab1。

- WAFCloudWatchPrefix：僅使用字母、數字、字元輸入，要用於每個規則的 CloudWatch 字首的名稱。對於本實驗，你可以使用 Lab1，其餘參數可以保留為預設值。

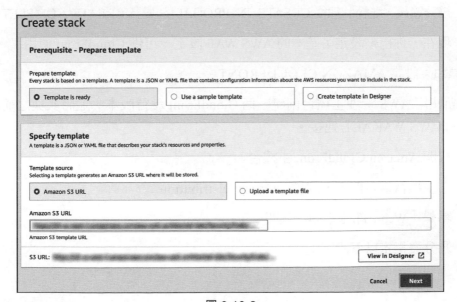

圖 6-10-2

圖 6-10-3

5）在頁面底部，點擊「Next」。

6）在本實驗中，我們不會增加任何標籤或其他選項。

7）查看堆疊資訊。在設定滿意後，點擊「Create stack」。

8）幾分鐘後，堆疊狀態從 CREATE_IN_PROGRESS 變為 CREATE_COMPLETE。

9）現在，你已經設定了基本的 AWS WAF 設定，可供 CloudFront 使用了。

步驟 3：設定 AMAZON CLOUDFRONT。

下面使用 AWS 管理主控台創建一個 CloudFront 發行版本，並將其與之前創建的 AWS WAF ACL 連接。

1）打開 Amazon CloudFront 主控台。

2）在主控台儀表板上，選擇「Create Distribution」。

3）點擊「Web」部分中的「入門」。

4）為分發指定以下設定：

- 在原始域名中，輸入你的彈性負載平衡器或 EC2 實例的 DNS 或域名，
  如圖 6-10-4 所示。

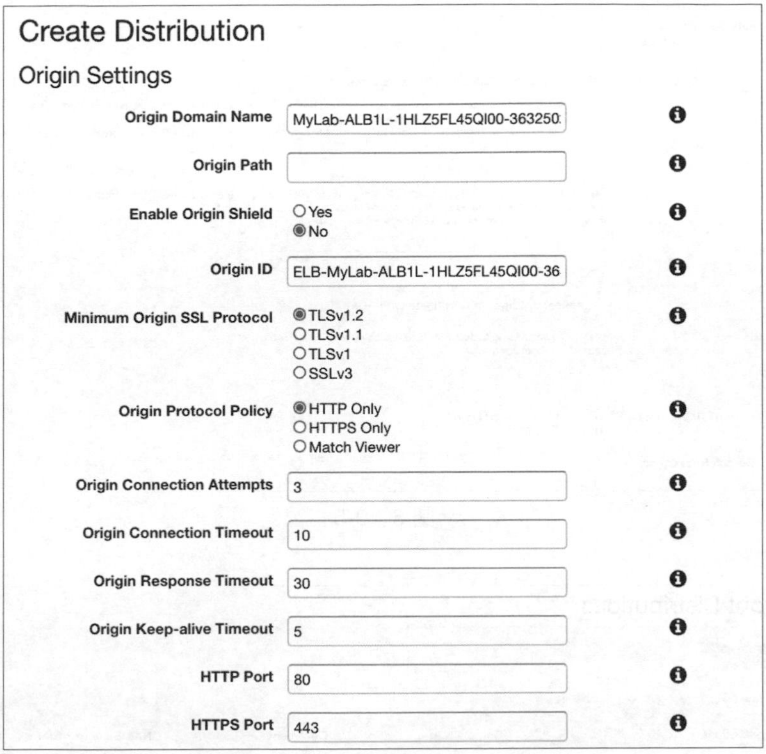

Create Distribution

Origin Settings

Origin Domain Name	MyLab-ALB1L-1HLZ5FL45QI00-363250
Origin Path	
Enable Origin Shield	○ Yes ● No
Origin ID	ELB-MyLab-ALB1L-1HLZ5FL45QI00-36
Minimum Origin SSL Protocol	● TLSv1.2 ○ TLSv1.1 ○ TLSv1 ○ SSLv3
Origin Protocol Policy	● HTTP Only ○ HTTPS Only ○ Match Viewer
Origin Connection Attempts	3
Origin Connection Timeout	10
Origin Response Timeout	30
Origin Keep-alive Timeout	5
HTTP Port	80
HTTPS Port	443

圖 6-10-4

- 在分發設定部分中，點擊「AWS WAF Web ACL」，然後選擇之前創建
  的 ACL，如圖 6-10-5 所示。
- 點擊「創建分佈」。
- 有關其他設定選項的更多資訊，請參見 在創建或更新 Web 分發時指定
  的值，在 CloudFront 文件中。

5）在 CloudFront 中創建你的分發之後，分發「狀態」列的值將從「進行中」
變為「已部署」，如圖 6-10-6 所示。

Distribution Settings

Price Class	Use All Edge Locations (Best Performance) ▾ ❶
AWS WAF Web ACL	Lab1-WebACL1 (wafv1) ▾ ❶
Alternate Domain Names (CNAMEs)	❶
SSL Certificate	◉ Default CloudFront Certificate (*.cloudfront.net)

Choose this option if you want your users to use HTTPS or HTTP to access your content with the CloudFront domain name (such as https://d111111abcdef8.cloudfront.net/logo.jpg).
Important: If you choose this option, CloudFront requires that browsers or devices support TLSv1 or later to access your content.

○ Custom SSL Certificate (example.com):

Choose this option if you want your users to access your content by using an alternate domain name, such as https://www.example.com/logo.jpg. You can use a certificate stored in AWS Certificate Manager (ACM) in the US East (N. Virginia) Region, or you can use a certificate stored in IAM.

  ❶

Request or Import a Certificate with ACM

Learn more about using custom SSL/TLS certificates with CloudFront.
Learn more about using ACM.

Supported HTTP Versions	◉ HTTP/2, HTTP/1.1, HTTP/1.0 ❶ ○ HTTP/1.1, HTTP/1.0
Default Root Object	❶

圖 6-10-5

CloudFront Distributions

Create Distribution	Distribution Settings	Delete	Enable	Disable	⟳

Viewing : | Any Delivery Method ▾ | Any State ▾ | | ≪ ‹ Viewing 1 to

	Delivery Method	ID ▾	Domain Name	Comment	Origin	CNAMEs	Status	State
☐	🌐 Web	E39263VS7BXUJX	d2ii4all0lkrju.cloudfront.net	-	MyLab-ALB	-	Deployed	Enabled

圖 6-10-6

6）部署發行版本後，需要確認你可以使用新的 CloudFront URL 或 CNAME 存取你的內容。將域名複製到 Web 瀏覽器中進行測試，如圖 6-10-7 所示。

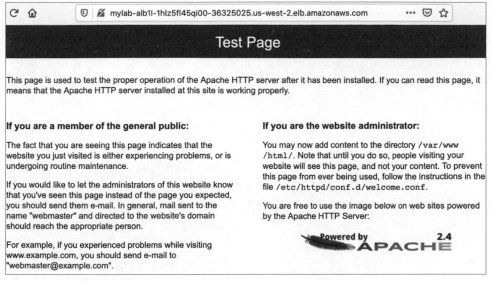

圖 6-10-7

有關更多資訊，請參見 CloudFront 文件中的測試 Web 分發。

7）現在，你已經使用基本設定和 AWS WAF 設定了 Amazon CloudFront。

有關設定 CloudFront 的更多資訊，請參閱查看和更新 CloudFront 分佈，在 CloudFront 文件中。

6.10.4 實驗複習

本實驗用與 Amazon CloudFront 整合的 AWS WAF 保護工作負載免受基於網路的攻擊，使用 AWS 管理主控台和 AWS CloudFormation 部署具有 CloudFront 整合的 WAF，以實現深度防禦。

第 7 章

雲端安全動手實驗——提升篇

本章主要介紹雲端上安全進階實驗群組,主要目的是幫助讀者深入學習雲端上的安全服務和技術、深度體驗雲端上安全能力的建設設計與實現。提升篇包括 LandingZone 的安全基準線整合部署架構實踐,防 DDOS 和 WAF 的整合部署架構實踐,防止資料洩露的實踐,金鑰管理 KMS 與加密引擎 Encryption SDK 的整合部署架構實踐,威脅情報收集與分析 GuardDuty 的綜合部署架構實踐等。提升篇包括 9 個提升實驗:設計 IAM 進階許可權和精細策略;整合 IAM 標籤細顆粒存取控制;設計 Web 應用的 Cognito 身份驗證;設計 VPC EndPoint 安全存取策略;設計 WAF 進階 Web 防護策略;設計 SSM 和 Inspector 漏洞掃描與加固;自動部署雲端上威脅智慧檢測;自動部署 Config 監控並修復 S3 符合規範性;自動部署雲端上漏洞修復與符合規範管理。

7.1 Lab1:設計 IAM 進階許可權和精細策略

7.1.1 實驗概述

在本實驗中,將創建一系列附加策略以便附加到不同角色上,這些角色由開發人員承擔。開發人員可以使用此角色創建僅限於特定服務和區域的其他使用者角色,這樣你就可以委派存取權限來創建 IAM 角色和策略,而不會超出許可權邊界。本實驗還將使用帶有字首的命名策略,以便使設定多專案開發人員的策略和角色變得更加容易。

AWS 支援 IAM 實體的許可權邊界,是 IAM 的一項進階策略功能,你可以使用託管策略設定基於身份的策略來授予 IAM 實體的最大許可權。當你為實體設定許可權邊界時,該實體只能執行許可權邊界策略所允許的操作。

7.1.2 實驗場景

對於正在雲端上開展多專案開發的公司，當開發人員角色使用其委派的許可權創建自己的使用者角色時，安全管理員會根據公司的安全管理要求，虛脫設定許可權邊界策略，限制存取權限範圍，只允許 app 專案人員使用 us-east-1（北弗吉尼亞州）和 us-west-1（北加州）區域的資源，而且在這些 AWS 區域中只允許對 AWS EC2 和 AWS Lambda 服務操作。

7.1.3 實驗步驟

用 Lambda 帳號登入 AWS 管理主控台。

步驟 1：創建許可權邊界策略。

1）打開 IAM 主控台。

2）在功能窗格中，點擊「策略」中的「創建策略」，如圖 7-1-1 所示。

圖 7-1-1

3）在「創建策略」頁面上，點擊「JSON」標籤。

4）將編輯器中已有策略的範例替換為以下策略。

```json
{
    "Version": "2012-10-17",
    "Statement": [
        {
            "Sid": "EC2RestrictRegion",
            "Effect": "Allow",
            "Action": "ec2:*",
            "Resource": "*",
            "Condition": {
                "StringEquals": {
                    "aws:RequestedRegion": [
                        "us-east-1",
                        "us-west-1"
                    ]
```

```
                }
            }
        },
        {
            "Sid": "LambdaRestrictRegion",
            "Effect": "Allow",
            "Action": "lambda:*",
            "Resource": "*",
            "Condition": {
                "StringEquals": {
                    "aws:RequestedRegion": [
                        "us-east-1",
                        "us-west-1"
                    ]
                }
            }
        }
    ]
}
```

5）點擊「審核政策」。

6）在「查看策略」頁面的「名稱」欄位中輸入「restrict-region-boundary」作為名稱，以幫助你辨識策略、驗證摘要，然後點擊「創建策略」，如圖 7-1-2 所示。

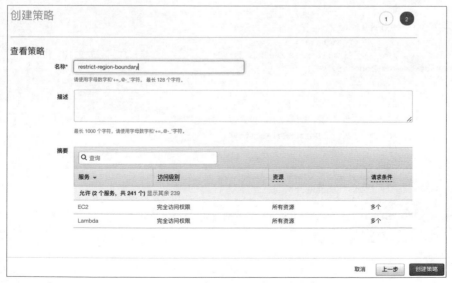

圖 7-1-2

步驟 2：創建開發人員受限策略。

為開發人員創建的策略如下，並且僅當附加了許可權邊界 limit-region-boundary 策略時，開發人員才能使用名稱首 app 創建其他策略和角色。當你有不同的團隊或在同一個 AWS 帳戶中開發或運行維護不同的應用程式專案時，以專案名稱命名的策略和角色字首方便管理。

```
{
    "Version": "2012-10-17",
    "Statement": [
        {
            "Sid": "CreatePolicy",
            "Effect": "Allow",
            "Action": [
                "iam:CreatePolicy",
                "iam:CreatePolicyVersion",
                "iam:DeletePolicyVersion"
            ],
            "Resource": "arn:aws:iam::123456789012:policy/app*"
        },
        {
            "Sid": "CreateRole",
            "Effect": "Allow",
            "Action": [
                "iam:CreateRole"
            ],
            "Resource": "arn:aws:iam::123456789012:role/app*",
            "Condition": {
                "StringEquals": {
                    "iam:PermissionsBoundary": "arn:aws:iam::123456789012: policy/
restrict-region-boundary"
                }
            }
        },
        {
            "Sid": "AttachDetachRolePolicy",
            "Effect": "Allow",
            "Action": [
                "iam:DetachRolePolicy",
                "iam:AttachRolePolicy"
            ],
            "Resource": "arn:aws:iam::123456789012:role/app*",
            "Condition": {
                "ArnEquals": {
                    "iam:PolicyARN": [
                        "arn:aws:iam::123456789012:policy/*",
                        "arn:aws:iam::aws:policy/*"
                    ]
                }
```

```
            }
        }
    ]
}
```

在瀏覽器中，透過連結導覽到帳戶設定頁面，或直接點擊右上角的帳號資訊複製登入帳號的 ID。然後打開 IAM 管理介面，在 IAM 策略頁面中點擊「創建策略」，將上面的策略貼上到 JSON 頁面，如圖 7-1-3 所示，再用你登入 AWS 帳戶的 ID 替換掉策略中的 5 處 ID「123456789012」，點擊「查看策略」。

圖 7-1-3

在「查看策略」頁面中將策略名稱命名為 createrole-restrict-region-boundary，然後點擊「創建策略」，如圖 7-1-4 所示。

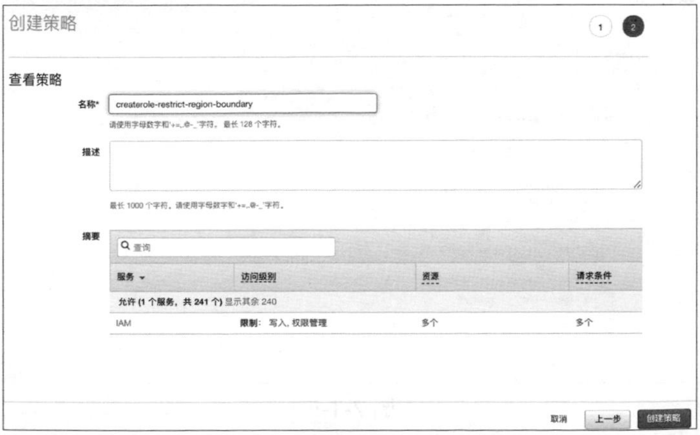

圖 7-1-4

步驟 3：創建開發人員 IAM 主控台存取策略。

本策略只允許開發人員進行具有 IAM 服務的清單和讀取類型的操作。

```
{
    "Version": "2012-10-17",
    "Statement": [
        {
            "Sid": "Get",
            "Effect": "Allow",
            "Action": [
                "iam:ListPolicies",
                "iam:GetRole",
                "iam:GetPolicyVersion",
                "iam:ListRoleTags",
                "iam:GetPolicy",
                "iam:ListPolicyVersions",
                "iam:ListAttachedRolePolicies",
                "iam:ListRoles",
                "iam:ListRolePolicies",
                "iam:GetRolePolicy"
            ],
            "Resource": "*"
        }
    ]
}
```

將上面的策略貼上到 JSON 頁面，如圖 7-1-5 所示，並命名為 iam-restricted-list-read，如圖 7-1-6 所示。

圖 7-1-5

圖 7-1-6

步驟 4：創建開發人員角色。

創建一個開發人員角色，使其具有給其他人創建角色和策略的許可權，並強制執行許可權邊界和命名字首的策略。

1）打開 IAM 主控台。

2）在功能窗格中，點擊「角色」中的「創建角色」，如圖 7-1-7 所示。

圖 7-1-7

3）點擊「其他 AWS 帳戶」，輸入帳戶 ID 並選取「需要 MFA」，如圖 7-1-8 所示，然後點擊「下一步：許可權」。我們在此處執行 MFA，因為這是最佳做法。

圖 7-1-8

4）在搜索欄位中，輸入「createrole」，然後選中「createrole-restrict-region-boundary」策略，如圖 7-1-9 所示。

圖 7-1-9

5）清除前面的搜索並輸入「iam-res」，然後選中「iam-restricted-list-read」策略，並點擊「下一步：標籤」，如圖 7-1-10 所示。

圖 7-1-10

6）在本實驗中，不使用 IAM 標籤，故直接點擊「下一步：查看」。

7）將輸入開發人員限制的使用者名作為角色名稱，然後點擊「創建角色」，如圖 7-1-11 所示。

圖 7-1-11

8）我們可以通過點擊列表中的「developer-restricted-iam」檢查創建的角色，並記錄角色 ARN 和給使用者提供到主控台的連結。

9）現在已創建角色，如圖 7-1-12 所示。

圖 7-1-12

步驟 5：測試開發人員角色許可權。

下面啟用 MFA 的現有 IAM 使用者來承擔新的開發人員限制的角色。

1）用 IAM 使用者身份登入 AWS 管理主控台。

2）在主控台中，點擊右上角導覽列上的用戶名，然後點擊「切換角色」。

3）在「切換角色」頁面上，輸入上一步創建的帳戶 ID 或帳戶名稱及角色「developer- restricted-iam」，然後點擊「切換角色」，如圖 7-1-13 所示。

圖 7-1-13

（可選）在此角色處於活動狀態時，輸入要在導覽列上代替用戶名顯示的文字。根據帳戶和角色的資訊，建議你使用名稱，但可以將其更改為對你有意義的名稱，還可以選擇一種顏色來突出顯示名稱。

4）如果是第一次選擇此選項，則會顯示一個頁面，其中包含更多資訊。閱讀後，點擊「切換角色」。如果清除瀏覽器 cookie，則此頁面會再次出現。

5）顯示替換後的名稱和顏色，這時你可以使用角色授予的許可權來替換你作為 IAM 使用者擁有的許可權了。

6）這時，使用的最後幾個角色會出現在選單上，當需要切換到其中一個時，只需點擊所需的角色即可。如果角色未顯示在「身份」選單上，則需要手動輸入帳戶和角色資訊。

7）你現在正在使用具有授予許可權的開發者角色，之後將使用該角色保持登入狀態。

步驟 6：創建使用者角色。

下面我們創建一個附加了邊界策略的新使用者角色，並使用字首對其命名。這裡對此使用者角色使用 AWS 託管策略，但是 createrole-restrict-region-boundary 策略允許我們創建和附加自己的策略，前提是它們的字首為 app1。

1）首先確認你正在使用先前創建的開發人員角色，然後在 developer-restricted-iam @ 位置打開 IAM 主控台。由於此開發人員角色受到限制，因此你會注意到許多拒絕許可權的訊息。這時，最小特權是最佳實踐！

2）在功能窗格中，點擊「role」中的「Create role」。

3）點擊「Another AWS account」，然後輸入你在此練習中一直使用的帳戶 ID 並選取「Require MFA」，如圖 7-1-14 所示，再點擊「Next: permissions」。

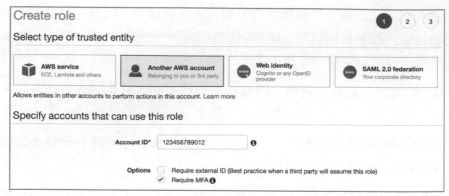

圖 7-1-14

4）在搜索欄位中，輸入「ec2」，然後選中「AmazonEC2FullAccess」策略，
如圖 7-1-15 所示。

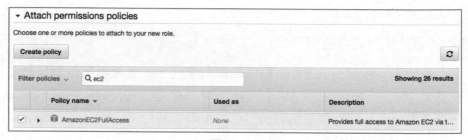

圖 7-1-15

5）清除之前的搜索並輸入「lambda」，然後選中「AWSLambdaFullAccess」
策略，如圖 7-1-16 所示。

圖 7-1-16

6）展開底部的「Set permissions boundary 設定許可權邊界」，然後點擊「Permissions boundary」以控制最大角色許可權。在搜索欄位中輸入「boundary」，點擊「restrict-region-boundary」前面的按鈕，如圖 7-1-17 所示，然後點擊「Next：Tags」。

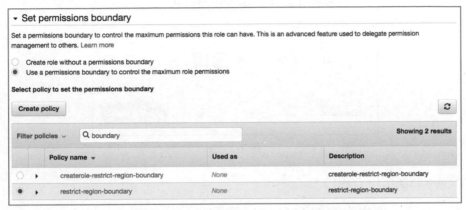

圖 7-1-17

7）在本實驗中，不使用 IAM 標籤，直接點擊「Next」。

8）輸入的角色名稱為「app1-user-region-restricted-services」，然後點擊「Create role」，如圖 7-1-18 所示。

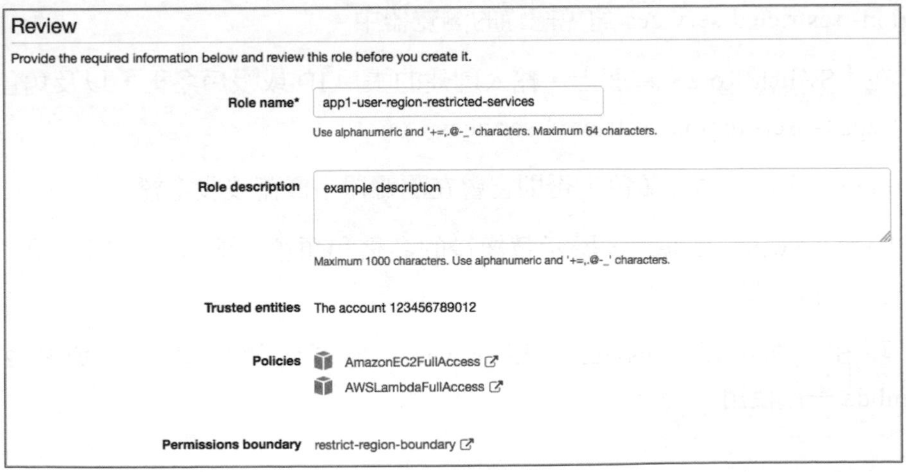

圖 7-1-18

9）角色創建成功。記錄角色 ARN 和其到主控台的連結。如果你收到了錯誤訊息，則可能是在前面的步驟中未更改策略中的帳號，如圖 7-1-19 所示。

圖 7-1-19

步驟 7：測試使用者角色。

現在，你可以使用現有的 IAM 使用者承擔新的 app1-user-region-restricted-services 角色，就好像是在允許的區域中管理 EC2 和 Lambda 的使用者一樣。

1）在主控台中，點擊導覽列右側角色的顯示名稱返回以前的用戶名。現在，你回到使用原始 IAM 使用者的狀態。

2）點擊右上角導覽列上的用戶名，或你可以將連結貼上到之前為 app1-user-region- restricted-services 角色記錄的瀏覽器中。

3）在「Switch Role」頁面上，輸入創建的帳戶 ID 或帳戶名稱，以及角色名稱「app1-user- region-restricted-services」。

4）選擇與之前不同的顏色，否則它會在瀏覽器中覆蓋該設定檔。

5）點擊「Switch Role」，顯示替換後的名稱和顏色，這時你可以使用該角色授予的許可權了。

6）現在，你可以在 us-east-1 和 us-west-1 地區將使用者角色與 EC2 和 Lambda 一起使用。

7）導覽到 us-east-1 區域中的 EC2 管理主控台。EC2 儀表板應顯示資源的摘要清單，這時唯一的錯誤是 Elastic Load Balancing 檢索資源計數錯誤，因為這需要其他許可權，如圖 6-4-1-23 所示。

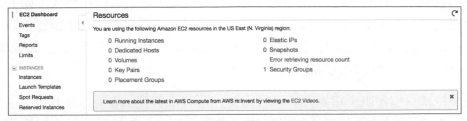

圖 7-1-20

8）導覽到不允許使用區域的 EC2 管理主控台。EC2 儀表板就會顯示許多未授權的錯誤訊息，如圖 7-1-21 所示。

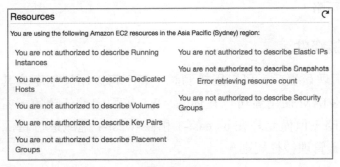

圖 7-1-21

7.1.4 實驗複習

本實驗遵循的安全最佳實踐是管理憑證和身份驗證使用 MFA 進行存取，以提供其他存取控制，並透過角色授予最小存取權限。舉例來說，透過許可權邊界設計連結策略的角色許可權限制，透過角色委派設定角色所需的最小特權。本實驗主要是幫助使用者練習如何設定許可權進階策略、如何進行交換策略授權、如何設定最小授權。

7.2 Lab2：整合 IAM 標籤細顆粒存取控制

7.2.1 實驗概述

在本實驗中，你將創建一系列附加到角色的策略，角色可以由個人（如 EC2 管理員）承擔。這可以使 EC2 管理員僅在滿足要求創建資源時才創建標籤，並可以控制標記哪些現有資源和值，同時還能使用 EC2 資源標籤進行細顆粒的存取控制，實現靈活的最小授權管理。

最小特權存取權限：透過允許在特定條件下存取特定 AWS 資源上的特定操作，僅授予身份所需的存取權限，並依靠群組和身份屬性動態地大規模設定許可權，而非為單一使用者定義許可權。舉例來說，你可以允許一組開發人員存取權限以便僅管理其專案的資源。這樣，當從群組中刪除該開發人員時，在該群組用於存取控制的所有位置中，該開發人員的存取都將被取消，而無須更改存取策略。

7.2.2 實驗條件

一個 AWS 管理員帳戶，可以用於測試，而不可以用於生產或其他目的。啟用了 MFA 的 IAM 使用者可以在你的 AWS 帳戶中擔任角色，並創建 5 個不同功能的策略，但僅允許在 us-east-1 和 us-west-1 區域進行資源管理，而且需要遵從標籤管理授權規則。

7.2.3 實驗步驟

步驟 1：創建名為 ec2-list-read 的策略。

策略定義：允許具有區域條件的唯讀許可權，並設定唯一允許操作的服務 EC2。

1）使用啟用 MFA 且可以在 AWS 帳戶中擔任角色的 IAM 使用者身份登入 AWS 管理主控台。

2）打開 IAM 主控台。

提示：如果你需要啟用 MFA，則按照基礎篇實驗進行設定，另外你還需要登出並再次使用 MFA 重新登入，以便階段具有 MFA 活動狀態。

3）在功能窗格中，點擊「策略」中的「創建策略」。

4）在「創建策略」頁面上，點擊「JSON」標籤，將編輯器中已有策略的範例替換為以下策略，然後點擊「查看策略」，如圖 7-2-1 所示。

```
{
    "Version": "2012-10-17",
    "Statement": [
        {
            "Sid": "ec2listread",
            "Effect": "Allow",
            "Action": [
                "ec2:Describe*",
                "ec2:Get*"
            ],
            "Resource": "*",
            "Condition": {
                "StringEquals": {
                    "aws:RequestedRegion": [
                        "us-east-1",
                        "us-west-1"
                    ]
                }
            }
        }
    ]
}
```

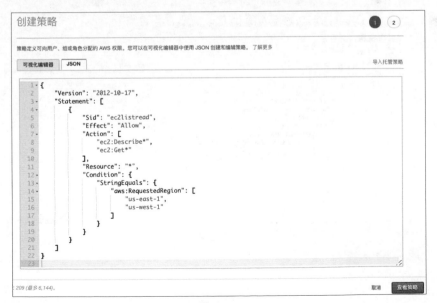

圖 7-2-1

5）在名稱欄位中輸入 ec2-list-read 和任何描述以幫助你辨識策略，然後點擊「創建策略」。

步驟 2：創建名為 ec2-create-tags 的策略。

策略定義：允許創建 EC2 的標籤，但條件是運行實例，將會啟動一個實例。

使用下面的 JSON 策略和名稱 ec2-create-tags 創建託管策略，如圖 7-2-2 所示。

```
{
    "Version": "2012-10-17",
    "Statement": [
        {
            "Sid": "ec2createtags",
            "Effect": "Allow",
            "Action": "ec2:CreateTags",
            "Resource": "*",
            "Condition": {
                "StringEquals": {
                    "ec2:CreateAction": "RunInstances"
                }
            }
        }
    ]
}
```

圖 7-2-2

圖 7-2-2（續）

步驟 3：創建名為 ec2-create-tags-existing 的策略。

策略定義：僅當資源已標記為 Team，名稱為 mylab 時，此策略才允許創建（和覆蓋）EC2 標籤。

使用下面的 JSON 策略和名稱 ec2-create-tags-existing 創建託管策略，如圖 7-2-3 所示。

```
{
    "Version": "2012-10-17",
    "Statement": [
        {
            "Sid": "ec2createtagsexisting",
            "Effect": "Allow",
            "Action": "ec2:CreateTags",
            "Resource": "*",
            "Condition": {
                "StringEquals": {
                    "ec2:ResourceTag/Team": "mylab"
                },
                "ForAllValues:StringEquals": {
                    "aws:TagKeys": [
                        "Team",
                        "Name"
                    ]
                },
                "StringEqualsIfExists": {
                    "aws:RequestTag/Team": "mylab"
```

```
                }
            }
        }
    ]
}
```

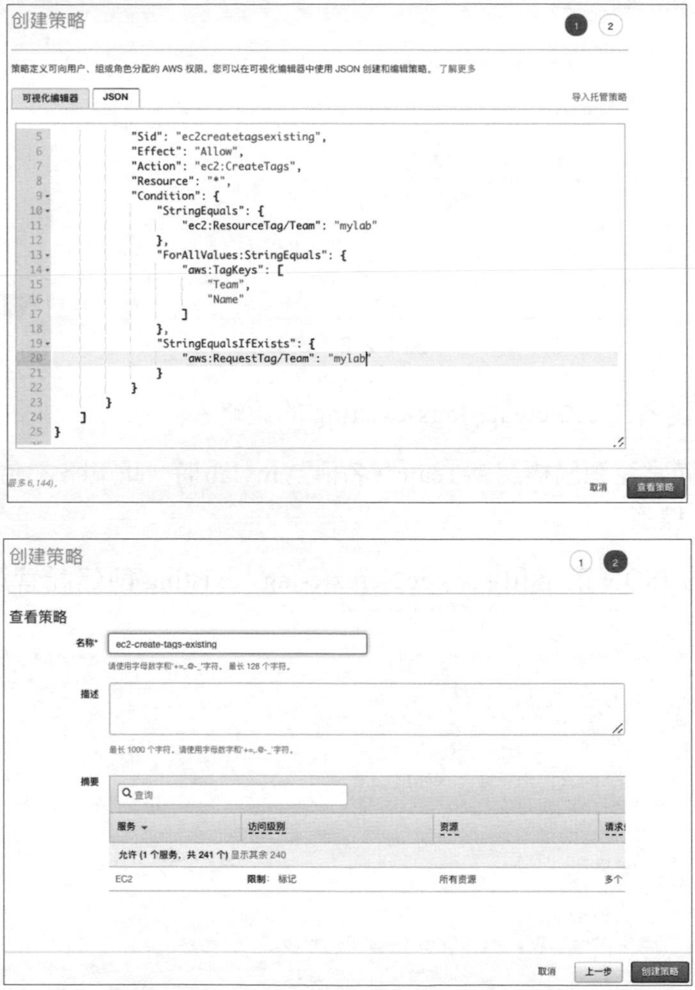

```
創建策略                                          1  2

策略定義可向用户、組或角色分配的 AWS 权限。您可以在可視化编辑器中使用 JSON 創建和编辑策略。了解更多

 可視化编辑器  JSON                                          导入托管策略

  5              "Sid": "ec2createtagsexisting",
  6              "Effect": "Allow",
  7              "Action": "ec2:CreateTags",
  8              "Resource": "*",
  9              "Condition": {
 10                  "StringEquals": {
 11                      "ec2:ResourceTag/Team": "mylab"
 12                  },
 13                  "ForAllValues:StringEquals": {
 14                      "aws:TagKeys": [
 15                          "Team",
 16                          "Name"
 17                      ]
 18                  },
 19                  "StringEqualsIfExists": {
 20                      "aws:RequestTag/Team": "mylab"
 21                  }
 22              }
 23          }
 24      ]
 25  }

更多 6,144).                                   取消    查看策略
```

```
創建策略                                          1  2

查看策略

   名*    ec2-create-tags-existing

         请使用字母数字和"+=,.@-_"字符。最长 128 个字符。

   描述

         最长 1000 个字符。请使用字母数字和"+=,.@-_"字符。

   摘要    Q 查询

         服务 ▾        访问级别        资源        请求

         允许 (1 个服务, 共 241 个) 显示其余 240

         EC2        限制: 標记    所有资源    多个

                                   取消  上一步  創建策略
```

圖 7-2-3

步驟 4：創建名為 ec2-run-instances 的策略。

策略定義：第一部分僅當區域條件和特定標記鍵的條件匹配時才允許啟動實例，第二部分允許當實例啟動時使用區域條件創建其他資源。

使用下面的 JSON 策略和名稱 ec2-run-instances 創建託管策略，如圖 7-2-4 所示。

```json
{
    "Version": "2012-10-17",
    "Statement": [
        {
            "Sid": "ec2runinstances",
            "Effect": "Allow",
            "Action": "ec2:RunInstances",
            "Resource": "arn:aws:ec2:*:*:instance/*",
            "Condition": {
                "StringEquals": {
                    "aws:RequestedRegion": [
                        "us-east-1",
                        "us-west-1"
                    ],
                    "aws:RequestTag/Team": "mylab"
                },
                "ForAllValues:StringEquals": {
                    "aws:TagKeys": [
                        "Name",
                        "Team"
                    ]
                }
            }
        },
        {
            "Sid": "ec2runinstancesother",
            "Effect": "Allow",
            "Action": "ec2:RunInstances",
            "Resource": [
                "arn:aws:ec2:*:*:subnet/*",
                "arn:aws:ec2:*:*:key-pair/*",
                "arn:aws:ec2:::snapshot/*",
                "arn:aws:ec2:*:*:launch-template/*",
                "arn:aws:ec2:*:*:volume/*",
                "arn:aws:ec2:*:*:security-group/*",
                "arn:aws:ec2:*:*:placement-group/*",
                "arn:aws:ec2:*:*:network-interface/*",
                "arn:aws:ec2:::image/*"
            ],
            "Condition": {
                "StringEquals": {
                    "aws:RequestedRegion": [
                        "us-east-1",
                        "us-west-1"
                    ]
                }
            }
        }
    ]
}
```

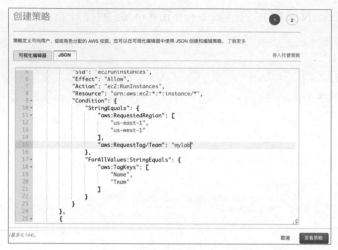

圖 7-2-4

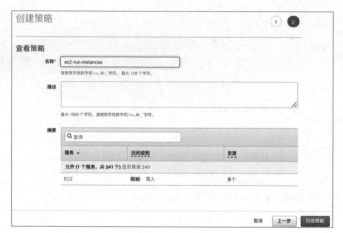

圖 7-2-4（續）

步驟 5：創建名為 ec2-manage-instances 的策略。

策略定義：允許重新開機、終止、啟動和停止實例，策略的條件是「團隊」
名稱中的關鍵字，如 app 的名稱。

使用下面的 JSON 策略和名稱 ec2-manage-instances 創建託管策略，如圖
7-2-5 所示。

```json
{
    "Version": "2012-10-17",
    "Statement": [
        {
            "Sid": "ec2manageinstances",
            "Effect": "Allow",
            "Action": [
                "ec2:RebootInstances",
                "ec2:TerminateInstances",
                "ec2:StartInstances",
                "ec2:StopInstances"
            ],
            "Resource": "*",
            "Condition": {
                "StringEquals": {
                    "ec2:ResourceTag/Team": "mylab",
                    "aws:RequestedRegion": [
                        "us-east-1",
                        "us-west-1"
                    ]
                }
            }
        }
    ]
}
```

圖 7-2-5

步驟 6：創建 EC2 管理員角色。

為 EC2 管理員創建角色，並附加先前創建的託管策略。

1）以啟用了 MFA 且可以在你的 AWS 帳戶中擔任角色的 IAM 使用者身份登入 AWS 管理主控台，然後打開 IAM 主控台。

2）在功能窗格中，點擊「角色」中的「創建角色」。

3）點擊「其他 AWS 帳戶」，然後輸入你現在正在使用的帳戶 ID，並選取「需要 MFA」，然後點擊「下一步：許可權」，如圖 7-2-6 所示。我們在此處執行 MFA，因為這是最佳做法。

圖 7-2-6

4）在搜索欄位中輸入「ec2-」，然後選中剛剛創建的 5 個策略，點擊「下一步：標籤」，如圖 7-2-7 所示。

圖 7-2-7

5）在本實驗中，不使用 IAM 標籤，故直接點擊「下一步」。

6）在角色名稱欄位中輸入 ec2-admin-team-mylab，然後點擊「創建角色」，如圖 7-2-8 所示。

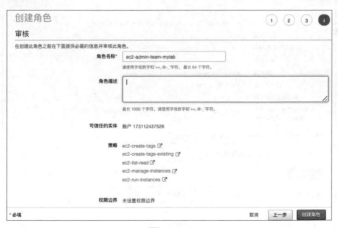

圖 7-2-8

7）你可以通過點擊列表中的 ec2-admin-team-mylab 來檢查創建的角色，並記錄角色 ARN 和其到主控台的連結。

8）現在已創建角色，可以進行測試了。

步驟 7：測試角色。

為啟用了 MFA 的現有 IAM 使用者指定 ec2-admin-team-mylab 角色。

1）以啟用了 MFA 的 IAM 使用者身份登入 AWS 管理主控台。

2）在主控台中，點擊右上角導覽列上的用戶名，然後點擊「切換角色」，或你可以將連結貼上到先前記錄的瀏覽器中，或直接點擊角色的連結打開切換角色頁面，如圖 7-2-9 所示。

3）在「切換角色」頁面上，在「帳戶」欄位中輸入你的帳戶 ID，並在「角色」欄位中輸入創建的角色 ec2-admin-team-mylab。

（可選）在此角色處於活動狀態時，輸入要在導覽列上代替用戶名顯示的文字。根據帳戶和角色的資訊，建議使用名稱，但是你可以將其更改為對你有意義的名稱，還可以選擇一種顏色來突出顯示名稱。然後點擊「切換角色」，如圖 7-2-10 所示。

圖 7-2-9

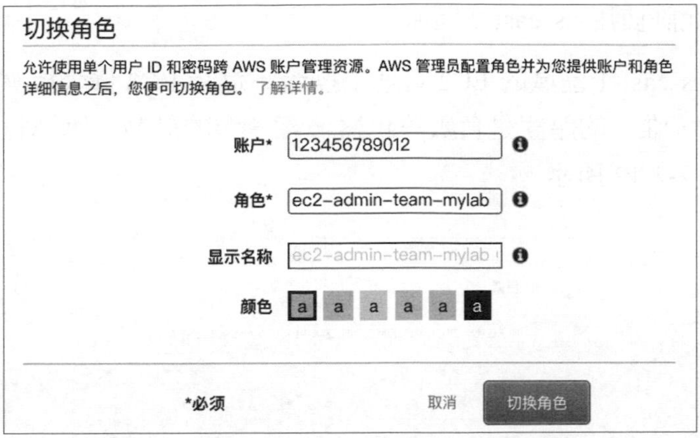

圖 7-2-10

4）顯示替換後的名稱和顏色，並且你可以使用角色授予的許可權替換你作為 IAM 使用者擁有的許可權。

這時，使用的最後幾個角色會出現在選單上，當下次需要切換到其中一個時，只需點擊所需的角色即可。如果角色未顯示在「身份」選單上，則需要手動輸入帳戶和角色的資訊。

測試 1：不允許使用 us-east-1 區域。

導覽到 us-east-2（俄亥俄州）區域的 EC2 管理主控台，這時 EC2 儀表板應該顯示錯誤清單。這是第一個透過的測試，因為設定了不允許使用 us-east-2 區域，如圖 7-2-11 所示。

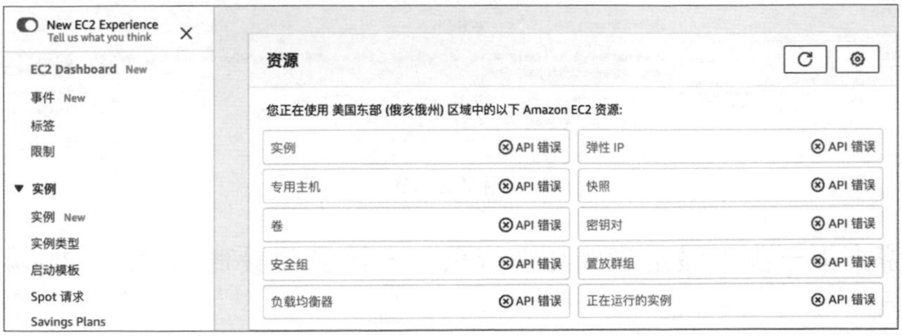

圖 7-2-11

測試 2：不允許使用 us-east-2 區域。

1）導覽到 us-east-1 區域的 EC2 管理主控台，這時 EC2 儀表板應該顯示資源的摘要清單，唯一的錯誤是負數等化器檢索資源的計數，因為這需要其他許可權，如圖 7-2-12 所示。

圖 7-2-12

2）點擊「啟動實例」以啟動精靈。

3）點擊第一個「選擇」按鈕，如圖 7-2-13 所示。

圖 7-2-13

4）點擊「下一步：設定實例詳細資訊」，接受預設實例大小，如圖 7-2-14 所示。

圖 7-2-14

5）點擊「下一步：增加儲存」，接受預設詳細資訊，如圖 7-2-15 所示。

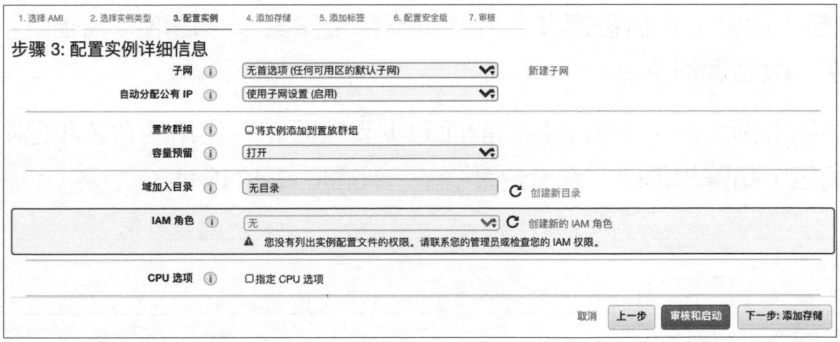

圖 7-2-15

6）點擊「下一步：增加標籤」，接受預設儲存選項。

7）現在讓我們增加一個錯誤標籤，該標籤將無法啟動。點擊「增加標籤」進入實例，補充資訊，然後點擊「下一步：設定安全性群組」，如圖 7-2-16 所示。

注意：鍵和值要區分字母大小寫。

圖 7-2-16

8）點擊「選擇現有安全性群組」，並選擇「default」安全性群組旁邊的核取方塊，然後點擊「查看並啟動」。

9）點擊「啟動」，然後選擇「繼續而不帶金鑰對」。選取「我確認」，然後點擊「啟動實例」。

10）如果啟動失敗，則需要按照前面的步驟驗證正在使用的角色和已附加的託管角色，點擊「返回‘查看螢幕’」，如圖 7-2-17 所示。

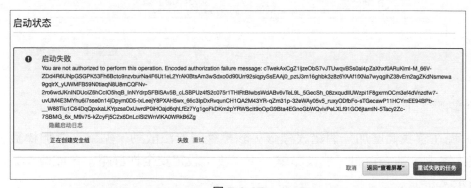

圖 7-2-17

11）點擊「增加標籤」以修改標籤。將團隊金鑰更改為與先前創建的 IAM 策略匹配的值「mylab」，然後點擊「審核和啟動」，如圖 7-2-18 所示。

圖 7-2-18

12）在「審核和啟動」頁面上，再次點擊「啟動」，然後選擇「繼續而不帶金鑰對」。選取「我確認」，然後點擊「啟動實例」。

13）這時，你會看到一筆訊息，說明實例正在啟動，如圖 7-2-19 所示，然後點擊「查看實例」，並且暫時不終止它。

圖 7-2-19

測試 3：修改實例上的標籤。

1）在 EC2 管理主控台選中已創建的實例，然後點擊「標籤」標籤，如圖 7-2-20 所示，再點擊「管理標籤」。

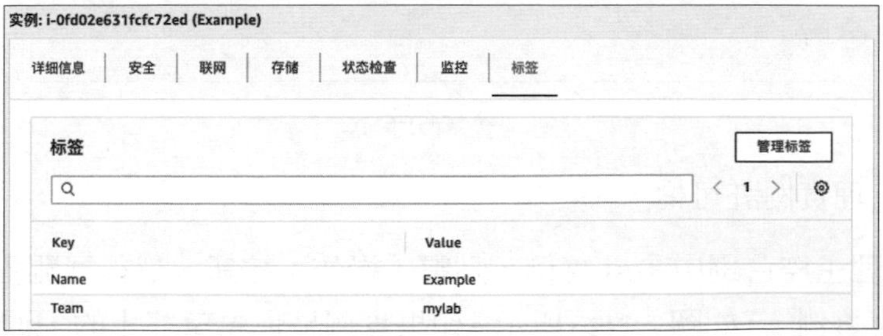

實例: i-0fd02e631fcfc72ed (Example)

| 详细信息 | 安全 | 联网 | 存储 | 状态检查 | 监控 | 标签 |

标签   管理标签

Q   < 1 > ⚙

Key	Value
Name	Example
Team	mylab

圖 7-2-20

2）在「管理標籤」頁面中，嘗試將 Team 更改為 test，然後點擊「保存」，將出現一筆錯誤訊息，如圖 7-2-21 所示。

圖 7-2-21

3）然後將團隊鍵再改回 mylab，將名稱鍵改為 Test，點擊「保存」，此時頁面如圖 7-2-22 所示。

圖 7-2-22

測試 4：管理實例許可權。

在 EC2 管理主控台選中 Test 實例，點擊「操作」按鈕，然後展開實例狀態，選擇「終止實例」，如圖 7-2-23 所示。如果實例是你希望終止的，則點擊「是，終止」。

圖 7-2-23

7.2.4 實驗複習

本實驗主要是透過功能強大的基於標籤的策略來實現資源的特權分離管理，也為更進一步地基於標籤進行資源分類管理、分專案小組管理奠定基礎。你可以根據自己的許可權管理要求修改並組合它們，也可以將實驗中的 5 個策略授予不同角色進行管理，還可以對特殊許可權進行臨時授權，從而有效降低特權使用的潛在風險。

7.3 Lab3：設計 Web 應用的 Cognito 身份驗證

7.3.1 實驗概述

本實驗是綜合性實驗，屬於 Level 300 技術等級，需要你熟悉 AWS 安全服務並具有開發技能。其主要目標是透過 Cognito 身份驗證為建構 Web 應用程式設定身份認證功能模組。你需要創建一個 Amazon Cognito 使用者池和一個 Web 應用程式用戶端，Web 應用程式的創建在前面已經介紹。

本實驗可以讓你了解如何將 Amazon Cognito 與遵循 OpenID Connect（OIDC）規範的現有授權系統整合。OAuth 2.0 是一個開放標準，定義了許多流程來管理應用程式、使用者和授權伺服器之間的互動，同時允許使用者將其資訊造訪權限委派給其他網站或應用程式，而無須交出憑證。OIDC 是 OAuth 2.0 協定之上的身份層，使用戶端能夠驗證使用者的身份。Amazon Cognito 可以使你快速、輕鬆地將使用者註冊、登入和存取控制增加到 Web 和行動應用程式中。

7.3.2 實驗場景

某公司，需要使用用戶端憑證來請求存取權杖以存取自己的資源，這就表示當你的應用程式是自己（而非代表使用者）請求權杖時，可以使用此流程。其中，授權碼授予流程用於返回授權碼，然後將其換為使用者池權杖。由於權杖永遠不會直接曝露給使用者，因此它們不太可能被廣泛共用或被未授權方存取。但是，後端需要自訂應用程式才能將授權碼換為使用者池權杖。出於安全的原因，我們建議將帶有證明金鑰交換的授權串流速度程（如 PKCE）用於公共用戶端，如單頁應用程式或本機行動應用程式。

7.3.3 實驗架構

（1）登入流程

Amazon Cognito 對 Web 和行動應用程式的使用者進行身份驗證遵循 OIDC 規範。使用者可以直接透過 Amazon Cognito 託管的 UI 登入頁面或透過聯合身份提供商（如 Apple，Facebook，Amazon 或 Google）登入。託管 UI 登入頁面的工作流程包括登入、註冊、密碼重置和 MFA。使用者在進行身份驗證後，Amazon Cognito 將返回標準的 OIDC 權杖。你可以使用權杖中的使用者設定檔資訊授予使用者許可權來存取你的資源，如圖 7-3-1 所示。

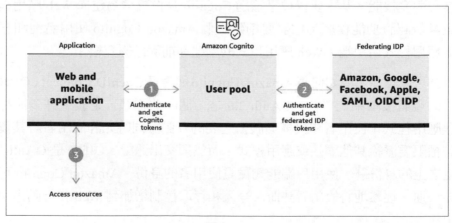

圖 7-3-1

表 7-3-1 所示為每種應用程式類型的推薦認證流程。

表 7-3-1

應用	認證流程	描述
機器	客戶憑證	當你的應用程式代表自己而非代表使用者請求權杖時，請使用此流程
伺服器上的 Web 應用	授權碼授予	Web 伺服器上的正常 Web 應用程式
單頁應用	授權碼授予 PKCE	在瀏覽器中運行的應用，如 JavaScript
行動應用	授權碼授予 PKCE	iOS 或 Android 應用

安全遠端密碼（Secure Remote Password，SRP）協定是一種增強的密碼認證金鑰協定（PAKE 協定）。這種協定能夠防止中間竊聽者和中間人攻擊，以及無法透過暴力破解猜測密碼，這表示可以使用弱密碼獲得高安全性。此外，作為增強型 PAKE 協定，伺服器不會儲存密碼等資料。

本實驗將授權碼流程與 PKCE 一起用於單頁應用程式，其中使用 PKCE 的應用程式會生成一個為每個授權請求創建的隨機程式驗證器。在之後的實驗中，將介紹如何為應用設定 Amazon Cognito 授權端點以支援程式驗證器。

（2）授權串流速度程

按照 OpenID 的術語來說，應用程式是依賴方（RP），而 Amazon Cognito 是管理方（OP）。帶有 PKCE 授權碼的流程，如圖 7-3-2 所示。

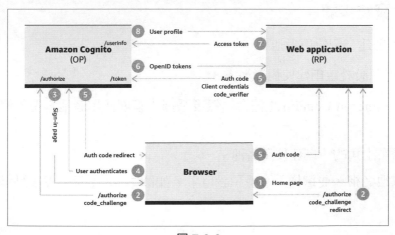

圖 7-3-2

1）使用者在瀏覽器中輸入應用程式首頁的 URL 後，瀏覽器獲取應用程式。

2）該應用程式生成 PKCE 程式質詢，並將請求重新定向到 Amazon Cognito OAuth2 授權端點（/oauth2/authorize）。

3）Amazon Cognito 透過 Amazon Cognito 託管的登入頁面回應使用者的瀏覽器。

4）使用用戶名和密碼登入，或註冊為新使用者或使用聯合登入進行登入。成功登入後，Amazon Cognito 會將授權碼返回瀏覽器，瀏覽器會重新定向到應用程式。

5）該應用程式使用授權碼，其用戶端憑證和 PKCE 驗證程式會將請求發送到 Amazon Cognito OAuth2 權杖終端節點（/oauth2/token）。

6）Amazon Cognito 使用提供的憑證對應用程式進行身份驗證，驗證授權碼並使用驗證程式驗證請求，並返回 OpenID 權杖、存取權杖、ID 權杖和刷新權杖。

7）該應用程式會驗證 OpenID ID 權杖，然後使用 ID 權杖中的使用者設定檔資訊（宣告）提供對資源的存取。（可選）該應用程式可以使用存取權杖從 Amazon Cognito 使用者資訊終端節點檢索使用者設定檔資訊。

8）Amazon Cognito 將有關已認證使用者的個人資料（宣告）返回應用程式，然後該應用程式使用宣告提供對資源的存取。

7.3.4　實驗步驟

步驟 1：創建一個使用者池。

首先使用預設設定創建使用者池。

1）轉到 Amazon Cognito 主控台，然後選擇「管理使用者池」進入使用者池目錄。

2）選擇右上角的「創建使用者池」。

3）輸入池名稱，並選擇「查看預設值」，如圖 7-3-3 所示，然後點擊「創建池」。

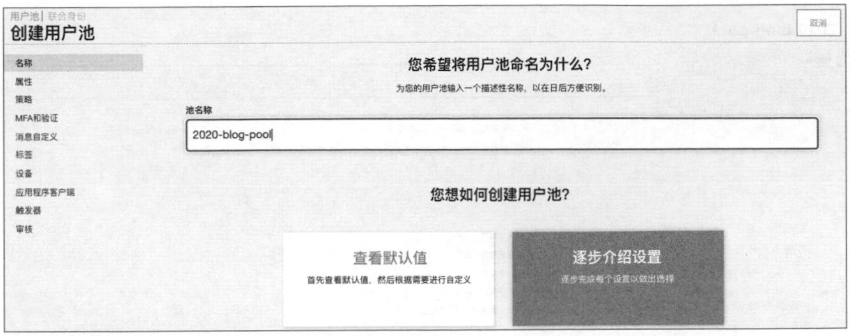

圖 7-3-3

4）複製 Pool ID，稍後會使用它創建你的單頁應用程式。其類似於 region_
xxxxx，在以後的步驟中會使用它替換變數 YOUR_USERPOOL_ID。（可選）
你也可以在使用者池增加其他功能，然後使用預設設定。如圖 7-3-4 所示，
當你輸入使用者池的名稱時，就顯示了使用者池設定的結果。

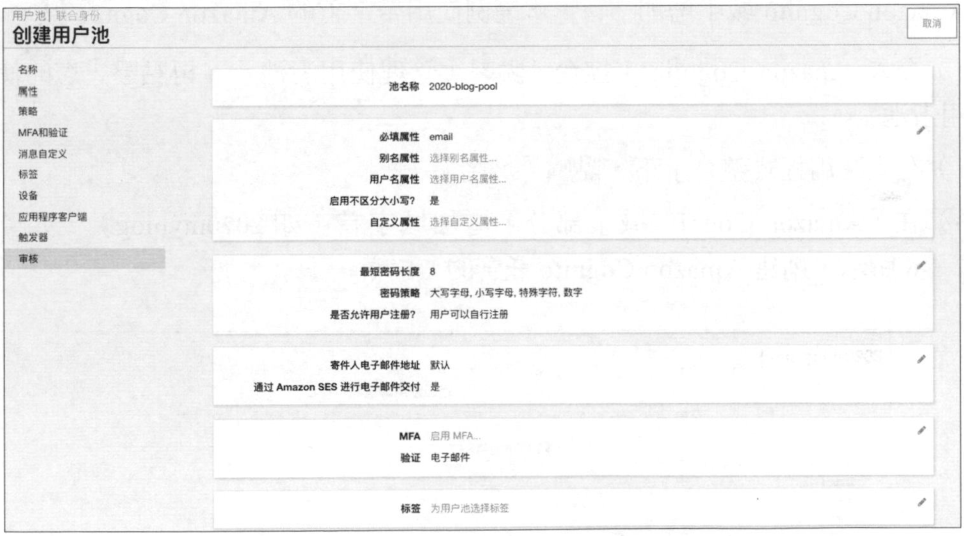

圖 7-3-4

如圖 7-3-5 所示，使用者池創建成功。

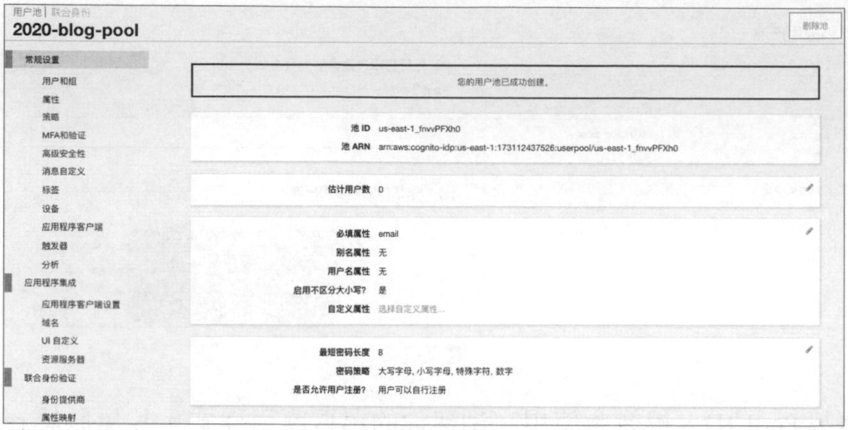

圖 7-3-5

步驟 2：創建一個域名。

透過 Amazon Cognito 託管的 UI，你可以使用自己的域名，也可以在 Amazon Cognito 域中增加字首，本範例使用帶字首的 Amazon Cognito 域。

1）登入 Amazon Cognito 主控台，點擊「管理使用者池」，再點擊「您的使用者池」。

2）在「應用程式整合」下，點擊「域名」。

3）在「Amazon Cognito 域」部分，增加域字首（如 2020myblog），如圖 7-3-6 所示，創建 Amazon Cognito 託管的 UI 域。

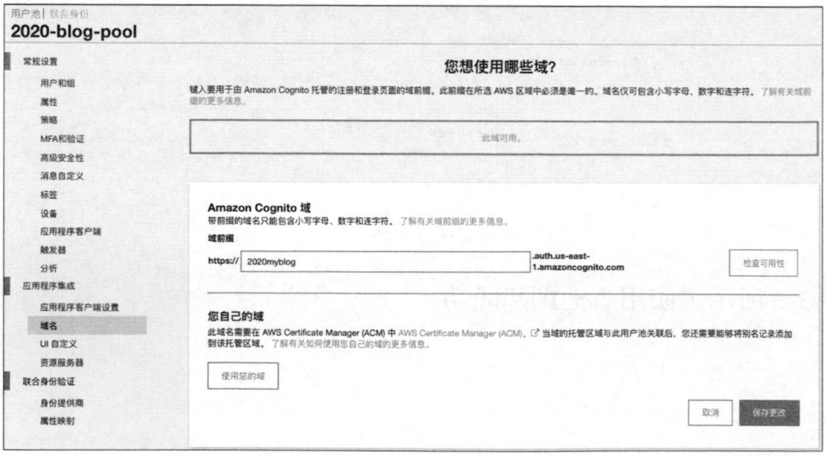

圖 7-3-6

4）選擇檢查可用性。如果你的域不可用，則更改域字首，然後重試。

5）在確認你的域可用後，複製域字首以便在創建單頁應用程式時使用。在以後的步驟中會使用它替換變數 YOUR_COGNITO_DOMAIN_PREFIX。

6）點擊「保存更改」。

步驟 3：創建一個應用程式用戶端。

應用程式用戶端是你在使用者池中註冊應用程式的地方。一般來說你需要為每個應用程式平台創建一個應用程式用戶端。舉例來說，你可以為單頁應用程式創建一個應用程式用戶端，為行動應用程式創建另一個。每個應用程式用戶端都有自己的 ID、身份驗證流程，以及存取使用者屬性的許可權。

1）登入 Amazon Cognito 主控台，點擊「管理使用者池」，再點擊「您的使用者池」。

2）在「正常設定」下，點擊「應用程式用戶端」。

3）選擇創建應用程式用戶端。

4）在「應用程式用戶端名稱」欄位中輸入名稱。

5）取消「生成用戶端金鑰」選項，其他項為預設設定，如圖 7-3-7 所示。

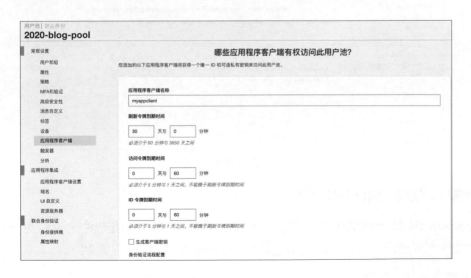

圖 7-3-7

注意：用戶端金鑰用於向使用者池驗證應用程式用戶端。不選「生成用戶端金鑰」，是因為不想使用用戶端 JavaScript 在 URL 上發送用戶端金鑰。用戶端金鑰由具有可保護用戶端金鑰的伺服器端元件的應用程式使用。

6）複製應用程式用戶端 ID。在以後的步驟中會使用它替換變數 YOUR_APPCLIENT_ID。圖 7-3-8 所示為當創建應用程式用戶端時自動生成的應用程式用戶端 ID。

圖 7-3-8

步驟 4：創建一個網站儲存桶。

Amazon S3 是一種物件儲存服務，可提供產業領先的可擴充性、資料可用性和安全性的服務。在這裡，我們使用 Amazon S3 託管靜態網站。

1）登入 AWS 管理主控台，然後打開 Amazon S3 主控台。

2）點擊「創建儲存桶」以啟動創建儲存區精靈。

3）在「儲存桶名稱」中，為你的儲存桶輸入 DNS 相容名稱，在以後的步驟中會使用它替換 YOURS3BUCKETNAME 變數。

4）在「區域」中，選擇你要儲存分區的 AWS 區域。

注意：建議在與 Amazon Cognito 相同的 AWS 區域中創建 Amazon S3 儲存桶。

5）從區域表中尋找 AWS 區功能變數代碼。在以後的步驟中會使用區功能變數代碼替換變數 YOUR_REGION。

6）點擊「下一步」。

7）選中「版本控制」核取方塊。

8）連續兩次點擊「下一步」。

9）點擊「創建儲存區」。

10）從 Amazon S3 儲存桶列表中選擇剛創建的儲存桶。

11）點擊「屬性」標籤。

12）點擊「靜態網站託管」。

13）選擇「使用此儲存桶託管網站」。

14）對於索引文件，輸入 index.html，然後點擊「Save」，如圖 7-3-9 所示。

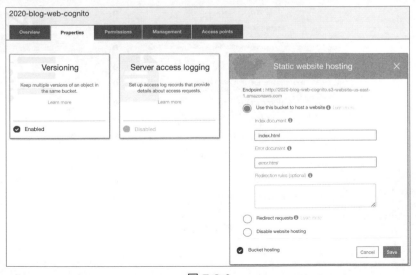

圖 7-3-9

步驟 5：創建一個 CloudFront 發行版本網站。

Amazon CloudFront 是一項快速的內容發表網路服務，可在友善的環境中幫助開發人員以低延遲和高傳輸的速度向全球客戶安全地發表資料、視訊、應用程式和 API。在此過程中，我們使用 CloudFront 為在 Amazon S3 上託管的靜態網站設定並啟用 HTTPS 的域。

1）登入 AWS 管理主控台，然後打開 CloudFront 主控台。

2）點擊「創建分配」。

3）在「創建分發精靈」第一頁上的「Web」部分選擇「入門」。

4）從下拉清單中選擇原始域名，如 YOURS3BUCKETNAME.s3.amazonaws.com。

5）其他幾項的設定見圖 7-3-10。

6）對於「快取策略」，選擇「Managed-CachingDisabled」，如圖 7-3-11 所示。

7）將「預設根物件」設定為 index.html，如圖 7-3-12 所示。（可選）增加註釋。註釋是描述分發目的的好地方，如 Amazon Cognito SPA。

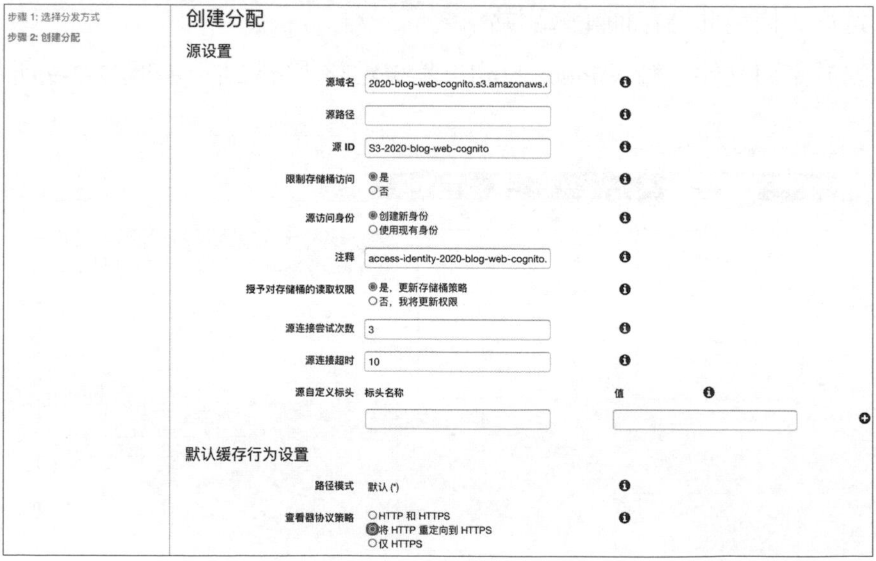

圖 7-3-10

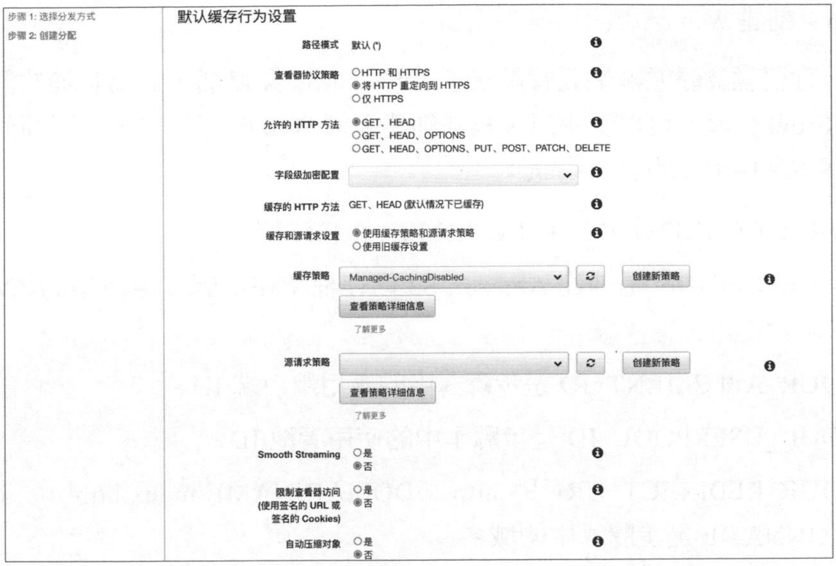

圖 7-3-11

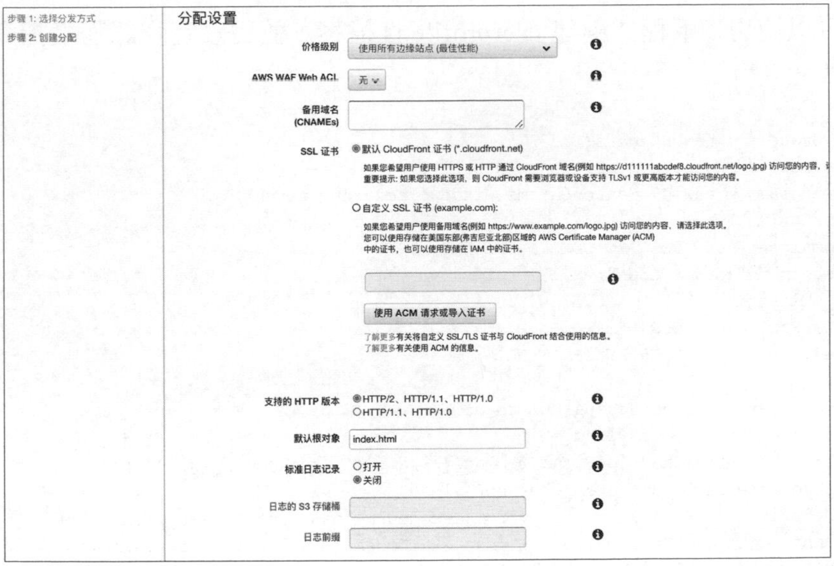

圖 7-3-12

8）點擊「創建分配」。該發行版本將需要幾分鐘的時間來創建和更新。

9）複製域名。這是 CloudFront 分發域名，在以後的步驟中會將其用作
YOUR_REDIRECT_ URI 變數中的 DOMAINNAME 值。

步驟 6：創建 Web 應用使用者設定檔。

現在，你已經為靜態網站託管創建了 Amazon S3 儲存桶，並為該網站創建了 CloudFront 分發，可以使用以下程式創建範例 Web 應用程式了。下面列舉前面幾個步驟中生成的設定資訊：

1）YOUR_COGNITO_DOMAIN_PREFIX 來自步驟 2。

2）YOUR_REGION 是創建 Amazon S3 儲存桶時在步驟 4 中使用的 AWS 區域。

3）YOUR_APPCLIENT_ID 是步驟 3 中的應用用戶端 ID。

4）YOUR_USERPOOL_ID 是步驟 1 中的使用者池 ID。

5）YOUR_REDIRECT_URI 是 https://DOMAINNAME/index.html，其 中 DOMAINNAME 是步驟 5 中的域名。

創建 Web 應用設定檔 userprofile.js：

我們可以使用以下程式創建 userprofile.js 檔案，並用設定資訊替換指令稿中的變數。

```
var myHeaders = new Headers();
myHeaders.set('Cache-Control', 'no-store');
var urlParams = new URLSearchParams(window.location.search);
var tokens;
var domain = "YOUR_COGNITO_DOMAIN_PREFIX";
var region = "YOUR_REGION";
var appClientId = "YOUR_APPCLIENT_ID";
var userPoolId = "YOUR_USERPOOL_ID";
var redirectURI = "YOUR_REDIRECT_URI";

//Convert Payload from Base64-URL to JSON
const decodePayload = payload => {
  const cleanedPayload = payload.replace(/-/g, '+').replace(/_/g, '/');
  const decodedPayload = atob(cleanedPayload)
  const uriEncodedPayload = Array.from(decodedPayload).reduce((acc, char) => {
    const uriEncodedChar = ('00' + char.charCodeAt(0).toString(16)).slice(-2)
    return `${acc}%${uriEncodedChar}`
  }, '')
  const jsonPayload = decodeURIComponent(uriEncodedPayload);

  return JSON.parse(jsonPayload)
}

//Parse JWT Payload
```

```
const parseJWTPayload = token => {
    const [header, payload, signature] = token.split('.');
    const jsonPayload = decodePayload(payload)

    return jsonPayload
};

//Parse JWT Header
const parseJWTHeader = token => {
    const [header, payload, signature] = token.split('.');
    const jsonHeader = decodePayload(header)

    return jsonHeader
};

//Generate a Random String
const getRandomString = () => {
    const randomItems = new Uint32Array(28);
    crypto.getRandomValues(randomItems);
    const binaryStringItems = randomItems.map(dec => `0${dec.toString(16).substr(-2)}`)
    return binaryStringItems.reduce((acc, item) => `${acc}${item}`, '');
}

//Encrypt a String with SHA256
const encryptStringWithSHA256 = async str => {
    const PROTOCOL = 'SHA-256'
    const textEncoder = new TextEncoder();
    const encodedData = textEncoder.encode(str);
    return crypto.subtle.digest(PROTOCOL, encodedData);
}

//Convert Hash to Base64-URL
const hashToBase64url = arrayBuffer => {
    const items = new Uint8Array(arrayBuffer)
    const stringifiedArrayHash = items.reduce((acc, i) => `${acc}${String.
fromCharCode(i)}`, '')
    const decodedHash = btoa(stringifiedArrayHash)

    const base64URL = decodedHash.replace(/\+/g, '-').replace(/\//g, '_').
replace(/=+$/, '');
    return base64URL
}

// Main Function
async function main() {
  var code = urlParams.get('code');

  //If code not present then request code else request tokens
  if (code == null){

    // Create random "state"
    var state = getRandomString();
```

```
    sessionStorage.setItem("pkce_state", state);

    // Create PKCE code verifier
    var code_verifier = getRandomString();
    sessionStorage.setItem("code_verifier", code_verifier);

    // Create code challenge
    var arrayHash = await encryptStringWithSHA256(code_verifier);
    var code_challenge = hashToBase64url(arrayHash);
    sessionStorage.setItem("code_challenge", code_challenge)

    // Redirtect user-agent to /authorize endpoint
    location.href = "https://"+domain+".auth."+region+".amazoncognito.com/oauth2/
authorize?response_type=code&state="+state+"&client_id="+appClientId+"&redirect_uri="+r
edirectURI+"&scope=openid&code_challenge_method=S256&code_challenge="+code_challenge;
  } else {

    // Verify state matches
    state = urlParams.get('state');
    if(sessionStorage.getItem("pkce_state") != state) {
        alert("Invalid state");
    } else {

    // Fetch OAuth2 tokens from Cognito
    code_verifier = sessionStorage.getItem('code_verifier');
  await fetch("https://"+domain+".auth."+region+".amazoncognito.com/oauth2/
token?grant_type=authorization_code&client_id="+appClientId+"&code_verifier="+code_
verifier+"&redirect_uri="+redirectURI+"&code="+ code,{
  method: 'post',
  headers: {
    'Content-Type': 'application/x-www-form-urlencoded'
  }})
  .then((response) => {
    return response.json();
  })
  .then((data) => {

    // Verify id_token
    tokens=data;
    var idVerified = verifyToken (tokens.id_token);
    Promise.resolve(idVerified).then(function(value) {
      if (value.localeCompare("verified")){
        alert("Invalid ID Token - "+ value);
        return;
      }
      });
    // Display tokens
    document.getElementById("id_token").innerHTML = JSON.stringify(parseJWTPayload(toke
ns.id_token),null,'\t');
    document.getElementById("access_token").innerHTML = JSON.stringify(parseJWTPayload(
tokens.access_token),null,'\t');
  });
```

```
    // Fetch from /user_info
    await fetch("https://"+domain+".auth."+region+".amazoncognito.com/oauth2/
userInfo",{
      method: 'post',
      headers: {
        'authorization': 'Bearer ' + tokens.access_token
    }})
    .then((response) => {
      return response.json();
    })
    .then((data) => {
      // Display user information
      document.getElementById("userInfo").innerHTML = JSON.stringify(data, null,'\t');
    });
  }}}
  main();
```

使用以下程式創建 Web 應用使用者設定檔 verifier.js。

```
var key_id;
var keys;
var key_index;
//verify token
async function verifyToken (token) {
//get Cognito keys
keys_url = 'https://cognito-idp.'+ region +'.amazonaws.com/' + userPoolId + '/.well-
known/jwks.json';
await fetch(keys_url)
.then((response) => {
return response.json();
})
.then((data) => {
keys = data['keys'];
});

//Get the kid (key id)
var tokenHeader = parseJWTHeader(token);
key_id = tokenHeader.kid;

//search for the kid key id in the Cognito Keys
const key = keys.find(key =>key.kid===key_id)
if (key === undefined){
return "Public key not found in Cognito jwks.json";
}

//verify JWT Signature
var keyObj = KEYUTIL.getKey(key);
var isValid = KJUR.jws.JWS.verifyJWT(token, keyObj, {alg: ["RS256"]});
if (isValid){
} else {
return("Signature verification failed");
```

```
}

//verify token has not expired
var tokenPayload = parseJWTPayload(token);
if (Date.now() >= tokenPayload.exp * 1000) {
return("Token expired");
}

//verify app_client_id
var n = tokenPayload.aud.localeCompare(appClientId)
if (n != 0){
return("Token was not issued for this audience");
}
return("verified");
};
```

使用以下程式創建 Web 應用使用者設定檔 index.html。

```
<!doctype html>

<html lang="en">
<head>
<meta charset="utf-8">

<title>MyApp</title>
<meta name="description" content="My Application">
<meta name="author" content="Your Name">
</head>

<body>
<h2>Cognito User</h2>

<p style="white-space:pre-line;" id="token_status"></p>

<p>Id Token</p>
<p style="white-space:pre-line;" id="id_token"></p>

<p>Access Token</p>
<p style="white-space:pre-line;" id="access_token"></p>

<p>User Profile</p>
<p style="white-space:pre-line;" id="userInfo"></p>
<script language="JavaScript" type="text/javascript"
src="https://kjur.github.io/jsrsasign/jsrsasign-latest-all-min.js">
</script>
<script src="js/verifier.js"></script>
<script src="js/userprofile.js"></script>
</body>
</html>
```

將剛剛創建的檔案上傳到 Amazon S3 儲存桶中。如果你使用的是 Chrome 或 Firefox 瀏覽器，則可以選擇要上傳的資料夾和檔案，然後將它們拖放到目標儲存桶中。

1）登入 AWS 管理主控台，然後打開 Amazon S3 主控台。

2）在「儲存桶名稱」列表中，選擇你創建的儲存桶名稱。

3）在主控台視窗以外的視窗中，選擇要上傳的 index.html 檔案，然後將檔案拖放到列出目標儲存桶的主控台視窗中。

4）在上傳對話方塊中，點擊「上傳」。

5）點擊「創建資料夾」。

6）輸入名稱 js，然後點擊「保存」。

7）選擇 js 資料夾。

8）在主控台視窗之外的其他視窗中，選擇要上傳的 userprofile.js 和 verifier.js 檔案，然後將檔案拖放到主控台視窗 js 資料夾中。

注意：Amazon S3 儲存桶包含 index.html 檔案和一個 js 資料夾，如圖 7-3-13 所示。該資料夾包含 userprofile.js 和 verifier.js 檔案。

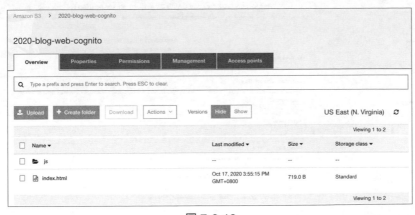

圖 7-3-13

步驟 7：設定 Web 應用程式用戶端。

下面使用 Amazon Cognito 主控台設定應用程式用戶端，包括身份提供商 OAuth 流程和 OAuth 範圍。

1）轉到 Amazon Cognito 主控台。

2）點擊「管理使用者池」。

3）點擊「您的使用者池」。

4）在「應用程式整合」下，點擊「應用程式用戶端設定」。

5）在「已啟用的身份提供者」下，選擇「Cognito 使用者池」，增加聯合身份提供者。

6）輸入回呼 URL（S）。回呼 URL 是你的 Web 應用程式的 URL 在接收授權碼後，被重新定向。在我們的範例中，將會是你之前創建 CloudFront 分配的域名，看起來像 https://DOMAINNAME/index.html，其中 DOMAINNAME 是 xxxxxxx.cloudfront.net，如圖 7-3-14 所示。

注意：回呼 URL 需要 HTTPS。在此範例中，我將 CloudFront 作為 Amazon S3 中應用程式的 HTTPS 終端節點。

7）接下來，從允許的 OAuth 範圍中選擇 OpenID。OpenID 返回 ID 權杖，並授予對用戶端讀取的所有使用者屬性的存取權限。

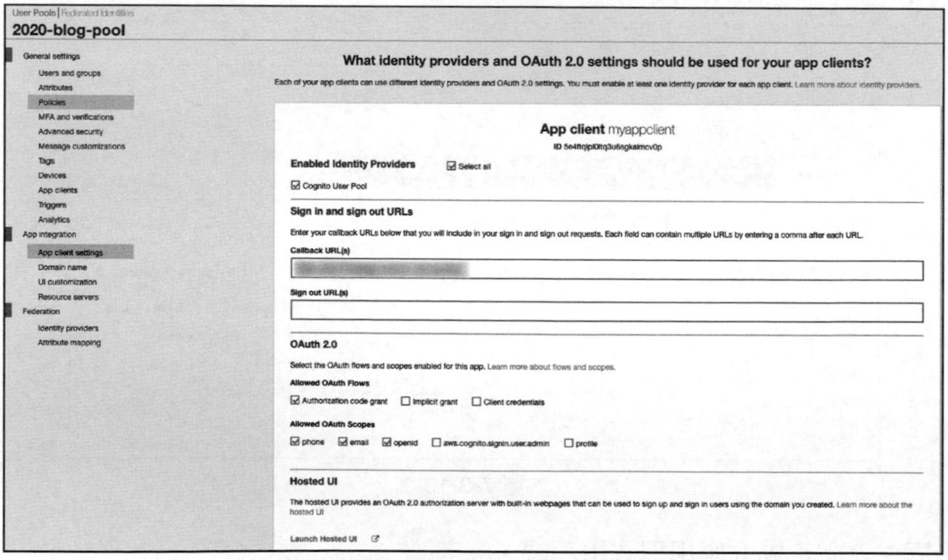

圖 7-3-14

8）點擊「保存更改」。

步驟 8：造訪 web 應用程式首頁。

1）打開網路瀏覽器，使用 CloudFront 發行版本輸入應用程式的首頁 URL，以便服務你在步驟 6 中創建的 index.html 頁面，這時應用程式會將瀏覽器重新定向到 Amazon Cognito/authorize 端點。

2）該授權端點瀏覽器重新定向到 AWS Cognito 託管的 UI，使用者可以登入或註冊。圖 7-3-15 所示為使用者登入和註冊的頁面。

步驟 9：註冊一個新使用者。

你可以使用 Amazon Cognito 使用者池來管理使用者，也可以使用聯合身份提供商來管理，使用者可以透過 Amazon Cognito 託管的 UI 或聯合身份提供者登入或註冊。如果你設定了聯合身份提供者，則使用者可以看到聯合身份提供商列表。當使用者選擇聯合身份提供商時，它們將被重置向到聯合身份提供者登入頁面。登入後，瀏覽器將重置向回 Amazon Cognito。在本實驗中由於 Amazon Cognito 是唯一的身份提供者，因此你需要使用 Amazon Cognito 託管的 UI 創建 Amazon Cognito 使用者。

圖 7-3-15

使用 Amazon Cognito 託管的 UI 創建新使用者：

1）透過選擇註冊並輸入用戶名、密碼和電子郵件位址來創建新使用者，然後點擊「Sign up」，如圖 7-3-16 所示。

2）Amazon Cognito 註冊工作流程將透過向該位址發送驗證碼來驗證電子郵件位址，圖 7-3-17 所示為輸入驗證碼的提示。

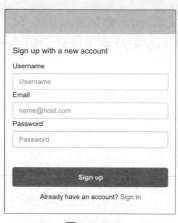

圖 7-3-16　　　　　　　　　　　　　　　　圖 7-3-17

3）輸入驗證碼。

4）點擊「Confirm Account」。

7.3.5　實驗複習

在本實驗中，首先，Amazon Cognito 將使用者身份驗證增加到 Web 和行動應用程式中，創建 Cognito 使用者池作為使用者目錄，為 Amazon Cognito 託管的 UI 分配域名，為應用程式創建應用程式用戶端。其次，創建一個 Amazon S3 儲存桶來託管網站，為 Amazon S3 儲存桶創建 CloudFront 發行版本，並創建應用程式且上傳到 Amazon S3 網站儲存桶，然後使用身份提供程式進行 OAuth 流程和用戶端應用的設定。再次，透過造訪 web 應用程式跳躍到 Amazon Cognito 登入流程來創建新用戶名和密碼。最後，認證後透過登入到 Web 應用程式來查看 OAuth 和 OIDC 權杖。

當透過 UI，OAuth2 和 OIDC 及可自訂的工作流程來實施身份驗證時，Amazon Cognito 可以節省專案的開發時間和你的精力，以便可以使你專注於建構核心業務的重要功能。

透過 Amazon Cognito 服務快速整合使用者和認證，主要有三個優勢：

1）實現簡單：主控台非常直觀，你只需要很短的時間來了解如何設定和使用 Amazon Cognito。Amazon Cognito 還具有開箱即用的關鍵功能，包括社交登入、MFA、忘記密碼支援，以及基礎架構，即程式（AWS CloudFormation）支持。

2）能自訂工作流程：Amazon Cognito 提供了託管 UI 的選項，使用者可以在其中直接登入 Amazon Cognito 或透過聯合身份提供者登入。Amazon Cognito 託管的 UI 和工作流程有助節省團隊大量的時間和精力。

3）支持 OIDC：Amazon Cognito 可以按照 ODIC 授權串流速度程將使用者設定檔資訊安全地傳遞到現有授權系統。授權系統使用使用者個人資料資訊來保護對應用程式的存取。

由於不同使用者的登入認證工作流程不同，因此你可以透過設計 AWS Lambda 在關鍵點自訂 Amazon Cognito 工作流程，這樣可以使你無須設定或管理伺服器即可運行程式。在使用者進行身份驗證後，Amazon Cognito 將返回標準 OIDC 權杖。你可以使用 ID 權杖中的使用者設定檔資訊來授予使用者許可權以存取你的資源，也可以使用這些權杖來授予對 Amazon API Gateway 託管的 API 的存取權限，還可以將權杖換為臨時 AWS 憑證，以存取其他 AWS 服務。

7.4 Lab4：設計 VPC EndPoint 安全存取策略

7.4.1 實驗概述

本實驗的主要目標是利用 VPC 端點將私有 VPC 連接到受支援的 AWS 服務上，使用基於網路和 IAM 的安全性設定來限制對 AWS 資源和資料的安全存取，以及透過 VPC Endpoint 終端節點來設計雲端安全架構以滿足最高管理層對資料安全保護的要求。

VPC EndPoint 的主要作用是簡化從 VPC 內部對 S3 資源的存取，其端點易於設定，高度可靠，並提供與 S3 的安全連接，無須閘道或 NAT 實例。在 VPC 專用子網中運行的 EC2 實例可以控制對與 VPC 處於同一區域的 S3 儲存桶、物件和 API 函數的存取。你可以使用 S3 儲存桶策略來指示能存取你的 S3 儲存桶的 VPC 和 VPC 端點。

當創建 VPC 端點時，會刪除受影響的子網中使用實例的公共 IP 位址打開的連結。

在創建 VPC 端點後，S3 公共端點和 DNS 名稱會繼續按預期工作，因為端點僅更改了將請求從 EC2 路由到 S3 的方式。

7.4.2　實驗架構

本實驗透過使用 VPC 端點安全性原則設定，對傳輸過程中的銷售等敏感性資料進行加密保護，並且確保它們僅在私人網路段之間傳輸，架構圖如圖 7-4-1 所示。

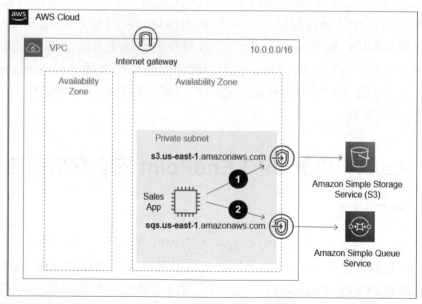

圖 7-4-1

1）銷售應用程式將每日銷售摘要寫入 Amazon Simple Storage Service（S3），然後更新多個後端補償系統。

2）一旦將資料放置在 S3 上並且銷售應用程式完成了所有後端系統的更新，應用程式會把訊息放置到 Amazon Simple Queue Service（Amazon SQS）佇列上。

3）報告引擎將讀取放置在 Amazon SQS 佇列中的訊息並生成報告

4）然後，報告引擎會將輸出寫入 S3 並刪除已處理的 SQS 訊息。

7.4.3 實驗步驟

步驟 1：設定環境。

（1）登入到實驗帳戶

1）用你的實驗帳號（如 Labadmin）登入 AWS 管理主控台。

2）確保帳戶至少具有對 CloudFormation，EC2，VPC，IAM，Elastic Load Balancing 和 Cloud9 的完全存取權限。

3）實驗範本支援 us-east-1，us-east-2，us-west-1 和 us-west-2 共 4 個 AWS 區域。

（2）部署實驗環境

本實驗包括兩個 CloudFormation 快速部署範本：一個 CloudFormation 快速部署範本是創建 Cloud9 開發環境的 EC2 伺服器實例；另一個 CloudFormation 快速部署範本整合在一個範本中，創建了實驗環境的相關服務元件，如 VPC，SQS 佇列等。

1）下載部署範本或透過 Clone 命令複製 GitHub 儲存資料庫中的部署檔案。

2）打開 CloudFormation 主控台，則可以通過點擊 CloudFormation 選單中的「新建主控台」來啟用重新設計的主控台。

3）點擊「創建堆疊」。

4）選擇「上傳範本檔案」，然後「選擇檔案」後，點擊「下一步」，如圖 7-4-2 所示。

圖 7-4-2

5）進入「指定堆疊詳細資訊」頁面，堆疊名稱可以定義為 mylab-vpc-endpoint, 並將 EventEngine Lab Environment 設定為 false，因為這是在自己帳號下部署，不是在 EventEngine 平台上部署，其他參數設定如圖 7-4-3 和圖 7-4-4 所示。

圖 7-4-3

6）查看堆疊資訊。在頁面底部選中「我確認，AWS CloudFormation 可能創建具有自訂名稱的 IAM 資源。」，然後點擊「創建堆疊」，如圖 7-4-5 所示。

7）等待兩個範本自動部署完成，如圖 7-4-6 所示。

（3）設定 AWS Cloud9 工作區

AWS Cloud9 是基於雲端的整合式開發環境，可以讓你僅使用瀏覽器即可編寫、運行和偵錯程式。Cloud9 的執行環境是實驗室 VPC 的公共子網中的 EC2 實例。Cloud9 包括程式編輯器、偵錯器和終端。你可以使用 Cloud9 終端存取銷售應用程式，並報告在實驗室 VPC 的專用子網中託管的引擎 EC2 實例，以驗證所需的安全設定。

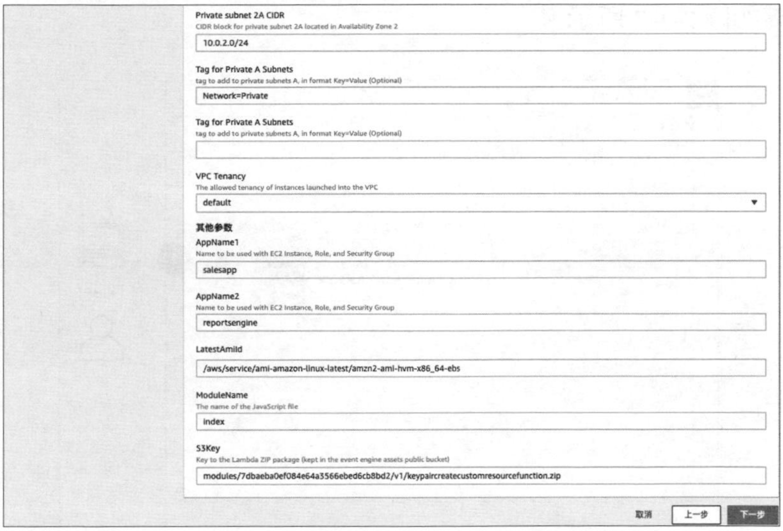

圖 7-4-4

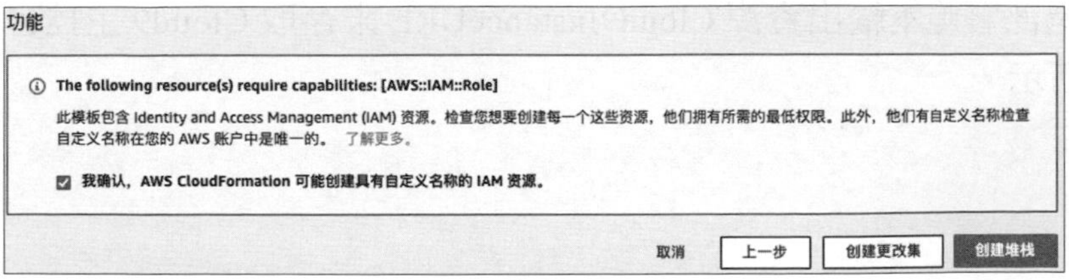

圖 7-4-5

圖 7-4-6

實驗架構如圖 7-4-7 所示。

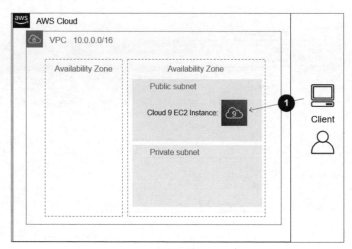

圖 7-4-7

1）透過部署範本輸出資源 Cloud9InstanceURL 來存取 Cloud9 主控台，如圖 7-4-8 所示。

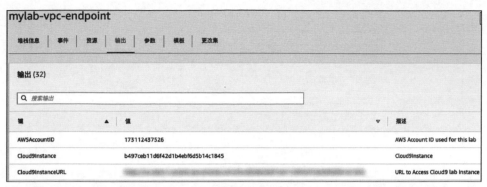

圖 7-4-8

2）使用 Cloud9 IDE 功能表列中的「Window」下拉式功能表打開一個新終端，這時終端視窗將在 Cloud9 面板中打開。重複此過程，以便在 Cloud9 IDE 中有 3 個終端標籤，如圖 7-4-9 所示。

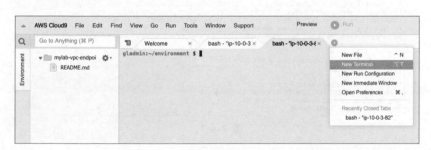

圖 7-4-9

3）在第一個終端標籤中，保留與 Cloud9 實例的連接。我們使用其他兩個標籤建立與 Sales App EC2 實例和 Reports Engine EC2 實例的 SSH 連接。

4）使用第一個終端標籤在 Cloud9 實例中運行以下命令，如圖 7-4-10 所示。

```
aws s3 cp
s3://ee-assets-prod-us-east-1/modules/7dbaeba0ef084e64a3566ebed6cb8bd2/v1/
prepcloud9forssh.sh ./prepcloud9forssh.sh; chmod 700 prepcloud9forssh.sh; ./
prepcloud9forssh.sh
```

圖 7-4-10

5）利用 shell 命令進行的輸出，如圖 7-4-11 所示。

圖 7-4-11

6）根據輸出中的指示，運行以下 ssh 命令，如 ssh ec2-user@salesapp -i vpce. pem，以連接在 VPC 的私有子網中運行的 Sales App EC2 實例，如圖 7-4-12 所示。

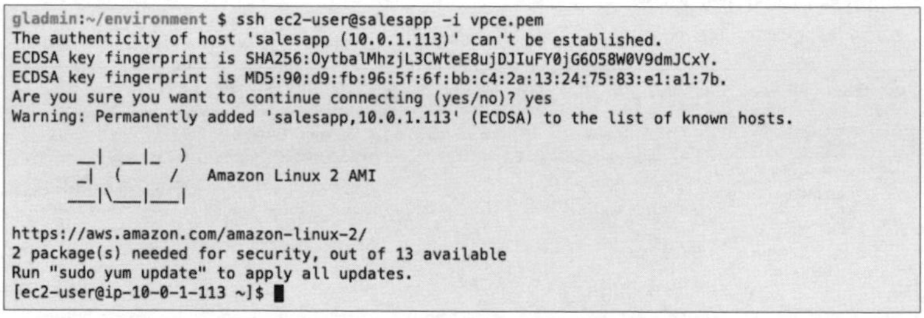

```
gladmin:~/environment $ ssh ec2-user@salesapp -i vpce.pem
The authenticity of host 'salesapp (10.0.1.113)' can't be established.
ECDSA key fingerprint is SHA256:OytbalMhzjL3CWteE8ujDJIuFY0jG6058W0V9dmJCxY.
ECDSA key fingerprint is MD5:90:d9:fb:96:5f:6f:bb:c4:2a:13:24:75:83:e1:a1:7b.
Are you sure you want to continue connecting (yes/no)? yes
Warning: Permanently added 'salesapp,10.0.1.113' (ECDSA) to the list of known hosts.

      _|  _|_ )
      _| (   | /    Amazon Linux 2 AMI
     ___|\___|___|

https://aws.amazon.com/amazon-linux-2/
2 package(s) needed for security, out of 13 available
Run "sudo yum update" to apply all updates.
[ec2-user@ip-10-0-1-113 ~]$
```

圖 7-4-12

7）在第二個終端標籤中，透過運行命令，建立與在 VPC 的專用子網中運行 的 Reports Engine EC2 實例的連接，透過 SSH 連接到 Reports Engine 的輸出， 如圖 7-4-13 所示。

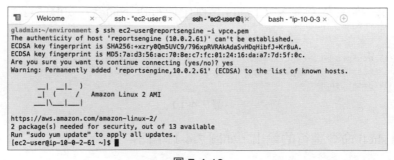

圖 7-4-13

步驟 2：創建閘道端點 GATEWAY ENDPOINTS。

現在，檢查或更新設定以控制對資源的存取，並確保透過 S3 閘道 VPC 端點在私人網路段上傳輸到 S3 的資料的存取控制的安全性，如圖 7-4-14 所示。

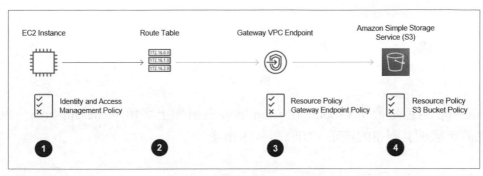

圖 7-4-14

閘道端點：IAM 角色。EC2 實例使用具有連結 IAM 策略的 IAM 角色，這些 IAM 策略提供了針對 S3 執行 API 呼叫的許可權。

閘道端點：路由表。到閘道端點的路由僅放置在專用子網的路由表中。從 Cloud9 實例（在公共子網上）發出的 API 呼叫會使用路由表，而沒有將流量路由到 S3 閘道端點的項目。因此，目的地來自 Cloud9 實例的 S3 IP 位址的流量將透過 Internet 閘道離開 VPC 並遍歷 Internet。從銷售應用程式和報表引擎 E2 實例（在專用子網上）發出的 API 呼叫使用路由表項目，該項目將流量路由到閘道端點以存取 S3。

閘道端點：閘道端點資源策略。你可以使用閘道端點策略來限制透過閘道存取的 S3 儲存桶。

閘道端點：S3 儲存桶資源策略。你可以使用 S3 儲存桶資源策略來要求所有的「S3：PutObject API」呼叫（用於寫入資料）都透過閘道 VPC 端點進行，這可以確保寫入此儲存桶的資料能跨私人網路段出現。

1）查看 salesapp 的 IAM 角色和策略，架構如圖 7-4-15 所示。

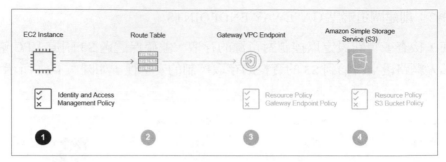

圖 7-4-15

salesapp 角色是使用 CloudFormation 堆疊名稱加上字串「salesapp-role」命名的,展開其附帶的策略,如圖 7-4-16 所示。

圖 7-4-16

- salesapp 角色具有對受限制儲存桶和不受限制儲存桶的讀寫存取權限。它可以使用「s3:PutObject」API 呼叫將資料寫入受限制的 S3 儲存桶中。

- salesapp 角色具有對 SQS 佇列的讀寫存取權限。它可以使用「sqs: SendMessage」API 呼叫在佇列上寫入一筆訊息,並指示銷售報告的資料已被寫入受限制的 S3 儲存桶中。

通過點擊「信任關係」標籤查看信任策略,身份提供者 ec2.amazonaws.com 是受信任的實體,此信任策略允許銷售應用程式 EC2 實例使用該角色。

2）查看報告引擎 IAM 角色和策略。

reportengine 角色使用 CloudFormation 堆疊名稱加字串「reportsengine-role」
的形式命名，展開其附帶的策略，如圖 7-4-17 所示。

圖 7-4-17

- reportengine 角色具有對受限制儲存桶和不受限制儲存桶的讀寫存取權
  限。它可以使用「s3:GetObject」API 呼叫從受限制的 S3 儲存桶中讀取
  資料。
- 報告引擎具有對 SQS 佇列的許可權，包括從 SQS 佇列中讀取和刪除
  SQS 訊息。它可以使用「sqs：ReceiveMessage」API 呼叫從指定佇列中
  檢索訊息，這些訊息必須包含從中創建報告的資料檔案的名稱。在報告
  生成後，reportengine 角色使用「sqs：DeleteMessage」API 呼叫來刪除
  訊息。

通過點擊「信任關係」標籤查看信任策略，身份提供者 ec2.amazonaws.com
是受信任的實體，此信任策略允許 reportsengine EC2 實例使用該角色。

3）查看路由表設定。

建構閘道端點中的 Route Table 設定，如圖 7-4-18 所示。

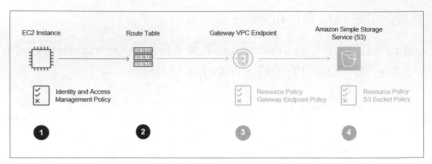

圖 7-4-18

EC2 實例已設定的路由表資訊，如圖 7-4-19 所示。

圖 7-4-19

路由表中已經填充了帶有字首清單（格式為 pl-xxx）的不可變項目，其目標是閘道 VPC 端點。當創建閘道端點並將其與子閘道聯時，AWS 會自動填充此項目。

在邏輯上，字首清單 ID 表示服務使用的公共 IP 位址的範圍。子網中與指定路由表連結的所有實例都會自動使用端點存取服務，未與指定路由表連結的不使用端點存取服務。這樣可以使你將其他子網中的資源與端點分開。

4）端點資源策略。

現在，已設定的閘道端點資源策略可以指定透過閘道端點存取的 S3 儲存桶，如圖 7-4-20 所示。

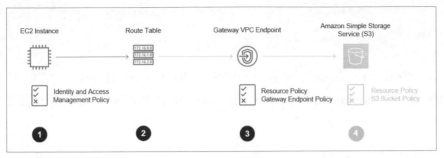

圖 7-4-20

VPC 終端節點管理介面，如圖 7-4-21 所示。

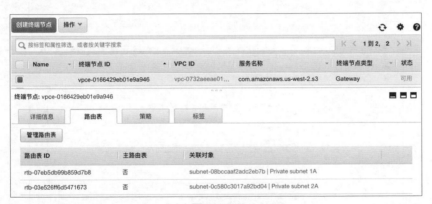

圖 7-4-21

在 VPC 終端節點管理介面的上部，選擇終端節點 ID 為 vpce-0166429eb
01e9a946 的可選框，端點的詳細資訊就會顯示在下部面板中。點擊「策略」
標籤中的「編輯策略」，然後點擊「自訂單選」並輸入自訂策略，以下是策
略範本。

```
{
  "Statement": [
    {
      "Sid": "Access-to-specific-bucket-only",
      "Principal": "*",
      "Action": [
        "s3:GetObject",
        "s3:PutObject"
      ],
      "Effect": "Allow",
      "Resource": ["arn:aws:s3:::examplerestrictedbucketname",
```

```
                "arn:aws:s3:::examplerestrictedbucketname/*"]
    }
  ]
}
```

從 CloudFormation 堆疊的輸出中，複製「RestrictedS3Bucket」的值來替換上面範本中「examplerestrictedbucketname」的值並保存自訂策略，如圖 7-4-22 所示。

5）S3 儲存桶資源策略。

設定 S3 儲存桶策略，以限制對 S3 儲存桶中資源的使用，如圖 7-4-23 所示。

圖 7-4-22

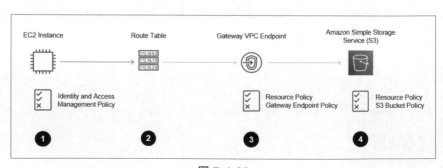

圖 7-4-23

你可以參考以下範本來更新 S3 儲存桶資源策略。

```
{
    "Version": "2012-10-17",
    "Id": "vpc-endpoints-lab-s3-bucketpolicy",
    "Statement": [
        {
            "Sid": "Access-to-put-objects-via-specific-VPCE-only",
            "Principal": "*",
            "Action": "s3:PutObject",
            "Effect": "Deny",
            "Resource": ["arn:aws:s3:::examplerestrictedbucketname",
                         "arn:aws:s3:::examplerestrictedbucketname/*"],
            "Condition": {
                "StringNotEquals": {
                    "aws:sourceVpce": "vpce-vpceid"
                }
            }
        }
    ]
}
```

點擊 CloudFormation 堆疊輸出的「RestrictedS3BucketPermsURL」值，或將其複製並貼上到瀏覽器中，即可查看 S3 儲存桶的許可權。

點擊「許可權」標籤上的「儲存桶策略」，然後將範本中的預留位置儲存區名稱「examplerestrictedbucketname」替換為從 CloudFormation 輸出中收集的「RestrictedS3BucketName」的值。

將範本中的預留位置「vpce-vpceid」字串替換為從 CloudFormation 輸出中收集的「S3VPCGatewayEndpoint」的值（格式為 vpce-xxxxx），如圖 7-4-24 所示。

圖 7-4-24

注意：對於閘道端點，不能將委託人限制為特定的 IAM 角色或使用者，授予對所有 IAM 角色和使用者的存取權限。對於閘道端點，如果你以「AWS」:「AWS-account-ID」或「AWS」:「arn : aws : iam :: AWS-account-ID : root」的格式指定主體，則僅授予 AWS 帳戶根使用者，而非帳戶中所有 IAM 使用者和角色。

你不能使用 IAM 策略或儲存桶策略來允許從 VPC IPv4 CIDR 範圍進行存取，因為 VPC CIDR 區塊可能重疊或相同，這會導致意外結果。因此，你不能在 IAM 策略中使用 aws : SourceIp 條件透過 VPC 終端節點向 Amazon S3 發出請求。

你可以限制對特定端點或特定 VPC 或特定 VPC 端點的存取，當前僅有端點支持 IPv4 流量。

步驟 3：建構介面端點 INTERFACE ENDPOINTS。

現在，需要檢查和更新設定以控制對資源的存取，並確保透過 SQS 介面 VPC 端點在私人網路段上傳輸到 SQS 的資料的安全性，如圖 7-4-25 所示。

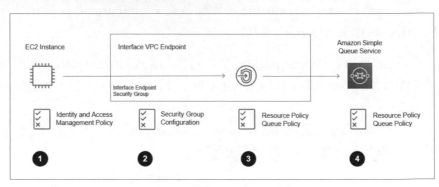

圖 7-4-25

介面端點：IAM 角色。EC2 實例可以使用具有連結 IAM 策略的 IAM 角色，它們提供了針對 SQS 執行 API 呼叫的許可權。

介面端點：安全性群組。你可以使用安全性群組將網路存取限制為 SQS 介面 VPC 端點，安全性群組規則將僅允許從 VPC 中的專用子網進行入站存取。

介面端點：介面端點資源策略。對 SQS 服務的存取會受到介面端點策略的限制，該策略僅允許存取特定佇列，以及 AWS 帳戶內的 IAM 委託人。

介面端點：SQS 佇列資源策略。存取完整的「sqs：SendMessage」，「sqs：RecieveMessage」或「sqs：DeleteMessage API」呼叫會受到資源策略（Amazon SQS 策略）的限制，該資源策略要求所有寫入 SQS 佇列的訊息都要透過指定的 VPC 終端節點寫入。

（1）IAM 角色

在實驗中查看 IAM 角色許可權。重新存取分配給 Sales App 和 Reports Engine EC2 實例的 IAM 許可權，其中 SalesApp 角色具有執行「sqs：SendMessage」和「sqs：ReceiveMessage」的許可權；ReportsEngine 角色具有執行「sqs：ReceiveMessage」和「sqs：DeleteMessage」 的許可權，如圖 7-4-26 所示。

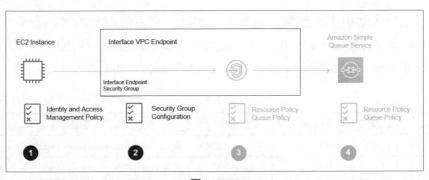

圖 7-4-26

（2）安全性群組

查看安全性群組的設定及「InterfaceSecurityGroupURL」輸出的值，其是用於檢查與介面端點連結的安全性群組的 URL。

將「InterfaceSecurityGroupURL」的值貼上到瀏覽器中，然後在頂部面板中選擇「安全性群組」，並點擊「入站規則」標籤以查看入站安全性群組的規則，可以看到開發團隊無法存取 CIRD 範圍 10.0.0.0/8，如圖 7-4-27 所示。

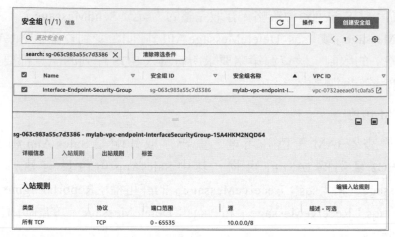

圖 7-4-27

進一步限制入站規則。點擊「編輯入站規則」來更新現有的入站安全性群組規則：刪除現有規則（10.0.0.0/8），使用以下屬性創建兩個新的入站規則（使用 Cloudformation 堆疊的輸出更新 sg- 值），如表 7-4-1 所示。

表 7-4-1

類型	協定	通訊埠範圍	資源	描述
所有 TCP	TCP 協定	0-65535	自訂 sg-XXXX	從 SecurityGroupForSalesApp 入站
所有 TCP	TCP 協定	0-65535	自訂 sg-YYYY	從 SecurityGroupForReportsEngine 入站

保存更改，你還可以進一步限制網路對介面端點及其提供存取的 SQS 佇列的存取，如圖 7-4-28 所示。

圖 7-4-28

（3）端點資源策略

VPC 介面策略控制對介面端點存取的邏輯架構圖，如圖 7-4-29 所示，可以使用它來限制僅對此 AWS 帳戶中存在的身份進行存取，點擊輸出的「InterfaceEndpointPolicyURL」值或將其複製並貼上到瀏覽器中，查看存取 VPC 儀表板中的介面端點，然後在介面端點的面板中點擊「策略」標籤。

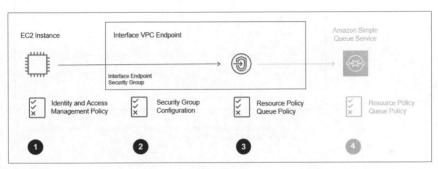

圖 7-4-29

使用下面的介面端點策略範本，將「exampleaccountid」替換為實驗中的 AWS 帳戶 ID，將「examplequeueARN」替換為堆疊中「SQSQueueARN」的輸出值。

```
{
   "Statement": [{
      "Action": ["sqs:SendMessage","sqs:ReceiveMessage","sqs:DeleteMessage"],
      "Effect": "Allow",
      "Resource": "examplequeueARN",
      "Principal": { "AWS": "exampleaccountid" }
   }]
}
```

在 SQS 的介面端點上編輯介面端點策略，輸入創建的自訂策略，並保存和關閉視窗，如圖 7-4-30 所示。

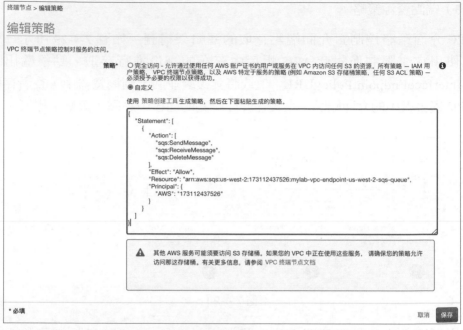

圖 7-4-30

（4）佇列資源策略

在實驗中，更新 SQS 策略的邏輯架構圖，如圖 7-4-31 所示。

1）在瀏覽器中存取 SQS 主控台。

2）在 AWS 主控台的上部面板中選擇你的 SQS 佇列，這時端點的詳細資訊會顯示在下部面板中。

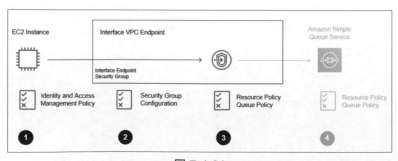

圖 7-4-31

3）然後點擊「存取策略」標籤中的「編輯」，在彈出的視窗中，複製下面的 SQS 佇列（資源）策略範本。

```json
{
  "Version": "2012-10-17",
  "Id": "vpc-endpoints-lab-sqs-queue-resource-policy",
  "Statement": [
    {
      "Sid": "all-messages-sent-from-interface-vpc-endpoint",
      "Effect": "Allow",
      "Principal": "*",
      "Action": "sqs:SendMessage",
      "Resource": "sqsexampleARN",
      "Condition": {
        "StringEquals": {
          "aws:sourceVpce": "vpce-vpceid"
        }
      }
    },
    {
      "Sid": "all-messages-received-from-interface-vpc-endpoint",
      "Effect": "Allow",
      "Principal": "*",
      "Action": "sqs:ReceiveMessage",
      "Resource": "sqsexampleARN",
      "Condition": {
        "StringEquals": {
          "aws:sourceVpce": "vpce-vpceid"
        }
      }
    },
    {
      "Sid": "all-messages-deleted-from-interface-vpc-endpoint",
      "Effect": "Allow",
      "Principal": "*",
      "Action": "sqs:DeleteMessage",
      "Resource": "sqsexampleARN",
      "Condition": {
        "StringEquals": {
          "aws:sourceVpce": "vpce-vpceid"
        }
      }
    }
  ]
}
```

4）在存取策略編輯器中，將「sqsexampleARN」替換為輸出表佇列 ARN 中「SQSQueueARN」輸出的值（arn:aws:sqs::exampleacctid:examplequeuename），

將「vpce-vpceid」替換為堆疊介面 VPC 端點的「SQSVPCInterfaceEndpoint」輸出的值（格式為 vpce-xxxxx）。在更新完成範例策略後，保存更改，這時更新的資源策略的佇列將顯示在主控台中，如圖 7-4-32 所示。

介面端點的注意事項：

- 當創建介面端點時，會生成特定於端點的 DNS 主機名稱，其可以與服務進行通訊。對 AWS 服務和 AWS Marketplace 合作夥伴服務，私有 DNS（預設為啟用）會將私有託管區域與 VPC 連結。託管區域包含服務預設 DNS 名稱（如 ec2.us-east- 1.amazonaws.com）的記錄集，該記錄集可以解析為 VPC 中端點網路介面的專用 IP 位址，這使你可以使用服務的預設 DNS 主機名稱（而非終節點專用的 DNS 主機名稱）向服務發出請求。舉例來說，如果現有的應用程式向 AWS 服務發出請求，則它們可以繼續透過介面終端節點發出請求，而無須進行任何設定更改。

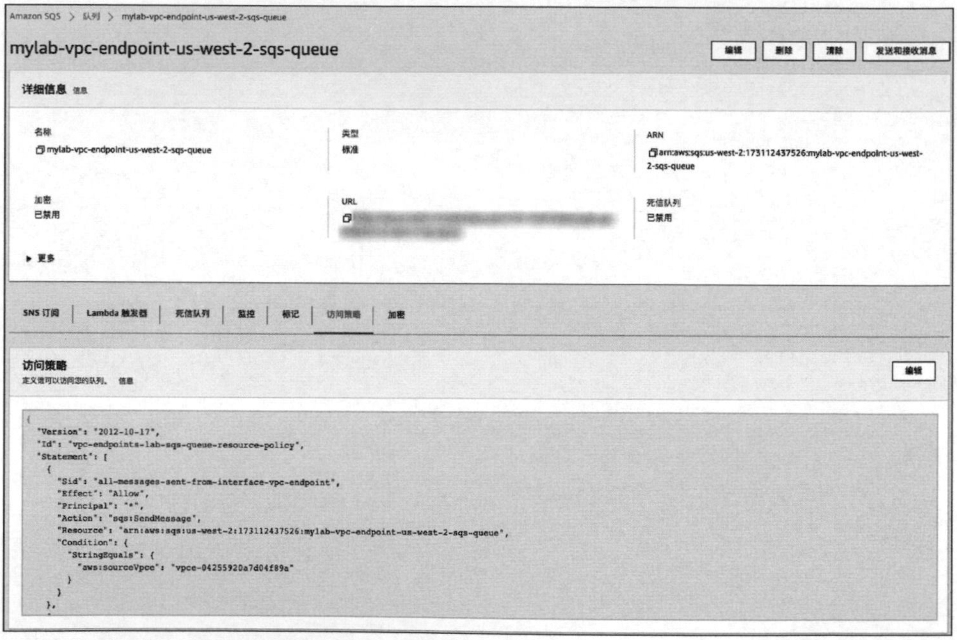

圖 7-4-32

- 在預設情況下，每個終端節點支援的頻寬是有限制的，因此你可以根據使用情況自動增加其他容量。

- 介面端點僅支援 TCP 通訊。

- 僅在同一個區域內支援端點。你無法在 VPC 和其他區域的服務之間創建終節點。

步驟 4：驗證介面端點。

下面驗證通過介面端點控制對資源存取的安全設定策略。

驗證 1：Cloud9 到 SQS 佇列的存取。

驗證 Cloud9 無法透過 VPC 介面端點寫入 SQS 佇列，因為設定了介面端點 - 安全性群組限制。

首先，確保階段已連接到 Cloud9 實例。透過登入命令：ssh ec2-user@ salesapp -i vpce.pem，從 Cloud9 EC2 實例的 bash 提示符號下執行下列命令。

```
nslookup sqs.<region>.amazonaws.com
aws sts get-caller-identity
aws sqs send-message --queue-url <sqsqueueurlvalue> --endpoint-url https://
sqs.<region>.amazonaws.com --message-body "{datafilelocation:s3://<restrictedbucket>/
test.txt}" --region <region>
```

其中，<sqsqueueurlvalue> 用 Cloudformation 輸出的 SQSQueueURL 值替換；

<restrictedbucket> 用 Cloudformation 輸出的 RestrictedS3Bucket 值替換；

<region> 用你的 AWS 區域值替換。

測試結果：Cloud9 無法透過 VPC 介面端點存取 SQS 佇列，如圖 7-4-33 所示。

```
[ec2-user@ip-10-0-1-113 ~]$ nslookup sqs.us-west-2.amazonaws.com
Server:         10.0.0.2
Address:        10.0.0.2#53

Non-authoritative answer:
Name:   sqs.us-west-2.amazonaws.com
Address: 10.0.1.111
Name:   sqs.us-west-2.amazonaws.com
Address: 10.0.2.15

[ec2-user@ip-10-0-1-113 ~]$ aws sts get-caller-identity
{
    "Account": "173112437526",
    "UserId": "AROASQTSOFMLLZ2D7VJNA:i-0869aa47a3fb68d47",
    "Arn": "arn:aws:sts::173112437526:assumed-role/mylab-vpc-endpoint-us-west-2-salesapp-role/i-0869aa47a3fb68d47"
}
[ec2-user@ip-10-0-1-113 ~]$ aws sqs send-message --queue-url https://sqs.us-west-2.amazonaws.com/173112437526/mylab-vpc-endpoint-us-we
st-2-sqs-queue --endpoint-url https://sqs.us-west-2.amazonaws.com --message-body "{datafilelocation:s3://173112437526-mylab-vpc-endpoi
nt-us-west-2-restrictedbucket/test.txt}" --region us-west-2
```

圖 7-4-33

測試流程圖，如圖 7-4-34 所示。

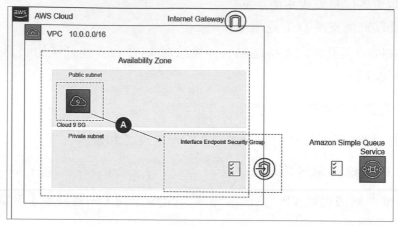

圖 7-4-34

當從 VPC 內部執行 nslookup 命令時，你會注意到 SQS 服務的公共 DNS 名稱返回的 IP 位址來自 VPC 內的私有 IP CIDR。

當從 VPC 內部執行 aws sts get-caller-identity 命令時，顯示簽署使用 aws cli 提交的 API 請求的身份。如果你正在使用自己的 AWS 帳戶執行此實驗，假設，你存取帳戶的身份具有管理特權和對 SQS 的完全存取權限，當使用顯性標示參數（–endpoint-url）執行 aws sqs send-message cli 命令，以指示 aws cli 顯性使用 VPC 端點時，sqs send-message 命令不會成功，因為安全性群組將阻止網路從 VPC 的公共子網上運行的 Cloud9 EC2 實例存取 Interface 端點。Cloud9 實例不是分配給 salesapp 或 reportengine 的安全性群組的成員，這些安全性群組具有對 VPC 端點使用的安全性群組的入站存取，並且從 Cloud9 到端點的網路連接失敗。你可以選擇在 EC2 儀表板中驗證 Cloud9 實例的安全性群組設定。

驗證 2：SalesApp EC2 到 SQS 的存取。

驗證 SalesApp EC2 是否可以透過介面 VPC 端點成功寫入 sqsqueue。

首先，透過登入命令：ssh ec2-user@salesapp -i vpce.pem 登入，並確保階段已連接到 Sales App EC2 實例。

測試 1：從 Sales App EC2 實例的 bash 提示符號下執行下列命令進行測試登入。

```
nslookup sqs.<region>.amazonaws.com
aws sts get-caller-identity
aws sqs send-message --queue-url <sqsqueueurlvalue> --message-body-url https://
sqs.<region>.amazonaws.com --message-body "{datafilelocation:s3://<restrictedbucket>/
test.txt}" --region <region>
```

其中，<sqsqueueurlvalue> 用 Cloudformation 輸出的 SQSQueueURL 值替換；

<restrictedbucket> 用 Cloudformation 輸出的 RestrictedS3Bucket 值替換；

<region> 用你的 AWS 區域值替換。

測試結果：SalesApp EC2 可以透過介面 VPC 端點成功寫入 sqsqueue，如圖 7-4-35 所示。

圖 7-4-35

測試流程圖，如圖 7-4-36 所示。

A：AWS CLI 使用與 aws sts get-caller-identity-salesapp 角色返回的身份連結的憑證對你的 API 請求進行簽名（注意：此身份有權執行「sqs：SendMessage」和「sqs：ReceiveMessage」API 呼叫，該呼叫從 SalesApp EC2instance 啟動）。介面端點安全性群組上有一個入站規則，由於該規則允許 SalesApp EC2 實例使用的安全性群組中的所有 TCP 入站存取，因此與介面端點的網路連接成功。

B：介面端點策略允許 AWS 帳戶內的任何主體對 vpce-us-west-2-sqs-queue 進行「sqs：SendMessage」，「sqs：ReceiveMessage」和「sqs：DeleteMessage」API 呼叫。端點策略允許對 vpce- us-west-2-sqs-queue 的「sqs：SendMessage」進行 API 呼叫。

C：vpce-us-west-2-sqs-queue 的 SQS 資源策略允許「sqs：SendMessage」，「sqs：ReceiveMessage」和「sqs：DeleteMessage」API 呼叫源於來源 VPC 端點。

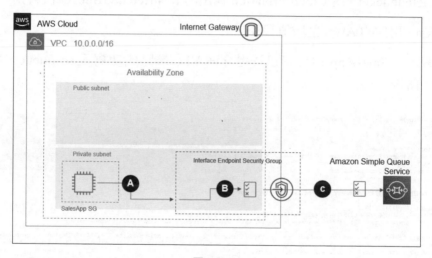

圖 7-4-36

測試 2：讀回該訊息以確認它在佇列中。輸出 ReceiptHandle 值，並將此值複製到緩衝區中。更換下方範例命令中的預留位置，其中包含你正在執行實驗的區域值。

```
aws sqs receive-message --queue-url <sqsqueueurlvalue> --endpoint-url https://
sqs.<region>.amazonaws.com --region <region>
```

測試結果：SalesApp EC2 可以成功從介面 VPC 端點讀取訊息，如圖 7-4-37 所示。

說明：SalesApp EC2 角色具有 IAM 特權，包括 sqs：ListQueues。現在，我們驗證介面端點策略（其策略僅允許「sqs：SendMessage」，「sqs：ReceiveMessage」和「sqs：DeleteMessage」API 呼叫）是否限制了執行「sqs：ListQueues」API 呼叫的能力。

```
[ec2-user@ip-10-0-1-113 ~]$ aws sqs receive-message --queue-url https://sqs.us-west-2.amazonaws.com/173112437526/mylab-vpc-endpoint-us
-west-2-sqs-queue --endpoint-url https://sqs.us-west-2.amazonaws.com --region us-west-2
{
    "Messages": [
        {
            "Body": "{datafilelocation:s3://173112437526-mylab-vpc-endpoint-us-west-2-restrictedbucket/test.txt}",
            "ReceiptHandle": "AQEBG4ZTX2iOWjORuj7y8tzsJve+AuU0aMP6dDI0CkJLPlrBEgKe2jz2WLrZXXy5q4S9PkbaqI5XIdH4v58JBmzuIyHJLzd9pL7L7Lvf
/scc+UMHNpjR/0KIQWPhPPzXHf0//E+unCBfucN5SZbxZ+pACscrTVgTG/7HZ7hVlVp3ZhTwfhpn/RQLb1bC1aYtaRWSxKa9XMZzbFann6XWESY8jpoJkRnAv9CDcdIvtcftWZ
IGgbAYoufQgFCto1Fka5Lw4/9eo72/A1AyRSCAikWQQoIyAXaX6fXLapnD9Neyyp8uZ/DV3rl906vb3WhMnfr1uu4T896tLUnh3w6rUNwXQOPjoVKEW19NTgoSujYhNT7T2bYf
HZ1N+K7MC5V4bQLt55gA87+JhAuWkj1wWQkdz7bVgrchdKVe9Cm/5Sn8pfdkJebiY86MOVLWK1tq9ykC",
            "MD5OfBody": "400b3a983a239c79f04f0271d211161d",
            "MessageId": "df5b6b9b-73d0-4bc1-8d7d-31c35e0764ac"
        }
    ]
}
```

圖 7-4-37

測試 3：嘗試列出 sqs 佇列。更換下方範例命令中的預留位置，其中包含你正在執行實驗的區域值。

```
aws sqs list-queues --region <region> --endpoint-url https://sqs.<region>.amazonaws.com
```

測試結果：SalesApp EC2 無法透過介面 VPC 端點成功列出佇列。

輸入 exit 以結束在 SalesApp EC2 實例上的 SSH 階段，並返回 Cloud9 實例的 bash/shell 提示符號下。

驗證 3：將引擎 EC2 報告給 SQS。

驗證 ReportsEngine EC2 是否可以透過介面 VPC 端點從佇列中讀取和刪除訊息。

首先，透過登入命令：ssh ec2-user@reportsengine-i vpce.pem 登入，並確保階段已連接到 Reports Engine EC2 實例，然後從 ReportsEngine EC2 實例的 bash 提示符號下執行下列命令。

```
nslookup sqs.<region>.amazonaws.com
aws sts get-caller-identity
aws sqs receive-message --queue-url <sqsqueueurlvalue> --endpoint-url https://
sqs.<region>.amazonaws.com --region <region>
aws sqs delete-message --queue-url <sqsqueueurlvalue> --endpoint-url https://
sqs.<region>.amazonaws.com --region <region> --receipt-handle <receipthandle>
```

其中，<sqsqueueurlvalue> 用 Cloudformation 輸出的 SQSQueueURL 值替換。

<restrictedbucket> 用 Cloudformation 輸出的 RestrictedS3Bucket 值替換。

<region> 用你的 AWS 區域值更換，<receipthandle> 來自上一個命令的執行結果。

測試結果：EC2 實例可以透過介面端點從 SQS 中讀取訊息，如圖 7-4-38 所示。

```
[ec2-user@ip-10-0-2-61 ~]$ nslookup sqs.us-west-2.amazonaws.com
Server:         10.0.0.2
Address:        10.0.0.2#53

Non-authoritative answer:
Name:   sqs.us-west-2.amazonaws.com
Address: 10.0.1.111
Name:   sqs.us-west-2.amazonaws.com
Address: 10.0.2.15

[ec2-user@ip-10-0-2-61 ~]$ aws sts get-caller-identity
{
    "Account": "173112437526",
    "UserId": "AROASQTSOFMLCEJ74YBE6:i-0427b5fbac45ee337",
    "Arn": "arn:aws:sts::173112437526:assumed-role/mylab-vpc-endpoint-us-west-2-reportsengine-role/i-0427b5fbac45ee337"
}
[ec2-user@ip-10-0-2-61 ~]$ aws sqs receive-message --queue-url https://sqs.us-west-2.amazonaws.com/173112437526/mylab-vpc-endpoint-us-
west-2-sqs-queue --endpoint-url https://sqs.us-west-2.amazonaws.com --region us-west-2
{
    "Messages": [
        {
            "Body": "{datafilelocation:s3://173112437526-mylab-vpc-endpoint-us-west-2-restrictedbucket/test.txt}",
            "ReceiptHandle": "AQEB4x65YviJJSfamIbrUnWZys70Bvgn4YCGbjx8j0JZzLUu3+sX83efgS2GbHmNu1NxwKp5HWL418AFYvI5vfHG+h1uHwwG/W6QDIXB
cQjsCNXDL3FgGK99Au7TzE7mGIs7hK3ZwlQgMBEcrQoCJ2wRTKa2Eq0yJ2TIJt9jgZAJ8ngXn+t29yzYZJ0azZaJ9T8LFqG6/6ibjnSclyUq9lRvaUcWGlK9v6M6WLLS40bURo
teNUXLesR25QRUw0q47Mzg82NptpCrpFzRh35gMZjJsnQNBv/dv1fv1NJaJUUreDW5r3gQWds82nqYR29XUNfqIh2xlFZCn5Y3fBuFxcwwjpmMYrruk1ynIKZ9g0DKfXx66E56
hNiasPy6wgj7ELj3+l77pWK3U5XGVIjUjhjUykq354aL2Gfwwgl6Eqr79DEJ92ySznhMSioG0HpqQd3r",
            "MD5OfBody": "400b3a983a239c79f04f0271d211161d",
            "MessageId": "df5b6b9b-73d0-4bc1-8d7d-31c35e0764ac"
        }
    ]
}
```

圖 7-4-38

EC2 實例可以透過介面端點從 SQS 中刪除訊息，如圖 7-4-39 所示。

```
[ec2-user@ip-10-0-2-61 ~]$ aws sqs delete-message --queue-url https://sqs.us-west-2.amazonaws.com/173112437526/mylab-vpc-endpoint-us-w
est-2-sqs-queue --endpoint-url https://sqs.us-west-2.amazonaws.com --region us-west-2 --receipt-handle AQEB4x65YviJJSfamIbrUnWZys70Bvg
n4YCGbjx8j0JZzLUu3+sX83efgS2GbHmNu1NxwKp5HWL418AFYvI5vfHG+h1uHwwG/W6QDIXBcQjsCNXDL3FgGK99Au7TzE7mGIs7hK3ZwlQgMBEcrQoCJ2wRTKa2Eq0yJ2TIJ
t9jgZAJ8ngXn+t29yzYZJ0azZaJ9T8LFqG6/6ibjnSclyUq9lRvaUcWGlK9v6M6WLLS40bURoteNUXLesR25QRUw0q47Mzg82NptpCrpFzRh35gMZjJsnQNBv/dv1fv1NJaJUU
reDW5r3gQWds82nqYR29XUNfqIh2xlFZCn5Y3fBuFxcwwjpmMYrruk1ynIKZ9g0DKfXx66E56hNiasPy6wgj7ELj3+l77pWK3U5XGVIjUjhjUykq354aL2Gfwwgl6Eqr79DEJ9
2ySznhMSioG0HpqQd3r
```

圖 7-4-39

測試流程圖，如圖 7-4-40 所示。

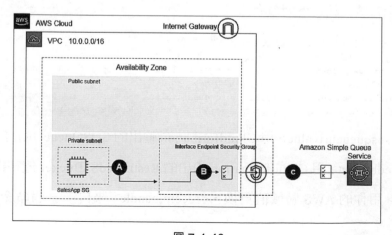

圖 7-4-40

A：AWS CLI 使用與 aws sts get-caller-identity-reportsengine 角色返回的身份連結的憑證對你的 API 請求簽名（注意：此身份有權執行「sqs：ReceiveMessage」和「sqs：DeleteMessage」API 呼叫，該呼叫從 ReportsEngine EC2 實例啟動）。介面端點安全性群組上有一個入站規則，由於該規則允許 ReportsEngine EC2 實例使用的安全性群組中的所有 TCP 入站存取，因此與介面端點的網路連接成功。

B：介面端點策略允許 AWS 帳戶內的任何主體對 vpce-us-west-2-sqs-queue 進行「sqs：SendMessage」，「sqs：ReceiveMessage」 和「sqs：DeleteMessage」API 呼叫。端點策略允許對 vpce- us-west-2-sqs-queue 的「sqs：ReceiveMessage」進行 API 呼叫。

C： vpce-us-west-2-sqs-queue 的 SQS 資源策略允許「sqs：SendMessage」，「sqs：ReceiveMessage」和「sqs：DeleteMessage」API 呼叫源於來源 VPC 端點，條件已滿足且請求已滿足。

注意：對 ReportsEngine EC2 實例的「sqs：DeleteMessage」API 呼叫可以應用相同的評估過程，還可以不通過 IAM 將 SalesApp 角色授予「sqs：DeleteMessage」。

驗證 4：將引擎 EC2 報告給 S3。

驗證 ReportsEngine EC2 實例透過閘道 VPC 端點是否能從 S3 儲存桶中讀取資料。

先透過登入命令：ssh ec2-user@reportsengine-i vpce.pem 登入，並確保階段已連接到 ReportsEngine EC2 實例，然後從 ReportsEngine EC2 實例的 bash 提示符號下執行下列命令。

```
nslookup s3.amazonaws.com
aws sts get-caller-identity
aws s3 cp s3://<RestrictedS3Bucket>/test.txt  .
exit
```

其中，<restrictedbucket> 用 CloudFormation 輸出的 RestrictedS3Bucket 值替換。

測試結果：EC2 實例可以透過閘道 VPC 端點從受限制的 S3 儲存桶中讀取資料。

步驟 5：驗證閘道端點。

驗證 1：Cloud9 到受限的 S3 儲存桶。

驗證 Cloud9 是否可以透過 Internet 成功寫入不受限制的儲存桶（無儲存桶策略的儲存桶），命令如下。

```
touch test.txt
aws sts get-caller-identity
nslookup s3.amazonaws.com
aws s3 cp test.txt s3://<UnrestrictedS3Bucket>/test.txt
aws s3 rm s3://<UnrestrictedS3Bucket>/test.txt
```

測試結果：Cloud9 透過 Internet 成功寫入不受限制的儲存桶，如圖 7-4-41 所示。

```
gladmin:~/environment $ touch test.txt
gladmin:~/environment $ aws sts get-caller-identity
{
    "UserId": "AIDAJSIQYM45JU3BORCKE",
    "Account": "173112437526",
    "Arn": "arn:aws:iam::173112437526:user/gladmin"
}
gladmin:~/environment $ nslookup s3.amazonaws.com
Server:         10.0.0.2
Address:        10.0.0.2#53

Non-authoritative answer:
Name:   s3.amazonaws.com
Address: 52.216.18.147

gladmin:~/environment $ aws s3 cp test.txt s3://173112437526-mylab-vpc-endpoint-us-west-2-unrestrictedbucket/test.txt
upload: ./test.txt to s3://173112437526-mylab-vpc-endpoint-us-west-2-unrestrictedbucket/test.txt
gladmin:~/environment $ aws s3 rm s3://173112437526-mylab-vpc-endpoint-us-west-2-unrestrictedbucket/test.txt
delete: s3://173112437526-mylab-vpc-endpoint-us-west-2-unrestrictedbucket/test.txt
```

圖 7-4-41

測試流程圖，如圖 7-4-42 所示。

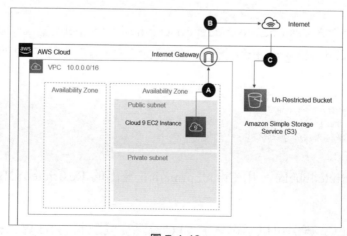

圖 7-4-42

A：該 Cloud9 實例在公共子網中，當其執行 aws s3 cp 命令時，AWS CLI 使用與 aws sts get-caller-identity 返回的身份連結的憑證對 API 請求進行簽名，使用 DNS 來解析 Amazon Simple Storage Service（S3）的位址，並返回一個公共位址（如 nslookup 命令的輸出所示）。由於你的 Cloud9 實例的路由表沒有 VPC 端點的項目，因此使用 0.0.0.0/0 路由表項目將 S3 的流量發送到 Internet 閘道。

B：請求被路由到 S3 服務的公共 IP 位址。

C：請求到達 Amazon S3。該請求已透過身份驗證，並已授權 API 呼叫。由於不受限制的儲存桶沒有資源（儲存桶）策略，因此分配給身份 ALLOW 資料的 IAM 許可權會被寫入不受限制的儲存桶中。

注意：如果你在事件引擎平台之外運行此實驗，則需要假設用於存取 Cloud9 的身份具有對 S3 的管理特權。

驗證 2：SalesApp EC2 到不受限制的 S3 儲存桶。

驗證通過閘道 VPC 端點從 SalesApp EC2 寫入無限制儲存桶（無儲存桶策略的儲存桶）的嘗試將被拒絕。

首先，透過登入命令：ssh ec2-user@salesapp -i vpce.pem 登入，並確保階段已連接到 Sales App EC2 實例，然後從 Sales App EC2 實例的 bash 提示符號下執行下列命令。

```
touch test.txt
aws sts get-caller-identity
nslookup s3.amazonaws.com
aws s3 cp test.txt s3://<UnrestrictedS3Bucket>/test.txt
```

測試結果：

當從 Sales App EC2 實例執行時，上傳到不受限制儲存桶的操作被拒絕，即閘道 VPC 端點策略僅允許將物件放入受限儲存區，如圖 7-4-43 所示。

```
[ec2-user@ip-10-0-1-113 ~]$ touch test.txt
[ec2-user@ip-10-0-1-113 ~]$ aws sts get-caller-identity
{
    "Account": "173112437526",
    "UserId": "AROASQTSOFMLLZ2D7VJNA:i-0869aa47a3fb68d47",
    "Arn": "arn:aws:sts::173112437526:assumed-role/mylab-vpc-endpoint-us-west-2-salesapp-role/i-0869aa47a3fb68d47"
}
[ec2-user@ip-10-0-1-113 ~]$ nslookup s3.amazonaws.com
Server:         10.0.0.2
Address:        10.0.0.2#53

Non-authoritative answer:
Name:   s3.amazonaws.com
Address: 52.217.65.198

[ec2-user@ip-10-0-1-113 ~]$ aws s3 cp test.txt s3://173112437526-mylab-vpc-endpoint-us-west-2-unrestrictedbucket/test.txt
upload failed: ./test.txt to s3://173112437526-mylab-vpc-endpoint-us-west-2-unrestrictedbucket/test.txt An error occurred
(AccessDenied) when calling the PutObject operation: Access Denied
```

圖 7-4-43

測試流程圖，如圖 7-4-44 所示。

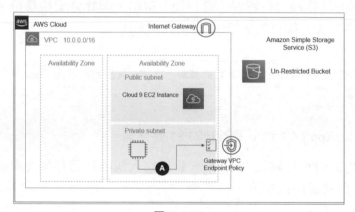

圖 7-4-44

SalesApp 實例位於專用子網中。當執行 aws s3 cp 命令時，AWS CLI 使用與 aws sts get-caller-identity-salesapprole 返回的身份連結的憑證對 API 請求進行簽名。salesapprole 具有一個 IAM 策略，該策略授權它對受限制和不受限制的儲存桶都執行「S3：PutObject」API 呼叫。AWS CLI 使用 DNS 來解析 Amazon Simple Storage Service（S3）的位址。專用路由表具有所有 S3 公共 IP 位址的字首清單項目，它們的動態會解析為 S3 提供的公用 CIDR 範圍，此項的目標是閘道 VPC Ednpoint。該路由表項目比 0.0.0.0/0 路由更具體，而越具體的路由越優先，故其將 S3 公共 IP 位址空間的流量發送到 S3 閘道 VPC 端點。由於 S3 閘道 VPC 端點策略僅允許存取受限制儲存區，因此使用無限制 S3 儲存桶資源的請求失敗。

驗證 3：SalesApp EC2 到受限制的 S3 儲存桶。

驗證通過閘道 VPC 端點從 SalesApp EC2 寫入受限制儲存桶（帶有儲存桶策略的儲存桶）的嘗試將被拒絕

首先，透過登入命令：ssh ec2-user@salesapp -i vpce.pem 登入，並確保階段已連接到 Sales App EC2 實例，然後從 Sales App EC2 實例的 bash 提示符號下執行下列命令。

```
touch test.txt
aws sts get-caller-identity
nslookup s3.amazonaws.com
aws s3 cp test.txt s3://<restrictedS3Bucket>/test.txt
```

測試結果：

當從 Sales App EC2 實例執行時，能夠成功上傳到受限制儲存桶，即閘道 VPC 端點策略允許將物件放入受限制儲存桶中，如圖 7-4-45 所示。

```
[ec2-user@ip-10-0-1-113 ~]$ touch test.txt
[ec2-user@ip-10-0-1-113 ~]$ aws sts get-caller-identity
{
    "Account": "173112437526",
    "UserId": "AROASQTSOFMLLZ2D7VJNA:i-0869aa47a3fb68d47",
    "Arn": "arn:aws:sts::173112437526:assumed-role/mylab-vpc-endpoint-us-west-2-salesapp-role/i-0869aa47a3fb68d47"
}
[ec2-user@ip-10-0-1-113 ~]$ nslookup s3.amazonaws.com
Server:         10.0.0.2
Address:        10.0.0.2#53

Non-authoritative answer:
Name:   s3.amazonaws.com
Address: 52.216.230.189

[ec2-user@ip-10-0-1-113 ~]$ aws s3 cp test.txt s3://173112437526-mylab-vpc-endpoint-us-west-2-restrictedbucket/test.txt
upload: ./test.txt to s3://173112437526-mylab-vpc-endpoint-us-west-2-restrictedbucket/test.txt
```

圖 7-4-45

測試流程圖，如圖 7-4-46 所示。

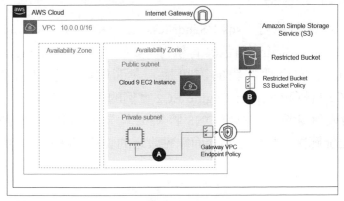

圖 7-4-46

SalesApp 實例位於專用子網中。當其執行 aws s3 cp 命令時，AWS CLI 使用與 aws sts get-caller-identity-salesapprole 返回的身份連結的憑證對 API 請求進行簽名。salesapprole 具有一個 IAM 策略，該策略授權它對受限制和不受限制的儲存桶都執行「S3：PutObject」API 呼叫。AWS CLI 使用 DNS 來解析 Amazon Simple Storage Service（S3）的位址。由於 S3 閘道 VPC 端點策略僅允許存取受限制儲存區，因此引用受限的 S3 儲存桶資源的請求成功。

7.4.4　實驗複習

（1）S3 閘道端點驗證

路由表項目。AWS 在與專用子閘道聯的路由表中創建了一個路由表項目（此設定是在實驗室設定期間部署的）。

S3 閘道端點資源策略。資源策略設定為僅允許「S3：GetObject」和「S3：PutObject」API 呼叫。

S3 儲存桶資源策略。在受限制儲存桶上設定 S3 儲存桶資源策略，每當未滿足使用 VPC 端點的必要條件時，它就會在策略中使用拒絕「S3：PutObject」API 呼叫的條件。

結果：此安全設定的作用是只能透過 VPC 中的特定 VPC 端點將資料寫入受限的 S3 儲存桶。路由表項目用於將流量從專用子網路由到端點，只能透過端點執行「S3：GetObject」和「S3：PutObject」API 呼叫。

（2）SQS 介面端點驗證

SalesApp 角色具有執行「sqs：SendMessage」和「sqs：ReceiveMessage」的許可權。ReportsEngine 角色具有執行「sqs：ReceiveMessage」和「sqs：DeleteMessage」安全性群組的許可權。介面端點安全性群組用於限制 SalesApp EC2 實例和 ReportsEngine EC2 實例的入站網路存取（基於它們的安全性群組成員身份）。專用 DNS 將 VPC 中為 SQS 服務執行的請求解析為專用 IP 位址範圍，特別是為介面端點設定的彈性網路介面（ENI）使用的 IP。

介面端點策略僅允許透過 AWS 帳戶內的身份對特定 SQS 佇列進行「sqs：SendMessage」，「sqs：ReceiveMessage」和「sqs：DeleteMessage」API 呼叫。

SQS 資源策略。SQS 佇列資源策略僅當滿足透過介面端點發生的情況時才允許對 SQS 佇列進行「sqs：SendMessage」，「sqs：ReceiveMessage」和「sqs：DeleteMessage」API 呼叫。

結果：此安全設定的結果是 SQS API 呼叫；「sqs：SendMessage」，「sqs：ReceiveMessage」和「sqs：DeleteMessage」只能透過端點發生，並且對端點的存取受到網路控制項（安全性群組）和 IAM 控制項（端點策略）的限制。

7.5 Lab5：設計 WAF 進階 Web 防護策略

7.5.1 實驗概述

在本實驗中，你將建構一個由兩個應用程式負載平衡器後面的 Amazon Linux Web 伺服器組成的環境。Web 伺服器將運行一個包含多個漏洞的 PHP 網站，然後使用 AWS Web Application Firewall（AWS WAF），Amazon Inspector 和 AWS Systems Manager 來辨識漏洞並進行補救。

該實驗的網站可在 Linux，PHP 和 Apache 上運行，並在應用程式負載平衡器（ALB）後面使用 EC2 和自動伸縮群組。在初步的系統結構評估之後，你會發現多個有關漏洞和設定的問題，這要求開發團隊利用幾周時間修復程式。在本實驗中，你的任務是建立一套有效的控制項，以減少常見的針對 Web 應用程式的攻擊媒介，並提供對新興威脅進行回應所需的監視功能。

7.5.2 實驗工具

（1）模擬環境

在 EC2 實例上，部署 Red Team Host 主機來測試網站漏洞，需要使用該主機對網站 URL 進行手動掃描。為了測試 AWS WAF 規則集，該實驗設定了兩種掃描功能：一種是 Red Team Host，透過它可以呼叫手動掃描，也可以在實驗室環境之外運行自動掃描器；另一種是在 ALB 應用程式負載平衡器後面的 Amazon EC2 實例上部署一個 PHP 網站。你可以評估其網站的狀態，並將 AWS WAF Web ACL 增加到網站。

（2）測試漏洞

該掃描程式執行以下基本測試，旨在幫助模擬和緩解常見的 Web 攻擊媒介。

- 查詢字串中的 SQL 注入（SQLi）。
- Cookie 中的 SQL 注入（SQLi）。
- 查詢字串中的跨網站指令稿（XSS）。
- 主體中的跨網站指令稿（XSS）。
- 包含在模組中。
- 跨網站請求偽造（CSRF）權杖遺失。
- 跨網站請求偽造（CSRF）權杖無效。
- 路徑遍歷。
- Canary GET 不應被阻止。
- Canary POST 不應被阻止。

（3）測試工具

手動：掃描程式指令稿使用名為 httpie 的開放原始碼 HTTP 用戶端。

自動：Scanner.py，透過登入模擬攻擊的 EC2 伺服器，直接運行 runscanner 來執行模擬攻擊指令稿。

7.5.3　部署架構

架構部署如圖 7-5-1 所示。

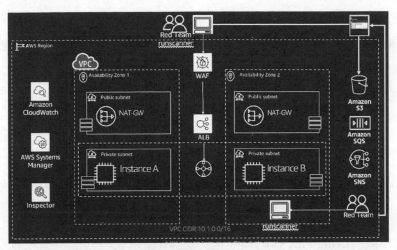

圖 7-5-1

7.5.4 實驗步驟

從紅隊測試端運行漏洞掃描指令稿（runscanner）以確認網站存在漏洞。

步驟 1：設定基本 SQL 注入策略。

1）在 AWS WAF 主控台中，通過點擊「Web ACL」增加自己的規則和規則組來創建 SQL 注入規則。

2）點擊「圖規則」建構元，「圖名稱」欄位輸入「matchSQLi」，「圖類型」為「圖正常」。

3）在「圖句」下，「圖檢查」項選擇「圖查詢字串」，「圖匹配類型」項選擇「圖包含 SQL 注入攻擊」，「文字轉換」項選擇「圖 URL 解碼」，「動作」項選擇「圖阻止」。

4）點擊「增加規則」，然後點擊「保存」。

步驟 2：設定增強 SQL 注入策略。

1）使用兩筆其他敘述更新 matchSQLi 規則。

- 選擇 matchSQLi 規則並點擊「Edit」（你應該已經在上面的操作中創建了此規則）。

- 更改超過一個請求到匹配的敘述中，需要選擇 OR。
- 點擊「增加另一行敘述：正文」，包含 sql 注入攻擊、html 實體解碼和 URL 解碼。
- 點擊「增加另一行敘述：標頭」，包含 cookie（手動輸入）、sql 注入攻擊、URL 解碼。

2）查看現有的 matchSQLi 規則以確認其他條件。

在紅隊測試端運行 #runscanner，以確認請求注入漏洞探測已被阻止。

步驟 3：設定跨網站指令稿策略。

1）創建一個名為 matchXSS 的新規則，並為 if 請求至少匹配一個敘述（OR）。增加的敘述如下：

- 所有查詢參數，包含 xss 注入攻擊、URL 解碼。
- 在正文處，包含 xss 注入攻擊、html 實體解碼和 URL 解碼。
- 在標頭處，手動輸入 cookie，包含 xss 注入攻擊、URL 解碼。
- 點擊「增加規則」，然後點擊「保存」。

2）編輯規則，點擊「規則 JSON」編輯器，然後記下規則邏輯的結構和語法。

3）為 XSS 規則增加一個例外宣告，以允許存取 /reportBuilder/Editor.aspx。

注意：考慮到異常所需的巢狀結構邏輯，在這裡我們使用 JSON 編輯器。

4）審查之後，清除 matchXSS 規則的現有編輯器內容，並貼上以下帶有 XSS 異常解決方案的巢狀結構敘述。

```
{
    "Name": "matchXSS",
    "Priority": 2,
    "Action": {
        "Block": {}
    },
    "VisibilityConfig": {
        "SampledRequestsEnabled": true,
        "CloudWatchMetricsEnabled": true,
```

```
        "MetricName": "matchXSS"
},
"Statement": {
    "AndStatement": {
        "Statements": [{
                "NotStatement": {
                    "Statement": {
                        "ByteMatchStatement": {
                            "SearchString": "/reportBuilder/Editor.aspx",
                            "FieldToMatch": {
                                "UriPath": {}
                            },
                            "TextTransformations": [{
                                "Priority": 0,
                                "Type": "NONE"
                            }],
                            "PositionalConstraint": "STARTS_WITH"
                        }
                    }
                }
            },
            {
                "OrStatement": {
                    "Statements": [{
                            "XssMatchStatement": {
                                "FieldToMatch": {
                                    "QueryString": {}
                                },
                                "TextTransformations": [{
                                    "Priority": 0,
                                    "Type": "URL_DECODE"
                                }]
                            }
                        },
                        {
                            "XssMatchStatement": {
                                "FieldToMatch": {
                                    "Body": {}
                                },
                                "TextTransformations": [{
                                        "Priority": 0,
                                        "Type": "HTML_ENTITY_DECODE"
                                    },
                                    {
                                        "Priority": 1,
                                        "Type": "URL_DECODE"
                                    }
                                ]
                            }
                        },
                        {
```

```
                           "XssMatchStatement": {
                               "FieldToMatch": {
                                   "SingleHeader": {
                                       "Name": "cookie"
                                   }
                               },
                               "TextTransformations": [{
                                   "Priority": 0,
                                   "Type": "URL_DECODE"
                               }]
                           }
                       }
                   ]
               }
           }
       ]
   }
}
```

5）點擊「保存規則」。

在紅隊測試端運行 #runscanner，以確認請求注入漏洞探測已被阻止。

步驟 4：緩解檔案包含和路徑遍歷。

下面使用字串和正規表示法匹配來建構規則，以阻止指示不需要的路徑遍歷或引用檔案的特定模式。需要考慮的問題如下：

- 最終，使用者可以瀏覽你的 Web 資料夾的目錄結構嗎？你是否啟用了目錄索引。
- 你的應用程式（或任何依賴項元件）是否在檔案系統或遠端 URL 引用中使用了輸入參數。
- 你是否充分鎖定了存取權限，以便無法操縱輸入路徑。
- 關於誤報（目錄遍歷簽名模式），你需要注意哪些事項？
- 確保用於輸入路徑的相關 HTTP 請求元件的建構規則不包含已知的路徑遍歷模式。

部署步驟：

1）創建一個名為 matchTraversal 的規則。如果請求選擇，則至少匹配一個敘述（OR）。增加的敘述和參數如下：

- uri_path，以字串 / include，url_decode 開頭。
- QUERY_STRING，包含字串 ../，url_decode。
- query_string ，包含字串 ://，url_decode。

2）點擊「增加規則」，然後點擊「保存」。

在紅隊測試端運行 #runscanner，以確認請求注入漏洞探測已被阻止

步驟 5：強制匹配請求。

策略分析：使用字串和正規表示法匹配、大小限制和 IP 位址匹配來建構規則，以阻止不合格或低價值的 HTTP 請求。需要考慮的問題如下：

- 與你的 Web 應用程式相關的各種 HTTP 請求元件的大小是否受到限制。舉例來說，你的應用程式是否使用過長度超過 100 個字元的 URI。
- 是否有特定的 HTTP 請求元件，如果沒有這些元件，你的應用程式是否將無法有效運行（如 CSRF 權杖標頭，授權標頭，引薦來源標頭）。

部署步驟：

1）在左側面板中，選擇「Regex pattern sets」，並創建 Regex pattern sets。其中名稱為 csrf，正規表示法為 ^ [0-9a-f] {40} $。

上面的正規表示法模式是一個簡單的範例，它對字串長度（40）和字元（0-9 或 af）進行匹配。你可以將正規表示法模式集 ID 複製到暫存檔案中（如 aec2f77b-f1b0-4181- 8fa7-e968ce8ad831），以供以後參考。

記下你的 AWS 帳戶 ID（在 CloudFormation Stack Outputs 中）和區域，並將它們增加到暫存檔案中。

2）創建一個新規則 matchCSRF，並選擇「Rule JSON editor」。

- 刪除現有文字，然後在下面貼上以下 JSON。
- 使用 AWS 帳戶和部署步驟 1）中創建的區域，AWS 帳戶 ID 和正規表示法模式 ID（Update the region, AWS account ID and Regex pattern ID）。

```json
{
    "Name": "matchCSRF",
    "Priority": 3,
    "Action": {
        "Block": {}
    },
    "VisibilityConfig": {
        "SampledRequestsEnabled": true,
        "CloudWatchMetricsEnabled": true,
        "MetricName": "matchCSRF"
    },
    "Statement": {
        "AndStatement": {
            "Statements": [{
                    "NotStatement": {
                        "Statement": {
                            "RegexPatternSetReferenceStatement": {
                                "ARN": "arn:aws:wafv2:YOUR_REGION:ACCOUNT_ID: regional/
regexpatternset/csrf/YOUR_REGEX_PATTERN_ID",
                                "FieldToMatch": {
                                    "SingleHeader": {
                                        "Name": "x-csrf-token"
                                    }
                                },
                                "TextTransformations": [{
                                    "Priority": 0,
                                    "Type": "URL_DECODE"
                                }]
                            }
                        }
                    }
                },
                {
                    "OrStatement": {
                        "Statements": [{
                                "ByteMatchStatement": {
                                    "SearchString": "/form.php",
                                    "FieldToMatch": {
                                        "UriPath": {}
                                    },
                                    "TextTransformations": [{
                                        "Priority": 0,
                                        "Type": "NONE"
                                    }],
                                    "PositionalConstraint": "STARTS_WITH"
                                }
                            },
                            {
                                "ByteMatchStatement": {
                                    "SearchString": "/form.php",
                                    "FieldToMatch": {
```

```
                                "UriPath": {}
                        },
                        "TextTransformations": [{
                            "Priority": 0,
                            "Type": "NONE"
                        }],
                        "PositionalConstraint": "EXACTLY"
                    }
                }
            ]
        }
    }
]
}
}
}
```

3）點擊「增加規則」，然後點擊「保存」。

在紅隊測試端運行 #runscanner，以確認請求注入漏洞探測已被阻止。

步驟 6：強制限制攻擊 IP（增強設定）。

策略分析：使用地理匹配來建立規則，以限制針對應用程式曝露元件的攻擊足跡。

需要考慮的問題如下：

- 你的 Web 應用程式在公共 Web 路徑中是否具有伺服器端包含元件。
- 你的 Web 應用程式是否在未使用公開路徑上曝露（或依賴項具有此類功能）。
- 你是否具有不用於最終使用者存取的管理權、狀態或運行狀況檢查路徑和元件。
- 應考慮阻止對此類元素的存取，或限制對白名單 IP 位址或地理位置的已知來源存取。

部署步驟：

1）創建一個新規則 matchAdminNotAffiliate，選擇「Rule JSON editor」。

貼上以下 JSON，並將創建的 ID 更新到區域和 Regex 模式 ID。

```json
{
    "Name": "matchAdminNotAffiliate",
    "Priority": 4,
    "Action": {
        "Block": {}
    },
    "VisibilityConfig": {
        "SampledRequestsEnabled": true,
        "CloudWatchMetricsEnabled": true,
        "MetricName": "matchAdminNotAffiliate"
    },
    "Statement": {
        "AndStatement": {
            "Statements": [{
                    "NotStatement": {
                        "Statement": {
                            "GeoMatchStatement": {
                                "CountryCodes": [
                                    "US",
                                    "NE"
                                ]
                            }
                        }
                    }
                },
                {
                    "ByteMatchStatement": {
                        "FieldToMatch": {
                            "UriPath": {}
                        },
                        "PositionalConstraint": "STARTS_WITH",
                        "SearchString": "/admin",
                        "TextTransformations": [{
                            "Type": "NONE",
                            "Priority": 0
                        }]
                    }
                }
            ]
        }
    }
}
```

2）點擊「增加規則」，然後點擊「保存」。

步驟 6：檢測和緩解異常。

策略分析：有關你的 Web 應用程式，是什麼因素組成的異常。一些常見的異常模式如下：

- 請求量異常增加。
- 對特定 URI 路徑的請求量異常增加。
- 異常升高的請求等級生成特定的非 HTTP 狀態 200 回應。
- 某些來源（IP，地理位置）的交易量異常增加。
- 正常請求簽名（引薦來源網址、使用者代理字串、內容類型等）異常增加。

部署步驟：

1）創建一個名為 matchRateLogin 的規則，其類型是基於速率的規則。

- 速率限制為 1000（至少 100）。
- 僅選擇符合規則敘述中條件的請求。
- 如果請求選擇，則至少匹配一個敘述（OR）。增加的敘述如下：

  uri_path, starts with string, /login.php。

  http_method, exactly matches string, POST。

  text transformation, None。

2）點擊「增加規則」，然後點擊「保存」。

7.5.5 實驗複習

AWS WAF 是 Web 應用程式防火牆服務，在 Web 應用程式中它是增加深度防禦的一種好方法。WAF 可以減小 SQL 注入、跨網站指令稿和其他常見攻擊等漏洞的風險。WAF 允許你創建自己的自訂規則，以決定在請求到達應用程式之前是阻止還是允許 HTTP 請求。它有助讓 Web 應用程式或 API 免受影響可用性、損害安全性和消耗過多資源的影響。

7.6 Lab6：設計 SSM 和 Inspector 漏洞掃描與加固

7.6.1 實驗概述

隨著時間的演進，在 Amazon EC2 伺服器上安裝的作業系統會曝露各種系統漏洞和設定漏洞，因此我們需要透過 AWS Inspector 和 System Manager 兩個服務自動評估主機漏洞並進行修復加固。

7.6.2 實驗步驟

步驟 1：設定 Inspector 漏洞掃描工具。

1）轉到 Amazon Inspector 主控台。

2）點擊左側選單上的「Assessment targets」，其代表 Inspector 將評估的一組 EC2 實例。這時你會看到一個以 InspectorTarget 開頭的目標，點擊箭頭打開目標並顯示詳細資訊，如圖 7-6-1 的內容。

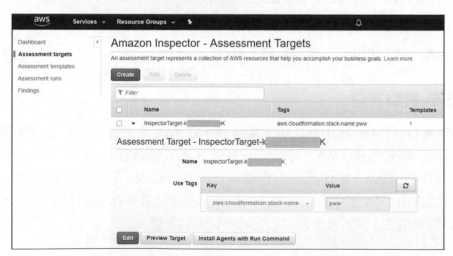

圖 7-6-1

在圖 7-6-1 中，「Use Tags」包含一個鍵值對，分別包含 aws：cloudformation：stack-name 和 pww。如果你在一次 AWS 事件中，則堆疊名稱類似於「mod- 的

命令模式」，後跟一些其他字元。這表示，該 Inspector 目標設定使用指定的堆疊名稱並選擇與 CloudFormation 堆疊相關的所有實例。

當你使用可變數量的實例時，標籤非常有用。你可以選擇帶有特定標籤的實例，然後在該 grgroup 上執行操作，而非指定單一實例 ID。對於負載平衡器後面的實例，你可能不知道實例 ID，但是如果它們都共用一個標籤，則可以按標籤來同時處理它們。

3）點擊「Preview Target」打開一個新視窗，如圖 7-6-2 所示。

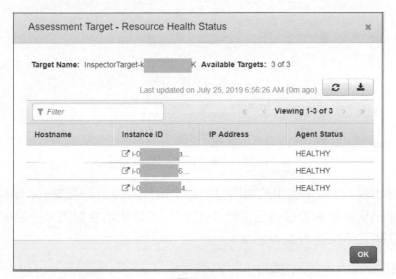

圖 7-6-2

現在，你會看到 Inspector 將根據目標的設定評估三個實例。

4）點擊左側選單上的「Assessment templates」，其列表如圖 7-6-3 所示。

你會看到一個名稱為 AssessmentTemplate 的 Assessment 範本。評估範本表示對目標及一個或多個規則組的選擇，而規則組是安全檢查的規則的集合。該範本會根據以下兩個規則組評估上述目標：

常見漏洞和揭露：此規則組中的規則有助驗證評估目標中的 EC2 實例是否存在常見漏洞和揭露（CVE）。攻擊可以利用未修補的漏洞來破壞服務或資料的機密性、完整性和可用性，而揭露系統為公眾已知的資訊安全性漏洞和曝露提供了參考方法。一般來說你可以透過安裝更新來修復此規則組中的發現。

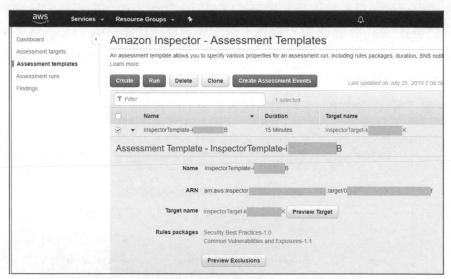

圖 7-6-3

安全最佳實踐：此規則包中的規則有助確定系統的設定是否安全。舉例來說，其中一筆規則就是檢查是否已透過 SSH 禁用了根使用者登入。一般來說你可以透過調整設定來補救調查結果。

5）在 Amazon Inspector 選單上，點擊「Assessment runs」，可以看到代表你開始的評估項目，因為 CloudFormation 運行了此程式，以節省時間。如果狀態不是「Analysis Complete」，則需要定期刷新螢幕，直到狀態為「Analysis Complete」，如圖 7-6-4 所示。

圖 7-6-4

6）在代表最近一次掃描的那一行上，記下「Findings」列中的數字（圖 7-6-4 中是 117）。在後面執行修復後，該數字應該會減小。點擊「Findings」列中的數字，與運行相關的發現如圖 7-6-5 所示。

7）你會看到其中一項發現已被擴充顯示更多細節。這說明發現的中間部分已刪除，以節省空間。

在了解了 Inspector 評估後，你就可以使用 AWS Systems Manager Patch Manager 進行一些補救了。然後，你自己運行檢查員評估，以查看發現的數量是否已更改。

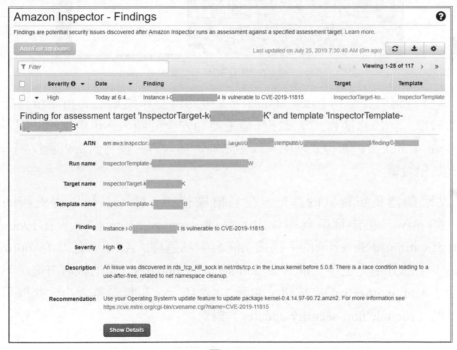

圖 7-6-5

步驟 2：使用 Systems Manager 的 Patch Manager 設定修補程式。

在上一個評估階段，由於在 CloudFormation 堆疊啟動的實例上安裝了 Amazon Inspector，因此下面可以使用 AWS Systems Manager Patch Manager 來修復更新。另外，你也可以使用標籤來選擇實例。

你需要執行以下任務：

1）轉到系統管理器主控台，選擇更新程式管理器，然後點擊主螢幕上的查看預先定義更新程式的基準線連結，如圖 7-6-6 所示。

圖 7-6-6

2）你會看到用於修補 Patch Manager 支援的每個作業系統的預設修補程式基準清單，預設修補程式基準僅修補主要的安全問題。你可以創建一個新的 Amazon Linux 2 更新程式基準，以便修補更多內容，並將此新更新程式基準設定為預設值。

3）點擊創建更新程式的基準。在名稱欄位中，輸入名稱以提供新的基準，如 pww。在作業系統欄位中，選擇「Amazon Linux 2」。在 Product, Classification 和 Severity 的下拉式功能表中都選擇「All」。在「（Approval rules）」部分中，選中「Include non-security updates」下的核取方塊，然後點擊「Add another rule」按鈕，如圖 7-6-7 所示。根據螢幕大小，此框可能與標題（Include non-security updates）對齊。

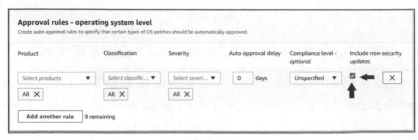

圖 7-6-7

4）現在，你會在基準清單中看到新的更新程式基準，也可能需要刷新視窗才能看到。新的更新程式基準包括非安全性更新程式。請注意，在代表新創建的更新程式基準行的尾端，你會在「預設基準」列中看到「No」，如圖7-6-8 所示。

圖 7-6-8

5）點擊帶有創建的更新程式基準行上的選項按鈕，然後從頂部的「操作」選單中，選擇「設定預設更新程式基準」，你會被要求進行確認。這樣就為 Amazon Linux 2 設定了預設更新程式基準，以使用剛創建的包括非安全更新程式的更新程式基準。現在，你會在更新基準的尾端看到「Yes」，如圖7-6-9 所示。

圖 7-6-9

6）點擊「設定更新」後轉到「要修補的實例」部分，然後點擊「輸入實例標籤」選項按鈕。在「實例標籤」的「標籤鍵」欄位中輸入 aws：cloudformation：stack-name，在「標記值」欄位中輸入之前創建的堆疊名稱。如果你是運行本實驗並遵循本文件，則可以使用 pww。如果你正在使用事件引擎進行 AWS 事件，則堆疊名稱可能以 mod- 開頭，後跟一些數字。然後點擊「增加」。

7）在「Patching schedule」部分中，點擊「Skip scheduling and patch instances now」。

8）在「Patching operation」部分中，點擊「Scan and install」（如果尚未選中），這時螢幕應類似於圖 7-6-10 所示。

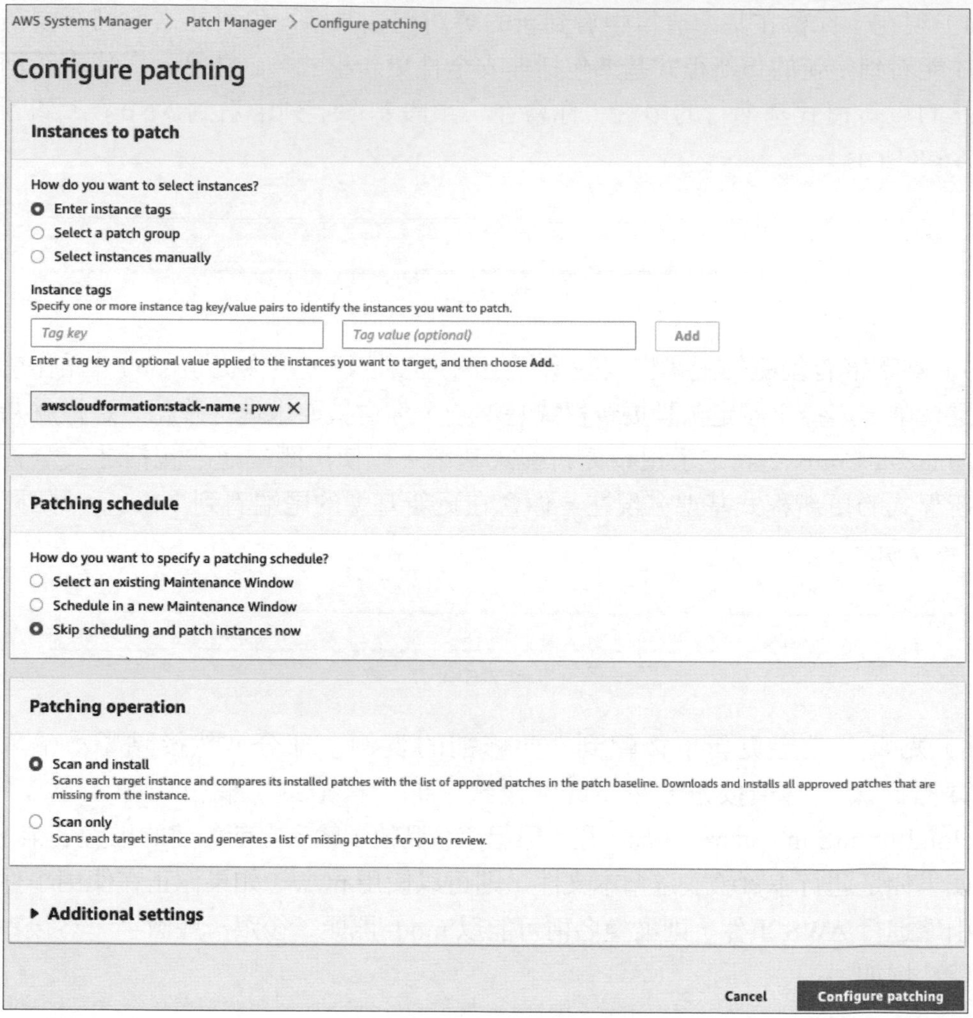

圖 7-6-10

9）點擊視窗底部的「設定修補程式」，你會在螢幕頂部看到一筆 Patch Manager 使用 Run Command 修補實例的訊息。

運行命令是 AWS Systems Manager 的另一個功能，其可以在多個 Amazon EC2 實例之間運行命令。修補程式管理器將建構執行修補程式所需的命令，並使用「運行命令」執行命令。

步驟 3：透過 Systems Manager 運行命令來檢查修補狀態。

現在，你可以使用 AWS Systems Manager Run Command 檢查並修補操作的狀態。

1）轉到 AWS Systems Manager 主控台，然後點擊左側選單上的「Run Command」。如果修補程式仍在運行，你就會在「Command」標籤中看到該項目，然後等待命令完成。如有必要，則刷新螢幕以更新顯示。命令完成後，點擊「Command history」。

2）尋找包含文件名稱為 AWS-RunPatchBaseline 的行，其表示更新管理器活動，這時螢幕應該類似於圖 7-6-11 所示。如果命令狀態為「fail」，則點擊「Command ID」連結，然後點擊「Run Command」以重新應用更新程式基準並監視狀態。

圖 7-6-11

3）點擊「Command ID」連結可以查看有關該命令的更多詳細資訊，你會看到每個目標的一行，並帶有引用實例 ID 的連結。如果再點擊「Instance ID」，則會看到所執行命令的每個步驟。請注意，這裡跳過了一些步驟，因為它們不適用於實例的作業系統，另外你只能看到命令輸出的第一部分。如果你要查看所有輸出，則可以設定 Systems Manager，以將輸出定向到 Amazon S3 儲存桶。

現在已經完成了修補操作。在驗證階段，你可以使用 Amazon Inspector 重新評估環境。

步驟 4：掃描並驗證修補結果。

在修復環境後，你需要再次使用 Amazon Inspector 來評估環境，以查看修補程式是如何影響環境的整體安全狀況的。你需要先運行檢查員評估。當評估執行時期，還會探索 AWS 其他的一些功能。然後返回 Inspector，以查看使用 Systems Manager Patch Manager 進行修補的評估結果。

下面運行另一個檢查員評估：

- 轉到 Amazon Inspector 主控台，點擊選單上的「評估範本」。
- 找到並選中你在評估階段創建的範本。
- 點擊「運行」，這樣就啟動了另一個評估，執行時間約為 15 分鐘。

探索 AWS Systems Manager 對 Windows 的維護。

當 Inspector 執行時期，你會了解到 AWS Systems Manager 對 Windows 的維護。透過 AWS Systems Manager 維護 Windows，你可以定義如修補作業系統之類的時間表。因此，你可以設定維護視窗以持續應用更新程式，而非像以前那樣一次性地應用更新程式。每個維護視窗都有一個時間表（要進行維護的時間）、維護的一組註冊目標（在這種情況下，是此實驗的一部分 Amazon EC2 實例），以及一組註冊任務（在這種情況下，是指修補操作）。

（1）創建維護視窗

1）轉到 AWS Systems Manager 主控台，然後選擇「Maintenance Windows」。

2）點擊「創建維護視窗」，使用表 7-6-1 中的值，其他項保留預設值。請注意視窗的開始日期，這樣做是為了避免干擾當前正在運行的 Inspector 掃描。

表 7-6-1

欄位名稱	欄位值
目標名稱	pww_targets
指定實例標籤	選擇選項按鈕
標記鍵	aws：cloudformation：stack-name
標籤值	堆疊名稱（在此範例中為 pww）

然後點擊「Add」以增加標籤，這時螢幕應類似於圖 7-6-12 所示，再點擊「Register target」。

3）這時會根據你輸入的資訊將目標註冊到維護視窗。

（2）註冊維護視窗任務

1）點擊左側選單上的「維護視窗」。

2）在維護視窗列表中，點擊你創建的維護視窗對應的視窗 ID，連結以 mw-字首開頭。

3）點擊「操作」，然後選擇「註冊運行」命令任務選單項，使用表 7-6-2 中的值，其他欄位保留預設值。

圖 7-6-12

表 7-6-2

欄位名稱	欄位值
任務名稱	pww_task
命令檔案	AWS-RunPatchBaseline
指定目標	選擇註冊的目標群眾
併發	1 個目標
誤差閾值	1 個錯誤
服務角色選項	將服務連結的角色用於 Systems Manager

4）點擊「註冊」運行命令任務，這時會根據你輸入的資訊將修補任務註冊
到維護視窗。

現在，你已經完成了 Systems Manager 維護視窗的定義。此附加任務的目的
是，向你展示如何在環境中持續實施修補。

7.7　Lab7：自動部署雲端上威脅智慧檢測

7.7.1　實驗概述

該實驗的主要目標是使用 AWS CloudFormation 自動設定 GuardDuty 的檢測
方案，主要包括 AWS CloudTrail，AWS Config，Amazon GuardDuty 等服務。
你可以使用 AWS 管理主控台和 AWS CloudFormation 自動執行每個服務的
設定，為確保工作負載與 AWS 具有完整的框架打下良好的基礎。

AWS CloudTrail 是一項服務，可以對 AWS 帳戶進行符合規範性審核、營運
審核和風險審核等。借助 CloudTrail，你可以記錄、持續監控和保留與整個
AWS 基礎架構操作相關的帳戶活動。CloudTrail 還可以提供 AWS 帳戶活動
的事件歷史記錄，包括透過 AWS 管理主控台、AWS SDK、命令列工具和其
他 AWS 服務執行的操作。

AWS Config 是一項可以評估、審核和評估 AWS 資源設定的服務。它可以持
續監視和記錄 AWS 資源設定，並允許你根據所需設定自動評估記錄的設定。

AWS GuardDuty 是一種威脅檢測服務，可以連續監視惡意或未經授權的行
為，以幫助你保護 AWS 帳戶和工作負載。它也可以監視可能會破壞帳戶的

活動，如異常的 API 呼叫或潛在的未經授權的部署，還可以檢測攻擊者可能受到威脅的實例或偵察。

7.7.2 實驗條件

1）設定一個 Labadmin 實驗帳號。

2）下載自動化部署檔案 cloudtrail-config-guardduty.yaml。

3）選擇部署不同的區域（要求區域已經發佈 GuardDutyfu 服務）。

7.7.3 實驗步驟

步驟 1：登入環境。

用 Labadmin 實驗帳號登入 AWS 管理主控台。

步驟 2：部署 GuardDuty 堆疊。

1）透過 AWS 管理主控台，或透過連結打開 CloudFormation 服務，然後點擊「創建堆疊」，並選擇「使用新資源」。

2）保持「準備範本」設定不變。

- 對於範本源，選擇「上傳範本檔案」。
- 點擊「選擇檔案」並選擇下載到本地電腦中的 CloudFormation 範本：cloudtrail-config- guardduty.yaml，如圖 7-7-1 所示。

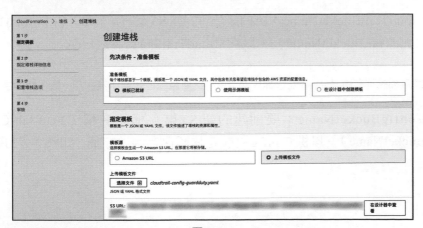

圖 7-7-1

3）點擊「下一步」。

4）堆疊名稱使用「MyFirst-GuardDutyControls」，或其他名稱。

5）參數設定，如圖 7-7-2 所示。

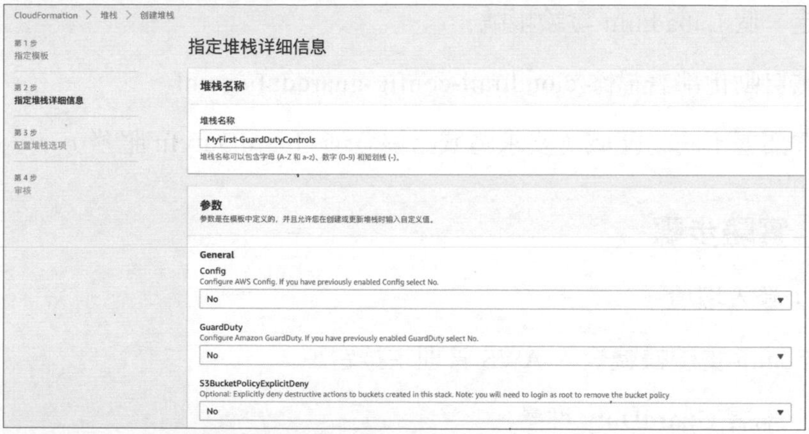

圖 7-7-2

- 查看參數及其預設值。

- 在「General」中，僅當尚未設定時才選擇「Yes」啟用服務，如 Config 和 GuardDuty 服務已經在部署的區域中啟用；在預設設定 Config 和 GuardDuty 項中選擇「No」，否則部署會顯示出錯。在預設情況下，CloudTrail 處於啟用狀態，如果你已經啟用，則將創建另一個追蹤和 S3 儲存桶。

- CloudTrailBucketName：要 創 建 的 新 S3 儲 存 桶 的 名 稱（2020-lab cloudTrailBucketName），以供 CloudTrail 向其發送日誌。

提示：儲存桶名稱在所有 AWS 儲存桶中必須唯一，並且只能包含小寫字母、數字和連字元號。

- ConfigBucketName：要創建的新 S3 儲存桶的名稱（2020-lab-Config BucketName），以供 Config 將設定快照保存到儲存桶，如圖 7-7-3 所示。

- GuardDutyEmailAddress：接收警示的電子郵件位址（填寫自己的郵寄位址），你必須有權存取此位址以進行測試，然後點擊「下一步」。

6）對「設定堆疊」選項，我們建議設定標籤（即鍵值對），以幫助你辨識堆疊及其創建的資源。舉例來說，在金鑰的左列中輸入所有值，在值的右列中輸入你的電子郵件位址。這裡不使用其他許可權或進階選項，故點擊「下一步」。

CloudTrail

CloudTrailBucketName
The name of the new S3 bucket to create for CloudTrail to send logs to. Can contain only lower-case characters, numbers, periods, and dashes.Each label in the bucket name must start with a lowercase letter or number.

```
2020-lab-cloudtrail
```

CloudTrailCWLogsRetentionTime
Number of days to retain logs in CloudWatch Logs. 0=Forever. Default 1 year, note logs are stored in S3 default 10 years

```
365
```

CloudTrailS3RetentionTime
Number of days to retain logs in the S3 Bucket before they are automatically deleted. Default is ~ 10 years

```
3650
```

CloudTrailEncryptS3Logs
OPTIONAL: Use KMS to enrypt logs stored in S3. A new key will be created

```
No                                                                    ▼
```

CloudTrailLogS3DataEvents
OPTIONAL. These events provide insight into the resource operations performed on or within S3

```
No                                                                    ▼
```

Config
ConfigBucketName
The name of the S3 bucket Config Service will store configuration snapshots in. Each label in the bucket name must start with a lowercase letter or number.

```
2020-lab-config
```

ConfigSnapshotFrequency
AWS Config configuration snapshot frequency

```
One_Hour                                                              ▼
```

圖 7-7-3

7）查看頁面內容：在頁面底部選擇「我確認，AWS CloudFormation 可能創建 IAM 資源。」，然後點擊「創建堆疊」，如圖 7-7-4 所示。

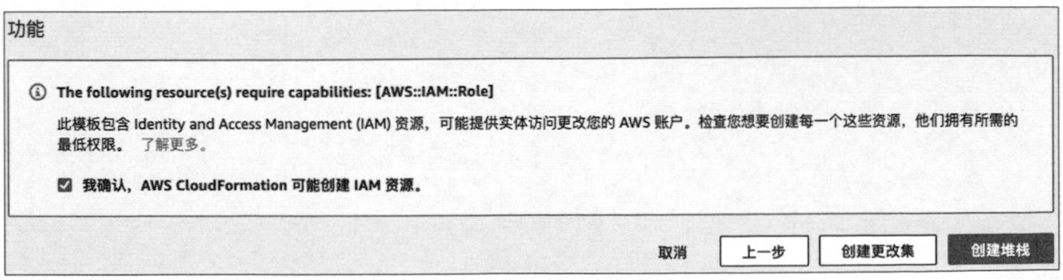

功能

ⓘ **The following resource(s) require capabilities: [AWS::IAM::Role]**

此模板包含 Identity and Access Management (IAM) 資源，可能提供實体訪问更改您的 AWS 账户。檢查您想要創建每一个这些资源，他们拥有所需的最低权限。了解更多。

☑ **我确认，AWS CloudFormation 可能创建 IAM 资源。**

取消　　上一步　　创建更改集　　**创建堆栈**

圖 7-7-4

8）進入 CloudFormation 堆疊狀態頁面，顯示正在進行的堆疊創建，如圖 7-7-5 所示。

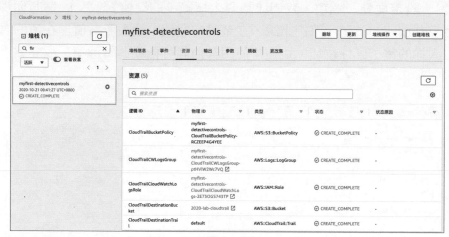

圖 7-7-5

- 點擊「資源」標籤。
- 捲動瀏覽清單。它顯示（以相反的順序）由 CloudFormation 執行的活動，如開始創建資源等。
- 在創建堆疊期間遇到的任何錯誤都將在此標籤中列出。

9）當堆疊顯示 CREATE_COMPLETE 狀態時，說明部署成功。

現在，你已經設定了堆疊控制項以登入到儲存桶並保留事件，這使你能夠搜索歷史記錄，並在以後啟用對 AWS 帳戶的主動監控。

這時，你會收到一封電子郵件，以確認 SNS 電子郵件訂閱，你必須進行確認，如圖 7-7-6 所示。

CloudTrail Logging Alert

AN ● AWS Notifications <no-reply@sns.amazonaws.com> 今天 上午9:43
收件人：○ Lu, Luke

Event description: "Event:{'eventVersion': '1.05', 'userIdentity': {'type': 'IAMUser', 'principalId': 'AIDASQTSOFMLB53ZE5ONT', 'arn':
'arn:aws:iam::173112437526:user/lu   12437526', 'accessKeyId': 'ASIAJ4SK6JRLPH4A53WQ', 'userName':
'luworkshop', 'sessionContext': {'sessionIssuer': {}, 'webIdFederationData': {}, 'attributes': {'mfaAuthenticated': 'true', 'creationDate': '2020-
10-20T21:24:13Z'}}, 'invokedBy': 'cloudformation.amazonaws.com'}, 'eventTime': '2020-10-21T01:42:06Z', 'eventSource':
'cloudtrail.amazonaws.com', 'eventName': 'PutEventSelectors', 'awsRegion': 'us-east-1', 'sourceIPAddress':
'cloudformation.amazonaws.com', 'userAgent': 'cloudformation.amazonaws.com', 'requestParameters': {'trailName': 'default',
'eventSelectors': [{'readWriteType': 'All', 'includeManagementEvents': True, 'dataResources': [], 'excludeManagementEventSources': []},
{'readWriteType': 'All', 'includeManagementEvents': True, 'dataResources': [], 'excludeManagementEventSources
': []}]}, 'responseElements': {'trailARN': 'arn:aws:cloudtrail:us-east-1:173112437526:trail/default', 'eventSelectors': [{'readWriteType': 'All',
'includeManagementEvents': True, 'dataResources': [], 'excludeManagementEventSources': []}, {'readWriteType': 'All',
'includeManagementEvents': True, 'dataResources': [], 'excludeManagementEventSources': []}]}, 'requestID': 'ff0b3558-bbd7-4821-8162-
e838266bbf63', 'eventID': '7c5a4180-adf5-43f0-9b8a-d46b3b769005', 'readOnly': False, 'eventType': 'AwsApiCall'}"

If you wish to stop receiving notifications from this topic, please click or visit the link below to unsubscribe:

Please do not reply directly to this email. If you have any questions or comments regarding this email, please contact us at

圖 7-7-6

由於電子郵件是直接透過 SNS 從 GuardDuty 發送的，因此為 JSON 格式。

步驟 3：清除環境。

1）登入 AWS 管理主控台，然後打開 CloudFormation 主控台。

選擇部署的堆疊名稱，如「MyFirst-GuardDutyControls」。

點擊「操作」，然後點擊「刪除堆疊」。

確認堆疊，然後點擊「是，刪除」。

2）清空並刪除 S3 儲存桶。

登入 AWS 管理主控台，然後打開 S3 主控台。

選擇你之前創建的 CloudTrail 儲存桶，但無須點擊名稱。

7.7.4 實踐複習

本實驗實現了 CloudFormation 堆疊的自動化部署，主要是創建和設定
CloudTrail，包括一個 CloudTrail、一個 S3 儲存桶及一個 CloudWatch Logs
群組。你可以選擇透過為每個參數設定 CloudFormation 參數來設定 AWS
Config 和 Amazon GuardDuty。

這個實驗屬於基礎實驗，後續我們會擴充場景，為威脅檢測設定自動提醒關鍵指標以進行自動化設定管理，用託管服務來提升你的安全威脅和回應的自動化和可見性。

7.8　Lab8：自動部署 Config 監控並修復 S3 符合規範性

7.8.1　實驗概述

本實驗的主要目標是如何使用 AWS Config 監控 Amazon S3 儲存桶開放讀取和寫入存取的 ACL 和公共存取策略，如何使用 Amazon CloudWatch，Amazon SNS 和 Lambda 自動修復公共儲存桶 ACL，發現 S3 儲存桶目錄開放許可權不合格的情況，並及時發出警報郵件，以便能夠輕鬆辨識並保護開放的 S3 儲存桶的 ACL 和策略。

7.8.2　實驗架構

在實驗架構中，主要用到 AWS Config，Amazon S3，Amazon CloudWatch，Amazon SNS，Lambda 等 5 個服務，共需要完成 5 個任務項，如圖 7-8-1 所示。

1）啟用 AWS Config 來監控 Amazon S3 儲存桶的 ACL 和策略是否符合規範。

2）創建一個 IAM 角色和策略，以授予 Lambda 讀取 S3 儲存桶策略並透過 SNS 發送警示的許可權。

3）創建並設定 CloudWatch Events 規則，當 AWS Config 監控到 S3 儲存桶 ACL 或策略違規時，該規則會觸發 Lambda 函數。

4）創建一個使用 IAM 角色的 Lambda 函數，以查看 S3 儲存桶的 ACL 與策略和更正 ACL，並將不符合規範策略通知你的團隊。

5）透過使用修改 S3 儲存桶目錄的許可權，來驗證監控符合規範記錄和自動修復及警報資訊。

注意：實驗假設你的符合規範性策略的要求是監控的儲存桶不允許公共讀取或寫入存取。

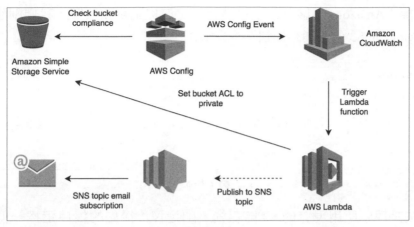

圖 7-8-1

7.8.3　實驗步驟

步驟 1：啟用 AWS Config 和 Amazon S3 儲存桶監控。

以下是如何設定 AWS Config 來監控 Amazon S3 儲存桶。

1）登入 AWS 管理主控台，然後打開 AWS Config 主控台，選擇「設定」。

2）在「設定」頁面的「要記錄的資源類型」下，清除「所有資源」核取方塊。
在「特定類型」列表中，選擇「S3」下的「Bucket」，如圖 7-8-2 所示。

圖 7-8-2

3）選擇「Amazon S3 儲存桶」以儲存設定歷史記錄和快照。我們創建一個新的 Amazon S3 儲存桶，如圖 7-8-3 所示。

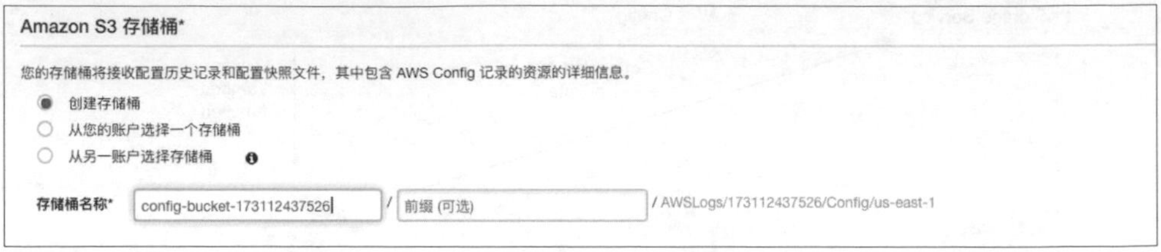

Amazon S3 存储桶*

您的存储桶将接收配置历史记录和配置快照文件，其中包含 AWS Config 记录的资源的详细信息。

- ● 创建存储桶
- ○ 从您的账户选择一个存储桶
- ○ 从另一账户选择存储桶　ℹ️

存储桶名称*　| config-bucket-173112437526 | / | 前缀 (可选) | / AWSLogs/173112437526/Config/us-east-1

圖 7-8-3

如果在帳戶中使用現有的 S3 儲存桶，則選擇「從您的帳戶選擇一個儲存桶」，然後使用下拉清單選擇一個現有儲存桶。

4）在「Amazon SNS 主題」下，選中「將設定更改和通知流式傳輸到 Amazon SNS 主題」，然後選中「創建主題」（也可以選擇以前創建並訂閱的主題），如圖 7-8-4 所示。

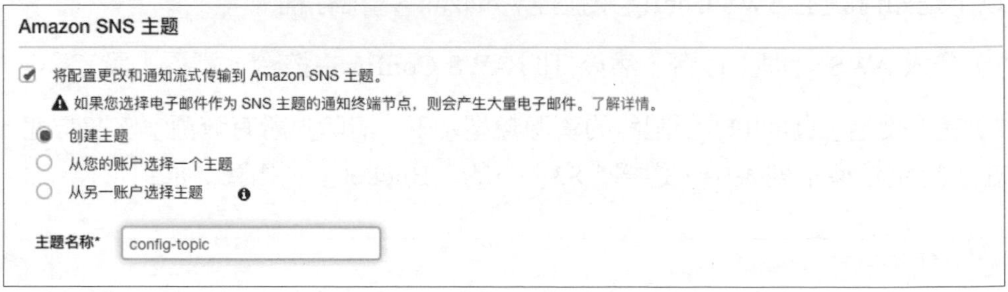

Amazon SNS 主题

- ☑ 将配置更改和通知流式传输到 Amazon SNS 主题。
  - ⚠️ 如果您选择电子邮件作为 SNS 主题的通知终端节点，则会产生大量电子邮件。了解详情。
- ● 创建主题
- ○ 从您的账户选择一个主题
- ○ 从另一账户选择主题　ℹ️

主题名称*　| config-topic |

圖 7-8-4

你也可以根據自己的習慣完成主題「config-topic」的修改，在完成設定後，將直接在 SNS 中創建新主題，如圖 7-8-5 所示。

圖 7-8-5

5）選中主題旁邊的核取方塊，然後在「操作」選單下，選擇「訂閱主題」。

6）選擇將「電子郵件」作為協定，輸入你的電子郵件位址，然後點擊「創建訂閱」，如圖 7-8-6 所示。幾分鐘後，你將收到一封電子郵件，要求你確認訂閱此主題的通知。選擇連結以確認訂閱，如圖 7-8-7 所示。

7）在「AWS Config 角色」下，選擇「使用現有 AWS Config 服務相關角色」，如圖 7-8-8 所示。

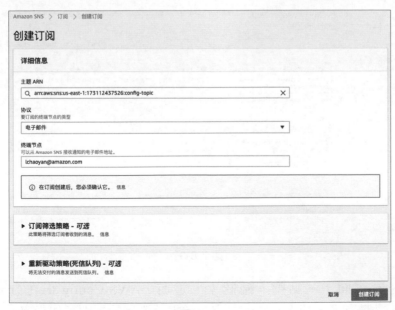

圖 7-8-6

圖 7-8-7

圖 7-8-8

8）設定 Amazon S3 儲存桶監控規則：在 AWS Config 的「增加規則」頁面上，搜索 S3 並選擇「s3-bucket-public-read-prohibited」和「s3-bucket-public-write-prohibited」規則，然後分別雙擊它們進行規則詳細設定，如圖 7-8-9 所示。

圖 7-8-9

9）在查看頁面上，點擊「確認」。這時，AWS Config 正在分析你的 Amazon S3 儲存桶，捕捉其當前設定，並根據選擇的規則評估設定。

步驟 2：為 Lambda 創建角色。

我們需要為 Lambda 創建角色，以實現檢查和修改 Amazon S3 儲存桶的 ACL
和策略、登入 CloudWatch Logs，以及發佈到 Amazon SNS 主題的許可權。
現在，我們設定自訂 AWS 身份和存取管理（IAM）策略與角色來支援這些
操作，並將策略分配給將被創建的 Lambda 函數。

1）在 AWS 管理主控台的「服務」下，選擇 IAM 存取 IAM 主控台。

2）創建 Lambad 角色需要的策略：複製以下策略到 IAM 的策略控制介面，
然後點擊「查看策略」，如圖 7-8-10 所示。

```
{
    "Version": "2012-10-17",
    "Statement": [
        {
            "Sid": "SNSPublish",
            "Effect": "Allow",
            "Action": [
                "sns:Publish"
            ],
            "Resource": "*"
        },
        {
            "Sid": "S3GetBucketACLandPolicy",
            "Effect": "Allow",
            "Action": [
                "s3:GetBucketAcl",
                "s3:GetBucketPolicy"
            ],
            "Resource": "*"
        },
        {
            "Sid": "S3PutBucketACLAccess",
            "Effect": "Allow",
            "Action": "s3:PutBucketAcl",
            "Resource": "arn:aws:s3:::*"
        },
        {
            "Sid": "LambdaBasicExecutionAccess",
            "Effect": "Allow",
            "Action": [
                "logs:CreateLogGroup",
                "logs:CreateLogStream",
                "logs:PutLogEvents"
            ],
            "Resource": "*"
        }
    ]
}
```

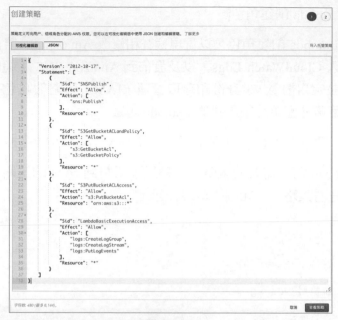

圖 7-8-10

策略詳情如圖 7-8-11 所示:

圖 7-8-11

3)為 Lambda 函數創建角色:從角色的服務清單中選擇 Lambda,並選中之前創建的策略旁邊的核取方塊,然後點擊「下一步:為您的角色命名」增加描述,然後點擊「創建角色」。在此範例中,命名為 mylab-modify-s3-acl-Role,然後將其附加給角色 AWS 的託管策略「AWSLambdaBasicExecutionRole」,如圖 7-8-12 所示。

圖 7-8-12

步驟 3：創建和設定 CloudWatch 規則。

下面創建一個 CloudWatch 規則，當 AWS Config 監控並確定 Amazon S3 儲存桶不合格時，其能觸發 Lambda 函數，如圖 7-8-13 所示。

圖 7-8-13

1）在 AWS 管理主控台的「服務」下，選擇「CloudWatch」。

2）在左側的「事件」下，選擇「規則」，然後點擊「創建規則」。

3）在步驟 1「創建規則」的「事件來源」下，選擇下拉清單中的「生成自訂事件模式」，並將以下模式貼上到文字標籤中。

```
{
  "source": [
    "aws.config"
  ],
  "detail": {
    "requestParameters": {
      "evaluations": {
        "complianceType": [
          "NON_COMPLIANT"
        ]
      }
    },
    "additionalEventData": {
      "managedRuleIdentifier": [
        "S3_BUCKET_PUBLIC_READ_PROHIBITED",
        "S3_BUCKET_PUBLIC_WRITE_PROHIBITED"
      ]
    }
  }
}
```

該模式匹配 AWS Config 檢查 Amazon S3 儲存桶，以確保公共存取時生成的事件。

4）在圖 7-8-13 的「目標」中，選擇之前創建的 Amazon SNS 主題「config-topic」（如果提前設定了 Lambda，也可以同時選擇設定它，其將在步驟 4 中創建），然後點擊「設定詳細資訊」。

5）給規則命名為 mylab-AWSConfigFoundOpenBucket，如圖 7-8-14 所示，然後點擊「創建規則」。

步驟 4：創建 Lambda 函數。

下面創建一個新的 Lambda 函數，來檢查 Amazon S3 儲存桶的 ACL 和策略。如果發現儲存桶 ACL 允許公共存取，則 Lambda 函數會將其修改為私有 ACL。如果找到了儲存桶策略，則 Lambda 函數將創建 SNS 訊息，將該策略放入訊息文字中，並將其發送到創建的 Amazon SNS 主題中。

圖 7-8-14

由於儲存桶策略很複雜並且覆蓋策略可能會導致意外的存取遺失，因此此 Lambda 函數不會嘗試以任何方式更改策略。

1）在 AWS 管理主控台的「服務」下，選擇 Lambda 以轉到 Lambda 主控台。從主控台中，選擇創建功能或直接進入「功能」頁面，再點擊右上角的「創建功能」。

2）在「創建功能」頁面上選擇「從頭開始創作」，填寫函數名稱：AWSConfigOpenAccess Responder。在「執行時期」的下拉清單中，選擇「Python 3.6」。在「執行角色」下，選擇「使用現有角色」，並選擇你在前面步驟中創建的角色，然後點擊「創建函數」，如圖 7-8-15 所示。

圖 7-8-15

3）現在，根據之前創建的規則增加一個 CloudWatch Event。點擊「增加」，
選擇「EventBridge（CloudWatch Events）」，這時其圖框顯示連接到
Lambda 函數的左側，如圖 7-8-16 和圖 7-8-17 所示。

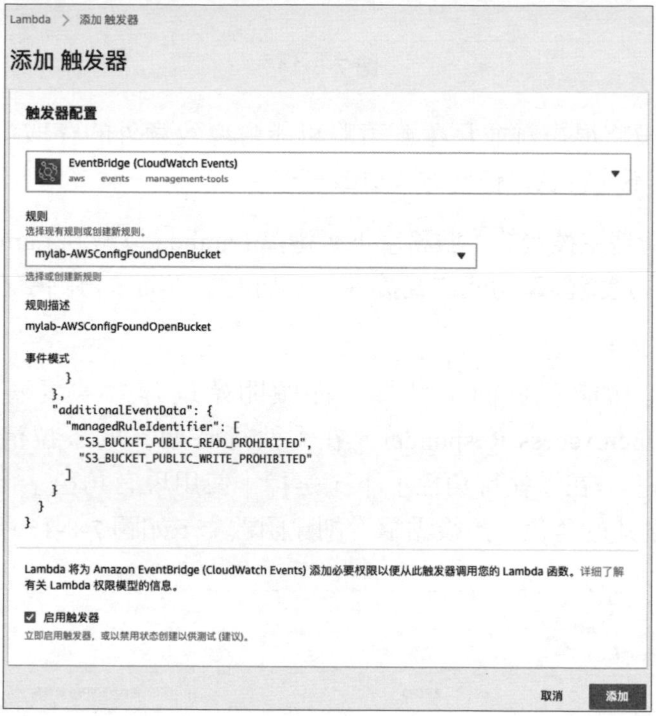

圖 7-8-16

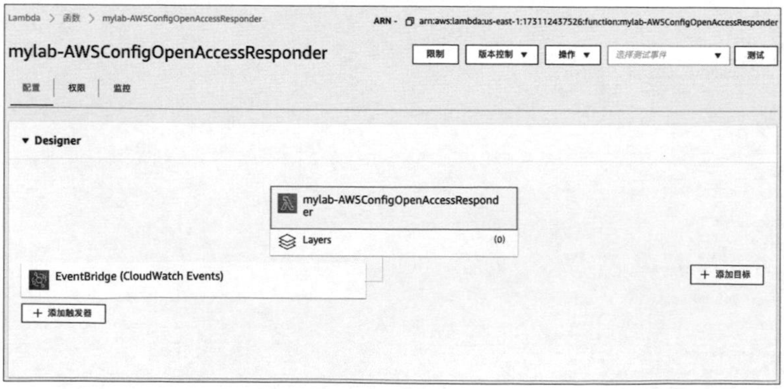

圖 7-8-17

4）向下捲動到「函數程式」部分，刪除預設程式，然後貼上以下程式，如
圖 7-8-18 所示。

```python
import boto3
from botocore.exceptions import ClientError
import json
import os

ACL_RD_WARNING = "The S3 bucket ACL allows public read access."
PLCY_RD_WARNING = "The S3 bucket policy allows public read access."
ACL_WRT_WARNING = "The S3 bucket ACL allows public write access."
PLCY_WRT_WARNING = "The S3 bucket policy allows public write access."
RD_COMBO_WARNING = ACL_RD_WARNING + PLCY_RD_WARNING
WRT_COMBO_WARNING = ACL_WRT_WARNING + PLCY_WRT_WARNING

def policyNotifier(bucketName, s3client):
    try:
        bucketPolicy = s3client.get_bucket_policy(Bucket = bucketName)
        # notify that the bucket policy may need to be reviewed due to security concerns
        sns = boto3.client('sns')
        subject = "Potential compliance violation in " + bucketName + " bucket policy"
        message = "Potential bucket policy compliance violation. Please review: " +
json.dumps(bucketPolicy['Policy'])
        # send SNS message with warning and bucket policy
        response = sns.publish(
            TopicArn = os.environ['TOPIC_ARN'],
            Subject = subject,
            Message = message
        )
    except ClientError as e:
        # error caught due to no bucket policy
        print("No bucket policy found; no alert sent.")

def lambda_handler(event, context):
    # instantiate Amazon S3 client
    s3 = boto3.client('s3')
    resource = list(event['detail']['requestParameters']['evaluations'])[0]
    bucketName = resource['complianceResourceId']
    complianceFailure = event['detail']['requestParameters']['evaluations'][0]
['annotation']
    if(complianceFailure == ACL_RD_WARNING or complianceFailure == ACL_WRT_WARNING):
        s3.put_bucket_acl(Bucket = bucketName, ACL = 'private')
    elif(complianceFailure == PLCY_RD_WARNING or complianceFailure == PLCY_WRT_WARNING):
        policyNotifier(bucketName, s3)
    elif(complianceFailure == RD_COMBO_WARNING or complianceFailure == WRT_COMBO_WARNING):
        s3.put_bucket_acl(Bucket = bucketName, ACL = 'private')
        policyNotifier(bucketName, s3)
return 0  # done
```

圖 7-8-18

5）向下捲動到「編輯環境變數」部分，此程式使用「環境變數」儲存 Amazon SNS 主題 ARN。

在「鍵」中輸入「TOPIC_ARN」；在「值」中輸入步驟 1 中創建的 Amazon SNS 主題的 ARN，如圖 7-8-19 所示。

圖 7-8-19

6）在許可權標籤下的「執行角色」的「現有角色」下拉清單中選擇之前創建的角色「mylab- modify-s3-acl-role」，保留其他內容不變，然後點擊「保存」，如圖 7-8-20 所示。

圖 7-8-20

步驟 5：驗證監控和修復效果。

1）測試以確保檢測和回應能正常執行，如圖 7-8-21 所示。

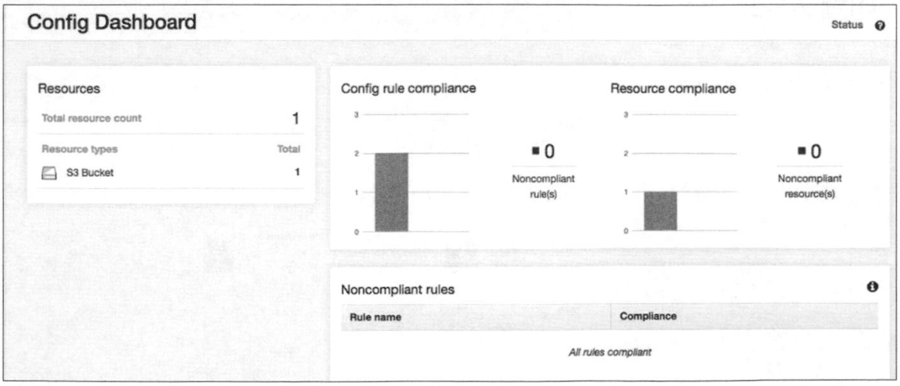

圖 7-8-21

現 有 一 個 Amazon S3 儲 存 桶，在 AWS Config 監 視 的 區 域 中 創 建 的「myconfigtestbucket」及連結的 Lambda 函數。由於該儲存桶沒有在 ACL 或策略中設定任何公共的讀寫存取權限，因此創建符合標準。

2）更改儲存桶的 ACL 以允許物件的公共列表，S3 許可權標籤如圖 7-8-22 所示，其顯示了每個人都被授予存取權限。

圖 7-8-22

3）保存後，儲存桶就可以進行公共存取了。幾分鐘後，在 AWS Config 儀表板上可以看到有一種不符合規範的資源，且帶有不符合規範的設定儀表板顯示，如圖 7-8-23 所示。

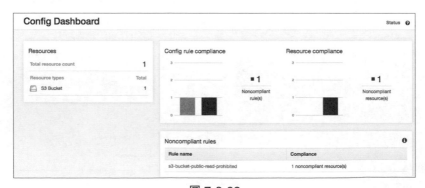

圖 7-8-23

4）在 Amazon S3 主控台中，我們看到在呼叫由 CloudWatch Rule 觸發的 Lambda 函數之後，儲存桶不再具有啟用的公共物件列表。許可權標籤顯示不再允許存取，如圖 7-8-24 所示。

圖 7-8-24

5）這時，AWS Config 儀表板顯示沒有任何不符合要求的資源，設定儀表板顯示不符合規範資源為 0，如圖 7-8-25 所示。

圖 7-8-25

6）下面透過設定允許清單存取的儲存桶策略來檢查 Amazon S3 儲存桶策略，如圖 7-8-26 所示。

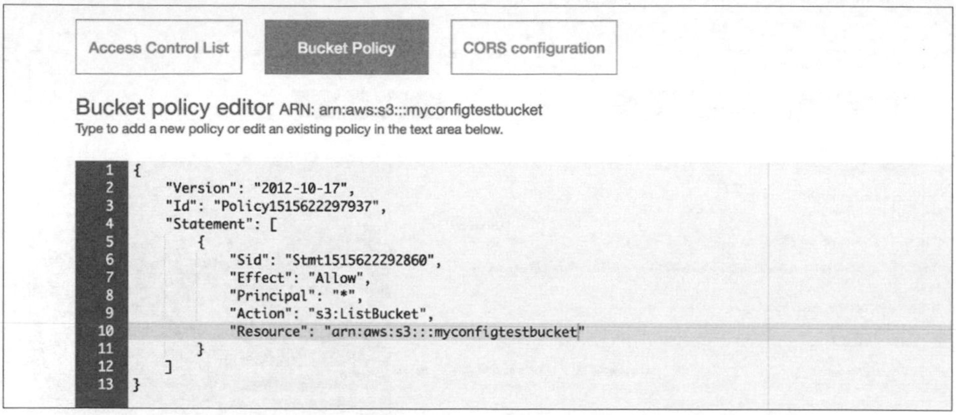

```
Access Control List          Bucket Policy          CORS configuration

Bucket policy editor  ARN: arn:aws:s3:::myconfigtestbucket
Type to add a new policy or edit an existing policy in the text area below.

 1  {
 2      "Version": "2012-10-17",
 3      "Id": "Policy1515622297937",
 4      "Statement": [
 5          {
 6              "Sid": "Stmt1515622292860",
 7              "Effect": "Allow",
 8              "Principal": "*",
 9              "Action": "s3:ListBucket",
10              "Resource": "arn:aws:s3:::myconfigtestbucket"
11          }
12      ]
13  }
```

圖 7-8-26

7）在「myconfigtestbucket」儲存桶上設定此策略的幾分鐘後 ，AWS Config 會辨識該儲存桶不再符合規範。因為這是儲存桶策略而非 ACL，所以我們向之前創建的 SNS 主題發佈了一個通知，以便了解潛在的策略衝突。

我們還可以修改或刪除該策略，然後由 AWS Config 辨識該資源是否符合要求。

7.8.4 實驗複習

本實驗主要透過 AWS Config 服務定義的資源設定檢測範本，快速設定並持續監控你的 AWS 資源的安全符合規範場景，從而使評估、監控和修復不符合規範的資源設定變得更簡單、更自動化。AWS Config 提供了許多有關 AWS 資源安全和符合規範託管的規則，這些規則解決了廣泛的安全問題，如檢查是否對 Amazon Elastic Block Store（Amazon EBS）捲進行了加密、是否對資源進行了適當的標記，以及是否為根使用者啟用了 MFA 帳戶等。你還可以創建自訂規則，以透過 AWS Lambda 函數來監控和修復符合規範性的要求。

為了提升部署效率，我們在附書資料中提供了一個 AWS CloudFormation 自動化部署範本，該範本實現了以上所有步驟。基於該範本，你可以將 AWS Config 修改並部署在多個區域中。

7.9 Lab9：自動部署雲端上漏洞修復與符合規範管理

在本實驗中，說明如何透過 AWS Systems Manager 和 Amazon CloudWatch 建構企業符合規範性管理和漏洞補救系統，如何透過 Amazon QuickSight 和 Amazon Athena 進行報告分析和展示，以便為符合規範性利益相關者提供雲端上安全符合規範系統的視覺化內容。

本實驗的目的是定義一個策略，持續監控，並根據定義的策略確保系統能夠保持符合所需設定的要求。我們將針對 AWS Systems Manager 分別使用常見的業界標準域特定語言（DSL），PowerShell DSC 和 Ansible 來監控和修復 Linux 和 Windows 實例。首先從 Linux 和 Ansible 開始，然後根據需要轉到 Windows 和 PowerShell DSC。由於 AWS Systems Manager 服務還支援 Chef Inspec，因此也可以以相同的方式利用自動化平台來滿足符合規範性、安全性和策略要求。

7.9.1 實驗模組 1：使用 Ansible 與 Systems Manager 的符合規範性管理

Ansible 是一個設定平台，可以讓你定義系統的安全性。下面我們使用 Ansible 手冊來定義和設定並有選擇地補救設定的不符合規範項，並利用 AWS Systems Manager Session Manager 進行遠端系統管理，而無須網路連接或管理 SSH 金鑰。我們將為 Windows 使用類似的設定平台，並採取額外的步驟確保禁用了遠端系統管理實例所需的服務。

步驟 1：啟動 Ubuntu EC2 實例。

1）登入 AWS 帳戶。

2）登入後，轉到 EC2 主控台。

3）啟動 Ubuntu Server EC2 實例，如圖 7-9-1 所示。

圖 7-9-1

4）選擇一個通用 t2.micro 實例，如圖 7-9-2 所示，然後點擊「下一步：設定實例詳細資訊」。

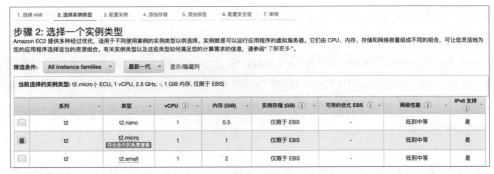

圖 7-9-2

5）在圖 7-9-3 所示的頁面上，「IAM 角色」部分以外的所有項都為預設值，點擊「創建新的 IAM 角色」。

圖 7-9-3

6）在「角色」頁面上，點擊「創建角色」。

7）在「選擇受信任實體的類型」部分中，選擇「AWS 產品」，並在「選擇一個使用案例」中選擇「EC2」，然後點擊「下一步：許可權」，如圖 7-9-4 所示。

圖 7-9-4

8）在「Attach 許可權策略」頁面中，選擇「AmazonEC2RoleforSSM」策略，然後點擊「下一步：標籤」，如圖 7-9-5 所示。

圖 7-9-5

9）在「增加標籤」頁面上，點擊「下一步：審核」。

10）在「審核」頁面中，角色名稱為「mylab-ubuntu-ssm-role」，然後點擊「創建角色」，如圖 7-9-6 所示。

圖 7-9-6

11）創建角色後，將返回「設定實例詳細資訊」頁面並完成實例創建。在繼續之前，先刷新「IAM 角色」部分並選擇剛剛創建的角色，如圖 7-9-7 所示。

圖 7-9-7

12）然後點擊「下一步：增加儲存」。

13）在「增加儲存」頁面中，各項使用預設設定，然後點擊「下一步：增加標籤」。

14）在「增加標籤」頁面中，在「值」部分中輸入「名稱」作為「鍵」，並輸入「mylab-ubuntu」。

15）然後點擊「審核並啟動」。

16）在「審稿實例啟動」頁面上，點擊「啟動」。

17）選擇「mylab-keypair」，然後點擊「啟動實例」，如圖 7-9-8 所示。

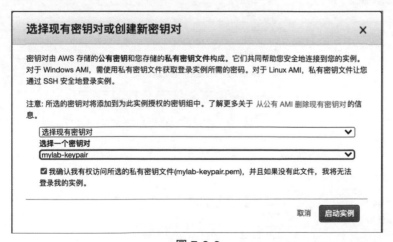

圖 7-9-8

步驟 2：設定 KMS 主金鑰。

為了確保階段連結是安全的，我們需要透過 KMS 設定加密階段主金鑰。

1）轉到 AWS 管理器主控台。

2）在「Key Management Service（KMS）」頁面上，點擊「客戶管理的金鑰」，然後點擊「創建金鑰」並選擇「對稱」，點擊「下一步」，如圖 7-9-9 所示。

圖 7-9-9

填寫金鑰名稱「mylab-ssm-kmskey」，然後點擊「下一步」，如圖 7-9-10 所示。

圖 7-9-10

3）分別選擇管理員帳號並「定義金鑰管理許可權」和「定義金鑰使用權限」，
如圖 7-9-11 和圖 7-9-12 所示，然後分別點擊「下一步」。

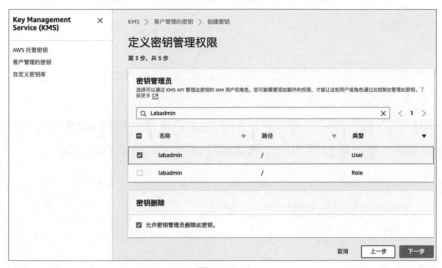

圖 7-9-11

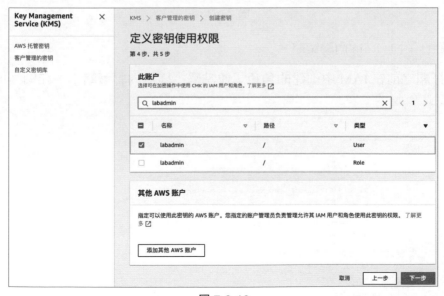

圖 7-9-12

4）金鑰創建成功，如圖 7-9-13 所示，點擊「完成」。

圖 7-9-13

5）在用戶端金鑰管理員介面，點擊創建完成的金鑰並拷貝 ARN 到文字標籤，以便在創建內聯策略授權角色存取金鑰時使用，如圖 7-9-14 所示。

圖 7-9-14

步驟 3：附加 Role 內聯策略。

1）打開之前在 IAM 中創建的角色，並點擊「增加內聯策略」，如圖 7-9-15 所示。

圖 7-9-15

2)點擊「JSON」標籤,將策略複製到文字標籤中,並將之前自訂金鑰的 ARN 拷貝到 Resource 處,如圖 7-9-16 所示。

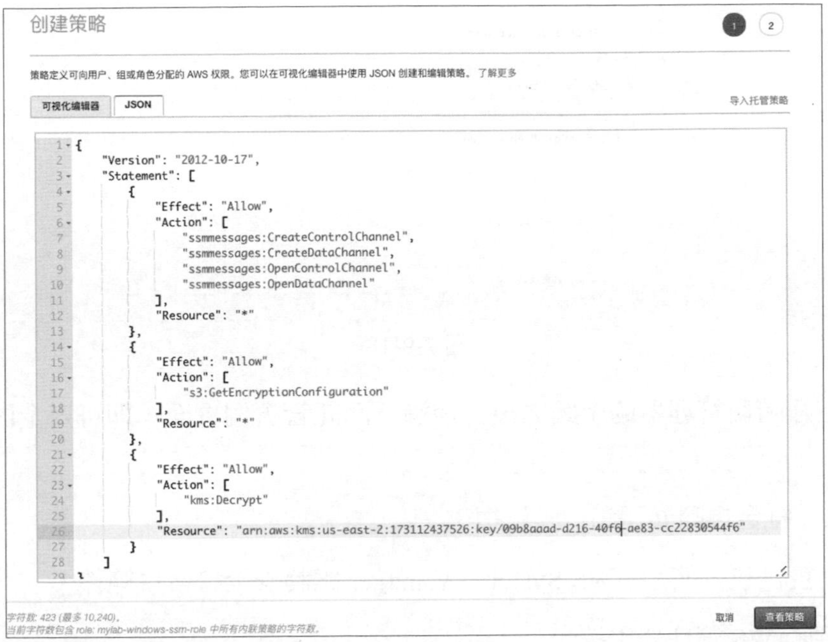

圖 7-9-16

3)將內聯策略命名為「mylab-SessionManagePermissions」,如圖 7-9-17 所示。

圖 7-9-17

4)跳躍到 System Manager 管理頁面,點擊「階段管理器」中的「首選項」,如圖 7-9-18 所示。

圖 7-9-18

在設定好階段管理器的金鑰之後，透過下面託管實例頁面，即可安全啟動階段。

步驟 4：符合規範展示和自動修復。

在啟動實例後，使用 AWS Systems Manager 維護安全符合規範性。

1）轉到 AWS 管理器主控台。

2）在「託管實例」頁面上，點擊剛剛創建的 EC2 實例，然後在「操作」下拉清單中選擇「啟動階段」，如圖 7-9-19 所示。

圖 7-9-19

3）使用「階段管理器」安裝 Ansible 元件，將會確保系統能保持安全性。

4）然後點擊「開始階段」，以連接到剛剛創建的 EC2 實例。

5）在打開新標籤並建立與 EC2 實例的階段後，運行以下命令來安裝 Ansible，如圖 7-9-20 所示。

圖 7-9-20

6）安裝完所有元件後，點擊「狀態管理器」，如圖 7-9-21 所示，然後點擊「創建連結」。

圖 7-9-21

7）在「名稱」欄位中輸入「mylab-ubuntu-ansible」，在「文件」中選擇「AWS-RunAnsiblePlaybook」，如圖 7-9-22 所示。

圖 7-9-22

8）在「參數」的「Playbookurl」框中輸入以下 URL，然後從「Check」下

拉清單中選擇「True」。本實驗中使用的 Playbookurl 在 EC2 實例上安裝了 Web 服務，但是我們將不會安裝該服務，而只會使用 Playbookurl 將實例標記為不相容。複製並貼上位址，如圖 7-9-23 所示。

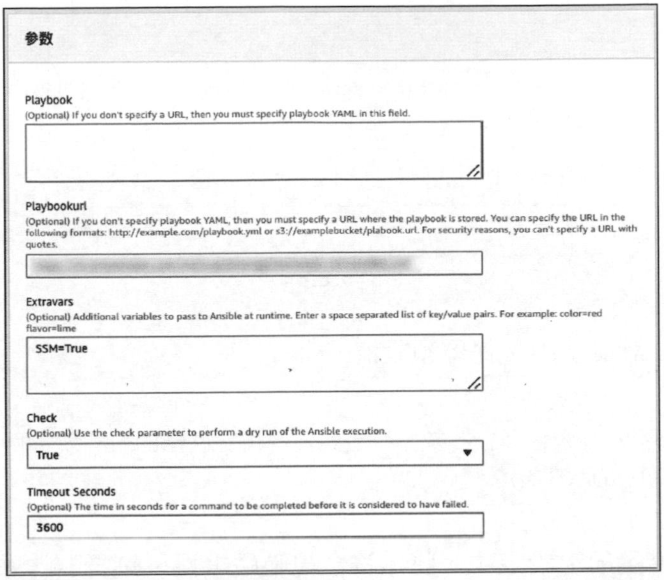

圖 7-9-23

9）在「目標」中，為鍵值對選擇「Specify instance tags」，並增加「Name」和「mylab-ubuntu」，如圖 7-9-24 所示。

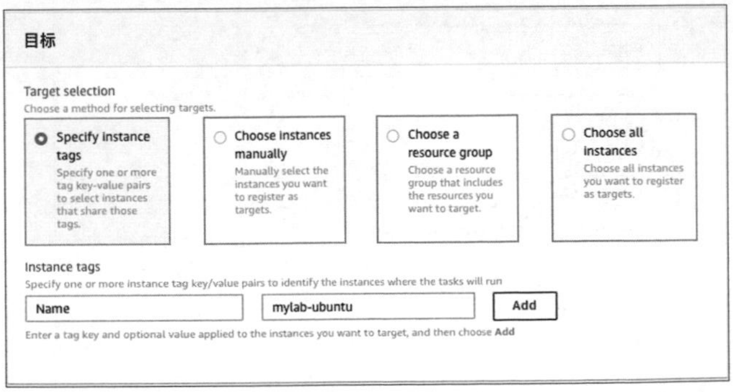

圖 7-9-24

或透過手動選擇實例，如圖 7-9-25 所示。

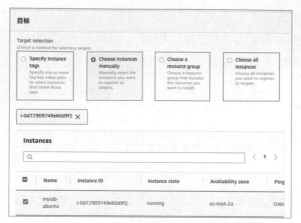

圖 7-9-25

10）在「指定計劃」中，保留預設值。

注意：連結儘管每 30 分鐘運行一次，但是與資源標籤匹配的所有新實例幾分鐘內會在 Ansible 中具有所需的狀態設定。

11）在「進階選項」設定中，將「符合規範嚴重性」選擇為「重大」。這會幫助我們輕鬆地在 Systems Manager 符合規範性功能中辨識不符合符合規範性要求的任何 EC2 實例，如圖 7-9-26 所示。

圖 7-9-26

12）所有其他設定都可以保留預設值，然後點擊「創建連結」。

13）一旦創建了「狀態管理器」連結，其就會檢查我們的 EC2 實例是否在符合規範的範圍內。為此，我們將在 AWS Systems Manager 主控台中轉到「符合規範性類型」，如圖 7-9-27 所示。

圖 7-9-27

14）由於我們將 Ansible 設定為對任何不符合規範的警示（即僅檢查），因此在「符合規範性資源摘要」儀表板中會看到不符合規範的詳細資訊。

15）在這種情況下，不要介意描繪的其他連結，我們只關心在之前步驟中設定的「關鍵資源」符合規範性的警示。

16）如果點擊「關鍵資源」警示，則可以看到我們創建的實例不符合要求。如果我們想自動修復此符合規範性問題，則可以基於 .yml 定義的 Ansible 更改連結設定。

在這種情況下，我們可以使用 Ansible 為 Ubuntu Linux 實例設定所需的狀態設定。Ansible Playbook 能夠在 AWS Systems Manager 上本地運行，因為該服務具有執行指令所需的運行引擎。使用此方法的好處是，你不需要再擔心管理 Ansible 伺服器基礎架構中的繁重任務。

7.9.2　實驗模組 2：監控與修復 Windows 的 RDP 漏洞

現在，假設你發現了 RDP 漏洞，並決定在其 EC2 Windows 實例上禁用遠端桌面協定服務。為了解決此問題，你決定使用 AWS Systems Manager 實施解決方案，以便在任何帶有標籤鍵「名稱」和標籤值「mylab-rdp」的 EC2 實例上禁用 RDP。在新實例或現有實例上啟用 RDP 後的 30 分鐘內，我們創建的策略將重新應用並自動修復系統，另外我們還將使用符合規範性儀表板輕鬆辨識不符合規範的系統。

步驟 1：啟動 Windows EC2 實例。

1）首先轉到 EC2 主控台，然後點擊「啟動實例」。

2）選擇「Microsoft Windows Server 2019 Base」映像，如圖 7-9-28 所示。

圖 7-9-28

3）選擇一個通用 t2.micro 實例，如圖 7-9-29 所示，然後點擊「下一步：設定實例詳細資訊」。

圖 7-9-29

4）在下一個頁面中，選擇「IAM 角色」部分以外的所有預設值，然後點擊「Create new IAM role」連結，如圖 7-9-30 所示。

圖 7-9-30

5）在「角色」頁面上，點擊「創建角色」。

6）在「選擇受信任實體的類型」部分，選擇「AWS 產品」，並在「選擇一個使用案例」中選擇「EC2」，然後點擊「下一步：許可權」，如圖 7-9-31 所示。

圖 7-9-31

7）在「Attach 許可權策略」頁面中，選擇「AmazonEC2RoleforSSM」策略，然後點擊「下一步：標籤」，如圖 7-9-32 所示。

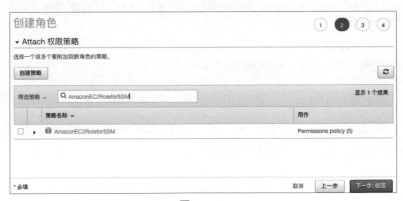

圖 7-9-32

8）在「增加標籤」頁面上，點擊「下一步：審核」。

9）在「審核」頁面中，在「角色名稱」中輸入「mylab-windows-ssm-role」，然後點擊「創建角色」，如圖 7-9-33 所示。

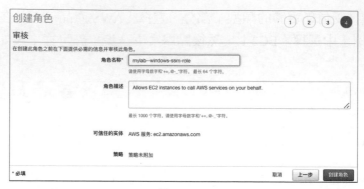

圖 7-9-33

10）創建角色後，返回「設定實例詳細資訊」頁面並完成創建實例。在繼續之前，我們要刷新「IAM 角色」部分並選擇剛剛創建的角色，如圖 7-9-34 所示。

圖 7-9-34

提示：如果你想在 System Manager 階段管理器的可選項中啟用 KMS 加金鑰的功能，則可以參考前面實驗中的步驟進行設定。

11）然後點擊「下一步：增加儲存」。

12）在「增加儲存」頁面中，使用預設設定，然後點擊「下一步：增加標籤」。

13）在「增加標籤」頁面中，在「值」中輸入「Name」作為「鍵」，並輸入「mylab-windows」，如圖 7-9-35 所示。

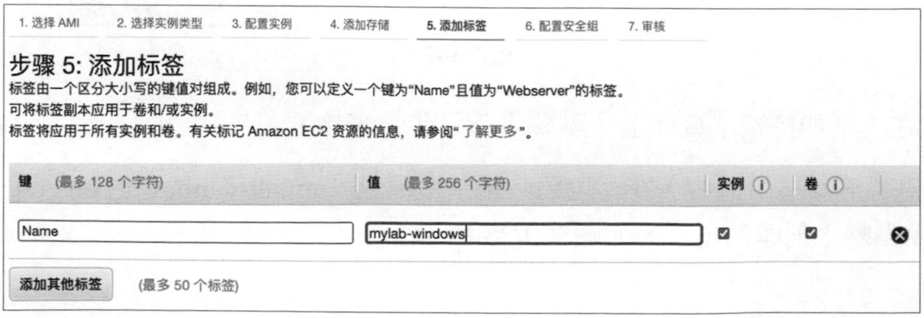

| 1. 选择 AMI | 2. 选择实例类型 | 3. 配置实例 | 4. 添加存储 | **5. 添加标签** | 6. 配置安全组 | 7. 审核 |

步骤 5: 添加标签

标签由一个区分大小写的键值对组成。例如，您可以定义一个键为"Name"且值为"Webserver"的标签。

可将标签副本应用于卷和/或实例。

标签将应用于所有实例和卷。有关标记 Amazon EC2 资源的信息，请参阅"了解更多"。

键 (最多 128 个字符)	值 (最多 256 个字符)	实例 ⓘ	卷 ⓘ	
Name	mylab-windows	☑	☑	✖

添加其他标签　(最多 50 个标签)

圖 7-9-35

14）然後點擊「查看並啟動」。

15）在「審稿實例啟動」頁面上，點擊「啟動」。

16）選擇「mylab-keypair2」，然後點擊「啟動實例」，如圖 7-9-36 所示。

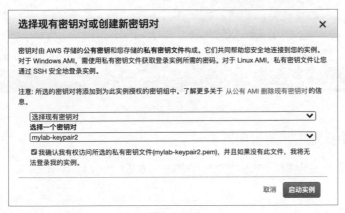

圖 7-9-36

步驟 2：符合規範展示和自動修復。

在啟動實例後，將使用 AWS Systems Manager 維護安全符合規範性。

1）轉到 AWS 管理器主控台。

2）使用「階段管理器」安裝 Ansible 元件，將會確保系統能保持安全性。

3）然後點擊「開始階段」按鈕，以便連接到剛剛創建的 EC2 實例。

4）在「階段」頁面上，點擊剛剛創建的 EC2 實例，然後點擊「啟動階段」，如圖 7-9-37 所示。

圖 7-9-37

5）階段運行後，運行「netstat -ab | findstr 3389」命令，如圖 7-9-38 所示。

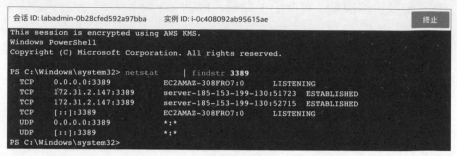

圖 7-9-38

6）在導覽中找到「狀態管理器」。

7）在該頁面上，點擊「創建連結」按鈕，如圖 7-9-39 所示。

圖 7-9-39

8）在「名稱」欄位中，輸入「mylab-windows-PowerShellDSC」如圖 7-9-40 所示。

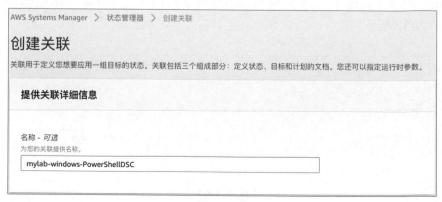

圖 7-9-40

9）在「文件」部分中選擇「AWS-ApplyDSCMofs」。與無須編譯即可運行的 Ansible 不同，PowerShell DSC 需要將設定編譯成 .mof 副檔名檔案，如圖 7-9-41 所示。

圖 7-9-41

作為參考，.mof 檔案是使用以下命令透過 PowerShell DSC 編譯的。

```
Configuration DisableRDP
{
    Import-DscResource -Module xRemoteDesktopAdmin, NetworkingDsc

    Node ('localhost')
    {
      xRemoteDesktopAdmin RemoteDesktopSettings
      {
        Ensure = 'Absent'
        UserAuthentication = 'Secure'
      }

       Firewall DisableRDPRule
       {
         Name                = 'RemoteDesktop-UserMode-In-TCP'
         Group               = 'Remote Desktop'
         Ensure              = 'Present'
         Enabled             = 'False'
       }
    }
}
DisableRDP
```

10）在「參數」部分中可以用本連結替換「Mofs To Apply」中的內容，如圖 7-9-42 所示。

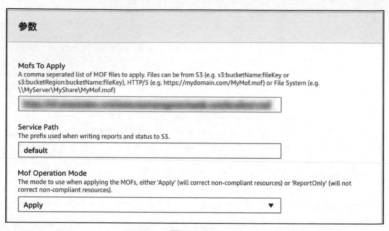

圖 7-9-42

11）在「Mof Operation Mode」部分中選擇「Apply」並選擇「僅報告」，這樣就不會自動修復發現的符合規範性問題。

12）在「Compliance Type」中，自訂符合規範性標籤，將「RDPCompliance」設為識別符號，如圖 7-9-43 所示。

圖 7-9-43

13）在「目標」部分中，選擇「Specify instance tags」，然後在鍵值對中分別輸入「Name：mylab-windows」，如圖 7-9-44 所示。

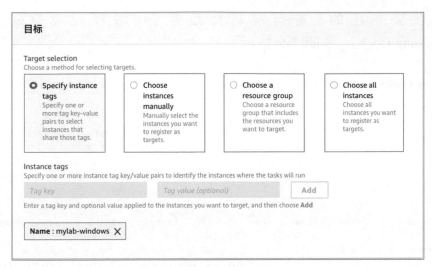

圖 7-9-44

14）在「指定計劃」部分中保留預設值。

15）在「進階選項」設定中，將「符合規範性嚴重等級」選為「重大」，如圖 7-9-45 所示。

圖 7-9-45

16）其他設定都保留為預設值，然後點擊「創建連結」。

17）一旦創建了「狀態管理器」連結，將檢查我們的 EC2 實例是否在符合規範範圍內。為此，我們將在 AWS Systems Manager 主控台中轉到「符合規範性類型」。

18）在實驗中，由於我們將 PowerShellDSC 設定為對任何不符合規範的警示（即僅檢查），因此在「符合規範性資源摘要」中將看到不符合規範的內容。

19）找到創建的「符合規範性類型」，並標記為「Custom：RDPCompliance」，如圖 7-9-46 所示。

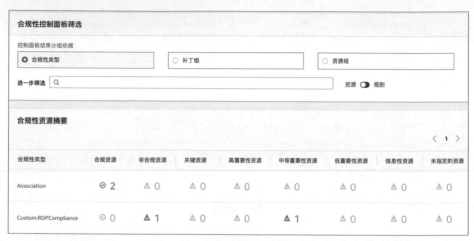

圖 7-9-46

20）點擊「非相容資源」後，會出現自我們創建連結以來尚未獲得所需設定的實例描述，如圖 7-9-47 所示。

圖 7-9-47

21）一旦正確地應用了 State Manager 連結，並假設 .mof 檔案按預期執行沒有問題，那麼我們創建的實例或鍵值對為「Name」和「mylab-windows」的任何實例都會具有自動設定應用的功能。當你具有帶有彈性工作負載的 AutoScaling 群組時，此功能特別有用。

22）返回階段管理器，然後重新運行 netstat 來檢查 RDP 通訊埠是否已經打開 :netstat -ab | findstr 3389，輸出結果如圖 7-9-48 所示。

圖 7-9-48

在這種情況下，我們使用 PowerShellDSC 為 Windows EC2 實例設定所需的狀態設定。PowerShell DSC MOF 檔案能夠在 AWS Systems Manager 上本地運行，因為該服務具有執行指令所需的運行引擎。使用這種方法的好處是，你不需要再擔心管理 PowerShellDSC 基礎架構中的繁重任務。

7.9.3 實驗模組 3：使用 AWS Systems Manager 和 Config 管理符合規範性

在本實驗中，我們將使用 AWS Systems Manager 和 AWS Config 對安裝在 EC2 實例上的所有應用程式進行分類，然後將被認為不安全的應用程式列入黑名單。

注意：所使用的應用程式只是一個普通的範例應用程式。

步驟 1：創建不符合規範的 EC2 實例。

1）轉到 EC2 主控台，然後點擊「啟動實例」。

2）選擇「Microsoft Windows Server 2019 Base」映像，如圖 7-9-49 所示。

圖 7-9-49

3）選擇一個通用 t2.micro 實例，然後點擊「下一步：設定實例詳細資訊」。

4）點擊「創建新的 IAM 角色」連結，其他所有項都設定為預設值。

5）在「角色」頁面上，不再創建新角色，直接使用實驗模組 2 中創建的角色「mylab- windows-ssm-role」。

6）在「審核」頁面的「IAM 角色」部分中，選擇創建的角色「mylab-windows-ssm-role」，如圖 7-9-50 所示。

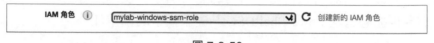

圖 7-9-50

7）點擊「進階詳細資訊」，並在「使用者資料」中輸入以下內容，如圖 7-9-51 所示。

```
![User data](/reinforce/GRC320RAssets/Config9.png)
<powershell>
......
</powershell>
```

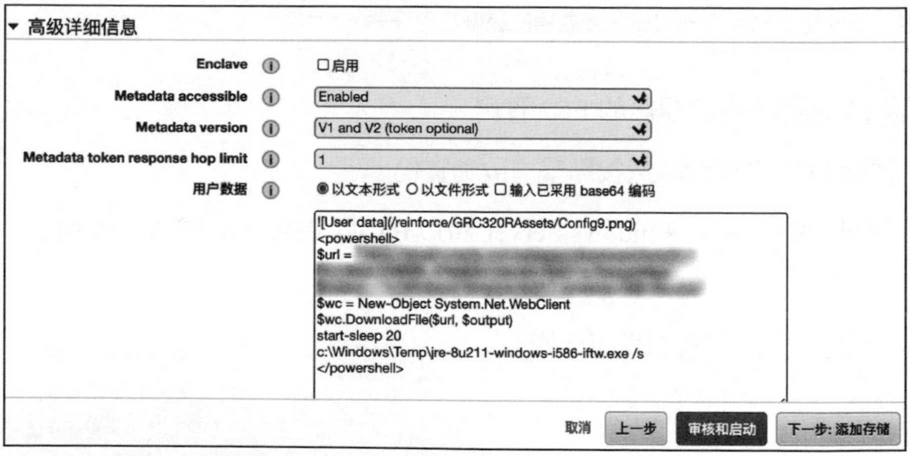

圖 7-9-51

8）點擊「下一步：增加儲存」。

9）在「增加儲存」頁面中，使用預設設定，然後點擊「下一步：增加標籤」。

10）在「增加標籤」頁面中，在「值」部分輸入「名稱」作為「鍵」，並輸入「mylab-windows」。

11）然後點擊「查看並啟動」。

12）在「審稿實例啟動」頁面上，點擊「啟動」。

13）選擇金鑰對，然後點擊「啟動實例」。

步驟 2：設定 Systems Manager 監控策略。

1）轉到 AWS Systems Manager 主控台。

2）然後點擊導覽中的「託管實例」，如圖 7-9-52 所示。

圖 7-9-52

3）在「設定清單」的下拉清單中選擇「設定清單」，如圖 7-9-53 所示。

圖 7-9-53

4）在「名稱」欄位中，輸入「mylab-windows-Association」。

5）在「目標」部分指定啟動 EC2 實例時使用的標籤，如圖 7-9-54 所示。

6）其他所有內容均為預設設定，然後點擊「設定清單」。

7）設定完成後，點擊「操作」下拉式功能表，並選擇「編輯 AWS Config 記錄」，如圖 7-9-55 所示。

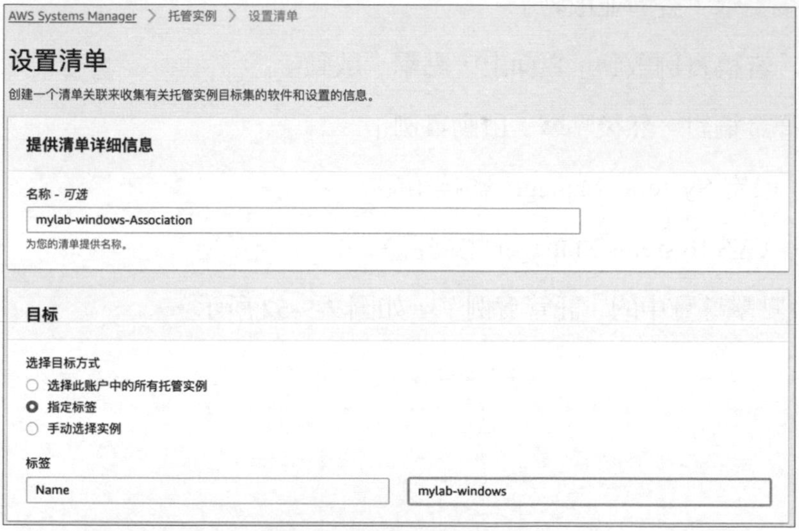

圖 7-9-54

圖 7-9-55

8）進入「設定」頁面後，我們將確保記錄已打開。

步驟 3：設定 Config 回應規則。

1）在導覽中點擊「規則」，如圖 7-9-56 所示。

圖 7-9-56

2）然後點擊「增加規則」。

3）在「增加規則」頁面的搜索欄中輸入「blacklist」，如圖 7-9-57 所示。

圖 7-9-57

4）然後選擇名稱為「ec2-managedinstance-applications-blacklisted」的預先定義規則。

5）這時在 Systems Manager 主控台的「Managed Instances」中打開了一個新的瀏覽器標籤。

6）找到帶有標籤「mylab-windows」的 EC2 實例，點擊「實例 ID」連結。

7）在實例詳細資訊頁面上，點擊「清單」標籤以獲取在實例上安裝的軟體，如圖 7-9-58 所示。

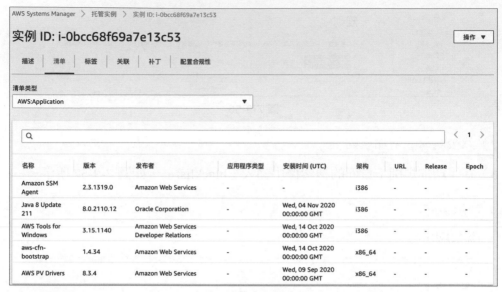

圖 7-9-58

8）複製 Java 應用程式的名稱，即 Java 8 Update 211，以便在創建設定規則時使用。

9）將「Scope of changes」的「Trigger」設定為「All changes」，如圖 7-9-59 所示。

圖 7-9-59

10）在「規則參數」設定中輸入適當的「Java 8 Update 211」版本。

11）將「修正操作」設定為「AWS-StopEC2Instance」，如圖 7-9-60 所示。

圖 7-9-60

12）點擊「保存」按鈕。

13）創建規則後，將需要一些時間來完成評估。

14）評估完成後，我們會看到一個不符合要求的資源，如圖 7-9-61 所示。

圖 7-9-61

15）如果我們點擊規則名稱（ec2-managedinstance-applications-blacklisted），則能看到其他詳細資訊，包括不符合要求的資源。

16）在「規則詳細資訊」頁面上，選擇需要修復的實例，然後點擊「修正」，如圖 7-9-62 所示。

圖 7-9-62

17）此時，會看到正在執行的補救措施，如圖 7-9-63 所示。

圖 7-9-63

18）為了確保操作有效，我們轉到 EC2 主控台並檢查實例是否已關閉，如圖 7-9-64 所示。

圖 7-9-64

本實驗的目的是辨識任何不遵循安全符合規範性策略的系統。透過利用所需的狀態設定及 AWS Config 和 AWS Config 規則，我們可以設定多層方法來確保系統遵循安全性原則。在此實驗中，儘管我們使用了 EC2 實例，但由於它們易於管理且能突出顯示，因此可用於與其他服務進行互動。

第 8 章
雲端安全動手實驗——綜合篇

本章是雲端上安全綜合實驗組，主要目的是幫助你全面完成自訂安全整合和綜合安全架構的設計與實現。

綜合篇主要包括整合雲端上 ACM 私有 CA 數位憑證系統、整合雲端上的安全事件監控和應急回應、整合 AWS 的 PCI-DSS 安全符合規範性架構、整合 DevSecOps 安全敏捷開發平台及雲端上綜合安全管理中心等。

本章還介紹在架構設計中可能用到的典型產品或工具，如 AWS Well-Architecture，AWS 策略自動化生成工具，AWS 使用者場景模擬工具。綜合篇包括 6 個綜合實驗：整合雲端上 ACM 私有 CA 數位憑證系統；整合雲端上的安全事件監控和應急回應；整合 AWS 的 PCI-DSS 安全符合規範性架構；整合 DevSecOps 安全敏捷開發平台；整合 AWS 雲端上綜合安全管理中心；AWS Well-Architected Labs 動手實驗。

8.1 Lab1：整合雲端上 ACM 私有 CA 數位憑證系統

8.1.1 實驗概述

本實驗的主要目標是在遵循安全最佳實踐的同時，利用 ACM 專用憑證授權（PCA）的服務創建完整的 CA 層次結構並生成專用證書，以及在應用程式負載平衡器上應用專用證書，使用 ACM 私有 CA 提供的預建構範本創建程式簽章憑證。舉例來說，程式簽名、簽署線上證書狀態協定（Online Certificate Status Protocol，OCSP）回應、用於雙向（相互）身份驗證的 TLS 用戶端。

在 AWS 雲端平台上，角色主要用來指定一組許可權，類似於 AWS IAM 中的使用者。角色的好處是它可以透過設定使你強制使用 MFA 權杖來保護你的憑證。當以使用者身份登入時，你將獲得一組特定的許可權，這時可以直接切換到角色。AWS IAM 使用者許可權切換到的任何角色都不能累加，一次只能切換一個角色，啟動一組許可權。這時會暫時保留原始使用者的許可權，而為你分配角色的許可權。該角色可以在你自己的帳戶中，也可以在任何其他 AWS 帳戶中。在退出角色後，會自動恢復使用者許可權。

8.1.2　實驗架構

本實驗所需要的條件：

- 先用已經註冊的管理員帳號登入 AWS 管理主控台。

- 用你的實驗帳戶，如 Labadmin，登入 AWS 主控台。

- 選擇有 ACM 服務的區域進行部署。

- 透過在當前登入的 AWS 帳戶的 AWS 主控台上使用 switch 角色來假設名為 CaAdminRole 的角色，該角色具有憑證授權管理員進行 CA 管理所需的許可權。作為 CA 管理員，你將負責創建根 CA 和從屬憑證授權的層次結構。

- CA 管理員需要承擔名為 AWSCertificateManagerPrivateCAPrivilegedUser 的託管策略，該策略已附加到 CaAdmin IAM 角色。此策略具有以下條件：

1）僅當滿足上述條件且 TemplateArn 與某個值匹配時，此條件才允許進行某些 ACM 專用 CA API 呼叫。

2）在指定條件下，ACM 專用 CA 使用 Template 的範本參數來確定是允許還是拒絕委託人頒發 CA 證書。

3）當在 AWS 管理主控台上創建 CA 時，會自動選擇 CA 證書的範本 ARN，只能從你的應用程式進行 ACM PCA IssueCertificate API 呼叫。

8.1.3 實驗步驟

ACM 私有 CA 使用範本可以創建可標識使用者、主機、資源和裝置的 CA 證書及終端實體證書。以下是透過 AWS 管理主控台創建 CA 證書架構的步驟。

實驗模組 1：部署 CA 基礎架構。

步驟 1：自動部署 CA 基礎架構環境。

1）登入 AWS 管理主控台，選擇區域，透過尋找服務在輸入框中搜索 CloudFormation 服務（見圖 8-1-1），或直接透過連結打開 CloudFormation 管理介面，如圖 8-1-2 所示，點擊「創建堆疊」。

2）在 Amazon S3 URL 文字標籤輸入位址，或透過按右鍵下載範本連結並另存為 template-ca-admin.yaml。然後點擊「上傳範本檔案」，再點擊「下一步」，如圖 8-1-3 所示。

圖 8-1-1

圖 8-1-2

圖 8-1-3

3）然後點擊「下一步」，如圖 8-1-4 所示。

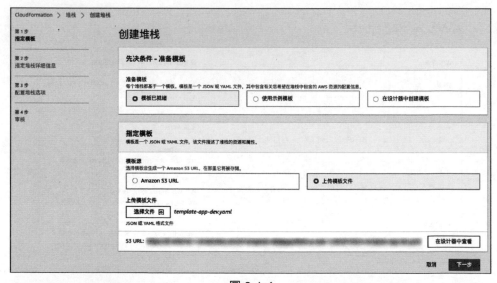

圖 8-1-4

4）在「指定堆疊詳細資訊」頁面，輸入堆疊名稱：mylab-CaAdminStack，
然後點擊「下一步」，如圖 8-1-5 所示。

圖 8-1-5

5）在本實驗中，不會增加任何標籤或其他選項，然後點擊「下一步」。

6）查看堆疊資訊。選中「我確認，AWS CloudFormation 可能創建具有自訂名稱的 IAM 資源。」，然後點擊「創建堆疊」，如圖 8-1-6 所示。

7）幾分鐘後，堆疊的狀態會從 CREATE_IN_PROGRESS 變為 CREATE_ COMPLETE。

8）點擊「輸出」標籤可以查看自動化部署輸出結果，如圖 8-1-7 所示。

圖 8-1-6

圖 8-1-7

步驟 2：創建一個根 CA。

導覽到 AWS 主控台中的 ACM 服務，點擊「私人憑證授權」下的「入門」。

1）創建一個根 CA，點擊「私有 CA」，然後點擊「創建 CA」，如圖 8-1-8 所示。

圖 8-1-8

2）開始創建 CA 並選擇「根 CA」，然後點擊「下一步」，如圖 8-1-9 所示。

圖 8-1-9

3）首先填寫設定 CA 的基本資訊，如圖 8-1-10 所示。

圖 8-1-10

4）選擇「RSA 2048」作為 CA 的演算法，如圖 8-1-11 所示。

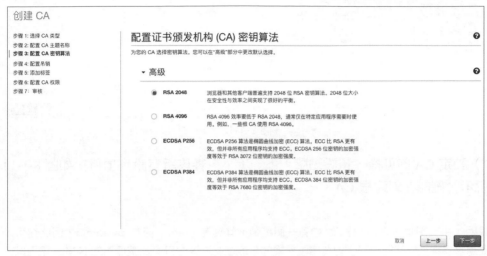

圖 8-1-11

5）在「憑證取消清單（CRL）」中選中「啟用 CRL 分配」，並選擇之前創建的 S3 儲存桶名稱作為儲存 CRL，如圖 8-1-12 所示。

圖 8-1-12

6）在「增加標籤」中，命名證書使用的部門和團隊名稱，如圖 8-1-13 所示。

创建 CA
步骤 1: 选择 CA 类型
步骤 2: 配置 CA 主题名称
步骤 3: 配置 CA 密钥算法
步骤 4: 配置吊销
步骤 5: 添加标签
步骤 6: 配置 CA 权限
步骤 7: 审核
添加标签
为了帮助管理您的证书颁发机构，您可以通过标签的形式为每个资源分配您自己的元数据。了解更多。
标签名称
值
department
hr
team
ca-admin
添加标签
取消
上一步
下一步

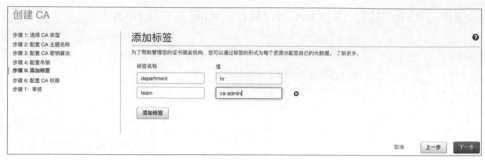

圖 8-1-13

7）設定 CA 許可權，預設點擊「下一步」，審核所有設定項目，如圖 8-1-14 所示，確認並創建根 CA。

說明：由於創建的 ACM 根 CA 中有一個標籤，其鍵為 team，值為 ca-admin，因此你可以使用基於標籤的授權來設定對此憑證授權的存取控制，以便只有此鍵值對的 IAM 主體可以存取此私有 CA，策略如圖 8-1-15 所示。

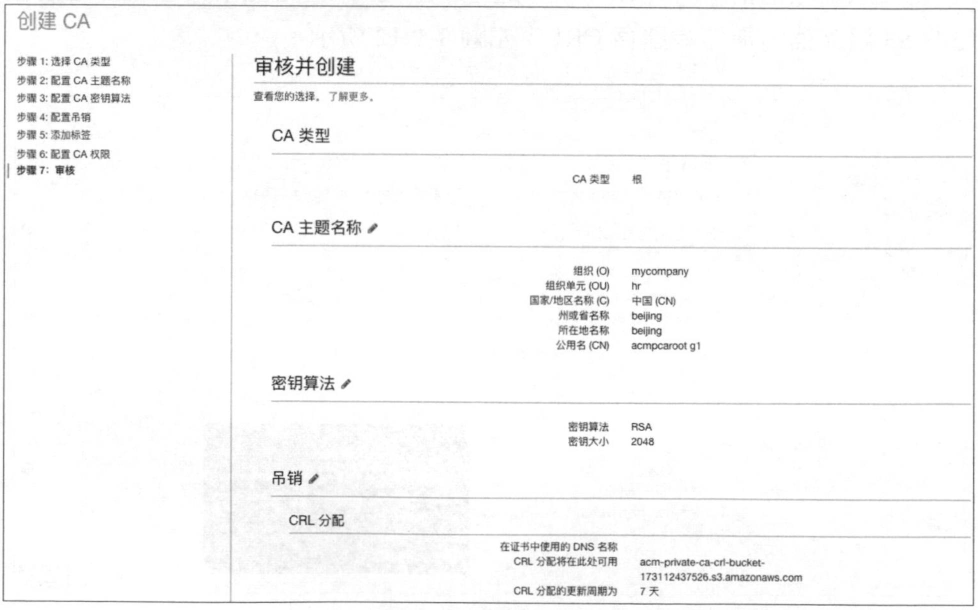

创建 CA
步骤 1: 选择 CA 类型
步骤 2: 配置 CA 主题名称
步骤 3: 配置 CA 密钥算法
步骤 4: 配置吊销
步骤 5: 添加标签
步骤 6: 配置 CA 权限
步骤 7: 审核
审核并创建
查看您的选择。了解更多。
CA 类型
CA 类型 根
CA 主题名称
组织 (O) mycompany
组织单元 (OU) hr
国家/地区名称 (C) 中国 (CN)
州或省名称 beijing
所在地名称 beijing
公用名 (CN) acmpcaroot g1
密钥算法
密钥算法 RSA
密钥大小 2048
吊销
CRL 分配
在证书中使用的 DNS 名称
CRL 分配将在此处可用 acm-private-ca-crl-bucket-173112437526.s3.amazonaws.com
CRL 分配的更新周期为 7 天

圖 8-1-14

```
{
    "Version": "2012-10-17",
    "Statement": {
        "Effect": "Allow",
        "Action": "acm-pca:*",
        "Resource": "arn:aws:acm-pca:us-east-1:370978665478:certificate-authority/7bfj1401-9668-1f9h-ahbh-fac6af8325d1",
        "Condition": {"StringEquals":
            {"aws:ResourceTag/ca-admin": "${aws:PrincipalTag/ca-admin}"}}
    }
}
```

圖 8-1-15

8）成功創建根 CA，如圖 8-1-16 所示。

圖 8-1-16

9）指定根 CA 證書參數，如圖 8-1-17 所示。

圖 8-1-17

10）審核、生成並安裝根 CA 證書，點擊「確認並安裝」，如圖 8-1-18 所示。

圖 8-1-18

11）成功安裝根 CA 證書，如圖 8-1-19 所示。

步驟 3：創建一個二級發行數位憑證的 CA。

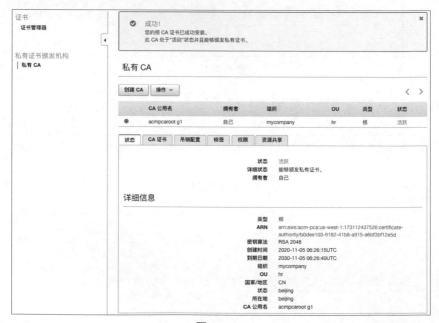

圖 8-1-19

1）點擊「創建 CA」，選擇「從屬 CA」，然後點擊「下一步」，如圖 8-1-20 所示。

圖 8-1-20

2）設定二級 CA 參數，填寫組織名稱、組織單元及相關資訊，點擊「下一步」，如圖 8-1-21 所示。

圖 8-1-21

3）設定二級 CA 金鑰演算法，你可以根據公司的要求，選擇適合的金鑰演算法，然後點擊「下一步」，如圖 8-1-22 所示。

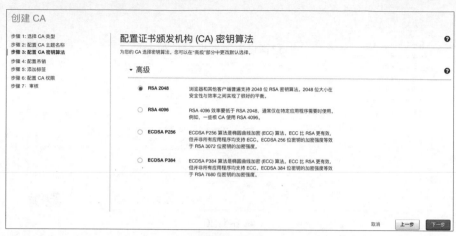

圖 8-1-22

4）在「憑證取消清單（CRL）」中，選擇與根 CA 相同的 S3 儲存桶目錄，點擊「下一步」，如圖 8-1-23 所示。

圖 8-1-23

5）在「增加標籤」中，增加二級 CA 的標籤資訊，然後點擊「下一步」，如圖 8-1-24 所示。

圖 8-1-24

6）在「設定 CA 許可權」中，選中「授權」，點擊「下一步」，如圖 8-1-25 所示。

7）成功創建二級 CA，如圖 8-1-26 所示，然後點擊「下一步」。

8）安裝從屬 CA 證書，選擇「ACM 私有 CA」，然後點擊「下一步」，如圖 8-1-27 所示。

圖 8-1-25

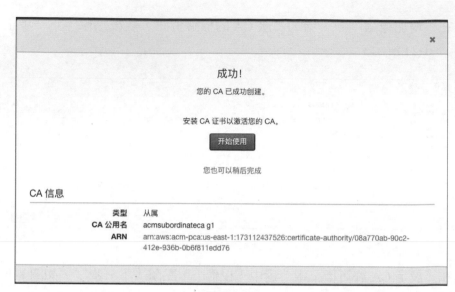

圖 8-1-26

圖 8-1-27

簽署從屬 CA CSR（Certificate Signing Request，證書請求檔案）有兩種選擇：一種是使用由 ACM 私有 CA 創建的 ACM 私有 CA，另一種是使用組織中已經存在的中間或根私有 CA。如果你的組織中已經有一個專用 CA，並決定用它簽署從屬 CA 證書，則可以將根 CA 證書的私密金鑰儲存在公司內部本地資料中心的安全加密機中，也可以儲存在 AWS CloudHSM 的雲端加密機中。故最終是由使用者負責管理私密金鑰根 CA 的安全性、可用性和持久性。

9）設定 CA 證書並管理根 CA 證書，然後點擊「下一步」，如圖 8-1-28 所示。

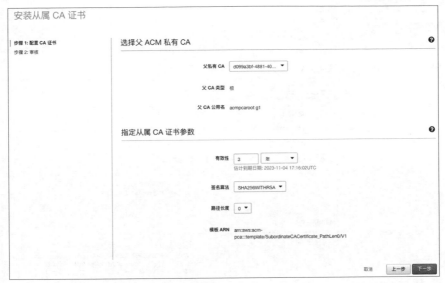

圖 8-1-28

說明：路徑長度（pathlen）是 CA 證書的基本約束，它定義了 CA 下存在的 CA 層次結構的最大 CA 深度。舉例來說，路徑長度約束為零的 CA 不能有任何從屬 CA，路徑長度約束為 1 的 CA 在其下面最多可以具有一級從屬 CA。

10）審核二級 CA 證書，點擊「生成」，如圖 8-1-29 所示。

11）成功生成二級 CA 證書，如圖 8-1-30 所示。

圖 8-1-29

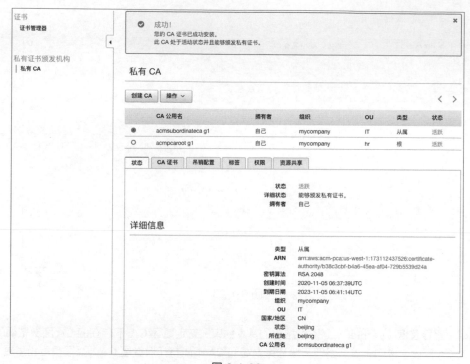

圖 8-1-30

實驗模組 2：部署應用程式基礎架構。

步驟 1：建構應用程式基礎架構。

先下載自動部署範本，並將連結另存為 template-appdev.yaml 檔案保存在本地電腦上。

1）在你的 AWS 帳戶登入管理主控台中，上傳並啟動 CloudFormation 堆疊，然後點擊「下一步」，如圖 8-1-31 所示。

圖 8-1-31

2）將堆疊名稱命名為 mylab-appdevStack，點擊「下一步」，如圖 8-1-32 所示。

圖 8-1-32

3）部署範本創建了應用環境和架構，部署完成的資源結果如圖 8-1-33 所示。

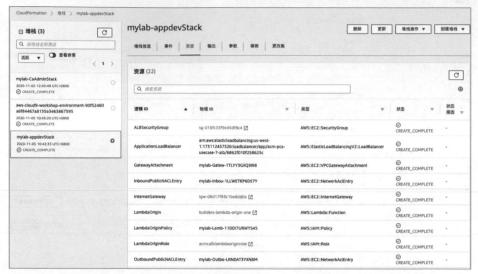

圖 8-1-33

4）嵌入部署範本創建了 Cloud 的整合式開發環境，部署完成的資源結果如圖 8-1-34 所示。

圖 8-1-34

步驟 2：申請為 ALB 負載平衡器頒發證書。

1）你可以在帳戶 EC2 的負載平衡器下看到創建的負載平衡器，將它們的 DNS 名稱複製到 Notes 應用程式中，後續設定將需要此資訊，如圖 8-1-35 所示。

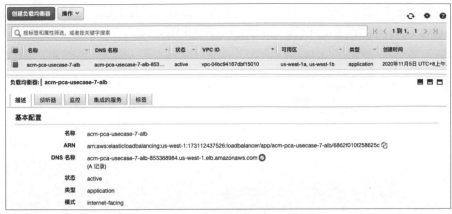

圖 8-1-35

2）跳躍到 ACM 頒發私人證書的管理頁面，點擊「開始使用」，如圖 8-1-36 所示。

圖 8-1-36

3）請求一個私有證書，選中域名並點擊「下一步」，如圖 8-1-37 所示。

4）選擇具有通用名稱 acmsubordinateca g1 的從屬 CA，已發行的私有證書將由該從屬 CA 簽名，然後點擊「確認並請求」，如圖 8-1-38 所示。

5）不要在此處放置任何標籤，因為我們不會在私有證書上使用標籤。現在將 ACM 私有證書增加在標籤上，如圖 8-1-39 所示。

圖 8-1-37

圖 8-1-38

圖 8-1-39

6）驗證域名，然後點擊「確認並請求」，驗證結果如圖 8-1-40 所示。

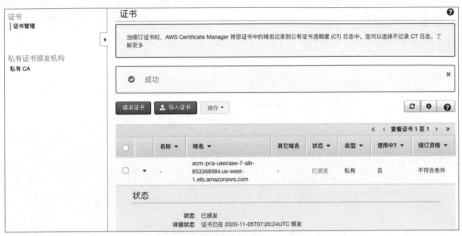

圖 8-1-40

說明：當你為應用程式負載平衡器頒發私有證書時，私有證書的預設有效期為 13 個月。

步驟 3：將 HTTPS 監聽器和專用證書附加到 ALB。

1）點擊 EC2 主控台下面的「Create target group」，如圖 8-1-41 所示。

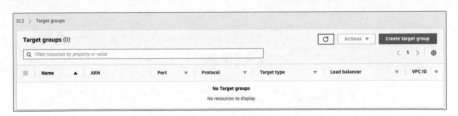

圖 8-1-41

2）在「Target group name」中填寫「lambda-target-group」，如圖 8-1-42 所示。

3）在 Lambda 函數清單中選擇「builders-lambda-origin-one」，如圖 8-1-43 所示。

4）選擇負載平衡器，並點擊「增加監聽器」，如圖 8-1-44 所示。

5）選擇「HTTPS」並轉發至「lambda-target-group」，它是帶有 ALB 後面的 HTML 程式的 Lambda 函數，將安全性原則保留為預設值。對於「預設SSL 證書」，選擇「從 ACM 中（推薦）」及之前創建的私人證書，點擊頁面右上方的「保存」，如圖 8-1-45 所示。

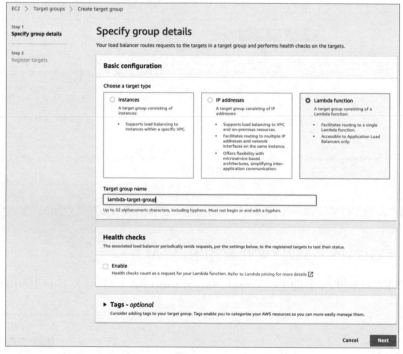

圖 8-1-42

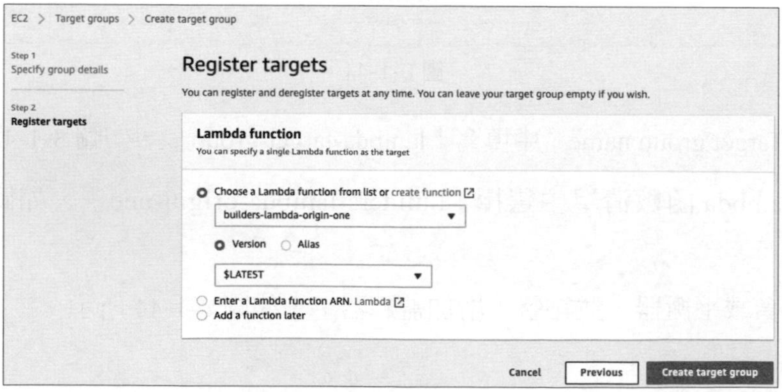

圖 8-1-43

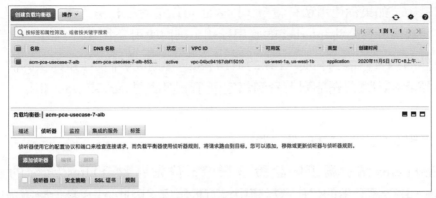

圖 8-1-44

圖 8-1-45

6）已成功創建監聽器，如圖 8-1-46 所示。

圖 8-1-46

在組織中，如果你使用私有證書，則表示可以透過私有網路存取應用程式。如果要建構針對公共 Internet 的應用程式，則應使用公共 ACM 證書。

如果你的瀏覽器能夠在與 ALB 的 HTTPS 連接期間驗證 ALB 提供的證書，則應該能在瀏覽器網址列上看到鎖定圖示。與使用 curl 或 wget 相比，這更直觀。

實驗模組 3：驗證 ALB 的數位憑證。

1）在 Firefox 瀏覽器上驗證證書身份，首先導覽至 https://< 你的 ALB DNS>，由於瀏覽器的信任資料庫中沒有根證書，因此 ALB 身份驗證失敗，如圖 8-1-47 所示。

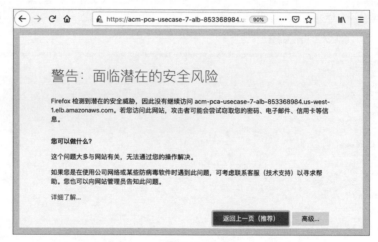

圖 8-1-47

2）在 ACM 的私有 CA 管理介面，選擇「根 CA」，然後點擊「將證書正文匯出為檔案」 並命名為 RootCACertificate.pem 保存到你的電腦中，如圖 8-1-48 所示。

圖 8-1-48

3）跳躍到「設定」頁面，搜索「證書」，然後點擊「查看證書」，如圖
8-1-49 所示。

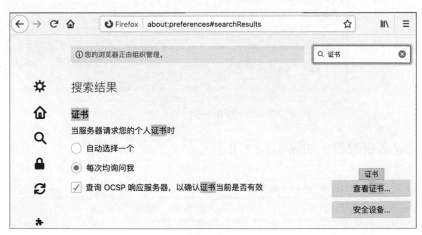

圖 8-1-49

4）點擊「匯入」並選擇本地電腦中的「RootCACertificate.pem」，如圖 8-1-50 所示。

圖 8-1-50

5）選擇「信任由此憑證授權來標識網站。」，選擇本地電腦中的「RootCACertificate.pem」，並點擊「確認」，如圖 8-1-51 所示。

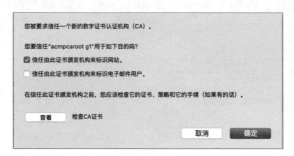

圖 8-1-51

6）成功匯入根證書，如圖 8-1-52 所示。

圖 8-1-52

7）這時，再使用 Firefox 瀏覽器驗證 ALB 的身份。輸入 https://< 你的 ALB DNS>，這時沒有任何安全提示就能直接打開 HTTPS 的網站並能看到「Hello World」。另外，瀏覽器網址列上的綠色鎖定圖示也表明 ALB 的身份驗證通過，為瀏覽器的信任證書，如圖 8-1-53 所示。

圖 8-1-53

在 Chrome 瀏覽器上驗證證書身份與在 Microsoft Edge 瀏覽器上的操作基本類似，需要注意的是在 Chrome 中需要設定瀏覽器信任自建私有服務證書或負載平衡器證書。

實驗模組 4：開發批次創建和取消證書程式。

本模組主要是透過雲端上整合開發平台 Cloud9 建構開發環境、開發批次創建證書和取消證書的程式，實現快速模擬數位憑證的創建和取消動作，透過設定 CloudWatch 的特權警報參數，可以及時監控特權操作的行為和避開重要批次操作的風險。

步驟 1：打開 Cloud9 設定開發環境。

1）導覽到 AWS 主控台中的 Cloud9 服務管理介面，如圖 8-1-54 所示。

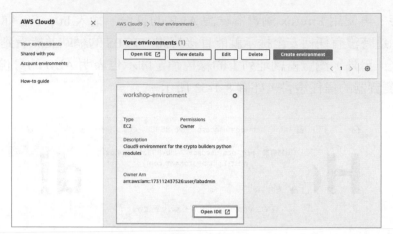

圖 8-1-54

2）打開 Workshop-environment 的 Cloud9 IDE 環境，並選擇「New Terminal，如圖 8-1-55 所示。

圖 8-1-55

3）在 Cloud9 IDE 環境中，在螢幕左側的資料夾面板中找到 data-protection 資料夾。

4）在 IDE 中按右鍵（在 mac OS 上按住 Ctrl 鍵並點擊）environment-setup. sh 檔案，然後選擇「Run」，此指令稿大約需要一分鐘，如圖 8-1-56 所示。

圖 8-1-56

5）在下面的運行視窗中，看到已安裝完成，如圖 8-1-57 所示。

圖 8-1-57

步驟 2：編寫批次創建和取消數位憑證指令稿。

1）打開資料保護目錄下的使用案例「usecase-7」，選擇「code」，並雙擊「create-certs.py」打開一個終端頁面，如圖 8-1-58 所示。

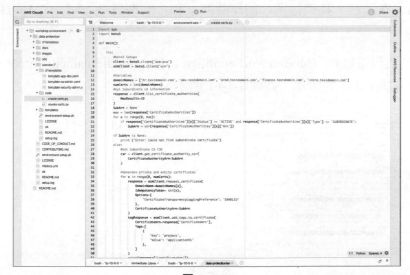

圖 8-1-58

2）程式運行結果如圖 8-1-59 所示。

圖 8-1-59

3）成功批次申請並創建了 5 個證書，然後返回 AWS 主控台並導覽到證書管理器服務，即可查看生成的所有證書，如圖 8-1-60 所示。

圖 8-1-60

如果是導覽到 5 個證書中的，然後點擊「憑證授權 ARN」，會看到有關 CA 的資訊。在這裡，我們透過「創建時間」和「到期日期」可知 CA 的有效期為 3 年。

4）如果出現類似於「ModuleNotFoundError: No module named 'boto3'」的錯誤，則升級 boto3 的版本，如圖 8-1-61 所示。

```
labadmin:~/environment $ python --version
Python 3.6.12
labadmin:~/environment $ pip --versio
pip 20.2.4 from /usr/local/lib/python3.6/site-packages/pip (python 3.6)
labadmin:~/environment $ pip3 install boto3
Collecting boto3
  Downloading boto3-1.16.12-py2.py3-none-any.whl (129 kB)
     |████████████████████████████████| 129 kB 11.4 MB/s
Collecting botocore<1.20.0,>=1.19.12
  Downloading botocore-1.19.12-py2.py3-none-any.whl (6.7 MB)
     |████████████████████████████████| 6.7 MB 29.3 MB/s
Collecting jmespath<1.0.0,>=0.7.1
  Downloading jmespath-0.10.0-py2.py3-none-any.whl (24 kB)
Collecting s3transfer<0.4.0,>=0.3.0
  Downloading s3transfer-0.3.3-py2.py3-none-any.whl (69 kB)
     |████████████████████████████████| 69 kB 10.7 MB/s
Collecting urllib3<1.26,>=1.25.4; python_version != "3.4"
  Downloading urllib3-1.25.11-py2.py3-none-any.whl (127 kB)
     |████████████████████████████████| 127 kB 59.9 MB/s
Collecting python-dateutil<3.0.0,>=2.1
  Downloading python_dateutil-2.8.1-py2.py3-none-any.whl (227 kB)
     |████████████████████████████████| 227 kB 52.2 MB/s
Collecting six>=1.5
  Downloading six-1.15.0-py2.py3-none-any.whl (10 kB)
Installing collected packages: urllib3, six, python-dateutil, jmespath, botocore, s3transfer, boto3
Successfully installed boto3-1.16.12 botocore-1.19.12 jmespath-0.10.0 python-dateutil-2.8.1 s3transfer-0.3.3 six-1.15.0 urllib3-1.25.11
```

圖 8-1-61

5）雙擊打開「revoke-certs.py」對伺服器憑證進行批次取消，這時會打開一個終端頁面，如圖 8-1-62 所示。

6）點擊「Run」，顯示結果如圖 8-1-63 所示。

7）返回 AWS 主控台並導覽到證書管理器服務，即可查看所有證書列表，也可以生成你的稽核報告。舉例來說，將生成後的報告指定放到 S3 儲存桶中，這時定位到 S3://mylab-acm-private- ca-crl-bucket-173112437526/audit-report/b38c3cbf-b4a6-45ea-af04-729b5539d24a/211f876a-9f63-4b83-bab9-01d23b3bb213.csv，打開後如圖 8-1-64 所示。

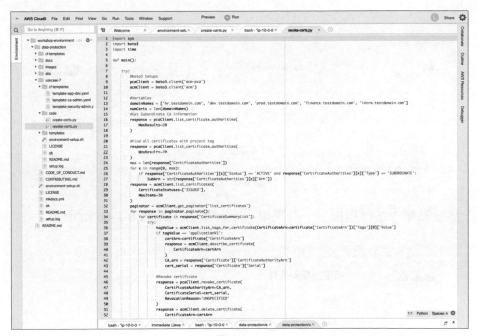

圖 8-1-62

圖 8-1-63

subject	notBefore	notAfter	issuedAt	revokedAt
CN=acm-pca-usecase-7-alb-85	2020-11-05T06:20:22+	2021-12-05T07:20:22+	2020-11-05T07:20:23+0000	
CN=intra.testdomain.com	2020-11-06T04:13:38+	2021-12-06T05:13:38+	2020-11-06T05:13:38+	2020-11-06T06:03:24+0000
CN=prod.testdomain.com	2020-11-06T04:13:37+	2021-12-06T05:13:37+	2020-11-06T05:13:38+	2020-11-06T06:03:21+0000
CN=hr.testdomain.com	2020-11-06T04:13:37+	2021-12-06T05:13:37+	2020-11-06T05:13:37+	2020-11-06T06:03:18+0000
CN=finance.testdomain.com	2020-11-06T04:13:38+	2021-12-06T05:13:37+	2020-11-06T05:13:38+	2020-11-06T06:03:22+0000
CN=dev.testdomain.com	2020-11-06T04:13:37+	2021-12-06T05:13:37+	2020-11-06T05:13:37+	2020-11-06T06:03:20+0000

圖 8-1-64

實驗模組 5：設定批次取消證書警告指標。

步驟 1：創建批次取消證書警告。

1）導覽到 CloudWatch 的 Create Alarm 介面，點擊「創建警示」，如圖 8-1-65 所示。

圖 8-1-65

2）然後點擊「選擇指標」，並點擊「下一步」，如圖 8-1-66 所示。

圖 8-1-66

3）在指標管理介面的「全部指標」中，選擇「事件」，如圖 8-1-67 所示。

圖 8-1-67

4）這時會出現一個規則清單，選中「mylab-Ca-Security-Role-RevEventRule-
NXUXK TW3V4AE」，指標名稱為 TriggeredRules，然後點擊「選擇指標」，
如圖 8-1-68 所示。

圖 8-1-68

5）在「指定指標和條件」頁面中，將「統計資料」設定為總計，「週期」
設定為 15 分鐘，如圖 8-1-69 所示。

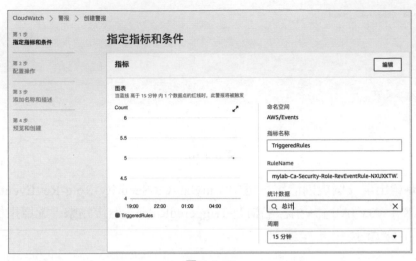

圖 8-1-69

6）在「條件」頁面中，將「警示條件」選中「大於 / 等於」，「警告閾值」設定為「4」，「要警告的資料點」設定為「將缺失的資料作為良好（未超出閾值）處理」，如圖 8-1-70 所示。

圖 8-1-70

7）在「設定操作」頁面中，點擊「刪除」，保持其他項為預設值，如圖 8-1-71 所示，點擊「下一步」。

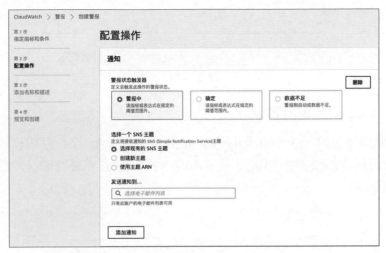

圖 8-1-71

8）在「增加名稱和描述」頁面中，填寫警示名稱為「Mass certificate Revocation」，警告描述為「more than 4 certificate were revoked within 15 minutes」，然後點擊「下一步」，如圖 8-1-72。

圖 8-1-72

然後點擊「創建警示」，如圖 8-1-73 所示。

圖 8-1-73

步驟 2：驗證批次取消證書警告。

1）驗證設定好的 CloudWatch 的 Alarm 指標，可以參考本實驗模組 4 的步驟 2。執行指令稿快速創建數位憑證和取消數位憑證，最終觸發的警報如圖 8-1-73 所示。

圖 8-1-73

2）點擊 CloudWatch 警示中的名稱，可以詳細了解警告的資訊，如圖 8-1-74 所示。

圖 8-1-74

為了創建取消閾值，以追蹤隨著時間的演進取消的證書數量，我們需要利用 CloudWatch Events 和 CloudWatch Alarms。

下面創建一個 CloudWatch Event 來尋找取消的 API 呼叫，這裡我們可以創建一個 CloudWatch Alarm。我們可以使用上面創建的事件來查看觸發事件的次數，並從 CloudWatch Alarm 中選擇每次要分類為 ALARM 狀態的觸發器數量，部分程式如下。

```
source:
  - "aws.acm-pca"
detail-type:
  - "AWS API Call via CloudTrail"
detail:
  eventSource:
    - "acm-pca.amazonaws.com"
  eventName:
    - "RevokeCertificate"
```

實驗模組 6：設定 CA 證書特權操作警告指標。

創建 CA 證書是一項特權操作，只能由 CA Management 團隊內的授權人員執行。因此，我們需要監控內部任何 CA 證書的創建。

1）導覽到 CloudWatch 的 Create Alarm 介面，然後選擇「指標」，在指標管理介面中，選擇「事件」，然後點擊「按規則名稱」，你會看到一個規則清單。

2）在規則清單中，選中「mylab-Ca-Security-Role-RevEventRule-NXUXKTW3V4AE」，指標名稱為「TriggeredRules」，然後點擊「選擇指標」。

3）在「指定指標和條件」頁面中，將「統計資料」設定為最大（Maximum），「週期」為 1 天。

在「條件」頁面中，「警示條件」選中「大於/等於」，定義「警告閾值」為1。

在「設定操作」頁面中，點擊「刪除」，保持其他項為預設值，點擊「下一步」。

在「增加名稱和描述」頁面中，警示名稱為「CA Certificate creation」，警告描述為「CA Certificate were created」，然後點擊「下一步」，再點擊「創建警示」，如圖 8-1-75 和圖 8-1-76 所示。

圖 8-1-75

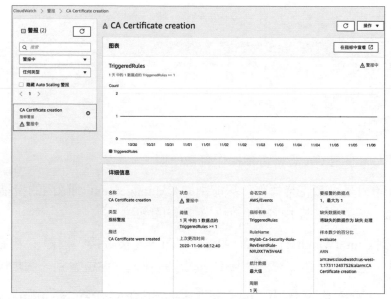

圖 8-1-76

實驗模組 7：設定監控儀表板。

1）導覽到 CloudWatch 的主控台，然後點擊「創建主控台」，如圖8-1-77所示。

圖 8-1-77

2）填寫名稱為 ACM-Alarm，然後點擊「創建主控台」，如圖 8-1-78 所示。

圖 8-1-78

3）導覽到警示管理介面，選中某個警示，在「操作」下拉式功能表中選擇「增加到主控台」，如圖 8-1-79 所示。

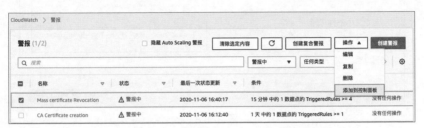

圖 8-1-79

4）選擇主控台中創建的「ACM-Alarm」，然後選擇「數字」展示圖，再點擊「增加到主控台」，如圖 8-1-80 所示。將警示 CA Certificate creation 增加到主控台中並選擇「線形圖」，再點擊「增加到主控台」，如圖 8-1-81 所示。

圖 8-1-80

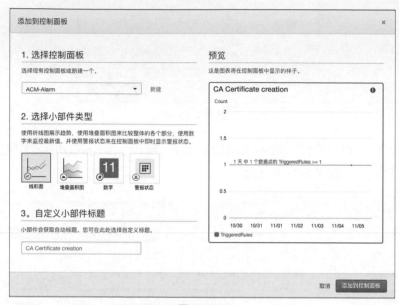

圖 8-1-81

5）最終創建 CloudWatch 主控台，如圖 8-1-82 所示。

圖 8-1-82

現在，有兩個產生了 ALARM 狀態的警示。這是由於應用程式開發人員取消了多個證書，以及在創建 CA 層次結構時創建了 CA 證書。組織可以使用此機制來建構主控台，以便在發生敏感操作時進行監控和警示（SNS，電子郵件等）。

實驗模組 8：建構範本來創建程式簽章憑證。

本模組主要是使用 ACM Private CA 提供的預建構範本創建程式簽章憑證。

允許針對特定使用案例限制使用證書，並且可以使用 IAM 許可權來控制哪些主體可以頒發特定類型證書的使用者或角色。

1）導覽到 Cloud9 服務管理介面，打開 Workshop-environment 環境。根據實驗部署所在的區域選擇地區，如圖 8-1-83 所示。

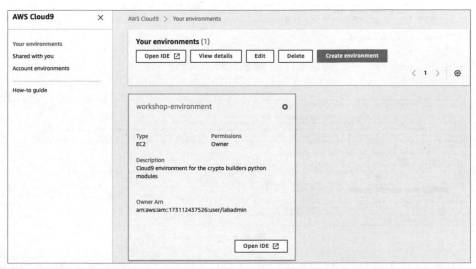

圖 8-1-83

2）在範本子目錄下打開 templates.py 檔案，點擊「運行」按鈕來運行 Python 指令稿 templates.py，大約 2 分鐘後，會看到「成功創建程式簽章憑證 codesigning_cert.pe」。

3）使用 cd data-protection/usecase-7/template 命令將目錄更改為範本所在的目錄，即可看到程式簽章憑證，如圖 8-1-84 所示。

圖 8-1-84

如果在創建程式簽章憑證時出現圖 8-1-85 所示的錯誤，則需要透過命令更新 Python 的加密版本，如圖 8-1-86 所示。

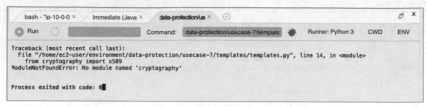

圖 8-1-85

```
labadmin:~/environment $ python -m pip install cryptography

Defaulting to user installation because normal site-packages is not writeable
Requirement already satisfied: cryptography in /home/ec2-user/.local/lib/python3.6/site-packages (3.2.1)
Requirement already satisfied: cffi!=1.11.3,>=1.8 in /home/ec2-user/.local/lib/python3.6/site-packages (from cryptography) (1.14.3)
Requirement already satisfied: six>=1.4.1 in /usr/local/lib/python3.6/site-packages (from cryptography) (1.15.0)
Requirement already satisfied: pycparser in /home/ec2-user/.local/lib/python3.6/site-packages (from cffi!=1.11.3,>=1.8->cryptography) (2.20)
labadmin:~/environment $
labadmin:~/environment $ python3 -m pip install cryptography
Collecting cryptography
  Using cached cryptography-3.2.1-cp35-abi3-manylinux2010_x86_64.whl (2.6 MB)
Requirement already satisfied: six>=1.4.1 in /home/linuxbrew/.linuxbrew/lib/python3.8/site-packages (from cryptography) (1.15.0)
Collecting cffi!=1.11.3,>=1.8
  Downloading cffi-1.14.3-cp38-cp38-manylinux1_x86_64.whl (410 kB)
                                          | 410 kB 12.3 MB/s
Collecting pycparser
  Using cached pycparser-2.20-py2.py3-none-any.whl (112 kB)
Installing collected packages: pycparser, cffi, cryptography
Successfully installed cffi-1.14.3 cryptography-3.2.1 pycparser-2.20
labadmin:~/environment $
```

圖 8-1-86

4）運行簽名命令：openssl x509 -in codesigning_cert.pem -text -noou，如圖 8-1-87 所示。

透過本實驗可以學習有關證書的擴充功能，這可以幫助你將證書用於辨識 TLS 伺服器端點之外的應用程式，包括程式簽名、簽署線上證書狀態協定回應和適用雙向（相互）身份驗證的 TLS 用戶端。

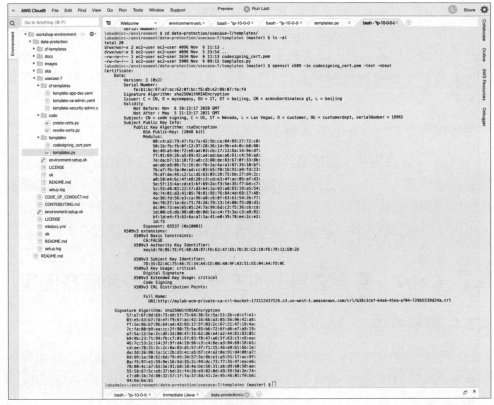

圖 8-1-87

8.1.4　實驗複習

本實驗使用 ACM 專用證書提交機構（PCA）服務創建完整的 CA 結構、生成專用證書，以及在應用程式負載平衡器上應用專用證書。其中範本允許針對特定使用案例限制使用證書，並且可以使用 IAM 許可權來控制某些主體可以提交特定類型證書的使用者或角色。例如：

1）為 CA 管理員要承擔的角色創建 IAM 角色 CaAdminRole，該角色具有證書提交機構管理員進行 CA 管理所需的許可權。作為 CA 管理員，你需要負責創建根 CA 和從屬證書提交機構的層次結構。

2）為應用程式開發人員承擔的角色創建 IAM 角色 AppDevRole，該角色具有應用程式開發人員建構網路應用程式所需的許可權，該應用程式由應用程式負載平衡器作為前置，而負載平衡器後方是拉姆達來源，其可為網站提供 HTML 程式。應用程式開發人員還有權在他們選擇的證書提交機構提交證書。

你也可以透過 CloudFormation 範本快速創建下面兩個角色：

ACM 私有 CA 使用範本創建用於標識使用者、主機、資源和裝置的 CA 證書和最終實體證書。當在主控台中創建證書時，會自動應用範本，應用的範本基於你選擇的證書類型和指定的路徑長度。如果使用 CLI 或 API 創建證書，則可以手動提供應用範本的 ARN，也可以支援 OCSP 簽章憑證範本。

8.2 Lab2：整合雲端上的安全事件監控和應急回應

8.2.1 實驗概述

本實驗是基於多個 AWS 的安全服務整合的實驗，主要是幫助你了解如何整合及使用它們來辨識和補救環境中的威脅。你將使用到 Amazon GuardDuty（威脅檢測）、Amazon Macie（發現、分類和保護資料）、Amazon Inspector（漏洞和行為分析）、AWS Security Hub（集中式安全回應中心）等服務，並了解如何使用這些服務來調查攻擊期間和之後的威脅、建立通知和回應管道，以及增加其他保護措施以改善環境的安全狀況。

8.2.2 使用者場景

公司已經將大部分應用部署到雲端上，符合進階的安全系統要求，需要對基礎架構進行監控和回應能力升級。如果你是公司的雲端安全負責人，並且已受命安排團隊在 AWS 環境中進行自動化安全監控規劃與實施。作為安全管理職責的一部分，你還需要負責回應環境中的任何安全事件。

由於環境中存在設定錯誤，攻擊者可能已經能夠造訪 web 伺服器。你會從已部署的安全服務中收到警示，表明存在惡意活動。這些警示包括與已知惡意

IP 位址的通訊、帳戶偵察、對 Amazon S3 儲存桶設定的更改及禁用安全設定。你必須要確定入侵者可能執行了什麼活動及它們是如何進行的，以便可以阻止入侵者的存取、修復漏洞並將設定恢復到正確的狀態。

8.2.3 部署架構

本實驗只需要部署一檯針對網際網路的 Web 伺服器，其可以透過彈性網路介面存取 Internet 閘道，而客戶可以透過指向彈性網路介面的 DNS 項目存取你的 Web 伺服器。你將靜態內容儲存在 S3 儲存桶中，並使用 VPC S3 Endpoint Gateway 從 Web 伺服器進行存取。

在此環境部署模組中，主要是啟動第一個 CloudFormation 範本，其設定基礎結構的初始元件，包括 GuardDuty，Inspector，SecurityHub 等偵探控制項，以及簡單的通知和補救管道。其中有些步驟需要手動設定，如圖 8-2-1 所示。

在模擬攻擊模組中，主要是啟動第二個 CloudFormation 範本，該範本部署模擬的攻擊。另外，創建了兩個 EC2 實例：一個實例名為惡意主機（Malicious Host），具有附加的 EIP，該 EIP 已增加到 GuardDuty 自訂威脅列表中。儘管惡意主機與另一個實例位於同一個 VPC 中，但是出於場景考慮，並結合防止提交滲透測試請求的需要，我們的行為就像它在 Internet 上一樣，代表了攻擊的電腦。另一個實例名為受損實例（Compromised Instance），是你的 Web 伺服器，並由惡意主機接管，如圖 8-2-1 所示。

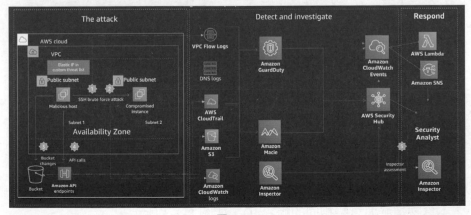

圖 8-2-1

模擬攻擊的威脅，用數字表示分別如下：

1）數字 1 和 2 顯示 SSH 蠻力攻擊和成功的 SSH 登入。

2）數字 3 顯示攻擊者對 S3 儲存桶所做的更改。

3）數字 4 顯示攻擊者使用從受感染 EC2 實例中竊取的 IAM 臨時憑證進行的 API 呼叫。

8.2.4　實驗步驟

模組 1：建構實驗環境。

運行第一個 CloudFormation 範本，並自動創建其中的一些控制項，然後再手動設定其他範本。如果尚未登入，則需要登入 AWS 主控台。

1. 啟用 Amazon GuardDuty

1）啟用 Amazon GuardDuty，其會持續監控你的環境是否存在惡意或未經授權的行為，然後轉到 Amazon GuardDuty 主控台（us-west-2），並點擊「開始使用」，如圖 8-2-2 所示。

圖 8-2-2

2）跳躍到歡迎頁面，點擊「啟用 GuardDuty」，並輸入需要指派的管理員帳戶，本實驗指派與實驗相同的帳戶 ID，如圖 8-2-3 所示。

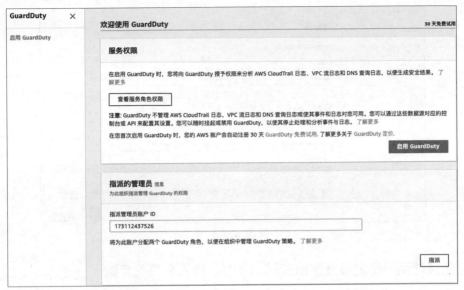

圖 8-2-3

3）在管理介面中，點擊「設定」，並透過在設定中點擊「生存範例結果」模擬攻擊威脅特徵進行模擬測試。

4）現在，啟用了 GuardDuty 並能持續監控 CloudTrail 日誌、VPC 流日誌和 DNS 查詢日誌中的環境威脅。

2. 部署第一個 AWS CloudFormation 範本

1）跳躍到 CloudFormation 管理主控台，並透過連結下載範本，然後在 CloudFormation 管理主控台中創建標準堆疊並進行部署，或透過在瀏覽器中輸入連結進行直接部署。

部署地區：us-west-2，點擊「下一步」，如圖 8-2-4 所示。

圖 8-2-4

2）然後轉到「指定堆疊詳細資訊」頁面，輸入必要的參數。

- 堆疊名稱：Mylab-ThreatDetectionWksp-Env。

- Email Address：你有權存取的任何有效電子郵件位址。

點擊「下一步」，如圖 8-2-5 所示。

3）再次點擊「下一步」（在預設情況下，保留此頁面上的所有內容）。

4）最後，向下捲動並選中核取方塊以確認範本創建了 IAM 角色，然後點擊「創建堆疊」，如圖 8-2-6 所示。

圖 8-2-5

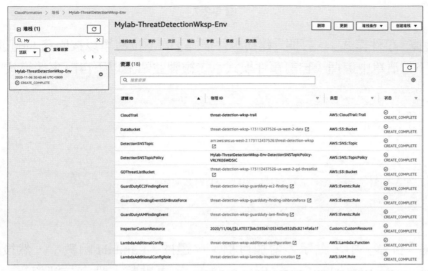

圖 8-2-6

提示：你將收到 SNS 的電子郵件，並要求你進行確認訂閱，以便在實驗期間接收來自 AWS
服務的電子郵件警示。

3. 設定 Amazon CloudWatch 事件規則和自動回應

下面將完成最終規則的創建，此後，你會有適當的規則來接收電子郵件中的
通知並觸發 Lambda 函數以回應威脅。

1）打開 CloudWatch 主控台（us-west-2）。

2）在左側功能窗格的「事件」下，點擊「規則」，然後點擊「創建規則」，
如圖 8-2-7 所示。

圖 8-2-7

3）選擇「事件模式」，打開「建構事件模式」的下拉清單以按服務匹配事件，並在下拉清單中選擇「自訂事件模式」，複製並貼上以下自訂事件模式。

```
{
  "source": [
    "aws.guardduty"
  ],
  "detail": {
    "type": [
      "UnauthorizedAccess:EC2/MaliciousIPCaller.Custom"
    ]
  }
}
```

4）在「目標」中，點擊「增加目標」，選擇「Lambda 函數」，然後選擇「threat-detection-wksp- remediation-nacl」，再點擊「設定詳細資訊」，如圖 8-2-9 所示。

5）在「設定規則詳細資訊」頁面上，填寫「名稱和描述」。

名稱：threat-detection-wksp-guardduty-finding-ec2-maliciousip。

描述：GuardDuty Finding: UnauthorizedAccess:EC2/MaliciousIPCaller.Custom

然後點擊「創建規則」，如圖 8-2-10 所示。

圖 8-2-9

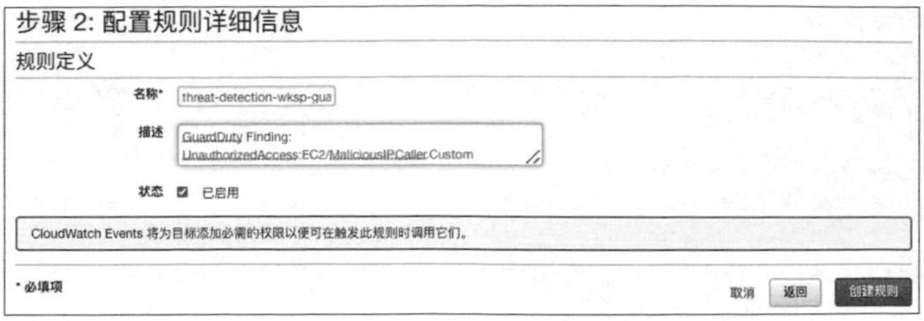

步骤 2: 配置规则详细信息

規則定义

名称*　threat-detection-wksp-gua

描述　GuardDuty Finding:
UnauthorizedAccess:EC2/MaliciousIPCaller.Custom

状态　☑ 已启用

CloudWatch Events 将为目标添加必需的权限以便可在触发此规则时调用它们。

* 必填项　　　　　　　　　　　　　　　　取消　返回　創建規則

圖 8-2-10

6）檢查 Lambda 函數以查看其功能。打開 Lambda 主控台，點擊「threat-detection-wksp- remediation-nacl」，如圖 8-2-11 所示。

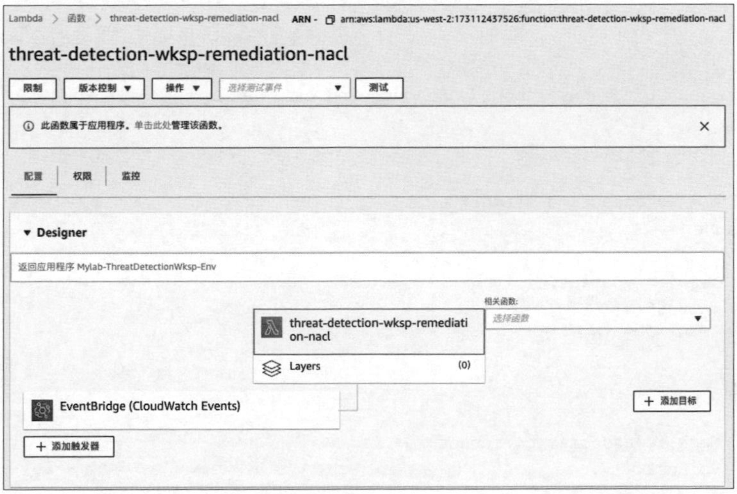

Lambda ＞ 函数 ＞ threat-detection-wksp-remediation-nacl　ARN - ☐ arn:aws:lambda:us-west-2:173112437526:function:threat-detection-wksp-remediation-nacl

threat-detection-wksp-remediation-nacl

限制 ▼　版本控制 ▼　操作 ▼　选择测试事件 ▼　测试

ⓘ 此函数属于应用程序。单击此处管理该函数。　✕

配置　权限　监控

▼ Designer

返回应用程序 Mylab-ThreatDetectionWksp-Env

　　　　　　　　　　　　threat-detection-wksp-remediati　相关函数：
　　　　　　　　　　　　on-nacl　　　　　　　　　　　选择函数　　　　　　▼

　　　　　　　　　　　　Layers　　　　　　(0)

EventBridge (CloudWatch Events)　　　　　　　　　　　　＋ 添加目标

＋ 添加触发器

圖 8-2-11

其中，Lambda 函數的程式如下：

```
from __future__ import print_function
from botocore.exceptions import ClientError
import boto3
import json
import os

def handler(event, context):

  # Log Event
  print("log -- Event: %s " % json.dumps(event))
```

```python
# Set Event Variables
gd_sev = event['detail']['severity']
gd_vpc_id = event["detail"]["resource"]["instanceDetails"]["networkInterfaces"][0]
["vpcId"]
gd_instance_id = event["detail"]["resource"]["instanceDetails"]["instanceId"]
gd_subnet_id = event["detail"]["resource"]["instanceDetails"]["networkInterfaces"][0]
["subnetId"]
gd_offending_id = event["detail"]["service"]["action"]["networkConnectionAction"]
["remoteIpDetails"]["ipAddressV4"]

response = "Skipping Remediation"
wksp = False

for i in event['detail']['resource']['instanceDetails']['tags']:
  if i['value'] == os.environ['PREFIX']:
    wksp = True
print("log -- Event: Workshop - %s" % wksp)
try:

  # Setup a NACL to deny inbound and outbound calls from the malicious IP from this
subnet
  ec2 = boto3.client('ec2')

  response = ec2.describe_network_acls(
    Filters=[
      {
        'Name': 'vpc-id',
        'Values': [
            gd_vpc_id,
        ]
      },
      {
        'Name': 'association.subnet-id',
        'Values': [
            gd_subnet_id,
        ]
      }
    ]
  )

  gd_nacl_id = response["NetworkAcls"][0]["NetworkAclId"]

  if gd_sev == 2 and wksp == True and event["detail"]["type"] ==
"UnauthorizedAccess:EC2/SSHBruteForce":
    response = ec2.create_network_acl_entry(
        DryRun=False,
        Egress=False,
        NetworkAclId=gd_nacl_id,
        CidrBlock=gd_offending_id+"/32",
        Protocol="-1",
        RuleAction='deny',
```

```
          RuleNumber=90
    )

    print("log -- Event: NACL Deny Rule for UnauthorizedAccess:EC2/SSHBruteForce
Finding ")

  elif wksp == True and event["detail"]["type"] == "UnauthorizedAccess:EC2/
MaliciousIPCaller.Custom":
      response = ec2.create_network_acl_entry(
          DryRun=False,
          Egress=True,
          NetworkAclId=gd_nacl_id,
          CidrBlock=gd_offending_id+"/32",
          Protocol="-1",
          RuleAction='deny',
          RuleNumber=90
      )

      print("log -- Event: NACL Deny Rule for UnauthorizedAccess:EC2/
MaliciousIPCaller.Custom Finding ")
    else:
      print("A GuardDuty event occured without a defined remediation.")

except ClientError as e:
  print(e)
  print("Something went wrong with the NACL remediation Lambda")
return response
```

4. 啟用 AWS Security Hub

啟用 AWS Security Hub 可以為你提供 AWS 環境的安全性和符合規範性的全面視圖。

1）轉到 AWS Security Hub 主控台。如果「入門」按鈕可用，則點擊它；如果未啟用，則啟用安全中心，然後跳過第三步。

2）點擊「入門」按鈕，然後點擊「Enable AWS Security Hub」按鈕。

3）如果在 Security Hub 主控台中看到紅色文字（圖 8-2-12 右上的黑底部分），則可以忽略。

圖 8-2-12

AWS Security Hub 現在已啟用，並將開始收集和整理目前為止我們已啟用的安全服務的發現。

模組 2：部署攻擊模擬。

1）部署第二個 CloudFormation 範本，主要是部署啟動模擬攻擊，需要與第一個範本部署在相同區域（us-west-2）。你可以下載部署模組，也可以直接在瀏覽器中輸入位址直接部署，然後點擊「下一步」，如圖 8-2-13 所示。

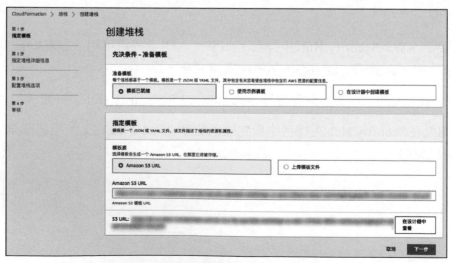

圖 8-2-13

2）進入主控台以運行範本，堆疊的名稱會被自動填充，但你可以改變它。
舉例來說，可以修改為 Mylab-ThreatDetectionWksp-Attacks，然後保持其他
預設值不變，點擊「下一步」，如圖 8-2-14 所示。

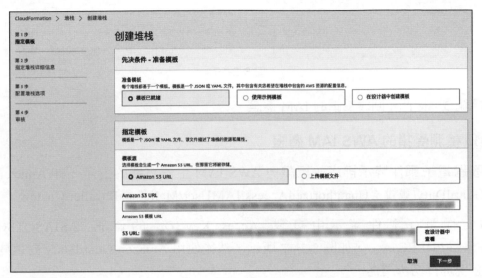

圖 8-2-14

3）最後確認範本來創建 IAM 角色，然後點擊「創建堆疊」，如圖 8-2-15 所示。

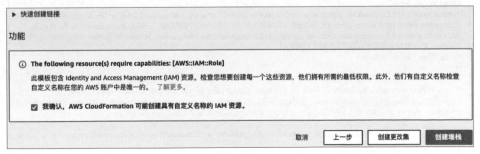

圖 8-2-15

4）回到 CloudFormation 主控台，可以透過刷新頁面來查看堆疊創建資訊。
在繼續之前，要確保堆疊處於 CREATE_COMPLETE 狀態，如圖 8-2-16 所示。

注意：在第二個 CloudFormation 範本完成後，至少需要 20 分鐘，你才能查看發現。

圖 8-2-16

模組 3：檢測和回應受損的 IAM 憑證。

1. 檢測受損的 AWS IAM 憑證

透過電子郵件警示排序並標識與 AWS IAM 主體有關的警示，如 Amazon
GuardDuty 尋找：UnauthorizedAccess:IAMUser/MaliciousIPCaller.Custom。

1）從 電 子 郵 件 警 示 中 複 製「Access Key ID」的 資 訊「ASIASQTSO
FMLFPUFEC6A」，如圖 8-2-17 所示，然後使用 Amazon GuardDuty 對這些
發現進行初步調查。

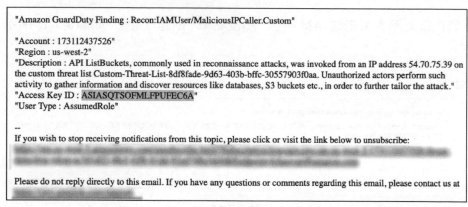

圖 8-2-17

2）轉到 Amazon GuardDuty 主控台（us-west-2）。

在「增加篩選條件」框中選擇「存取金鑰 ID」，然後貼上複製的內容，如圖
8-2-18 所示，再選擇「應用」。

3）點擊結果之一以查看詳細資訊，你可以看到此發現中引用的存取金鑰來自 IAM 假設角色。

圖 8-2-18

4）在受影響的資源下檢查主體 ID，你會發現在兩個字串之間用冒號分隔。第一個是 IAM 角色的唯一 ID，第二個是 EC2 實例 ID，如圖 8-2-19 所示。

圖 8-2-19

IAM 角色的唯一 ID：threat-detection-wksp-compromised-ec2。

EC2 實例 ID：i-0dafa37d6fd6dafb9。

5）該 Principal ID 包含發出 API 請求實體的唯一 ID，並請求使用臨時安全證書，也包括一個階段名稱。在這種情況下，階段名稱是 EC2 實例 ID，因為假設角色的呼叫是利用 EC2 的 IAM 角色完成的。

6）複製完整的主體 ID，其中包含角色的唯一 ID 和階段名稱：「principalId」：「< unique ID >:< session name >」。

```
Iam instance profile
arn: arn:aws:iam::173112437526:instance-profile/threat-detection-wksp-compromised-ec2-profile
id: AIPASQTSOFMLIYTKB25KH
```

7）檢查受影響資源下的用戶名並將其複製下來，它們與所涉及的 IAM 角色的名稱相對應，因為用於進行 API 呼叫的臨時憑據來自附加了 IAM 角色的 EC2 實例。

2. 手動處置受損的 AWS IAM 憑證

現在，你已經確定攻擊者正在使用 EC2 的 IAM 角色提供的臨時安全證書，並決定立即旋轉該證書，以防止任何進一步的濫用或潛在的特權升級。

回應 1：取消 IAM 角色階段（IAM）。

1）轉到 AWS IAM 主控台。

2）點擊「角色」，並使用你之前複製下來的用戶名找到上一部分中確定的角色（這是附加到受感染實例的角色），然後點擊該角色名，如圖 8-2-20 所示。

圖 8-2-20

3）點擊「取消階段」標籤，再點擊「取消活動階段」按鈕，如圖 8-2-21 所示。

圖 8-2-21

4）選中「我確認我要取消該角色所有的活動階段。」核取方塊，然後點擊「取消活動階段」，如圖 8-2-22 所示。

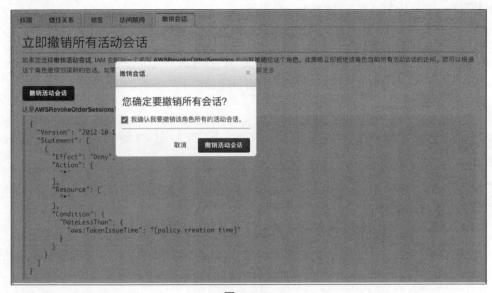

圖 8-2-22

問題：實際上，阻止使用由該角色發佈的臨時安全憑證的機制是什麼？

回應 2：重新開機 EC2 實例。

受到破壞的 IAM 角色的所有活動憑證均已故障，這表示攻擊者無法再使用那些存取金鑰，但也表示任何使用此角色的應用程式也不能使用它們。

1）在 EC2 主控台中，停止名為 threat-detection-wksp: Compromised Instance 的實例。首先選中實例旁邊的框，然後選擇「實例狀態」中的「停止實例」，如圖 8-2-23 所示，然後點擊「是」和「停止」進行確認。

圖 8-2-23

2）等待實例狀態停止（你可能需要刷新 EC2 主控台），然後再點擊「啟動實例」。你需要等到所有狀態檢查都透過後才能繼續。

回應 3：比較啟動 EC2 實例前後的憑證。

為了確保應用程式的可用性，你需要透過停止和啟動實例來刷新實例上的便捷鍵，簡單的重新啟動不會更改金鑰。由於你正在使用 AWS Systems Manager 在 EC2 實例上進行管理，因此可以使用它查詢中繼資料，以驗證實例重新開機後存取金鑰是否已旋轉。

1）轉到 AWS Systems Manager 主控台，點擊左側導覽列中的「Session Manager」，然後點擊「Start Session」。

2）這時會看到 threat-detection-wksp: Compromised Instance 實例的狀態為正在運行的受感染實例，如圖 8-2-24 所示。

圖 8-2-24

3）查看當前在該實例上活動的憑證，選中「Threat-detection-wksp：Compromised Instance」旁邊的單選按鈕，然後點擊「Start Session」。

4）在開啟階段中運行命令，如圖 8-2-25 所示。

圖 8-2-25

5）將存取金鑰 ID 與電子郵件警示中的存取金鑰 AccessKey ID 進行比較，以確保更改，如圖 8-2-26 所示。

重新啟動之後新的 `AccessKeyID`：「`ASIASQTSOFMLE4RKQDFZ`」
郵件警報中的 `AccessKeyID`：「`ASIASQTSOFMLFPUFEC6A`」

圖 8-2-26

由此可見，你已經成功取消了來自 AWS IAM 角色的所有活動階段，並輪換了 EC2 實例上的臨時安全憑證。

模組 4：檢測和回應受損的 EC2 實例。

1. 探索與實例 ID 相關的發現（AWS Security Hub）

當調查受感染的 IAM 憑證時，你會發現它來自 EC2 的 IAM 角色，並從發現的主體 ID 中標識了 EC2 實例 ID。利用實例 ID（你之前複製的實例 ID 是 i-0dafa37d6fd6dafb9），你可以使用 AWS Security Hub 來調查結果。首先，研究與 EC2 實例相關的 GuardDuty 發現。

1）轉到 AWS Security Hub 主控台。

2）該連結會帶你到「發現」部分（如果沒有，則點擊左側導覽中的「發現」）。

3）透過選中「增加篩檢程式」並在「產品名稱」中貼上「GuardDuty」，如圖 8-2-27 所示。

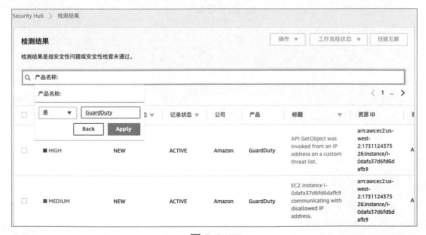

圖 8-2-27

4）使用瀏覽器的尋找功能從 GuardDuty 中尋找主體 ID：i-0dafa37d6fd6dafb9，如圖 8-2-28 所示。

現在，從資源 ID 中複製 Amazon Resource Name（ARN）進行第一個匹配。ARN 看起來像 arn:aws:ec2:us-west-2:173112437526:instance/i-0dafa37d6fd6dafb9 這樣。

5）再次選中「增加篩檢程式」並選擇「資源 ID」，然後貼上上一步中的 ARN，以增加另一個篩檢程式，如圖 8-2-29 所示。

圖 8-2-28

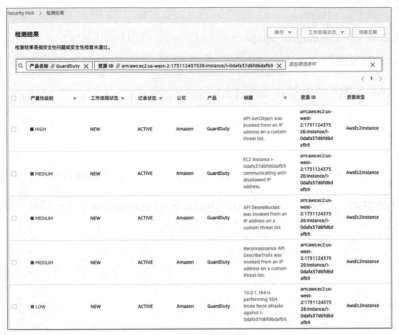

圖 8-2-29

6）其中一項發現表明 EC2 實例正在與威脅清單中的 IP 位址（禁止的 IP）進行通訊，這為該實例已受到威脅的結論提供了進一步的證據，如圖 8-2-30 所示。

圖 8-2-30

7）另一項發現表明特定 IP 位址的系統正在對你的實例執行 SSH 暴力攻擊。現在，你需要調查 SSH 蠻力攻擊是否成功，以及是否允許攻擊者存取該實例。

2. 確定是否在 EC2 實例上啟用 SSH 密碼認證（AWS Security Hub）

對威脅的自動回應可以做很多事情。舉例來說，你可能有一個觸發器，幫助你收集有關威脅的資訊，然後安全團隊可以將其用於調查。考慮到該選項，我們有一個 CloudWatch 事件規則，當 GuardDuty 檢測到特定攻擊時，它會觸發 EC2 實例的 Amazon Inspector 掃描，你可以使用 AWS Security Hub 查看 Inspector 的發現。另外，我們要確定 SSH 設定是否遵循最佳實踐。

1）轉到 AWS Security Hub 主控台。

2）發現中的連結會帶你到「發現」部分（如果沒有，則點擊左側導覽中的「finding」）。

3）選中「增加篩檢程式」並在「產品名稱」中貼上「Inspector」。

4）利用瀏覽器的尋找功能尋找 password authentication over SSH，如圖 8-2-31 所示。

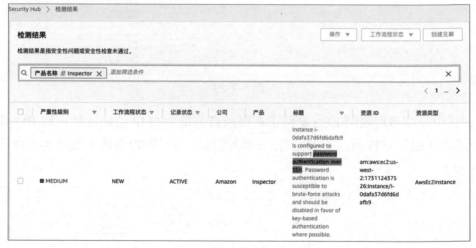

圖 8-2-31

5）點擊經歷過 SSH 蠻力攻擊的實例的 SSH 和密碼身份驗證的發現，然後進行審查。

如果稍後看不到任何發現，則可能是 Inspector 代理存在問題。這時，轉到 Inspector 主控台，點擊「評估範本」，檢查以威脅檢測 -wksp 開頭的範本，然後點擊「運行」。你可以等待 15 分鐘來完成掃描，也可以查看運行並檢查狀態。你也可以隨意繼續執行此模組，並在以後檢查結果。

檢查後，你會看到實例上已設定了透過 SSH 的密碼身份驗證。此外，如果你檢查 Inspector 的其他發現，會發現沒有密碼複雜性限制，這表示該實例更容易受到 SSH 暴力攻擊。

3. 確定攻擊者是否能夠登入 EC2 實例（CloudWatch 日誌）

既然已經知道實例更容易受到 SSH 暴力攻擊，那麼讓我們看一下 CloudWatch 日誌並創建一個指標以查看是否有成功的 SSH 登入。

1）轉到 CloudWatch 日誌。

2）點擊「日誌組」並尋找「/threat-detection-wksp/var/log/secure」，如圖 8-2-32 所示。

3）如果你有多個日誌流，則使用先前複製的實例 ID（i-0dafa37d6fd6dafb9）進行篩選，然後點擊該流，如圖 8-2-33 所示。

圖 8-2-32

圖 8-2-33

4）在篩檢程式事件文字標籤中，寫入篩檢程式模式：[Mon, day, timestamp, ip, id, msg1= Invalid, msg2 = user, ...]，如圖 8-2-34 所示。

圖 8-2-34

5）現在，將篩檢程式替換為 [Mon, day, timestamp, ip, id, msg1= Accepted, msg2 = password, ...] 模式的查詢準則，如圖 8-2-35 所示。

圖 8-2-35

這時，你是否看到任何成功登入實例的資訊？哪個 Linux 使用者受到威脅？

4. 修改 EC2 安全性群組（EC2）

攻擊者的活動階段會因為實例所在子網上 NACL 的更新而自動停止，這是透過某些 GuardDuty 結果呼叫的 CloudWatch 事件規則觸發器來完成的。如果你已決定透過 AWS Systems Manager 對 EC2 實例進行管理，則不需要打開管理通訊埠，修改與 EC2 實例連結的安全性群組即可，以防止攻擊者或其他任何人連接。

1）轉到 Amazon EC2 主控台。

2）尋找名稱為 threat-detection-wksp: Compromised Instance 的正在運行的實例，即受損實例，如圖 8-2-36 所示。

圖 8-2-36

3）在「描述」標籤下，點擊受感染實例的「安全性群組」，如圖 8-2-37 所示。

圖 8-2-37

4）查看「編輯入站規則」標籤下的「入站規則」。

5）點擊「編輯」，然後刪除入站 SSH 規則。

在初始設定期間，SSM 代理已安裝在 EC2 實例上，這時點擊「保存規則」即可，如圖 8-2-38 所示。

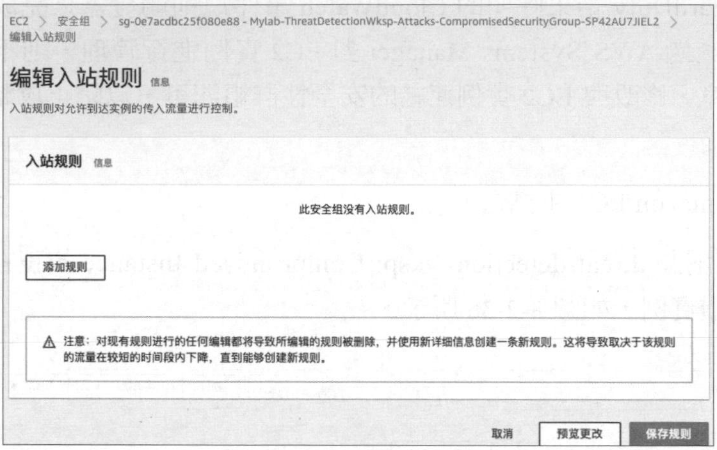

圖 8-2-38

到此為止，你已成功校正了該事件，並進一步改善了環境。由於這是一個模擬實驗，因此無法在分配的短時間內涵蓋回應功能的每個方面，但希望透過這些操作，你能對 AWS 上可用於檢測、調查、回應威脅和攻擊的功能有所了解。

模組 5：清理環境。

為了防止向你的帳戶收費，我們建議清理已創建的基礎結構。如果你打算讓事情繼續進行，以便可以進一步檢查，則記住在完成後進行清理。

在刪除 CloudFormation 堆疊之前，你需要手動刪除一些資源，因此需要按循序執行以下步驟：

1）刪除創建的 Inspector 物件。

- 轉到 Amazon Inspector 主控台。
- 點擊左側功能窗格中的「評估目標」。
- 刪除所有以 Threat-detection-wksp 開頭的內容。

2）刪除受損 EC2 實例的 IAM 角色和 Inspector 的服務連結角色，如果未創建此角色，則

- 轉到 AWS IAM 主控台。
- 點擊「角色」。
- 搜索名稱為 threat-detection-wksp-compromised-ec2 的角色。
- 選中旁邊的核取方塊，然後點擊「刪除」。
- 對名稱為 AWSServiceRoleForAmazonInspector 的角色重複上述步驟。

3）刪除模組 1 中由 CloudFormation 範本創建的所有 S3 儲存桶（以 threat-detection-wksp 開頭並以 -data，-threatlist 和 -logs 結尾的）

- 轉到 Amazon S3 主控台。
- 點擊對應的儲存桶。
- 點擊「刪除儲存桶」。
- 複製並貼上儲存桶的名稱（實際上你是要刪除儲存桶的額外驗證）。
- 對所有的儲存桶重複上述步驟。

4）刪除模組 1 和模組 2 中的 CloudFormation 堆疊（Mylab-ThreatDetection Wksp-Envp 和 Mylab-ThreatDetectionWksp-Attacks）。

- 轉到 AWS CloudFormation 主控台。
- 選擇適當的堆疊。
- 選擇「操作」。
- 點擊「刪除堆疊」。
- 對每個堆疊重複上述步驟。

在刪除第二個堆疊之前，無須等待第一個堆疊刪除完成。

5）刪除 GuardDuty 自訂威脅列表並禁用 GuardDuty，如果未設定它，則

- 轉到 Amazon GuardDuty 主控台。
- 點擊左側功能窗格中的「列表」。
- 點擊旁邊的威脅列表並啟動訂製威脅列表。

- 在左側功能窗格中，點擊「設定」。
- 選中「禁用」旁邊的核取方塊。
- 點擊「保存設定」，然後在彈出框中點擊「禁用」。

6）禁用 AWS Security Hub。

- 轉到 AWS Security Hub 主控台。
- 點擊左側功能窗格中的「設定」。
- 點擊頂部功能窗格中的「正常」。
- 點擊「禁用 AWS Security Hub」。

7）刪除你創建的手動 CloudWatch Event Rule 和生成的 CloudWatch Logs。

- 轉到 AWS CloudWatch 主控台。
- 點擊左側功能窗格中的「規則」。
- 選中「Threat-detection-wksp-guardduty-finding-maliciousip」旁邊的選項按鈕。
- 選擇「操作」，然後點擊「刪除」。
- 點擊左側功能窗格中的「日誌」。
- 選中「/ aws / lambda / threat-detection-wksp-inspector-role-creation」旁邊的選項按鈕。
- 選擇「操作」，然後點擊「刪除日誌組」，再在彈出框中點擊「是，刪除」。
- 其他的重複以上步驟：

  / aws / lambda / threat-detection-wksp-remediation-inspector

  / aws / lambda / threat-detection-wksp-remediation-nacl

  / threat-detection-wksp / var / log / secure

8. 刪除訂閱 SNS 主題時創建的 SNS 訂閱。

- 轉到 AWS SNS 主控台。
- 點擊左側功能窗格中的「訂閱」。

- 選中訂閱旁邊的核取方塊，該訂閱將你的電子郵件顯示為 Endpoint，並且在 Subscription ARN 中具有威脅檢測 -wksp。
- 選擇「操作」，然後點擊「刪除訂閱」。

8.2.5 實驗複習

在本實驗中，主要包括 5 個模組：

在模組 1 中，設定基礎結構的初始元件，包括 GuardDuty，Inspector，SecurityHub 等偵探控制項以及簡單的通知和補救管道，並透過 CloudFormation 範本，快速設定其他環境元件。

在模組 2 中，透過 CloudFormation 範本快速創建兩個 EC2 實例。一個實例（名為 Malicious Host）具有附加的 EIP，該 EIP 已增加到 GuardDuty 自訂威脅列表中。儘管惡意主機與另一個實例位於同一個 VPC 中，但是出於場景考慮（並防止提交滲透測試請求的需要），我們的行為就像它在 Internet 上一樣，代表了攻擊的電腦。另一個實例（名為「受損實例」）是你的 Web 伺服器，並由「惡意主機」接管。

在模組 3 和模組 4 中，主要是分析威脅攻擊警報日誌，設定手動補救漏洞，並為後續的攻擊設定了一些自動補救措施。其主要目的也是想透過分析研究攻擊事件的發生過程，結合威脅攻擊事件的特徵和流程，為使用者自己設定更有效的、自動化的補救和回應措施奠定基礎。模組 5 主要是清理已創建的基礎結構。

本實驗中的攻擊事件發生過程如下：

1）創建了兩個實例，它們位於同一個 VPC 中，但位於不同的子網中。該惡意主機假裝是在網際網路上的攻擊。惡意主機上的彈性 IP 位於 GuardDuty 的自訂威脅列表中。另一個「受害實例」表示已提升並轉移到 AWS 的 Web 伺服器。

2）儘管公司政策是僅為 SSH 啟用基於金鑰的身份驗證，但在某個時候，由於已在受感染實例上啟用了 SSH 的密碼身份驗證，因此要從 GuardDuty 尋找結果觸發的 Inspector 掃描中辨識出此錯誤設定。

3）該惡意主機對受害實例進行 SSH 密碼暴力破解攻擊，並已暴力攻擊成功。

警報來源：

```
GuardDuty Finding: UnauthorizedAccess:EC2/SSHBruteForce 攻擊威脅
```

4）SSH 暴力攻擊成功，並且攻擊者能夠登入受感染實例。

警報來源：

```
CloudWatch Logs (/threat-detection-wksp /var /log /secure) 確認成功登入
```

5）受到威脅的實例還會連續 ping 惡意主機，以基於自訂威脅列表生成 GuardDuty 尋找。

警報來源；

```
GuardDuty Finding : UnauthorizedAccess : EC2/MaliciousIPCaller.Custom
```

6）API 結果的呼叫來自惡意主機。使用 IAM 角色中的臨時憑證來運行惡意主機上的 EC2，因為附加到惡意主機的 EIP 在自訂威脅列表中，所以會生成 GuardDuty 警報結果。

警報來源：

```
GuardDuty Finding : Recon : IAMUser / MaliciousIPCaller.Custom
GuardDuty Finding : UnauthorizedAccess : IAMUser / MaliciousIPCaller.Custom
```

7）GuardDuty 的調查結果引發了許多 CloudWatch Events 規則，然後觸發了各種服務。

CloudWatch 事件規則：正常 GuardDuty 尋找結果將呼叫 CloudWatch Event 規則，該規則觸發 SNS 發送電子郵件。

CloudWatch 事件規則：SSH 蠻力攻擊發現會呼叫 CloudWatch Event 規則，該規則會觸發 Lambda 函數並透過 NACL 及在 EC2 實例上運行 Inspector 掃描的 Lambda 函數來阻止攻擊者的 IP 位址。

CloudWatch 事件規則：未經授權的存取自訂 MaliciousIP 發現會呼叫 CloudWatch Event 規則，該規則觸發 Lambda 函數以透過 NACL 阻止攻擊者的 IP 位址。

本實驗能幫助使用者充分了解真實威脅場景，了解與威脅檢測和回應有關的許多 AWS 服務，熟悉 Amazon GuardDuty，Amazon Macie 和 AWS Security Hub 的威脅檢測功能以及回應措施。

8.3 Lab3：整合 AWS 的 PCI-DSS 安全符合規範性架構

8.3.1 實驗概述

AWS 符合規範性解決方案在 AWS 中可以簡化和實現安全基準，即從初始設計到營運安全準備。這些解決方案融入了 AWS 解決方案架構師、安全與符合規範性人員的專業知識，可幫助你透過自動化的方式輕鬆建構安全可靠的架構。

此實驗包括與 AWS Service Catalog 整合的 AWS CloudFormation 範本，其能自動建構遵循 PCI DSS 要求的標準基準架構，還包括安全控制矩陣框架，其能將安全控制與基準的架構決策、功能和設定對應。

8.3.2 部署範本

由於 AWS CloudFormation 範本是本實驗部署資源的基本架構，因此客戶可以在不同的範本之間進行選擇以測試和自訂其環境，而無須部署整個架構。

IAM 使用者必須具有對應的許可權來部署每個範本創建的資源，其中包括適用於群組和角色的 IAM 設定。

你還可以編輯 main.template 以自訂子網和架構，對於必須在應用程式所有者的帳戶中部署初始基礎架構的預置團隊而言，這一點很有用。

部署指導手冊：AWS 雲端上的 PCI DSS 標準化架構。

筆者為此實驗提供了工具和範本的 GitHub 儲存庫，以便你能快速修改、擴充和自訂這些內容。建議你利用這些資源，以確保正確的版本控制、開發人員協作及文件更新。當然，你也可以使用自己的 Git 或 Apache Subversion 原始程式碼儲存資料庫，或使用 CodeCommit。

快速入門的 GitHub 儲存資料庫包括以下目錄：

- assets：安全控制項系統、架構示意圖和登入頁面資產。
- templates：用於部署的 AWS CloudFormation 範本檔案。
- submodules：由快速入門範本使用的指令稿和子範本。

將範本上傳到 Amazon S3：

快速入門的 Amazon S3 儲存桶中提供了快速入門範本。如果你是使用自己的 S3 儲存桶，則可以使用 AWS 管理主控台或 AWS CLI 按照以下說明來上傳 AWS CloudFormation 範本。

使用主控台：

1）登入 AWS 管理主控台，然後打開 Amazon S3 主控台。

2）選擇用於儲存範本的儲存桶。

3）選擇「Upload」並指定要上傳檔案的本地位置。

4）將所有範本檔案上傳到同一個 S3 儲存桶中。

5）透過選擇範本檔案，然後選擇 Properties 來尋找並記下範本 URL。

使用 AWS CLI：

- 下載 AWS CLI 工具。
- 使用以下 AWS CLI 命令上傳每個範本檔案：

```
        aws s3 cp <template file>.template s3://<s3bucketname>/
update Amazon S3 URL:
```

主堆疊的範本列出了巢狀結構堆疊的 Amazon S3 URL。如果你已將範本上傳到自己的 S3 儲存桶並要從該處部署範本，則必須修改 main.template 檔案的 Resources 部分。

在啟動實驗之前，必須按照指定的方式設定你的帳戶，否則部署可能會失敗。

部署前的條件準備和檢查：

在部署 PCI DSS 實驗範本之前，按照本說明確認你的帳戶已正確設定。

- 查看 AWS 帳戶的服務配額和服務使用情況，根據需要提升請求，以確保帳戶中有可用容量來啟動資源。

- 確保 AWS 帳戶在你計畫部署的 AWS 區域中設定了至少一個 SSH 金鑰對（但最好是兩個單獨的金鑰對），以用於堡壘主機和其他 Amazon EC2 主機登入。

- 如果你要部署到可使用 AWS Config 的 AWS 區域，則要確保在 AWS Config 主控台中已手動設定 AWS Config。目前，AWS Config 僅在終端節點和配額網頁上列出的區域中可用。

查看 AWS 服務配額：

如果想查看和提升（如有必要）對 PCI 快速入門部署所需資源的服務配額，則需要使用 Service Quotas 主控台和 Amazon EC2 主控台。

使用 Service Quotas 主控台查看帳戶中對 Amazon VPC、IAM 群組和 IAM 角色的現有服務配額，並確保可以部署更多資源。

1）打開 Service Quotas 主控台。

2）在功能窗格中，選擇「AWS services（AWS 服務）」。

3）在 AWS 服務頁面上，找到要檢查的服務，然後選擇該服務。

4）將 AWS default quota value（AWS 預設配額值）列與 Applied quota value（應用的配額值）列進行比較，以確保你可以分配以下內容而不超過此快速入門部署的 AWS 區域 [建議使用美國東部（維吉尼亞北部）地區] 中的預設配額。

- 額外兩（2）個 VPC。
- 額外六（6）個 IAM 群組。
- 額外五（5）個 IAM 角色。

如果需要增加，則可以選擇配額名稱，然後選擇 Request quota increase（請求增加配額），以打開 Request quota increase（請求增加配額）表單。

創建 Amazon EC2 金鑰對：確保至少有一個 Amazon EC2 金鑰對存在於你的 AWS 帳戶中（位於計畫在其中部署快速入門的區域）。

1）打開 Amazon EC2 主控台。

2）使用導覽列中的區域選擇器選擇計畫部署的 AWS 區域。

3）在功能窗格的「Network & Security」下，選擇「Key Pairs」。

4）在金鑰對列表中，確認至少有一個可用的金鑰對（但最好是兩個），並記下金鑰對名稱。當啟動快速入門時，你需要為參數 pEC2KeyPairBastion（用於堡壘主機登入存取）和 pEC2KeyPair（用於所有其他 Amazon EC2 主機登入存取）提供金鑰對名稱。雖然你可以為這兩個參數使用相同的金鑰對，但建議使用不同的。

如果你想新建一個金鑰對，則要選擇「Create Key Pair」。

注意：如果你部署快速入門是為了進行測試或概念驗證，建議你創建新的金鑰對，而非指定已被生產實例使用的金鑰對。

設定 AWS Config：

如果 AWS Config 在你要部署快速入門的區域中尚未初始化，則按照以下步驟操作。

1）打開 AWS Config 主控台。

2）使用導覽列中的區域選擇器選擇計畫部署的 AWS 區域。

3）在 AWS Config 主控台中，選擇「Get started」，如圖 8-3-1 所示。

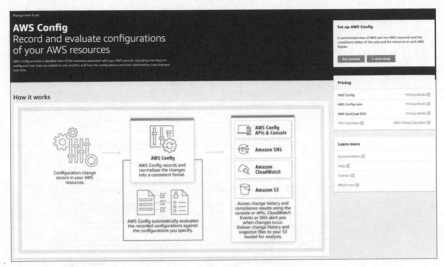

圖 8-3-1

4）在「Set up AWS Config」頁面上，你可以保留所有預設值，也可以按照所需方式進行修改，然後點擊「Next」，如圖 8-3-2 所示。

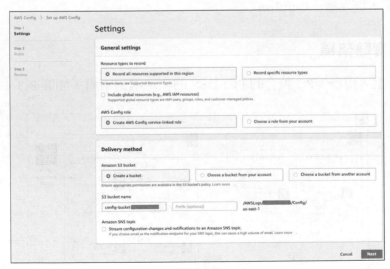

圖 8-3-2

5）這時，系統會提示你選擇 AWS Config 的規則。集中式日誌記錄範本會為環境部署規則，你可以根據實際情況增加規則或刪除規則，然後點擊「Next」，如圖 8-3-3 所示。

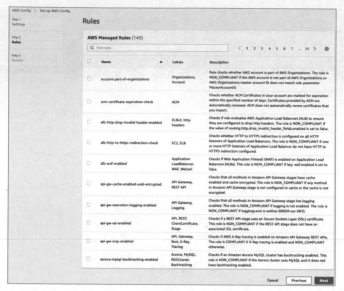

圖 8-3-3

6）在「Review」頁面上，你可以查看並確認 AWS Config 的設定。如果要完成設定，則點擊「Confirm」。

8.3.3　實驗架構

在 AWS 上，由多 VPC 整合的 PCI DSS 的標準網路架構，如圖 8-3-4 所示。

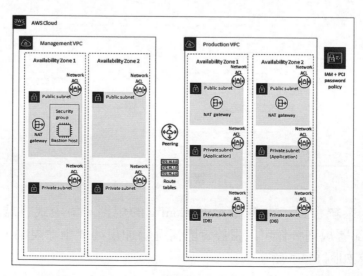

圖 8-3-4

範本架構主要包括以下元件和功能：

- 使用自訂 IAM 策略的基本 AWS Identity and Access Management（AWS IAM）設定，其帶有連結的群組、角色和實例設定檔。

- 符合 PCI 要求的密碼策略。

- 針對外部的標準 VPC 多可用區架構，其中包含用於不同應用程式層的獨立子網，以及用於應用程式和資料庫的私有（後端）子網。

- 託管網路位址編譯（NAT）閘道，用於允許對私有子網中的資源進行出站 Internet 存取。

- 受保護的堡壘登入主機，用於協助命令列 SSH 對 EC2 實例的存取，以便進行故障排除和系統管理活動。

- 網路存取控制清單（網路 ACL）規則，用於篩選流量。

- 適用於 EC2 實例的標準安全性群組。

在 AWS 上，PCI DSS 的集中式日誌記錄設計架構，如圖 8-3-5 所示。

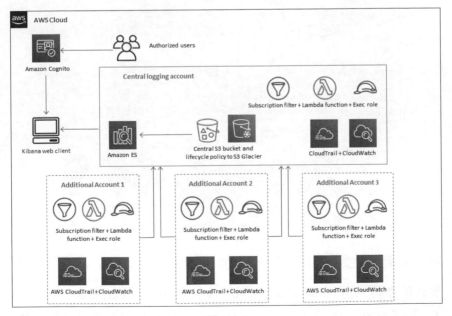

圖 8-3-5

集中式日誌記錄設計架構主要包括以下元件和功能：

- 使用 CloudTrail，CloudWatch 和 AWS Config 規則的日誌記錄、監視和警示（可選），具有 Kibana 前端的 Amazon ES 叢集以用於 CloudTrail 日誌分析和存取控制的 Amazon Cognito。

- 用於集中式日誌記錄的 Amazon S3，其利用生命週期策略來歸檔 S3 Glacier 中的物件（支持符合 PCI 的保留策略）。

- 用於將 CloudTrail 日誌從其他帳戶轉發到主日誌記錄帳戶的第二個範本（如果適用）。

在 AWS 上，適用於 PCI DSS 的 Amazon Aurora MySQL 資料庫設計架構，如圖 8-3-6 所示。

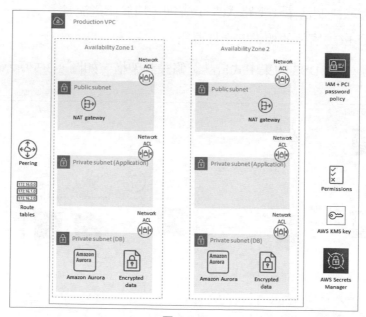

圖 8-3-6

資料庫設計架構主要包括以下元件和功能：

- 加密的多可用區 Amazon RDS Aurora MySQL 資料庫叢集。

- Amazon RDS 資料庫的安全性群組。安全性群組只允許透過通訊埠 3306 進行存取，並且僅允許從指定的 VPC 進行存取。

- AWS Key Management Service（AWS KMS）對稱客戶主金鑰（CMK），具有使用者定義的金鑰別名並啟用自動輪換功能。

- 具有金鑰管理員和金鑰使用者的使用權限的 IAM 群組。

- 使用者定義的資料庫用戶名和密碼。

- 將 Secrets Manager 設定為每 89 天輪換一次資料庫密碼。

在 AWS 上，PCI DSS 的 Web 應用程式（帶 AWS WAF）設計架構，如圖 8-3-7 所示。

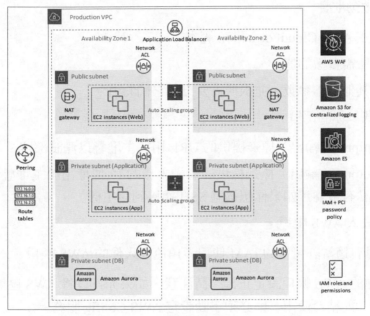

圖 8-3-7

Web 應用程式設計架構主要包括以下元件和功能：

- 使用 Auto Scaling 和 Application Load Balancer 的三層 Linux Web 應用程式，可透過應用程式修改或啟動。用於加密的 Web 內容、集中式日誌記錄和 AWS WAF 日誌的 S3 儲存桶。

- AWS WAF，具 有 用 於 減 輕 OWASP（Open Web Application Security Project，開放式 Web 應用程式安全專案）的 Web 應用程式漏洞風險的規則。

- Kinesis Data Firehose，用於將 AWS WAF 日誌流傳輸到 Amazon S3 和 Amazon ES。

8.3.4　實驗步驟

在 AWS 上部署快速入門架構的步驟如下：

步驟 1：登入 AWS 帳戶。

- 登入你的 AWS 帳戶，並確保其設定正確。

步驟 2：啟動堆疊。

- 啟動主 AWS CloudFormation 範本。
- 輸入所需參數的值。
- 查看其他範本參數，並根據需要自訂它們的值。

步驟 3：測試你的部署。

- 將 Outputs（輸出）標籤提供的 URL 用於主堆疊以測試部署。
- 將 Outputs（輸出）標籤提供的堡壘主機的 IP 位址用於主堆疊，並使用你的私有金鑰（如果你想透過 SSH 連接到該主機）。

步驟 4：登入 AWS 帳戶。

1）使用具有適當許可權的 IAM 使用者角色登入你的 AWS 帳戶。

2）確保你的 AWS 帳戶設定正確。請注意，如果你打算將 AWS 區域與 AWS Config 的功能結合使用，則必須手動設定 AWS Config 服務。

3）使用導覽列中的區域選擇器來選擇要將 PCI DSS 架構部署到的 AWS 區域。

Amazon EC2 的位置由區域和可用區組成，其中區域分散存在，位於獨立的地理區域中。此快速入門將 m4.large 實例類型用於部署的 WordPress 和 NGINX 部分中，AWS Config 規則服務當前僅在終端節點和配額網頁列出的 AWS 區域中可用。

你最好選擇最接近資料中心或企業網路的區域，以減小運行在 AWS 與企業網路上的系統和使用者之間的網路延遲。如果你計畫使用 AWS Config 規則功能，則必須選擇終端節點和配額網頁上的區域。

4）選擇你之前創建的金鑰對。在 Amazon EC2 主控台的功能窗格中，點擊「Key Pairs」（金鑰對），然後從列表中選擇金鑰對。

步驟 5：啟動堆疊創建主範本。

集中式日誌記錄包括兩個範本。首先在你的帳戶中啟動主範本，然後從你想要從中轉發日誌的任何其他帳戶啟動子範本。

主範本 AWS CloudFormation 將架構部署到 VPC 內的多個可用區中。在啟動堆疊之前，你需要查看技術要求和預先部署步驟。

1）在你的 AWS 帳戶中拷貝連結以啟動主 AWS CloudFormation 範本。

你還可以下載主範本，以便在你自訂時作為起始點。該範本會部署到主控台右上角的導覽列顯示的 AWS 區域中，你可以透過導覽列中的區域選擇器來更改區域。

透過範本創建堆疊需要約 8 分鐘的時間。

2）在「Select Template」頁面上，保留範本 URL 的預設設定，然後點擊「Next」。

3）在「Specify Details」頁面上，為範本提供所需的參數值，如表 8-3-1 所示。

表 8-3-1

標籤	參數	預設值	說明
實例租賃	VPCTenancy	Default（預設）	實例的租賃屬性已發佈到 VPC 中。在預設情況下，VPC 中的所有實例將作為共用租期實例運行，選擇 dedicated 以將它們改為作為單一租賃實例運行。如果不確定，則保留 default
第一個可用區	AvailabilityZoneA	需要輸入	可用區 1 的名稱
第二個可用區	AvailabilityZoneB	需要輸入	可用區 2 的名稱，其必須與可用區 1 的名稱不同

Amazon EC2 設定可參考表 8-3-2 所示的資訊：

表 8-3-2

標籤	參數	預設值	說明
堡壘實例的現有 SSH 金鑰	EC2KeyPairBastion	需要 輸入	帳戶中用於堡壘主機登入的 SSH 金鑰對，這是 你在預部署步驟中創建的金鑰之一
其他實例的現有 SSH 金鑰	EC2KeyPair	需要 輸入	帳戶中用於所有其他 E2 實例登入的 SSH 金鑰 對，這是你在預部署步驟中創建的金鑰之一

IAM 金鑰策略可參考表 8-3-3 所示的資訊：

表 8-3-3

標籤	參數	預設值	說明
最長密碼使用期限	MaxPasswordAge	90	密碼的最長使用期（以天為單位）
最短密碼長度	MinPasswordLength	7	最短密碼長度
保留之前的密碼	PasswordHistory	4	要記住之前密碼的數量，以防止重複使用 密碼
需要小寫字元	RequireLowercaseChars	True	密碼要求至少有一個小寫字元
需要大寫字元	RequireUppercaseChars	True	密碼要求至少有一個大寫字元
需要數位	RequireNumbers	True	密碼要求至少有一個數位
需要符號	RequireSymbols	True	密碼要求至少有一個非字母數字字元（！@ # $ % ^ & * ( ) _ + - = [ ] { }	‘）

4）在「Options」（選項）頁面上，你可以為堆疊中的資源指定標籤（鍵值對）
並設定其他選項，還可以使用標籤來整理和控制針對堆疊中資源的存取，這
些操作不是必須的。完成此操作後，點擊「Next」。

5）在「Review」頁面上，查看並確認範本設定。在「Capabilities」下，選
中以下兩個核取方塊，以確認此範本將創建 IAM 資源，並且可能需要自動
擴充巨集的功能，如圖 8-3-8 所示。

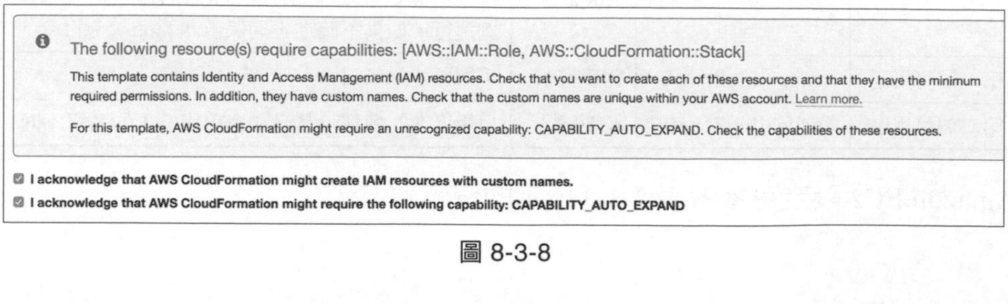

ℹ️ The following resource(s) require capabilities: [AWS::IAM::Role, AWS::CloudFormation::Stack]

This template contains Identity and Access Management (IAM) resources. Check that you want to create each of these resources and that they have the minimum required permissions. In addition, they have custom names. Check that the custom names are unique within your AWS account. Learn more.

For this template, AWS CloudFormation might require an unrecognized capability: CAPABILITY_AUTO_EXPAND. Check the capabilities of these resources.

☑ I acknowledge that AWS CloudFormation might create IAM resources with custom names.
☑ I acknowledge that AWS CloudFormation might require the following capability: CAPABILITY_AUTO_EXPAND

圖 8-3-8

6）點擊「Create」，以部署堆疊。

7）監控正在部署的堆疊的狀態。如果所有部署的堆疊顯示 CREATE_ COMPLETE 狀態，則表示此引用架構的叢集已準備就緒。這時，你會看到部署了多個巢狀結構堆疊。

步驟 6：自動化部署集中式日誌記錄範本。

（1）集中式日誌自動化部署範本

主集中式日誌記錄 AWS CloudFormation 範本在單一帳戶中部署日誌記錄架構，另一個集中式日誌記錄範本可用於將日誌從其他帳戶轉發到集中式日誌帳戶。

在啟動堆疊之前，你需要查看技術要求和預先部署步驟：

1）在你的 AWS 帳戶中啟動主集中式日誌記錄 AWS CloudFormation 範本，或直接透過 Link 位址下載，在自己帳號中上傳範本進行部署。該範本會部署到主控台右上角導覽列顯示的 AWS 區域中，你可以透過導覽列中的區域選擇器來更改區域。創建主集中式日誌記錄堆疊大約需要 20 分鐘。你還可以下載範本，以便在自訂時作為起始點。

2）在「Select Template」頁面上，保留範本 URL 的預設設定，然後點擊「Next」。

3）在「Specify Details」頁面上，為範本提供所需的參數值。在「Options」頁面上，你可以為堆疊中的資源指定標籤（鍵值對）並設定其他選項，也可以使用標籤來整理和控制針對堆疊中資源的存取，但這些操作不是必須的。在完成此操作後，點擊「Next」。

4）在「Review」頁面上，查看並確認範本設定。在「Capabilities」下，選中兩個核取方塊，以確認此範本將創建 IAM 資源，並且可能需要自動擴充巨集的功能。

5）點擊「Create」，以部署堆疊。

6）監控正在部署的堆疊的狀態。如果所有部署的堆疊顯示 CREATE_ COMPLETE 狀態，則表示此引用架構的叢集已準備就緒。由於你部署的是整個架構，因此這裡會列出 8 個堆疊（針對主範本和 7 個巢狀結構範本）。

7）如果你是使用其他帳戶範本從其他帳戶轉發日誌，則需要按照相同的步驟啟動範本。

（2）資料庫自動化部署範本

資料庫自動化 AWS CloudFormation 範本將在生產 VPC 中部署資料庫架構，其包括部署 Secrets Manager 和客戶主金鑰（CMK）。資料庫密碼透過 PCI 相容的複雜性、長度、到期日期和輪換在 Secrets Manager 內進行維護。

1）在你的 AWS 帳戶中啟動資料庫 AWS CloudFormation 範本，或直接透過 Link 位址下載，在自己帳號中上傳範本進行部署。該範本會部署到主控台右上角導覽列顯示的 AWS 區域中，你可以透過導覽列中的區域選擇器來更改區域。

2）在「Select Template」頁面上，保留範本 URL 的預設設定，然後點擊「Next」。

3）在「Specify Details」頁面上，為範本提供所需的 7 個參數值。

4）在「Options」頁面上，你可以為堆疊中的資源指定標籤（鍵值對）並設定其他選項，還可以使用標籤來整理和控制針對堆疊中資源的存取，這些可以單獨設定。在完成此操作後，點擊「Next」。

5）在「Review」頁面上，檢查設定並選中確認核取方塊，這會宣告範本將創建 IAM 資源。

6）點擊「Create」，以部署堆疊。

7）監控正在部署的堆疊的狀態。如果所有部署的堆疊顯示 CREATE_COMPLETE 狀態，則表示此引用架構的叢集已準備就緒。由於你部署的是整個架構，因此會列出 8 個堆疊（針對主範本和 7 個巢狀結構子範本）。

（3）Web 應用程式自動化部署範本

此自動化 AWS CloudFormation 範本部署 Web 應用程式架構，包括巢狀結構 AWS WAF 範本。在啟動堆疊之前，你需要查看技術要求和預先部署步驟。

1）在你的 AWS 帳戶中啟動 Web 應用程式 AWS CloudFormation 範本，或直接透過 Link 位址下載，在自己帳號中上傳範本進行部署。

該範本會部署到主控台右上角導覽列顯示的 AWS 區域中，你可以透過導覽列中的區域選擇器來更改區域。創建堆疊需要約 10 分鐘的時間。

你還可以下載範本，以便在自訂時作為起始點。

2）在「Select Template」頁面上，保留範本 URL 的預設設定，然後點擊「Next」。

3）在「Specify Details」頁面上，為範本提供所需的 7 個參數值。

4）在「Options」頁面上，你可以為堆疊中的資源指定標籤（鍵值對）並設定其他選項，還可以使用標籤來整理和控制針對堆疊中資源的存取，這些可以單獨設定。在完成此操作後，點擊「Next」。

5）在「Review」頁面上，檢查設定並選中「確認」核取方塊。第一種方法會宣告範本將創建 IAM 資源。第二種方法與包含巨集的堆疊範本有關，以便對範本執行自訂處理，並且需要確認將發生此處理。

6）點擊「Create」，以部署堆疊。

7）監控正在部署的堆疊的狀態。如果所有部署的堆疊顯示 CREATE_COMPLETE 狀態，則表示此引用架構的叢集已準備就緒。由於你部署的是整個架構，因此會列出 8 個堆疊（針對主範本和 7 個巢狀結構範本）。

步驟 7：測試你的部署。

（1）主範本部署

部署完成後，從「Outputs」標籤中記下堡壘主機的公有 IP 位址，如圖 8-3-9。

Stack Name		Created Time	Status	Drift Status	Description
Main-ManagementVpcTemplate...	NESTED	2019-07-24 10:03:26 UTC-0500	CREATE_COMPLETE	NOT_CHECKED	Provides networking configuration for a standard ...
Main-ProductionVpcTemplate...	NESTED	2019-07-24 09:59:49 UTC-0500	CREATE_COMPLETE	NOT_CHECKED	Provides networking configuration for a standard, ...
Main-IamTemplate-HIM0F8X6...	NESTED	2019-07-24 09:59:48 UTC-0500	CREATE_COMPLETE	NOT_CHECKED	Provides the base security, IAM, and access config...
Main		2019-07-24 09:59:42 UTC-0500	CREATE_COMPLETE	NOT_CHECKED	Provides nesting for required stacks to deploy a ba...

Key	Value	Description	Export Name
Help		For assistance or questions regarding this quick...	
TemplateVersion	2.5		
TemplateType	Standard Architecture		
BastionIP	3.19.21.87	Use this IP via SSH to connect to Bastion Instance	

圖 8-3-9

（2）巢狀結構範本（如管理 VPC 範本）部署

查看創建的資源，如圖 8-3-10 所示。

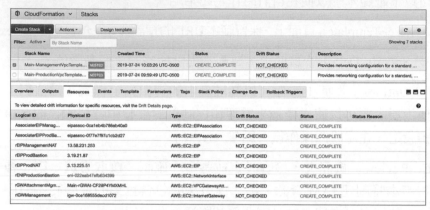

圖 8-3-10

（3）集中式日誌記錄範本

部署完成後，查看「Outputs」標籤並記下 Kibana 主控台的 Amazon ES 域終
端節點、S3 儲存桶和登入 URL，如圖 8-3-11 所示。

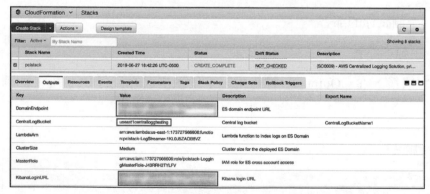

圖 8-3-11

使用發送到你電子郵件的臨時密碼登入 Kibana 主控台。

1）登入後，在左側功能窗格中點擊「Management」。

2）在「Configure an index pattern」下，將「Index name or pattern」欄位設

定為 cwl-*（這時下面的訊息方塊會從紅色變為綠色，確認存在匹配的索引和別名）。然後點擊「Next」。

3）在「Time Filter」下，選擇「@timestamp」。

4）要想查看索引中每個欄位的清單，則選擇「Create index pattern」。

5）要想查看日誌，則在左側功能窗格中點擊「Discover」，如圖 8-3-12 所示。

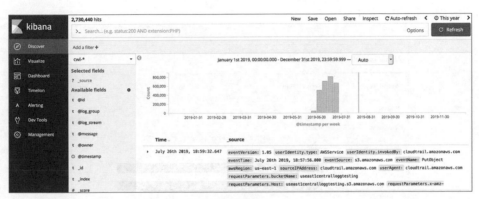

圖 8-3-12

（4）資料庫範本

部署完成後，記下「Outputs」標籤下的 AWS KMS 金鑰別名、資料庫安全性群組和資料庫名稱，如圖 8-3-13 所示。

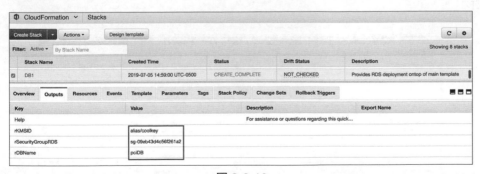

圖 8-3-13

如果想檢索自動生成的 PCI 相容的密碼，則在 Secrets Manager 主控台上選擇具有「This is my pci db instance secret」描述的密碼，然後選擇「Secret key/ value」，如圖 8-3-14 所示。

在「Rotation configuration」中，將值設定為 89 天，而非 90 天。這是因為 Secrets Manager 是在上一次輪換完成時計畫下一次輪換的，其透過在上次輪換的實際日期增加輪換間隔（天數）來計畫日期。該服務會隨機選擇 24 小時日期視窗中的小時，也可以隨機選擇分鐘，但它會根據小時的起始進行加權並受幫助分佈負載的各種因素的影響。根據符合規範性要求，建議將值設定為比要求的值少 1 天。

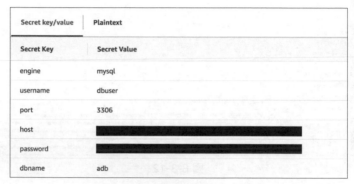

圖 8-3-14

（5）Web 應用程式範本

部署完成後，在「Outputs」標籤下選擇 LandingPageURL 連結，如圖 8-3-15 所示。

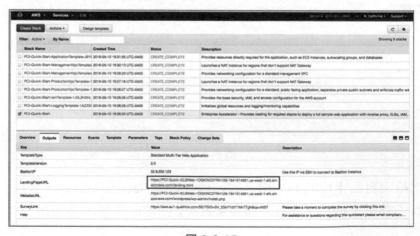

圖 8-3-15

此連結將在瀏覽器中啟動新頁面，如圖 8-3-16 所示。

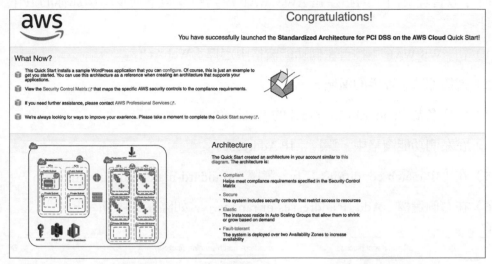

圖 8-3-16

此部署建構多可用區 WordPress 網站的工作演示。要想連接到 WordPress 網站，就在「Outputs」標籤下選擇 WebsiteURL（網站 URL）連結，主堆疊的「Outputs」標籤下也提供了 WebsiteURL 連結。由於提供 WordPress 僅為測試和概念驗證使用，而不供生產使用，因此你可以將它替換為所選的其他應用程式，如圖 8-3-17 所示。

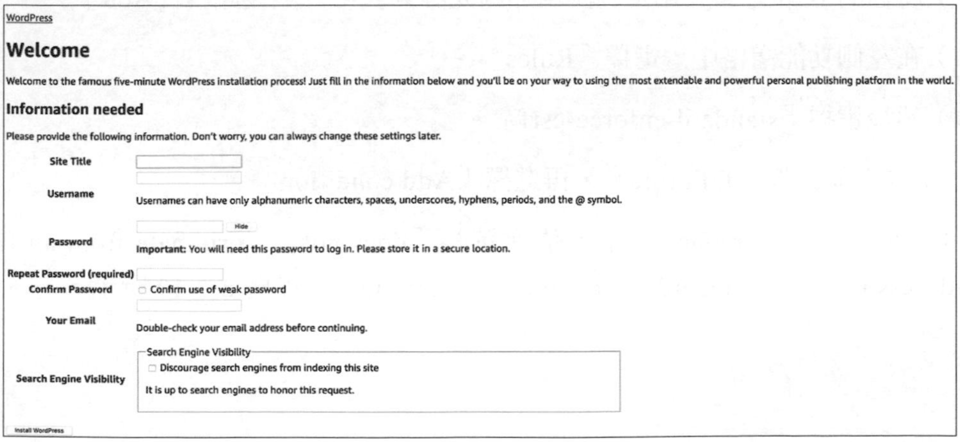

圖 8-3-17

你可以從載入的頁面上安裝和測試 WordPress 部署。要想在部署 AWS WAF 時存取管理頁面，則必須在 AWS WAF 規則中按照下列步驟增加你的 IP 位址。

1）在 AWS WAF 主控台左側功能窗格中選擇「WebACL」。

2）選擇部署了堆疊的區域。

3）選擇名為 standard-owasp-acl 的 WebACL。

4）在左側功能窗格中，選擇「IP Addresses」。

5）在「IP match conditions」下，選擇「standard-match-admin-remote-ip」。

6）在右側選擇「Add IP addresses or ranges」，如圖 8-3-18 所示。

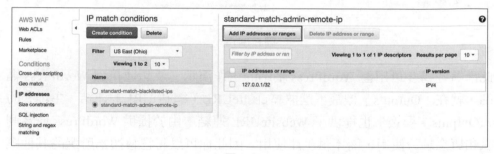

圖 8-3-18

7）將你的 IP 位址或 CIDR 範圍增加到允許列表中，然後點擊「Add」。

8）在左側功能窗格中，選擇「Rules」。

9）然後選擇「standard-enforce-csrf」。

10）在右側選擇「Edit rule」，再選擇「Add condition」。

11）在「When a request」下，依次選擇「does not」「originate from an IP address in」和「standard-match-admin-remote-ip」，如圖 8-3-19 所示。

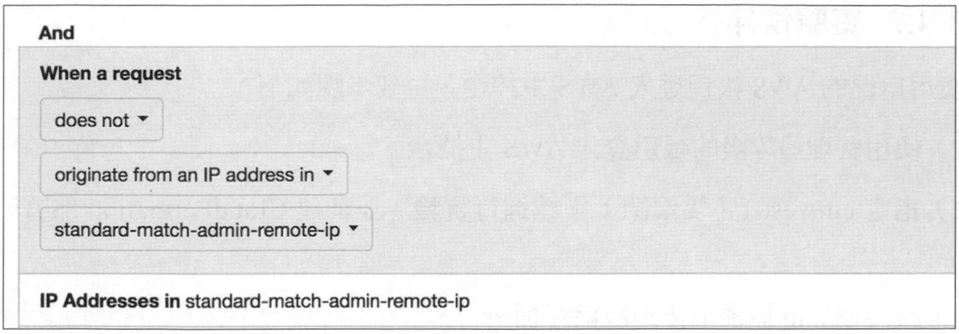

圖 8-3-19

12）點擊「Update」。

這時，你能夠存取和設定 WordPress 了。

對於此實驗，建議你在概念驗證演示或測試完成後刪除 AWS CloudFormation 堆疊。

8.3.5 實驗複習

此實驗部署中包含的 WordPress 應用程式僅用於演示。應用程式等級的安全性（包括修補、作業系統更新和消除應用程式漏洞）是用戶端的責任。現在，你已在 AWS 上部署和測試 PCI 架構了。

8.4 Lab4：整合 DevSecOps 安全敏捷開發平台

8.4.1 實驗概述

如今，DevSecOps 變得越來越流行。在本實驗中，使用 AWS CodePipeline 和 AWS Lambda 建構管道，Amazon S3 作為程式儲存資料庫。如果你的開發人員想要部署一個 AWS Cloudformation 範本，但是在將其發佈到生產環境之前，需要確保它的安全性。

8.4.2　實驗條件

使用自己的 AWS 帳戶登入 AWS 主控台，主要步驟如下：

1）使用管理員等級的帳戶登入 AWS 主控台。

2）指定 eu-west-1（愛爾蘭）區域進行實驗，並創建 CloudFormation 部署範本。

3）將兩個 .zip 檔案上傳到該儲存桶。

4）轉到 CloudFormation 並運行「pipeline.yml」。

5）繼續進行下一個建構階段。

8.4.3　實驗步驟

步驟 1：使用 CloudFormation 範本創建 DevSecOps 管道。

1）導覽到 CloudFormation 服務，或透過連結直接打開。

2）在 CodePipeline 主控台中，點擊「創建堆疊」。

3）下載 CloudFormation 範本，選擇「上傳範本檔案」，並上傳 DevSecOpsPipeline.yaml，然後點擊「下一步」，如圖 8-4-1 所示。

圖 8-4-1

4）指定堆疊詳細資訊，你可以保留預填充的參數，但必須填寫以下參數。

- 堆疊名稱：創建堆疊的名稱，如 Mylab-DevSecOps。
- RepositoryName：儲存資料庫的名稱，用於提交基礎結構檔案，如 DevSecOpsGitRepository，如圖 8-4-2 所示。

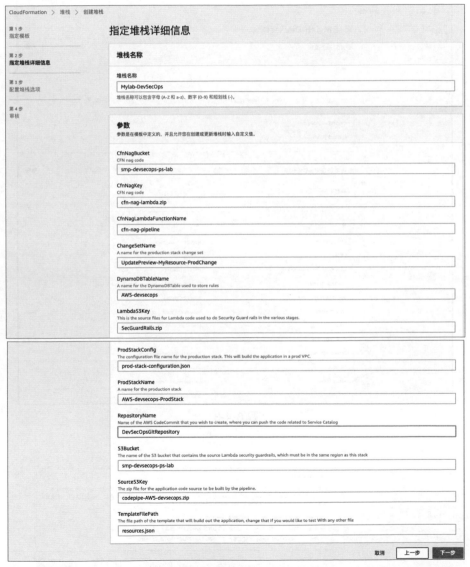

圖 8-4-2

5）在「設定堆疊選項」頁面中，預設不變，如圖 8-4-3 所示，然後點擊「下一步」。

6）查看設定堆疊選項，選中「功能和轉換」核取方塊，然後點擊「創建堆疊」，如圖 8-4-4 所示。

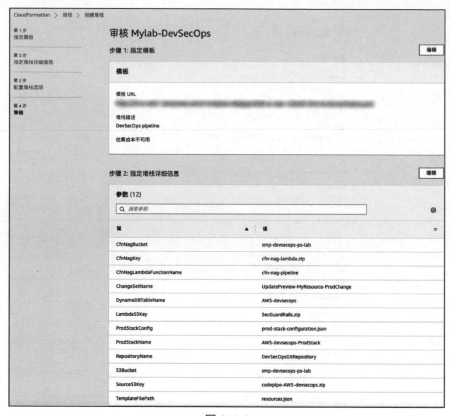

圖 8-4-3

圖 8-4-4

7）現在會看到堆疊創建正在進行中。堆疊創建完成後，點擊「輸出」，如圖 8-4-5 所示。

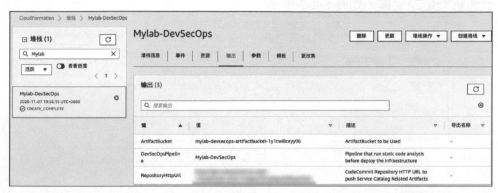

圖 8-4-5

這時，可以看到堆疊輸出的儲存資料庫 URL 值，其主要用來提交執行程式。現在你有一個程式管道，該管道將從你創建的儲存資料庫「DevSecOpsGitRepository」中讀取 CloudFormation 範本程式，以在你的帳戶中部署新的基礎架構。

步驟 2：使用 CodeCommit 管理部署新的基礎架構。

在創建 DevSecOps 管道之後，下面使用 Continuous Deployment（CD）持續部署一些基礎架構。

1）導覽到 CodeCommit 管理介面，打開已創建的儲存資料庫，或透過連結打開，如圖 8-4-6 所示。

圖 8-4-6

2）這時，CloudFormation 範本就創建了一個新的空儲存資料庫，然後使用新的 CloudFormation 範本補充該儲存資料庫。首先，打開儲存資料庫並創建一個新管道設定檔，如圖 8-4-7 所示。

圖 8-4-7

① 每次在儲存資料庫中創建新管道設定檔，都需要填寫創建人的相關資訊，如圖 8-4-8 所示。

圖 8-4-8

- 檔案名稱：resources.json。
- 作者姓名：Your name。
- 電郵位址：Your email address。
- 檔案摘要：Added resources.json。
- 內容：主要檔案的指令稿和程式。

② 下面在儲存資料庫中創建管道設定檔：resources.json，其內容如下。

```json
{
  "AWSTemplateFormatVersion": "2010-09-09",
  "Description": "AWS CloudFormation Sample Template for Continuous Delievery:AWS
DevSecOps",
  "Parameters": {
    "VPCName": {
      "Description": "DevSecOpsVPC",
      "Type": "String"
    }
  },
  "Resources": {
    "DoNotDelete": {
      "Type": "AWS::IAM::User",
      "Properties": {
        "LoginProfile": {
          "Password": "my-secure-password"
        }
      }
    },
    "MyGroup": {
      "Type": "AWS::IAM::Group"
    },
    "Users": {
      "Type": "AWS::IAM::UserToGroupAddition",
      "Properties": {
        "GroupName": {
          "Ref": "MyGroup"
        },
        "Users": [
          {
            "Ref": "DoNotDelete"
          }
        ]
      }
    },
    "myVPC": {
      "Type": "AWS::EC2::VPC",
      "Properties": {
        "CidrBlock": "1.2.3.4/16",
        "EnableDnsSupport": "false",
```

```json
      "EnableDnsHostnames": "false",
      "InstanceTenancy": "dedicated",
      "Tags": [
        {
          "Key": "Name",
          "Value": {
            "Ref": "VPCName"
          }
        }
      ]
    }
  },
  "SecurityGroup": {
    "Type": "AWS::EC2::SecurityGroup",
    "Properties": {
      "GroupDescription": "SSH Security Group",
      "SecurityGroupIngress": {
        "CidrIp": "0.0.0.0/0",
        "FromPort": 22,
        "ToPort": 22,
        "IpProtocol": "tcp"
      },
      "Tags": [
        {
          "Key": "Name",
          "Value": "DevSecOpsSecurityGroup"
        }
      ],
      "VpcId": {
        "Ref": "myVPC"
      }
    }
  },
  "S3Bucket": {
    "Type": "AWS::S3::Bucket",
    "Properties": {
      "AccessControl": "BucketOwnerFullControl",
      "Tags": [
        {
          "Key": "Name",
          "Value": "DevSecOpsS3Bucket"
        }
      ]
    }
  }
},
"Outputs": {
  "SecurityBucket": {
    "Description": "S3 Bucket created by Finance team",
    "Value": {
      "Ref": "S3Bucket"
    }
  }
}
}
```

③ 創建完成，管道檔案名稱為 resources.json，如圖 8-4-10 所示。

圖 8-4-11

在提交更改後，你會在頂部看到一筆訊息，提示：resources.json 已提交給 master。

一旦提交成功，即可創建一個新堆疊，名稱為 AWS-devsecops-ProdStack，如圖 8-4-12 所示。

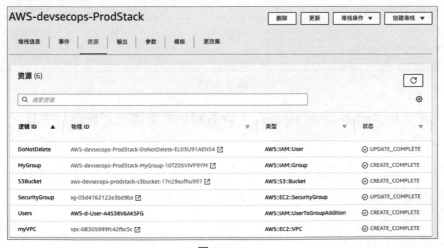

圖 8-4-12

④ 以創建管道檔案的方式，創建檔案 prod-stack-configuration.json，並將新檔案增加到「DevSecOpsGitRepository」儲存資料庫中，其中需增加到檔案的指令稿，如圖 8-4-13 所示。

```
{
  "Parameters": {
    "VPCName": "ProdVPCIdParam"
  }
}
```

圖 8-4-13

⑤ 在「DevSecOpsGitRepository」儲存資料庫介面中，點擊儲存資料庫名稱，如圖 8-4-14 所示，會看到剛才創建的兩個檔案，如圖 8-4-15 所示。

圖 8-4-14

圖 8-4-15

⑥ 跳躍到程式管道 Code pipeline，會看到你的管道已正確執行完成，如圖 8-4-16 所示。

⑦ 每次更新管道檔案都會從 git commit 自動觸發管道運行，但需要等待。如果你不想等待，則可以點擊「發佈更改」，如圖 8-4-17 所示。

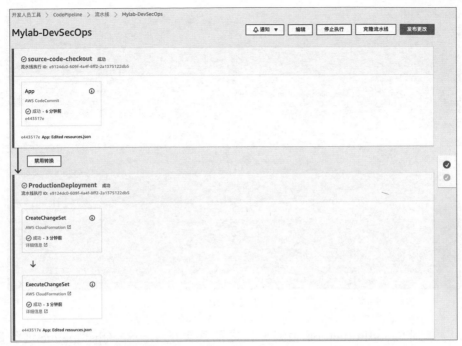

圖 8-4-16

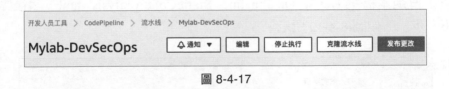

圖 8-4-17

步驟 3：設定和測試 CloudFormation 堆疊的靜態程式分析。

1. 設定堆疊的靜態程式分析

在模組中，我們希望對 CloudFormation 堆疊增加靜態程式分析模組。為此，我們需要修改已經下載的 DevSecOpsPipeline.yaml 檔案。

1）找到已下載到本地電腦的 DevSecOpsPipeline.yaml 部署範本。

2）在 DevSecOpsPipeline.yaml 檔案中增加堆疊靜態程式分析。由於該範本已經包含一些用於當前註釋的靜態程式分析的註釋部分，如圖 8-4-18 所示，因此，需要先取消註釋部分的內容，然後保存 CloudFormation 範本，並命名為 DevSecOpsPipeline-StaticCodeAnalysis.yaml。

```
299   #################### BEGIN UNCOMMENT CODE TO ENABLE STATIC CODE ANALYSIS ####################
300   #       - Name: StaticCodeAnalysis
301   #         Actions:
302   #           - InputArtifacts:
303   #               - Name: TemplateSource
304   #             Name: CFNParsing
305   #             ActionTypeId:
306   #               Category: Invoke
307   #               Owner: AWS
308   #               Provider: Lambda
309   #               Version: '1'
310   #             Configuration:
311   #               FunctionName: !Ref CFNValidateLambda
312   #               UserParameters: !Sub
313   #                 - >-
314   #                   {"input": "TemplateSource", "file":
315   #                   "${TemplateFilePath}","output": "${S3BucketName}"}
316   #                 - S3BucketName: !Ref ArtifactBucket
317   #             OutputArtifacts:
318   #               - Name: TemplateSource2
319   #             RunOrder: '1'
320   #
321   #       - Name: CFN-nag-StaticCodeAnalysis
322   #         Actions:
323   #           -
324   #             Name: CfnNagAction
325   #             InputArtifacts:
326   #               - Name: TemplateSource
327   #             ActionTypeId:
328   #               Category: Invoke
329   #               Owner: AWS
330   #               Version: 1
331   #               Provider: Lambda
332   #             Configuration:
333   #               FunctionName: !Ref CfnNagStaticTest
334   #               UserParameters: !Ref TemplateFilePath
335   #             RunOrder: 1
336   #################### END UNCOMMENT CODE TO ENABLE STATIC CODE ANALYSIS ####################
```

圖 8-4-18

3）導覽到 CloudFormation 服務，在之前部署的 DevSecOpsPipeline 堆疊基礎上點擊「更新」，在「更新堆疊」部分，選中「替換當前範本」，並選擇重新上傳範本檔案 DevSecOpsPipeline- StaticCodeAnalysis.yaml，然後點擊「下一步」，如圖 8-4-19 所示。

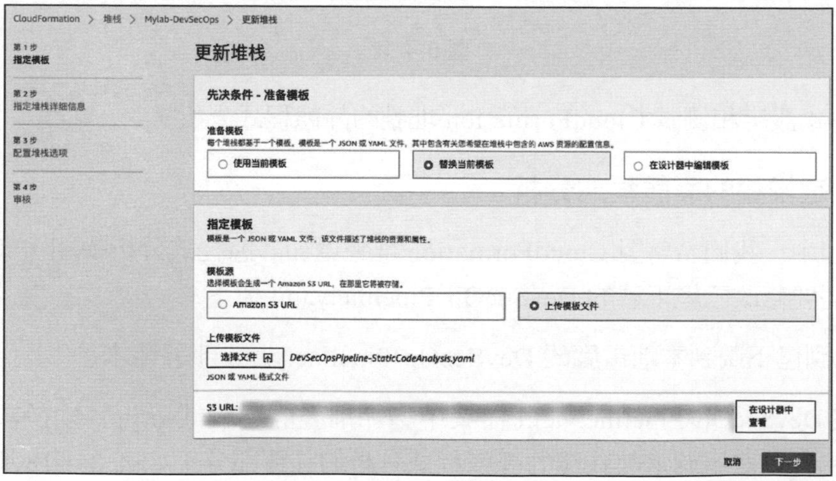

圖 8-4-19

以相同的步驟創建 CloudFormation 堆疊，然後等待更新完成。

2. 進行靜態程式分析測試

1）導覽到你的管道 CodePipeline，這時會看到管道有兩個新步驟：
StaticCodeAnalysis 和 CFN-nag-StaticCodeAnalysis，如圖 8-4-20 所示。

圖 8-4-20

2）其中，StaticCodeAnalysis 用於 Python 中的一些基本程式測試。CFN-nag-Static CodeAnalysis 用於實現程式測試，其可以透過 cfn_nag 進行一些更複雜的規則檢查，還可以使用自己的規則進行自訂。

3）為了重新部署你的基礎架構，現在還需要執行兩個新規則。點擊「發佈更改」，這會再次觸發管道。幾分鐘後，你會看到管道出現故障，如圖 8-4-21 所示。

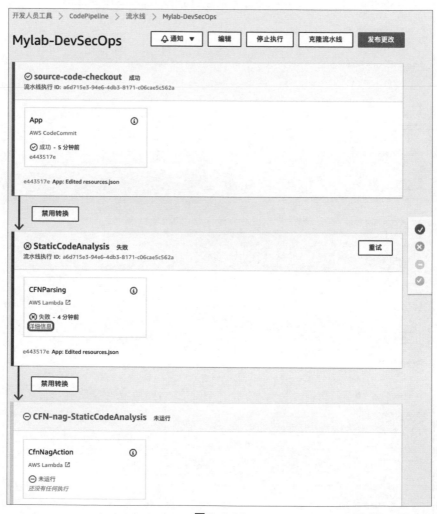

圖 8-4-21

4）在 StaticCodeAnalysis 步驟中點擊「詳細資訊」，即可查看詳細資訊，如圖 8-4-22 所示。

圖 8-4-22

然後，點擊「連結到執行詳細資訊」來分析操作執行失敗的原因。

5）修復管道「StaticCodeAnalysis」的錯誤。在 CodeCommit 中修改管道檔案 resources.json，你需要更改：Resources-> SecurityGroup-> Properties-> SecurityGroupIngress->CidrIp 並將「CidrIp」的值「0.0.0.0」修改為「1.2.3.4/32」，然後更新和提交，如圖 8-4-23 所示。

```
35    "myVPC": {
36      "Type": "AWS::EC2::VPC",
37      "Properties": {
38        "CidrBlock": "1.2.3.4/16",
39        "EnableDnsSupport": "false",
40        "EnableDnsHostnames": "false",
41        "InstanceTenancy": "dedicated",
42        "Tags": [
43          {
44            "Key": "Name",
45            "Value": {
46              "Ref": "VPCName"
47            }
48          }
49        ]
50      }
51    },
52    "SecurityGroup": {
53      "Type": "AWS::EC2::SecurityGroup",
54      "Properties": {
55        "GroupDescription": "SSH Security Group",
56        "SecurityGroupIngress": {
57          "CidrIp": "0.0.0.0/0",
58          "FromPort": 22,
59          "ToPort": 22,
60          "IpProtocol": "tcp"
61        },
```

圖 8-4-23

6）在提交更改後，將再次觸發管道，這時 StaticCodeAnalysis 顯示成功，CFN-nag- StaticCodeAnalysis 顯示失敗，如圖 8-4-24 所示。

7）找出 CFN-nag-StaticCodeAnalysis 中的問題，先打開「詳細資訊」，如圖 8-4-25 所示。

8）然後點擊「連結到執行詳細資訊」，打開 CloudWatch Logs。導覽到「日誌組」並找到包含的最新項目 CfnNagStaticTest。在日誌流中，你會看到兩個 FAILing 項目，分別是 FAIL F51 和 FAIL F1000，如圖 8-4-26 所示。

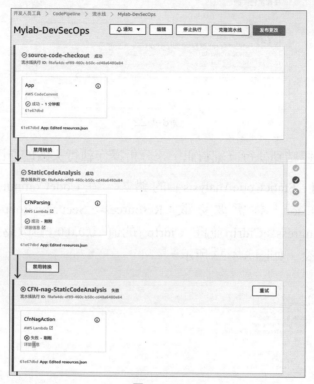

圖 8-4-24

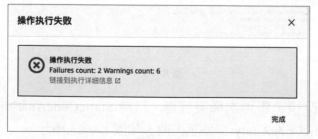

圖 8-4-25

```
▸ 13:06:41    | FAIL F51
▸ 13:06:41    |
▸ 13:06:41    | Resources: ["DoNotDelete"]
▸ 13:06:41    |
▾ 13:06:41    | IAM User LoginProfile Password must not be a plaintext string or a Ref to a NoEcho Parameter with a Default value.
| IAM User LoginProfile Password must not be a plaintext string or a Ref to a NoEcho Parameter with a Default value.
```

```
▸ 13:06:41    | FAIL F1000
▸ 13:06:41    |
▸ 13:06:41    | Resources: ["SecurityGroup"]
▸ 13:06:41    |
▾ 13:06:41    | Missing egress rule means all traffic is allowed outbound. Make this explicit if it is desired configuration
| Missing egress rule means all traffic is allowed outbound.  Make this explicit if it is desired configuration
```

圖 8-4-26

解決問題的辦法 1：直接刪除 Resources -> DoNotDelete -> Properties 的設定，刪除內容如下：

```
"Properties": {
  "LoginProfile": {
    "Password": "my-secure-password"
  }
}
```

解決問題的辦法 2：將一個特定 SecurityGroupEgress 增加到我們的安全性群組中，並透過 Resources -> SecurityGroup -> Properties 增加 SecurityGroupEgress 新項目到 resources.json 檔案。內容如下：

```
"SecurityGroup": {
  "Type": "AWS::EC2::SecurityGroup",
  "Properties": {
    "GroupDescription": "SSH Security Group",
    "SecurityGroupIngress": {
      "CidrIp": "1.2.3.4/32",
      "FromPort": 22,
      "ToPort": 22,
      "IpProtocol": "tcp"
    },
    "SecurityGroupEgress": {
      "CidrIp": "10.2.3.2/12",
      "FromPort": 80,
      "ToPort": 80,
      "IpProtocol": "tcp"
    },
    "Tags": [
      {
        "Key": "Name",
        "Value": "DevSecOpsSecurityGroup"
      }
    ],
    "VpcId": {
      "Ref": "myVPC"
```

```
        }
    }
}
```

9）在提交更改後，將再次觸發管道，這時 StaticCodeAnalysis 和 CFN-nag-StaticCodeAnalysis 都顯示成功，如圖 8-4-28 所示。

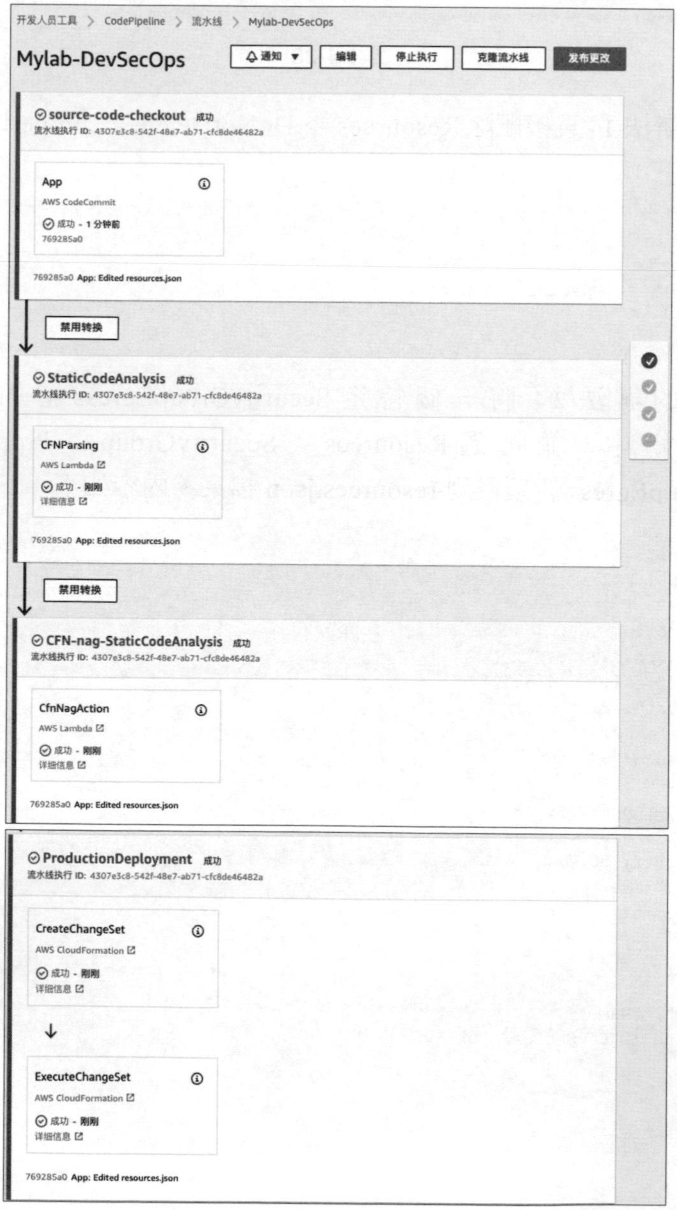

圖 8-4-28

步驟 4：清理。

為了防止向你的帳戶收費，我們建議要及時清理已創建的基礎結構。如果你打算讓事情繼續進行，以便可以進一步檢查，則要記住在完成後進行清理。

8.4.4 實驗複習

透過本實驗，你能體驗到工具和自動化如何在整個開發生命週期中創建具有安全意識的文化，同時擴充業務需求。透過範例說明如何建構部署管理、如何修補管理建構過程中的問題，以及如何透過管道進行靜態程式檢查，從而有效提升敏捷開發過程中的安全性和符合規範性。

8.5 Lab5：整合 AWS 雲端上綜合安全管理中心

8.5.1 實驗概述

本實驗的目標是讓你熟悉 AWS Security Hub，從而更進一步地了解如何在自己的 AWS 環境中使用安全中心管理和監控安全性記錄檔與事件。實驗主要包括兩部分：第一部分設定和使用 Security Hub 的功能；第二部分展示如何使用 Security Hub 從不同的資料來源匯入安全性記錄檔並分析調查結果，以便你可以對回應工作進行優先順序排序，對調查結果實施不同的回應方式，從而建構安全中心的基礎。

8.5.2 實驗場景

假設你是雲端安全分析師，由於大部分業務系統運行在雲端上，就需要將工作負載穩定地遷移到你的雲端環境中，因此就要檢測各類安全性記錄檔和事件，還要整合使用第三方安全服務、自訂指令稿和 AWS 服務。你作為雲端安全分析師，有責任創建一個安全性記錄檔來集中管了解決方案，以實現與 AWS 環境相關的安全監控結果的視覺化，以便可以設計不同的優先順序並回應不同等級安全的分析結果。

8.5.3　實驗條件

1）需要用 Labadmin 實驗帳號登入 AWS 管理主控台。

2）需要下載自動化部署檔案 aws-security-hub-workshop-deploy.zip。

3）需 要 支 援 在 以 下 AWS 區 域 進 行 實 驗：eu-north-1，ap-south-1，eu-west-2，eu-west-1，ap-northeast-2，ap-northeast-1，ap-southeast-2，eu-central-1，us-east-1，us-east-2，us-west-1 和 us-west-2。

4）檢查實驗區域是否已經啟動帳戶和 Config，Security Hub 和 GuardDuty 等服務。如果已啟動，則在自動化部署檔案中取消設定項目。

8.5.4　實驗模組 1：環境建構

在本實驗的架構中需要使用多個 Lambda 函數、EC2 實例，以及透過 CloudFormation 範本創建的其他 AWS 資源。你首先需要複製 GitHub 儲存資料庫中的實驗內容，並將其上傳到 AWS 帳戶的 S3 儲存桶中，然後開始動手實驗。

步驟 1：獲取部署檔案。

1）從 GitHub 上將 aws-security-hub-workshop-deploy.zip 檔案下載到本地電腦。

2）解壓檔案，其目錄中共有 12 個檔案。

步驟 2：儲存部署檔案。

1）導覽到 S3 主控台，然後點擊「創建儲存桶」。

提示：提供你自己的儲存桶名稱，其必須唯一。

2）記錄儲存桶名稱以備後用。

3）點擊「創建儲存桶」。

4）點擊你的儲存桶名稱以導覽到你的儲存桶。

5）在本地電腦上，將解壓的 deploy 目錄的內容上傳到新創建儲存桶的根目錄中，除非此儲存桶的根目錄中已有這 12 個檔案。

步驟 3：確定部署條件。

1）必須確保你的帳戶所在區域中未啟用 Config，Security Hub 和 GuardDuty 等服務，因為 CloudFormation 範本可以為你啟用所有這些選項。如果你選擇執行此操作，並且這些服務已啟用，則範本自動部署失敗。

2）為了正確執行下一步，必須確認每個服務的狀態。具體步驟如下：

- 點擊 AWS 主控台左上角的「服務」。
- 在服務搜索欄中輸入「Security Hub」。
- 從列表中選擇「安全中心」。
- 如果在頁面右側看到「轉到安全中心」，則說明未啟用安全中心。
- 點擊左上角的「服務」。
- 在搜索欄中輸入「GuardDuty」，並從列表中選擇「GuardDuty」。
- 如果你在頁面中看到「入門」，則表示未啟用 GuardDuty。
- 點擊左上角的「服務」。
- 在搜索欄中輸入「Config」，然後從列表中選擇「Config」。
- 如果在頁面中看到「入門」，則說明未啟用設定。

步驟 4：部署實驗堆疊。

1）導覽到 CloudFormation 主控台。

2）點擊「創建堆疊」。

3）在 Amazon S3 URL 中，將路徑增加到你設定的範本中，並在下面的範例中替換 [YOUR-BUCKET-NAME]。

4）在「創建堆疊」頁面上點擊「下一步」。

5）提供你的堆疊名稱。

6）在「參數」部分中，如果 GuardDuty，SecurityHub 和 Config 沒有啟用，則選擇「是」，否則選擇「否」。

7）輸入你創建的並在其中儲存部署檔案的 S3 儲存桶的名稱，其餘參數保留預設值。

8）在「指定堆疊詳細資訊」頁面上，點擊「下一步」。

9）在「設定堆疊選項」頁面上，點擊「下一步」。

10）捲動到底部並檢查兩個確認。

11）點擊「創建堆疊」。

說明：要記得使用刷新按鈕查看更新，因為此範本要創建 5 個巢狀結構範本，大概需要 5 ～ 10 分鐘才能完成。在完成完整堆疊的創建後，你會在本實驗接下來的 30 分鐘內看到在 Security Hub 中擷取到的各種事件和日誌。

在此模組中，你創建了一個 S3 儲存桶，傳輸了部署檔案並部署了設定範本。

8.5.5　實驗模組 2：安全中心視圖

步驟 1：啟動安全中心 Security Hub。

安全中心的「摘要」頁面為你提供了有關 AWS 帳戶的安全性和符合規範性狀態的概述。

1）點擊 AWS 主控台左上角的「服務」。

2）在服務搜索欄中輸入「Security Hub」。

3）從列表中選擇「Security Hub」。

4）點擊左側導覽上的「摘要」，可以看到洞察的結果、資料來源、安全性標準符合規範視圖和未透過的安全檢查項，如圖 8-5-1 所示。

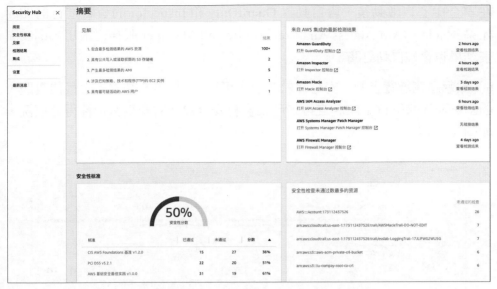

圖 8-5-1

5）向下捲動到「見解」下的圖表（圖表可能因為啟用服務資源的不同而有所不同），將滑鼠移至新發現的事件和日誌中，來觀察 Security Hub 已收集的發現的來源，如圖 8-5-2 所示。

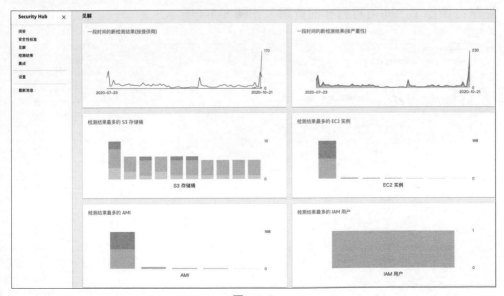

圖 8-5-2

在安全中心自啟動後，會自動對 GuardDuty 和 Inspector 的資料進行訂閱。如果 Macie，IAM Access Analyzer 和 Firewall Manager 服務已啟用，則其調查結果也會被自動訂閱。

6）點擊左側導覽上的「安全性標準」，可以看到 AWS 基礎安全最佳實踐、CIS 安全基準和 PCI DSS 支付卡產業資料安全標準的安全符合性得分情況，如圖 8-5-3 所示。

圖 8-5-3

點擊每個標準，即可看到詳細資訊，如圖 8-5-4 所示。

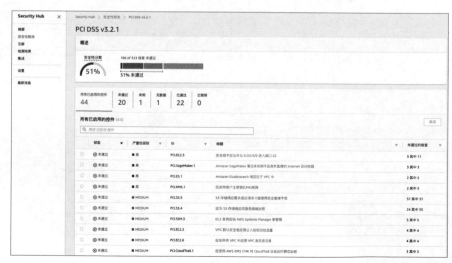

圖 8-5-4

啟用安全標準後，AWS Security Hub 會在兩小時內開始運行檢查。初始檢查後，每個控制項的計畫可以是定期的（12 小時）的，也可以是更改觸發時間的。

7）點擊左側功能窗格中的「見解」，在「見解」標籤中，可看到分類的不同發現，如圖 8-5-5 所示。

圖 8-5-5

8）點擊每個主題中的連結，即可定位到具體的問題和連結的資源，如圖 8-5-6 所示。

圖 8-5-6

步驟 2：多帳戶管理結構。

AWS Security Hub 支持邀請其他 AWS 帳戶啟用 Security Hub，並與你的 AWS 帳戶連結。如果你邀請帳戶的所有者啟用了安全中心並接受了邀請，則你的帳戶會被指定為主安全中心帳戶，並且被邀請的帳戶將成為成員帳戶。當受邀帳戶接受邀請時，會授予主帳戶許可權以查看成員帳戶中的發現，主帳戶還可以對成員帳戶中的結果執行操作。

安全中心的每個管理員，每個區域最多支援 1000 個成員帳戶。由於主成員帳戶連結僅在發送邀請的區域中創建，因此你必須在要使用它的每個區域中啟用安全中心，然後邀請每個帳戶作為每個區域中的成員帳戶進行連結。

在實驗中，會在你的 Security Hub 帳戶增加一個成員帳戶。這說明只是使用範例資訊，實際上不會設定多帳戶層次結構。

1）點擊左側功能窗格上的「設定」，如圖 8-5-7 所示。

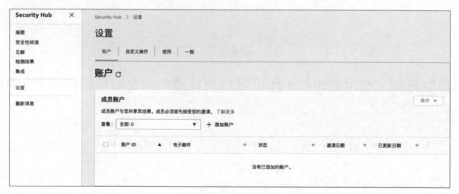

圖 8-5-7

2）然後點擊「＋增加帳戶」，並在「帳戶 ID」欄位中輸入 12 位的數字帳號 ID，如 123456789012，同時輸入你的電子郵件位址，點擊「增加」，結果如圖 8-5-8 所示。

圖 8-5-8

3）在「狀態」欄位中，點擊「邀請」，結果如圖 8-5-9 所示。

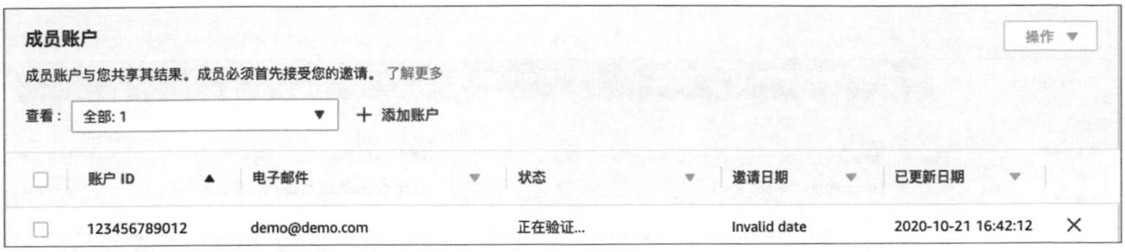

圖 8-5-9

步驟 3：與第三方整合的安全中心。

Security Hub 提供了整合來自 AWS 服務和第三方產品的安全發現功能。對於第三方產品，Security Hub 可以讓你能夠有選擇地啟用整合，並提供指向與第三方產品相關設定說明的連結。

Security Hub 僅從支援的 AWS 和合作夥伴產品整合中檢測併合並在 AWS 帳戶中啟用 Security Hub 之後生成的安全發現，它不會檢測和合併在啟用 Security Hub 之前生成的安全發現。

1）在左側功能窗格中點擊「整合」，如圖 8-5-10 所示。

圖 8-5-10

2）捲動瀏覽可看到第三方安全公司列表，返回頂部和搜索的雲端託管，如圖 8-5-11 所示，點擊「接受檢測結果」。

圖 8-5-11

3）查看整合所需的許可權，然後點擊「接受檢測結果」，如圖 8-5-12 所示。

圖 8-5-12

4）即可匯入第三方收集的結果。

Security Hub 會匯入 AWS 安全服務調查結果、啟用的第三方產品整合，以及建構的自訂整合。Security Hub 會利用 AWS 安全發現格式的標準格式來使用這些發現，從而消除費時的資料轉換工作。

5）點擊左側功能窗格上的「檢測結果」，可看到按照優先順序進行排序的視圖，如圖 8-5-13 所示。

圖 8-5-13

8.5.6 實驗模組 3：安全中心自訂

AWS Security Hub 的一項關鍵功能是能夠訂製安全性發現，該發現超出了 Security Hub、AWS 服務和第三方提供商的整合。此自訂發現功能可以讓使用者靈活地在 AWS 環境中建構安全檢查，並將其匯入 Security Hub。

在實驗中，會有多個來源將自訂發現發送到 Security Hub，使用 AWS Config 創建自訂結果，並為自訂結果創建自訂洞察分析結果。

步驟 1：使用 AWS Config 創建自訂結果。

1）首先使用 AWS Config 辨識符合規範性違規，然後將這些違規發佈到 Security Hub 中，並在 Security Hub 中創建自己的發現，如圖 8-5-14 所示。

2）透過 EventBridge 創建規則，該規則將捕捉從 Config 規則發送的有關不符合規範資源的訊息，並將其路由到目標。

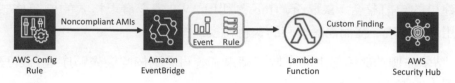

圖 8-5-14

3）導覽到 Amazon EventBridge 主控台，並點擊右側的「創建規則」，如圖 8-5-15 所示。

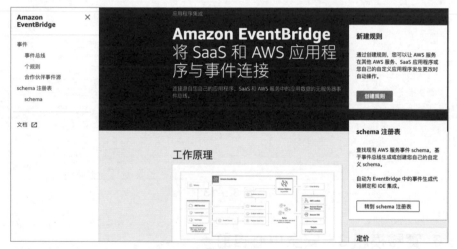

圖 8-5-15

4）在「創建規則」頁面中，為規則提供名稱（unapproved-amis-rule）和描述（this rule to capture events for unapproved amis），以表述規則的用途，如圖 8-5-16 所示。

5）在「定義模式」下，選擇「事件模式」。

6）選擇「服務提供的預先定義模式」。

7）在「服務提供者」下拉清單中，選擇「AWS」。

8）在「服務名稱」下拉清單中，選擇「Config」。

9）對於「事件類型」，選擇「Config Rules Compliance Change」。

10）選中「特定規則名稱」，並在文字標籤中輸入「approved-amis-by-id」。

11）在「選擇目標」下，確保在頂部下拉清單中填充了 Lambda 函數，然後選擇「ec2-non-compatible-ami-sechub」的 Lambda 函數，點擊「創建」，如圖 8-5-17 所示。

圖 8-5-16

圖 8-5-17

「ec2-non-compatible-ami-sechub」是在實驗環境設定過程中創建的自訂 Lambda 函數。完成創建 EventBridge 規則的結果如圖 8-5-18 所示。

圖 8-5-18

步驟 2：創建規則以追蹤批准的 AMI。

下面運行 Config 規則以生成有關不符合規範資源的資訊，並將其發送到 Security Hub。

1）導覽到 AWS Config 主控台。

2）在主控台中，點擊左側導覽選單上的「規則」，選中「approved-amis-by-id」規則並點擊規則名稱，如圖 8-5-19 所示。

圖 8-5-19

3）轉到該規則的詳細資訊頁面，如圖 8-5-20 所示。

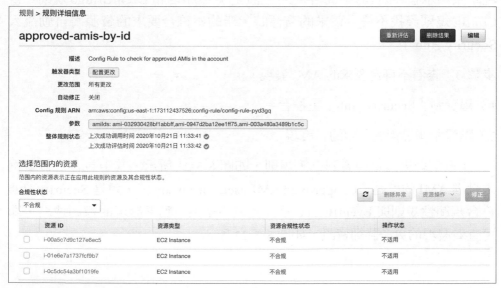

圖 8-5-20

在規則的詳細資訊頁面中，會看到設定了批准的 AMI 清單的規則，其中有一種資源顯示為不符合規範。由於現在已經有了 EventBridge，因此你希望看到不符合要求的 EC2 實例在 Security Hub 中顯示為發現。

4）點擊「刪除結果」，並在快顯視窗中，點擊「刪除」。

5）點擊選擇作用域資源部分中的「刷新」。現在，不符合規範的資源應該為空。

6）點擊「重新評估」。

這時，會收到一筆訊息，指出正在使用 Config 規則並且需要刷新頁面。此時，可以在瀏覽器中刷新整個頁面，也可以在頁面範圍中選擇資源的刷新按鈕。

現在，實例在「在範圍中選擇資源」部分中顯示為不符合規範。重新運行 Config 規則將觸發正在尋找不符合要求資源的 EventBridge 規則，從而使結果顯示在 Security Hub 中。

清除結果並重新評估 Config 規則，可以幫助你強制將發現發送到此實驗的 Security Hub 中。在大部分的情況下，你無須手動運行 Config 規則即可將發現結果顯示在 Security Hub 中。一旦設定了 Config 和 EventBridge 規則，當 Config 規則尋找不符合要求的資源時，新的不符合要求的資源將自動流入 Security Hub 中。

步驟 3：查看不符合要求的 AMI 發現。

1）導覽到「Security Hub」主控台。

2）點擊左側導覽選單中的「發現」。

3）在搜索結果清單中看到三筆規則，如圖 8-5-21 所示，其中包含一個實例未批准 AMI 的標題「Unapproved AMI used for instane」，這是 Security Hub 符合規範性規則與 EventBridge 整合發現的結果。點擊發現的標題連結，即可查看發現的更多詳細資訊，如圖 8-5-22 所示。

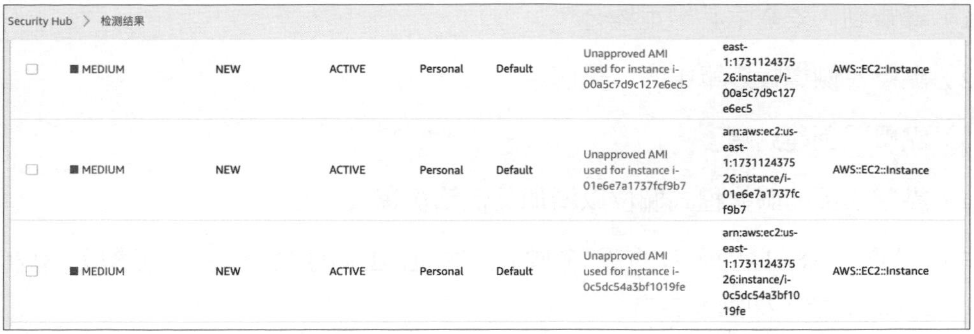

Security Hub ＞ 檢測結果

☐	■ MEDIUM	NEW	ACTIVE	Personal	Default	Unapproved AMI used for instance i-00a5c7d9c127e6ec5	east-1:173112437526:instance/i-00a5c7d9c127e6ec5	AWS::EC2::Instance
☐	■ MEDIUM	NEW	ACTIVE	Personal	Default	Unapproved AMI used for instance i-01e6e7a1737fcf9b7	arn:aws:ec2:us-east-1:173112437526:instance/i-01e6e7a1737fcf9b7	AWS::EC2::Instance
☐	■ MEDIUM	NEW	ACTIVE	Personal	Default	Unapproved AMI used for instance i-0c5dc54a3bf1019fe	arn:aws:ec2:us-east-1:173112437526:instance/i-0c5dc54a3bf1019fe	AWS::EC2::Instance

圖 8-5-21

Unapproved AMI used for instance i-01e6e7a1737fcf9b7   ✕
Finding ID: unapproved-ami/i-01e6e7a1737fcf9b7

■ MEDIUM
This instance is running with an AMI that is not approved for use.

工作流程状态
新建   ▼

记录状态
ACTIVE
按检测结果提供商进行设置

AWS 账户 ID
173112437526 ⊕

严重性 (标准化)
40 ⊕

创建时间
2020-10-21T11:20:29.204239Z ⊕

更新时间
2020-10-21T11:20:29.204239Z ⊕

产品名称
Default ⊕

严重性标签
■ MEDIUM ⊕

公司名称
Personal ⊕

▼ 资源
资源 detail
arn:aws:ec2:us-east-1:173112437526:instance/i-01e6e7a1... ▼

资源类型
AWS::EC2::Instance ⊕

资源 ID
arn:aws:ec2:us-east-1:173112437526:instance/i-01e6e7a1737fcf9b7 ⧉ ⊕

圖 8-5-22

步驟 4：為自訂結果創建自訂洞察。

Security Hub 提供了創建洞察的功能，這些洞察過濾的屬性比你從初始結果主控台中看到的更多。你可以篩選作為發現的一部分傳入的其他屬性，這樣可以更精細地篩選發現。對於本實驗，已建構了自訂發現，以便可以利用 AWS 安全發現格式中的 Generator ID 欄位來辨識發現的來源。

1）導覽到「安全中心」主控台。

2）點擊左側導覽選單中的「見解」。

3）點擊「創建見解」。

4）點擊頂部的篩檢程式欄位以增加其他篩檢程式。

5）選擇「公司名稱」的過濾欄位、EQUALS 的篩檢程式匹配類型和 Personal 的值，如圖 8-5-23 所示。

6）選擇「產品名稱」的過濾欄位、EQUALS 的篩檢程式匹配類型和 Default 的值，如圖 8-5-24 所示。

7）選擇「分組依據」，在選項清單中，選擇「Generatorid」。

點擊「創建見解」以保存你的自訂見解，如圖 8-5-25 所示。

圖 8-5-23

圖 8-5-24

圖 8-5-25

8）為你的見解提供一個對你有意義的名稱（Custom findings Insight），然後點擊「保存見解」，如圖 8-5-26 所示。刷新你的瀏覽器以使用「圖形」重新載入螢幕，如圖 8-5-27 所示。

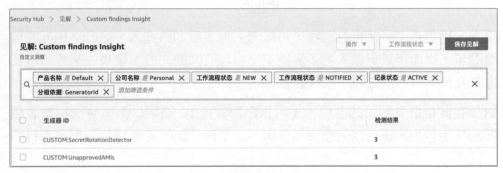

圖 8-5-26

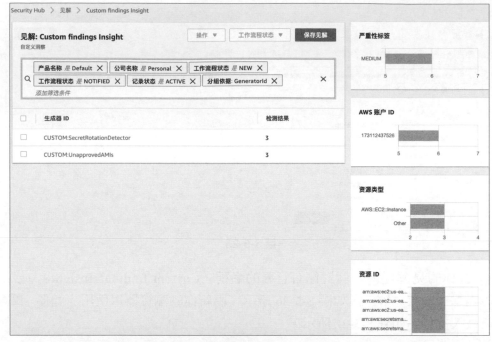

圖 8-5-27

現在，你獲得了一個自訂洞察，可以深入地了解即將進入 Security Hub 的自訂發現，從而可以更深入地了解與安全發現有關的內容、發現的來源，以及應該在何處確定優先順序補救措施。

對於在此自訂見解中的發現，你可以點擊資源 ID 連結以深入研究與資源相關的特定發現，還可以隨意使用分組，以了解分組的其他屬性及創建資料的不同視圖。

8.5.7　實驗模組 4：自訂處置與回應

本模組以 CIS 基準檢測結果為例，自訂補救和回應操作。針對 Security Hub 檢測到的有問題的設定採取措施並及時補救和回應這種問題。在本模組的前半部分，把 Security Hub 自訂操作與提供的 Lambda 函數連接，透過呼叫 Lambda 函數將 EC2 實例與 VPC 網路隔離。在下半部分，為 CIS AWS AWS Foundations 標準部署自動修復和回應操作。

步驟 1：創建自訂操作以隔離 EC2 實例。

在 Security Hub 中創建自訂操作，然後將其連結到 EventBridge 規則，該規則會呼叫 Lambda 函數來更改 Security Hub 發現的 EC2 實例上的安全性群組。

在安全中心創建自訂操作的步驟如下：

1）導覽到 Security Hub 主控台。

2）在左側導覽選單中，點擊「設定」。

3）選擇「自訂操作」。

4）點擊「創建自訂操作」。

5）輸入代表隔離 EC2 實例的操作名稱、操作描述和自訂操作 ID，然後點擊「創建自訂操作」，如圖 8-5-28 所示。

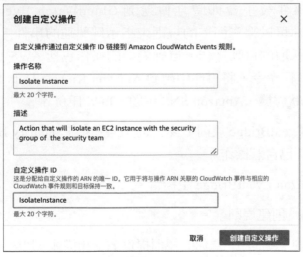

圖 8-5-28

6）創建結果如圖 8-5-29 所示。

圖 8-5-29

7）複製為你的自訂發現生成的自訂操作 ARN。

步驟 2：創建 EventBridge 規則以捕捉自訂操作。

AWS 服務的事件幾乎會即時地傳遞到 CloudWatch Events 和 Amazon EventBridge，你可以編寫簡單的規則來指示感興趣的事件，以及當事件與規則匹配時應採取的自動操作。自動觸發的操作包括 AWS Lambda 函數，Amazon EC2 運行命令，將事件中轉到 Amazon Kinesis Data Streams，AWS Step Functions 狀態機，Amazon SNS 主題，ECS 任務等。

下面定義一個 EventBridge 規則，該規則將匹配來自 Security Hub 的事件（發現），這些事件已自訂操作。

1）導覽到 Amazon EventBridge 主控台。

2）點擊右側的「創建規則」。

3）在「創建規則」頁面中，為你的規則提供名稱和描述，以表示規則的用途，如圖 8-5-30 所示。

所有 Security Hub 的發現都會被作為事件發送到 AWS 預設的事件匯流排。定義模式部分可讓你辨識出匹配事件時要採取的特定操作的篩檢程式。

4）在定義模式下，選擇「事件模式」。

5）在「事件匹配模式」下，選擇「服務提供的預先定義模式」。

6）在「服務提供者」下拉清單中，選擇「AWS」。

7）在「服務名稱」下拉清單中，選擇或輸入「Security Hub」。

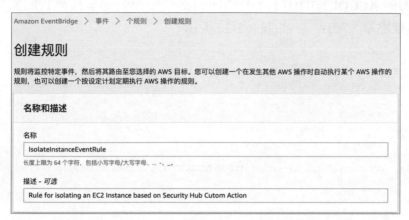

圖 8-5-30

8）在「事件類型」下拉清單中，選擇「Security Hub Findings-Custom Action」，如圖 8-5-31 所示。

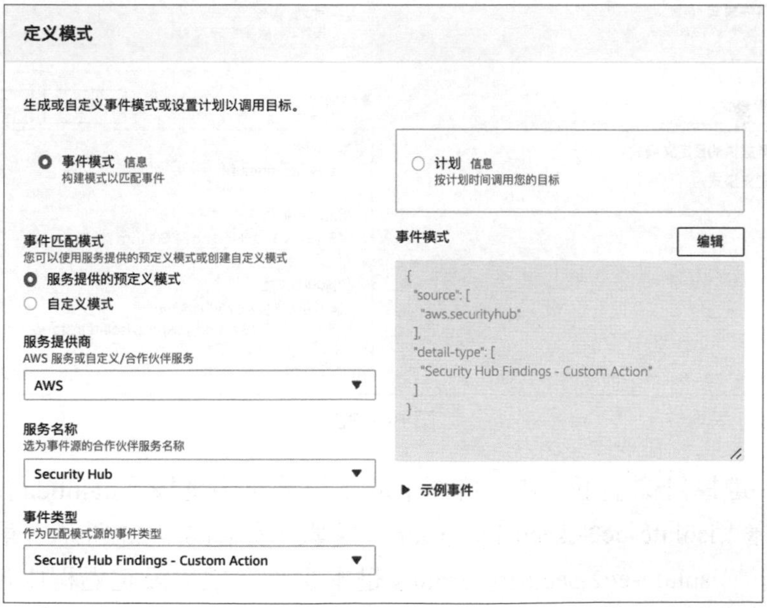

圖 8-5-31

9）在「事件模式」視窗中，點擊「編輯」。

10）複製並貼上以下自訂事件模式，用登入帳戶 ID 替換下面指令稿中的「[YOUR- ACCOUNT-ID]」，並將所有指令稿複製到事件模式的文字標籤中，然後點擊「保存」，如圖 8-5-32 所示。

```
{
"source": [
    "aws.securityhub"
  ],
  "detail-type": [
    "Security Hub Findings - Custom Action"
  ],
  "resources": [
    "arn:aws:securityhub:us-east-1:[YOUR-ACCOUNT-ID]:action/custom/IsolateInstance"
  ]
}
```

圖 8-5-32

11）在「選擇目標」下，在「目標」的下拉清單中選擇「Lambda 函數」，然後選擇「isolate-ec2- security-group」函數，如圖 8-5-33 所示，最後點擊「創建」。isolate-ec2-security-groups 是本實驗在環境設定過程中創建的自訂 Lambda 函數。

选择目标

选择在事件与您的事件模式匹配时或计划时间被触发时要调用的目标(每个规则最多 5 个目标)

目标

删除

选择在事件与您的事件模式匹配时或计划时间被触发时要调用的目标(每个规则最多 5 个目标)

Lambda 函数 ▼

函数

isolate-ec2-security-group ▼

▶ 配置版本/别名

▶ 配置输入

▶ 重试策略和死信队列

添加目标

标签 - 可选

键	值	
输入键	输入值	删除标签

添加标签

取消　创建

圖 8-5-33

12）詳細資訊如圖 8-5-34 所示。

Amazon EventBridge ＞ 事件 ＞ 个规则 ＞ IsolateInstanceEventRule

IsolateInstanceEventRule

编辑　删除　禁用

规则详细信息

规则名称
IsolateInstanceEventRule

描述
Rule for isolating an EC2 Instance based on Security Hub Cutom Action

规则 ARN
arn:aws:events:us-east-1:173112437526:rule/IsolateInstanceEventRule

状态
⊘ Enabled

事件总线名称
default

事件总线 ARN
arn:aws:events:us-east-1:173112437526:event-bus/default

监控
规则的指标

事件模式

```
{
  "source": [
    "aws.securityhub"
  ],
  "detail-type": [
    "Security Hub Findings - Custom Action"
  ],
  "resources": [
    "arn:aws:securityhub:us-east-1:173112437526:action/custom/IsolateInstance"
  ]
}
```

圖 8-5-34

步驟 3：在 EC2 實例上隔離安全性群組。

下面開始從 EC2 實例的「安全發現」測試響應操作。

1）導覽到「安全中心」主控台。

2）在左側功能窗格中，點擊「Findings」。

3）為資源類型增加篩檢程式，然後輸入「AwsEc2Instance」（區分大小寫）。

4）選中此篩選清單中的任一目標，如圖 8-5-35 所示。

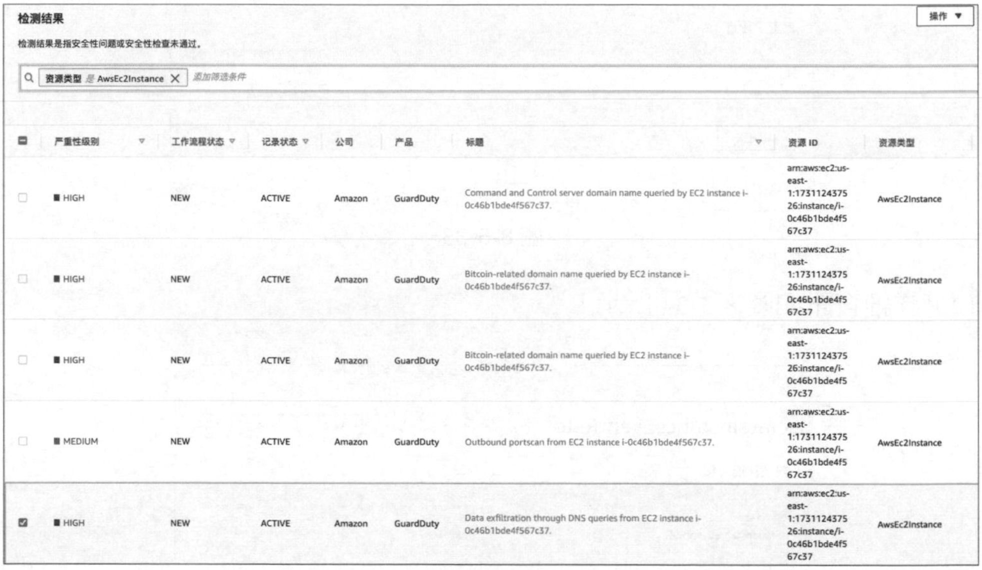

检测结果

检测结果是指安全性问题或安全性检查未通过。

资源类型 是 AwsEc2Instance ✕　添加筛选条件

操作 ▼

	严重性级别	工作流程状态	记录状态	公司	产品	标题	资源 ID	资源类型
☐	■ HIGH	NEW	ACTIVE	Amazon	GuardDuty	Command and Control server domain name queried by EC2 instance i-0c46b1bde4f567c37.	arn:aws:ec2:us-east-1:173112437526:instance/i-0c46b1bde4f567c37	AwsEc2Instance
☐	■ HIGH	NEW	ACTIVE	Amazon	GuardDuty	Bitcoin-related domain name queried by EC2 instance i-0c46b1bde4f567c37.	arn:aws:ec2:us-east-1:173112437526:instance/i-0c46b1bde4f567c37	AwsEc2Instance
☐	■ HIGH	NEW	ACTIVE	Amazon	GuardDuty	Bitcoin-related domain name queried by EC2 instance i-0c46b1bde4f567c37.	arn:aws:ec2:us-east-1:173112437526:instance/i-0c46b1bde4f567c37	AwsEc2Instance
☐	■ MEDIUM	NEW	ACTIVE	Amazon	GuardDuty	Outbound portscan from EC2 instance i-0c46b1bde4f567c37.	arn:aws:ec2:us-east-1:173112437526:instance/i-0c46b1bde4f567c37	AwsEc2Instance
☑	■ HIGH	NEW	ACTIVE	Amazon	GuardDuty	Data exfiltration through DNS queries from EC2 instance i-0c46b1bde4f567c37.	arn:aws:ec2:us-east-1:173112437526:instance/i-0c46b1bde4f567c37	AwsEc2Instance

圖 8-5-35

5）在「標題」下，點擊此 EC2 實例的連結，如圖 6-5-5-36 所示。

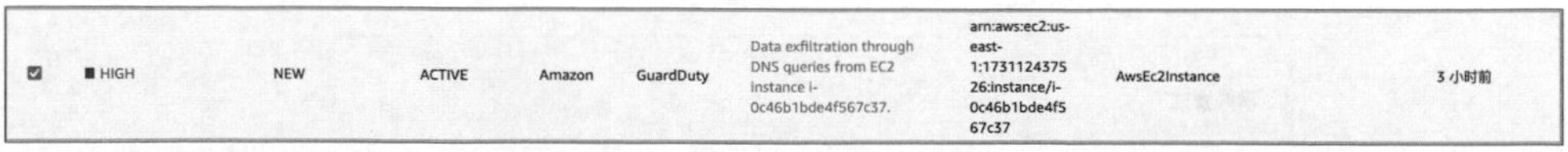

☑	■ HIGH	NEW	ACTIVE	Amazon	GuardDuty	Data exfiltration through DNS queries from EC2 instance i-0c46b1bde4f567c37.	arn:aws:ec2:us-east-1:173112437526:instance/i-0c46b1bde4f567c37	AwsEc2Instance	3 小时前

圖 8-5-36

這時，EC2 主控台上的新標籤中僅顯示受影響的 EC2 實例，如圖 8-5-37 所示。

7）在實例的「描述」標籤中，記錄當前安全性群組的名稱，如圖 8-5-38 所示。

圖 8-5-37

圖 8-5-38

8）返回瀏覽器的「安全性中心」標籤，然後選中同一個發現最左側的核取方塊。

9）在「操作」的下拉清單中，選擇用於隔離 EC2 實例的自訂操作的名稱
「Isolate Instance」，之後會在頁面最上面彈出訊息「已將檢測結果成功發
送至 Amazon CloudwatchEvents」，如圖 8-5-39 所示。

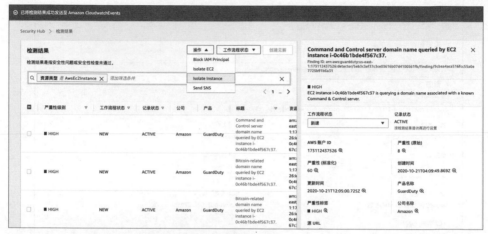

圖 8-5-39

10）返回 EC2 瀏覽器標籤並刷新，以驗證實例上的安全性群組是否已被隔離，
如圖 8-5-40 所示。

圖 8-5-40

8.5.8 實驗模組 5：自動化補救與回應

本模組首先創建映射到特定發現類型的 Security Hub 自訂操作，然後為該自訂操作開發對應的 Lambda 函數，同時對這些發現實現有針對性的自動修復。你可以決定是否對特定的發現呼叫補救措施，還可以將這些 Lambda 函數作為不需要任何人工檢查的全自動補救措施。

自動化補救與回應的架構，如圖 8-5-41 所示。

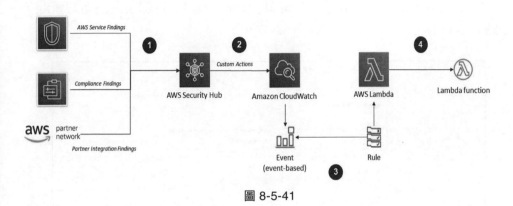

圖 8-5-41

1）整合服務將其發現結果發送到 Security Hub。

2）在 Security Hub 主控台中，你需要為發現選擇自訂操作，然後每個自訂操作都將作為 CloudWatch Event 被發出。

3）CloudWatch Event 規則觸發 Lambda 函數，此功能根據自訂操作的 ARN 映射到自訂操作。

4）根據特定規則，呼叫的 Lambda 函數將代表你執行的補救操作。

步驟 1：透過 CloudFormation 部署補救手冊。

1）下載自動部署範本。

2）導覽到 Cloudformation 堆疊主控台。

3）點擊「創建堆疊」，然後選擇「使用新資源」。

4）點擊「上傳範本檔案」。

5）點擊「選擇檔案」並選擇「SecurityHub_CISPlaybooks_CloudFormation.
yaml」，然後點擊「下一步」，如圖 8-5-42 所示。

6）提供一個堆疊名稱，如「Myfirst-Lab-SecurityHub-CISPlaybooks」，然後
連續兩次點擊「下一步」。

7）選中「我確認，AWS CloudFormation 可能創建 IAM 資源。」，然後點擊「創
建堆疊」，如圖 8-5-43 所示。

8）導覽到 CloudFormation 堆疊的「資源」標籤，觀察為每個規則創建的資源，
如圖 8-5-44 所示。

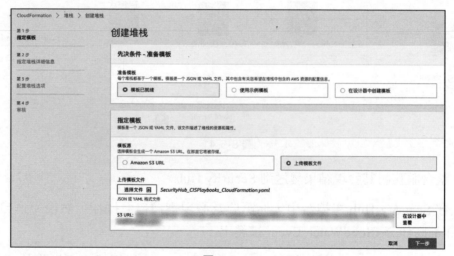

圖 8-5-42

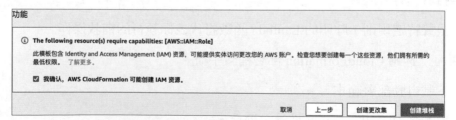

圖 8-5-43

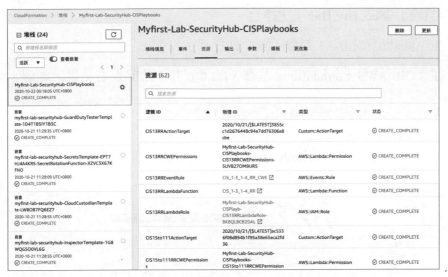

圖 8-5-44

9）在搜索資源欄中輸入「CIS28」，如圖 8-5-45 所示。

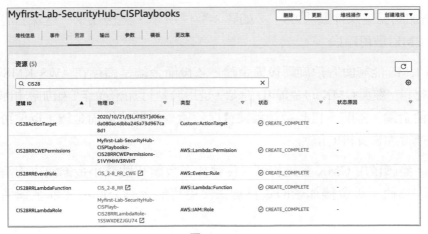

圖 8-5-45

步驟 2：自訂補救操作。

為此補救措施創建的資源是 EventBridge 規則，該規則會將自訂操作連接到 Lambda 函數。IAM 角色和 Lambda 函數會採取所需操作的許可權，帶有程式的 Lambda 函數會執行回應及 Security Hub 自訂操作以啟動修復。

1）導覽到「Security Hub」主控台。

2）在左側功能窗格中，點擊「安全性標準」。

3）在「CIS AWS Foundations 基準 v1.2.0」下，點擊查看結果，如圖 8-5-46
所示。

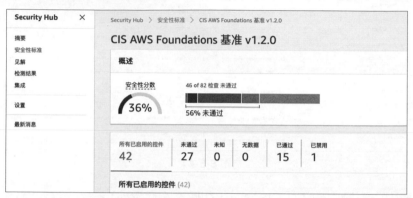

圖 8-5-46

4）增加的篩選條件為「2.8」，如圖 8-5-47 所示，然後點擊「確保對客戶創
建的 CMK 啟用輪換」。

AWS KMS 能夠使客戶旋轉後備金鑰，該後備金鑰是儲存在 AWS KMS 中的
金鑰材料，並與 CMK 的金鑰 ID 連結，是用於執行加密操作（如加密和解密）
的後備金鑰。當前，自動金鑰輪換會保留所有以前的後備金鑰，以便可以透
明地進行加密資料的解密。

因此，建議啟用 CMK 金鑰旋轉。旋轉加密金鑰有助減小金鑰洩露的潛在影
響，因為使用新金鑰加密的資料無法使用可能已經公開的先前金鑰進行存
取。

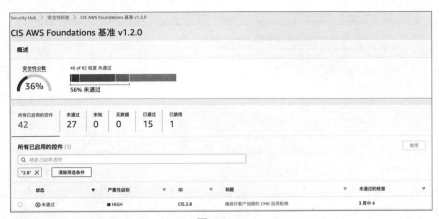

圖 8-5-47

5）結果如圖 8-5-48 所示。

圖 8-5-48

6）選中核取方塊以選擇發現。

7）點擊右側的「操作」下拉清單，然後選擇「CIS 2.8 RR」，如圖 8-5-49 所示。

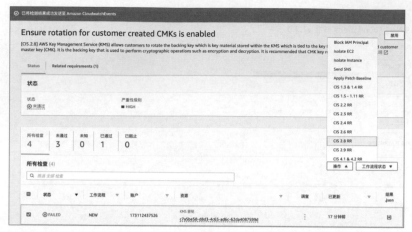

圖 8-5-49

圖 8-5-49

將會觸發與解決 CIS 2.8 相關補救的 Lambda 函數。從範本部署為 CIS 創建
的可用操作列表，此操作會將發現的備份發送到 EventBridge，然後該發現
觸發 EventBridge 中的匹配規則，最後啟動 Lambda 函數。Lambda 函數會啟
用 KMS 金鑰上的金鑰旋轉，這些金鑰會被選擇「安全中心」自訂操作時選
擇的金鑰覆蓋。

頁面上的綠色條確認執行自訂檢查後，我們需要在 Config 中手動啟動重新評
估，以解決 Security Hub 中的發現。

8）點擊三個垂直點以展開與 Config 的連結。

9）點擊「Config 規則」按鈕，如圖 8-5-50 所示。

圖 8-5-50

10）點擊「重新評估」，如圖 8-5-51 所示。

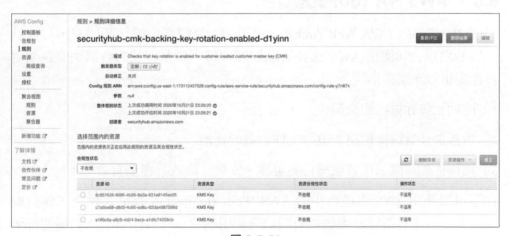

圖 8-5-51

11）點擊瀏覽器標籤，以返回 CIS 2.8 的篩選結果，並刷新瀏覽器。這時，調查結果具有通過狀態，如圖 8-5-52 所示。

圖 8-5-52

在此實驗中，將 Security Hub 中的自訂操作與用於補救的自訂 Lambda 函數連結，並為 CIS 帳戶的基礎檢查部署了一系列預生成的補救措施。

8.6 Lab6：AWS WA Labs 動手實驗

8.6.1 AWS WA Tool 概念

AWS WA Tool（AWS Well-Architected Tool）是雲端中的一項服務，可提供一致的過程供你使用 AWS 最佳實踐測評架構。其在產品的整個生命週期中為你提供以下服務：

1）協助記錄你做出的決策。

2）根據最佳實踐提供用於改進工作負載的建議。

3）指導你如何讓工作負載變得更可靠、安全、高效且經濟有效。

你還可以使用 AWS 主控台中的 AWS Well-Architected Tool 來檢查工作負載的狀態，該工具還將計畫提供有關如何使用已建立的最佳實踐為雲端進行架構設計的功能。

8.6.2 AWS WA Tool 作用

AWS WA Tool 的主要作用是透過 AWS 框架中的最佳實踐來記錄和衡量你的工作負載。這些最佳實踐是由 AWS 解決方案架構師根據多年的跨業務建構解決方案的豐富經驗開發的。此框架為衡量架構提供了一致的方法，並提供指導來實施隨時間演進根據需求變化而擴充的設計。

每天，AWS 的專家都會協助客戶建構系統，以利用雲端中的最佳實踐。隨著設計的不斷發展，當你的這些系統需要部署到實際環境中時，我們將了解這些系統的性能及折衷的後果。該框架為客戶和合作夥伴提供了一套一致的最佳實踐，以評估架構，還提供了一系列用於評估架構的一致性 AWS 最佳實踐的問題。AWS 完整的框架基於五個支柱：卓越營運、安全性、可靠性、性能效率和成本最佳化，如表 8-6-1 所示。

表 8-6-1

名稱	描述
卓越營運（Operational Excellence）	有效支援開發和運行工作負載，深入了解其操作並不斷改進支援流程和過程，以提供業務價值的能力
安全性（Security）	包括保護資料、系統和資產，以利用雲端技術來提升安全性的能力
可靠性（Reliability）	包括在預期的情況下，工作負載正確、一致地執行其預期功能的能力，這包括整個生命週期中操作和測試工作負載的能力。本部分內容為在 AWS 上實施可靠的工作負載提供了深入的最佳實踐指導
性能效率（Performance Efficiency）	有效使用運算資源以滿足系統要求，以及隨著需求變化和技術發展而保持效率的能力
成本最佳化（Cost Optimization）	運行系統以最低價格發表業務價值的能力

在 AWS 結構完整的框架中，涉及以下術語：

元件（component）是根據要求一起發表的程式、設定和 AWS 資源。元件通常是技術所有權的單位，並且與其他元件分離。

工作負載（workload）用於標識一起提供業務價值的一組元件，通常是業務和技術主管交流的詳細程度。

架構（architecture）是指元件在工作負載中如何協作工作，而元件如何通訊和互動通常是系統結構圖的重點。

里程碑（Milestones）標記了系統結構在整個產品生命週期（設計、測試、上線和投入生產）中不斷發展的關鍵變化。

在組織內部，技術組合（technology portfolio）是業務營運所需的工作負載的集合。

在設計工作負載時，你需要根據業務環境在各個支柱之間進行權衡，以便產生業務決策，這些業務決策可以推動你的專案優先順序。你可能會進行最佳化以降低成本，卻以開發環境中的可靠性為代價；或對於關鍵任務解決方案，可能會透過增加成本來最佳化可靠性。在電子商務解決方案中，性能會影響收入和客戶的購買傾向。安全性和卓越營運通常不能與其他支柱進行權衡。

本服務針對技術產品開發人員，如首席技術官（CTO）、架構師、開發人員和營運團隊成員。AWS 客戶可以使用 AWS WA Tool 記錄其架構，提供產品發佈控管，以及了解和管理技術組合中的風險。

8.6.3　AWS WA Labs 實驗

AWS WA Labs（AWS Well-Architected Labs）實驗的目的是了解 AWS WA Tool 的功能。

1. 目標

了解有關問題和最佳實踐的資源位於何處。

了解隨著時間的演進如何使用里程碑再次追蹤你的進度，即中高風險。

了解如何在結構完整的工具中生成報告或查看審稿結果。

2. 條件

一個 AWS 帳戶，其可以用於測試，而不用於生產或其他目的的測試。

具有該帳戶的身份和 IAM 使用者或聯合憑證，該使用者有權使用結構良好的工具（Well ArchitectedConsoleFullAccess，託管策略）。

3. 步驟

步驟 1：導覽到主控台。

由於 AWS 完整的工具位於 AWS 主控台中，因此你只需要登入主控台並導覽到該工具即可。

以啟用了 MFA 的 IAM 使用者身份或以聯合角色身份登入 AWS 管理主控台，然後打開主控台。

點擊「Services」以在頂部工具列上彈出服務搜索。在搜索框中輸入「Well-Architected」，然後選擇「AWS Well-Architected Tool」，如圖 8-6-1 所示。

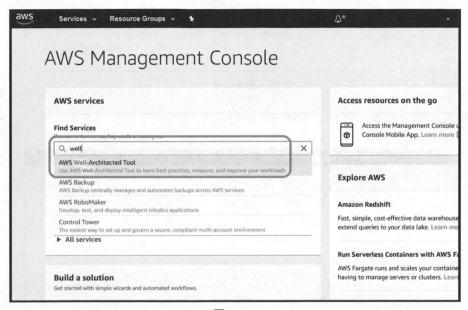

圖 8-6-1

步驟 2：創建工作量。

1）點擊登入頁面上的「Define workload」，如圖 8-6-2 所示。

圖 8-6-2

2）如果你已有工作負載，則會直接進入「工作負載」清單。在此介面中，點擊「Define workload」，如圖 8-6-3 所示。

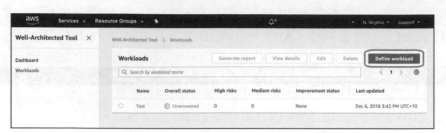

圖 8-6-3

3）然後輸入必要的資訊，如圖 8-6-4 所示。

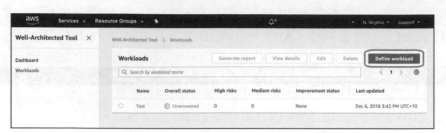

圖 8-6-4

- 名稱：AWS Workshop 的工作負載。
- 說明：這是 AWS Workshop 的範例。

- 產業類型：InfoTech。
- 產業：網際網路。
- 環境：選擇「Pre-production」。
- 區域：選擇 AWS 區域。

4）點擊「Define workload」按鈕，如圖 8-6-5 所示。

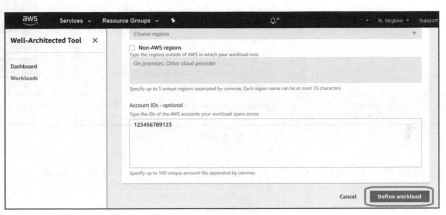

圖 8-6-5

步驟 3：進行審查

1）在工作負載的詳細資訊頁面上，點擊「Srart review」，如圖 8-6-6 所示。

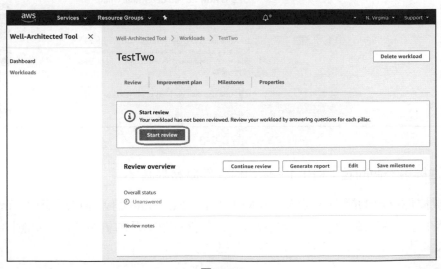

圖 8-6-6

2）在本實驗中，我們僅完成「可靠性支柱」問題。透過選擇「Operational Excellence」左側的折疊圖示，收起卓越營運問題，如圖 8-6-7 所示。

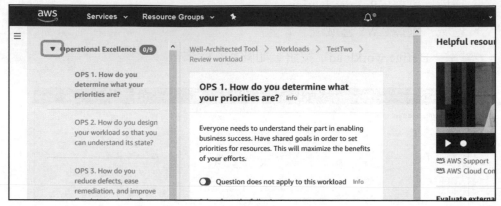

圖 8-6-7

3）透過選擇「Reliability」左側的展開圖示，展開「可靠性問題」，如圖 8-6-8 所示。

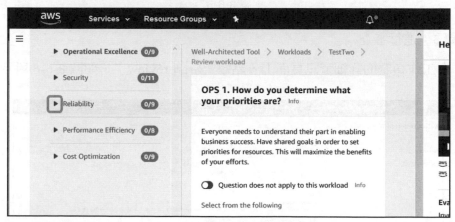

圖 8-6-8

4）選擇第一個問題：REL 1. 你如何管理服務限制？

5）根據你自己的能力，選擇回答 REL 1 至 REL 9 的問題。你可以使用「Info」連結來了解答案的含義，並觀看視訊以獲取有關問題的更多資訊，如圖 8-6-9 所示。

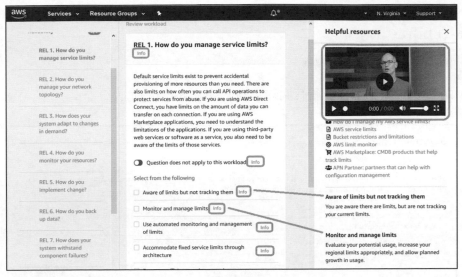

圖 8-6-9

6）完成問題後，點擊「Next」。

7）當你遇到最後一個可靠性問題或第一個性能支柱問題時，點擊「Save」並退出。

步驟 4：保存里程碑。

1）在工作負載的詳細資訊頁面上，點擊「Save milestone」，如圖 8-6-10 所示。

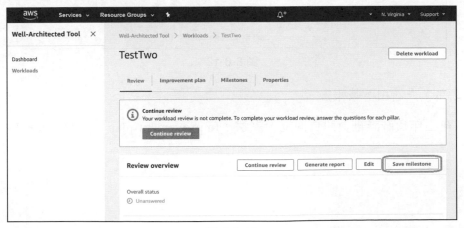

圖 8-6-10

2）輸入里程碑名稱：AWS Workshop Milestone，然後點擊「Save」，如圖 8-6-11 所示。

3）選擇「Milestones」標籤。

4）這時，會顯示里程碑和有關的資料，如圖 8-6-12 所示。

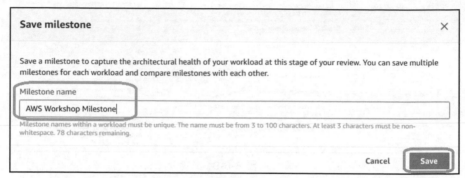

圖 8-6-11

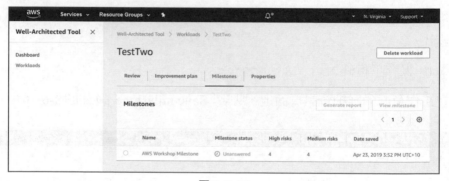

圖 8-6-12

步驟 5：查看和下載報告。

1）在工作負載詳細資訊頁面上，點擊「Improvement plan」，如圖 8-6-13 所示。

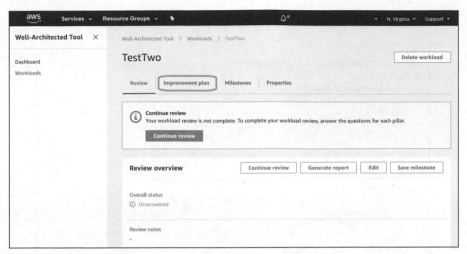

圖 8-6-13

2）這時會顯示高風險和中風險項目的數量，並允許你更新狀態。

3）你還可以編輯改進計畫設定，點擊「Edit」，如圖 8-6-14 所示。

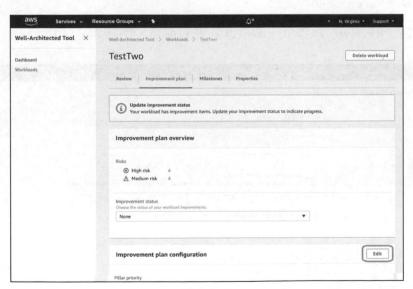

圖 8-6-14

4）然後點擊「Reliability」右側向上的圖示，將其上移，如圖 8-6-15 所示。

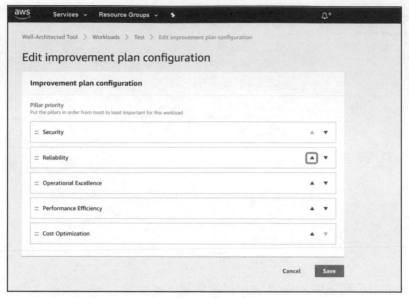

圖 8-6-15

5）點擊「Save」以保存此設定。

6）點擊「Review」以獲取下載改進計畫的選項，如圖 8-6-16 所示。

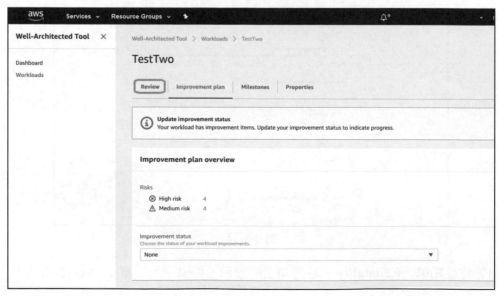

圖 8-6-16

7）點擊「Generate report」以生成報告並下載，如圖 8-6-17 所示。

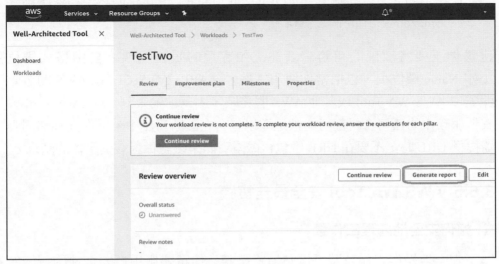

圖 8-6-17

8）你可以打開檔案或將其保存。

8.6.4 AWS WA Tool 使用

AWS WA Tool 符合 AWS 責任共擔模型，此模型包含適用於資料保護的法規和準則。AWS 負責保護運行所有 AWS 服務的全球基礎設施，並保持對此基礎設施上託管的資料的控制，包括用於處理客戶內容和個人資料的安全設定控制。充當資料控制者或資料處理者的 AWS 客戶和 APN 合作夥伴需要對他們在 AWS 雲端中放置的任何個人資料承擔責任。

出於對資料的保護，我們建議你保護 AWS 帳戶憑證並使用 AWS Identity 和 Access Management（IAM）設定單一使用者帳戶，以便僅向每個使用者提供履行其工作職責所需的許可權。我們還建議你透過以下方式保護資料：

- 對每個帳戶使用 MFA。
- 使用 SSL/TLS 與 AWS 資源進行通訊。
- 使用 AWS CloudTrail 設定 API 和使用者活動日誌記錄。

- 使用 AWS 加密解決方案及 AWS 服務中的所有預設安全控制。

- 使用進階託管安全服務（如 Amazon Macie），其有助發現和保護儲存於 Amazon S3 中的個人資料。

建議你不要將敏感的可辨識資訊（如客戶的帳號）放入自由格式欄位（如 Name 欄位），包括當你使用主控台、API、AWS CLI 或 AWS 開發套件處理 AWS WA Tool 或其他 AWS 服務時，因為你輸入到 AWS WA Tool 或其他服務中的任何資料都可能被選取以包含在診斷日誌中。當你向外部伺服器提供 URL 時，不要在 URL 中包含憑證資訊來驗證你對該伺服器的請求。

8.6.5　AWS WA Tool 安全最佳實踐

1. 如何安全地處理工作量

為了安全地操作工作負載，你必須將整體最佳實踐應用於安全性的每個領域。在組織和工作負載等級上採用你在卓越營運中定義的要求和流程，並將其應用於所有領域。隨時了解 AWS 和產業建議及威脅情報，可以幫助你發展威脅模型和控制目標，而自動化的安全流程、測試和驗證使你能夠擴充安全操作。

最佳做法：

使用帳戶分離工作負載：利用功能或一組通用控制項在單獨的帳戶和群組帳戶中組織工作負載，而非映像檔公司的報告結構。必須要考慮安全性和基礎架構，以便使你的組織能夠隨著工作量的增長而設定通用的防護欄。

安全的 AWS 帳戶：如透過啟用 MFA 並限制對根使用者的使用來安全存取你的帳戶，並設定帳戶連絡人。

辨識和驗證控制目標：根據你的符合規範性要求和從威脅模型中辨識出的風險，匯出並驗證需要應用於工作負載的控制目標和控制措施。持續進行的控制目標和驗證可以幫助你評估風險緩解的有效性。

及時了解安全威脅：透過及時了解最新的安全威脅來辨識攻擊來源，以幫助你定義和實施適當的控制措施。

緊接最新的安全建議：緊接最新的 AWS 和產業安全建議，以改進工作負載的安全狀況。

自動測試和驗證管道中的安全控制：為建構管道和流程中經過測試和驗證的安全機制建立安全基準和範本，並使用工具和自動化來連續測試和驗證所有的安全控制。

使用威脅模型辨識風險並確定優先順序：使用威脅模型來辨識和維護潛在威脅的最新記錄，確定威脅的優先順序並調整安全控制措施。

定期評估和實施新的安全服務和功能：AWS 和 APN 合作夥伴不斷發佈的新功能和服務，使你可以不斷改進工作負載的安全狀況。

2. 如何管理人員和機器的身份

當處理安全的 AWS 工作負載時，需要管理兩種類型的身份，而了解需要管理和授予存取權限的身份類型有助確保正確的身份在正確的條件下存取正確的資源。人類身份：你的管理員、開發人員、操作員和最終使用者，以及透過 Web 瀏覽器、用戶端應用程式或互動式命令列工具與 AWS 資源進行互動的成員都需要身份才能存取你的 AWS 環境和應用程式。他們都是你組織的成員，或是你與之合作的外部使用者。機器身份：你的服務應用程式、操作工具和工作負載都需要身份才能向 AWS 服務發出請求，如讀取資料。這些身份包含在你的 AWS 環境運行的電腦中，如 Amazon EC2 實例、AWS Lambda 函數。你可以為需要存取權限的外部方管理電腦標識，此外還可能在 AWS 之外擁有需要存取 AWS 環境的電腦。

最佳做法：

使用強大的登入機制：強制設定最小密碼長度，並讓使用者不要使用通用或重複使用的密碼。同時，透過軟體或硬體機制實施 MFA，以提供附加層。

使用臨時憑證：利用身份動態獲取臨時憑證。對人類身份，要求使用 AWS Single Sign-On 或具有 IAM 角色的聯合身份存取 AWS 帳戶。對機器身份，要求使用 IAM 角色，而非長時間使用存取金鑰。

安全地儲存和使用機密：對於需要機密的人類身份和機器身份（如第三方應用程式的密碼），使用最新的業界標準將其自動輪換儲存在專用服務中。

依靠集中式身份提供者：對於人類身份，依靠身份提供者你可以在集中位置管理身份，這樣你就可以從單一位置進行創建、管理和取消存取，從而更輕鬆地管理存取。這樣就減少了對多個證書的需求，並提供了與人力資源流程整合的機會。

定期審核和輪換憑證：當你不能依賴臨時憑證而需要長期憑證時，需要審核憑證以確保強制執行定義的控制項（如 MFA），並定期輪換以具有適當的存取等級。

利用使用者群組和屬性：將具有共同安全要求的使用者置於身份提供商定義的群組中，採用適當的機制來確保可用於存取控制的使用者屬性（如部門或位置）正確且以更新，並使用這些群組和屬性（而非單一使用者）來控制存取。這樣，你可以透過更改一次使用者的群組成員身份或屬性來集中管理存取，而不必當使用者存取需求發生變化時更新許多單獨的策略。

3. 如何管理人和機器的許可權

管理許可權是指控制對需要存取 AWS 和你的工作負載的人員和機器身份的存取，即控制誰可以在什麼條件下存取什麼。

最佳做法：

定義存取要求：管理員、最終使用者或其他元件需要存取工作負載的每個元件或資源。明確定義有權存取每個元件的人員或物件、選擇適當的身份類型，以及身份驗證和授權的方法。

授予最小特權存取權限：透過允許在特定條件下存取特定 AWS 資源上的特定操作，僅授予身份所需的存取權限。依靠群組和身份屬性動態地、大規模地設定許可權，而非為單一使用者定義許可權。舉例來說，你可以允許一組開發人員具有存取權限，以便僅需要管理其專案的資源。這樣，當從群組中刪除開發人員時，在使用該群組進行存取控制的所有位置，該開發人員的存取都將被取消，而無須更改存取策略。

建立緊急存取流程：在自動化流程或管道問題不太可能發生的情況下，該流程允許緊急存取你的工作負載。將會有助你依賴最小特權存取，但要確保使用者在需要時可以獲得正確的存取等級。舉例來說，為管理員建立一個流程來驗證和批准他們的請求。

持續減少許可權：隨著團隊和工作負載確定所需的存取權限的變化，及時刪除不再使用的許可權，並建立審稿流程以獲取最低許可權。同時，要持續監控並減少未使用的身份和許可權。

為組織定義許可權保護欄：建立公共控制項，以限制對組織中所有身份的存取。舉例來說，你可以限制對特定 AWS 區域的存取，或阻止操作員刪除公用資源，如用於中央安全團隊的 IAM 角色。

根據生命週期管理存取：將存取控制與操作員、應用程式生命週期、集中聯盟提供的程式整合在一起。舉例來說，當使用者離開組織或更改角色時，及時刪除他們的存取權限。

分析公共和交換帳戶存取：持續監控並突出顯示公共和交換帳戶存取的結果。同時，減少公共存取，並僅對需要這種存取類型的資源進行跨帳戶存取。

安全共用資源：管理跨帳戶或在 AWS 組織內共用資源的使用，監控共用資源並查看共用資源存取。

4. 如何檢測和調查安全事件

從日誌和指標中捕捉和分析事件以獲取可見性。對安全事件和潛在威脅採取行動，以保護你的工作負載。

最佳做法：

設定服務和應用程式日誌記錄：在整個工作負載中設定日誌記錄，包括應用程式日誌、資源日誌和 AWS 服務日誌。舉例來說，確保為組織內的所有帳戶啟用了 AWS CloudTrail，Amazon CloudWatch Logs，Amazon GuardDuty 和 AWS Security Hub。

集中分析日誌、發現和指標：應集中收集所有日誌、發現和指標，並自動進行分析以檢測異常和未經授權活動的指示。主控台可以使你輕鬆存取有關即時運行狀況的見解。舉例來說，確保將 Amazon GuardDuty 和 Security Hub 日誌發送到中央位置以進行警示和分析。

自動化事件回應：使用自動化來調查和補救事件可減少人工工作量和錯誤，並使你能夠擴充調查功能。定期審核會幫助你調整自動化工具，並不斷進行疊代。舉例來說，透過自動化的調查自動對 Amazon GuardDuty 事件進行回應，然後進行疊代以逐漸消除人工。

實施可操作的安全事件：創建警示，該警示會發送給你的團隊並可以由你的團隊採取措施。同時，要確保警示包含相關資訊，以供團隊採取行動。舉例來說，確保將 Amazon GuardDuty 和 AWS Security Hub 警示發送到團隊，或發送給回應自動化工具，再透過自動化框架中的訊息通知團隊。

5. 如何保護網路資源

任何具有某種形式的網路連接的工作負載，無論是 Internet 還是私人網路，都需要多層防禦，以防禦來自外部和內部基於網路的威脅。

最佳做法：

創建網路層：將共用可達性要求的元件分組到層中。舉例來說，將 VPC 中不需要 Internet 存取的資料庫叢集放置在子網中，而子網之間沒有路由。在沒有 VPC 的無伺服器工作負載中，使用微服務進行類似的分層和分段也可以實現相同的目標。

在所有層控制流量：使用深度防禦方法對入站和出站流量應用控制項。對於 AWS Lambda，可以考慮在具有基於 VPC 控制項的私有 VPC 中運行。

自動化網路保護：自動化保護機制基於威脅情報和異常檢測提供自防禦網路。舉例來說，可以主動適應當前威脅並減少其影響的入侵偵測和防禦工具。

實施檢查和保護：檢查並過濾每一層的流量。舉例來說，使用 Web 應用程式防火牆來防止應用程式網路層的外部存取。對於 Lambda 函數，第三方工具可以將應用程式層的防火牆增加到你的運行環境。

6. 如何保護運算資源

工作負載中的運算資源需要多層防禦，以抵禦外部和內部的威脅。運算資源包括 EC2 實例、容器、AWS Lambda 函數、資料庫服務、IoT 裝置等。

最佳做法：

執行漏洞管理：經常掃描和修補程式，減少依賴項和基礎架構中的漏洞，以幫助防禦新威脅。

減小攻擊面：透過強化作業系統，最大限度地減少使用中的元件、函數庫和外部消耗性服務，以便減小攻擊面。

實施託管服務：實施管理資源的服務（如 Amazon RDS，AWS Lambda 和 Amazon ECS），以減少安全維護任務，這是共擔責任模型的一部分。

自動化計算保護：自動化計算保護機制包括漏洞管理、減小攻擊面和資源管理。

使人能夠遠距離執行操作：刪除互動式存取功能可以減小人為導致的風險，並降低人工設定或管理的可能性。舉例來說，變更管理工作流程、將基礎結構作為程式來部署 EC2 實例，然後使用工具而非直接存取或堡壘主機來管理 EC2 實例。

驗證軟體的完整性：實施機制（如程式簽名）驗證工作負載中使用的軟體、程式和函數庫的來源是否受信任並且未被篡改。

7. 如何對資料進行分類

分類提供了一種根據重要性和敏感性對資料進行歸類的方法，以幫助你確定適當的保護和保留控制措施。

最佳做法：

確定工作負載中的資料：這包括資料的類型和分類及相關的業務流程。這可能包括分類，以表明該資料是被公開還是僅供內部使用，如客戶的個人身份資訊（PII）；或該資料是否用於更受限的存取，如智慧財產權、合法特權、明顯的敏感性，等等。

定義資料保護控制項：根據資料的分類等級保護資料。舉例來說，透過使用相關建議來保護歸類為公開的資料，同時透過其他控制項保護敏感性資料。

自動辨識和分類：自動對資料進行辨識和分類，以減小人工互動導致的風險。

定義資料生命週期管理：你定義的生命週期策略應基於敏感性等級及法律和組織的要求。這些方面包括保留資料的持續時間、資料銷毀、資料存取管理、資料轉換，並且應該考慮資料共用。

8. 如何保護靜態資料

透過實施多種控制措施來保護你的靜態資料，以減少未經授權的存取或處理不當的風險。

最佳做法：

實施安全金鑰管理：必須透過嚴格的存取控制來安全地儲存加密金鑰，如透過使用金鑰管理服務（如 AWS KMS）。考慮使用不同的金鑰，並將對金鑰的存取控制與 AWS IAM 和資源策略結合使用，以符合資料分類等級和隔離的要求。

強制執行靜態加密：根據最新的標準和建議強制執行加密要求，以幫助你保護靜態資料。

自動執行靜態資料保護：使用自動化工具連續驗證和強制執行靜態資料保護，如驗證是否只有加密的儲存資源。

實施存取控制：以最小的特權和最少的機制（包括備份、隔離和版本控制）實施存取控制，以保護靜態資料，防止電信業者對你的資料授予公共存取權限。

使用使人遠離資料的機制：在正常的運行情況下，要使所有使用者遠離能直接存取的敏感性資料和系統。舉例來說，提供主控台而非直接透過存取資料儲存來運行查詢。如果不使用 CI / CD 管道，則要確定需要哪些控制和過程，以充分提供通常禁用的碎玻璃存取機制。

9. 如何保護傳輸中的資料

透過實施多種控制措施來減少未經授權的存取或降低資料遺失的風險，從而保護你的傳輸資料。

最佳做法：

實施安全金鑰和證書管理：安全地儲存加密金鑰和證書，並在應用嚴格的存取控制的同時按適當的時間間隔進行輪換。舉例來說，透過使用證書管理服務（如 AWS Certificate Manager，ACM）。

強制執行傳輸中的加密：根據適當的標準和建議強制執行已定義的加密要求，以幫助你滿足組織、法律和符合規範性的要求。

自動檢測意外資料存取：使用 GuardDuty 等工具根據資料分類等級自動檢測將資料移出定義邊界的嘗試。舉例來說，檢測使用 DNS 將資料複製到未知或不受信任的網路的木馬協定。

10. 如何預計和回應事件並從中恢復

及時有效地調查、回應安全事件並從安全事件中恢復非常重要，這有助最大限度地減小對組織的破壞。

最佳做法：

確定關鍵人員和外部資源：確定可幫助你的組織回應事件的內部和外部人員、資源和法律義務。

制訂事件管理計畫：創建計畫以幫助你回應事件，並在事件期間進行溝通以從中恢復。舉例來說，你可以使用最可能的工作負載和組織方案來啟動事件回應計畫，包括你的意願、在內部和外部進行溝通和升級。

準備取證功能：辨識並準備合適的取證調查功能，包括外部專家、工具和自動化。

自動化遏制能力：自動化事故的遏制和恢復，以減少回應時間和組織影響。

預設定存取：確保事件回應者具有預先設定到 AWS 中的正確存取，以減少從調查到恢復的時間。

部署前工具：確保安全人員已將正確的工具預先部署到 AWS 中，以減少從調查到恢復的時間。

運行遊戲日：定期練習事件回應遊戲日（模擬），並將汲取的教訓納入事件管理計畫中，以不斷改進。

第 9 章
雲端安全能力評估

每個企業上雲端的過程都不一樣,為了更加安全地享受雲端上的各類服務,最大限度地降低企業上雲端後的風險,企業需要建立自己的雲端上安全能力和行動計畫。但如何從安全管理的角度評價雲端的安全能力是企業在採用雲端服務之前必須要考慮的。本章基於 CAF 和 CSF 模型,聚焦於企業評估採用雲端服務時應具備的安全能力,以及如何保證雲端上安全建設與主流雲端廠商的最佳實踐保持一致。本章從評估原則、範圍、方法等角度出發,全面指導企業如何從實際出發評估雲端上安全能力、制訂自己的建設計畫。

9.1 雲端安全能力評估的原則

9.1.1 雲端安全能力的評估維度

1. 可見性

如果想要對雲端中的資產進行安全保護,則首先需要看到並了解它的安全風險,因此雲端上的可見性是所有企業進行安全性判斷並實施管理的基礎。雲端安全能力的首要原則就是能夠充分地掌握各類資產與流量等指標資訊,以確保使用者可以及時了解雲端中正在發生的事情。

為了雲端上可見,除使用者在利用平台原生能力和各類虛擬化工具複製與雲端下環境中類似的,對系統應用、資源設定等元件和參數的正常監控能力外,還需要解決的挑戰之一就是網路連接和流量可見的問題。由於傳統的安全監測依賴於抓取流經物理裝置的流量及分析裝置日誌,但雲端中資料會在實例和應用之間移動,並不會穿過物理線路,因此傳統的網路分流器或資料封包代理等封包截取技術就會故障。同時，當巨量的資料在多個資料中心或跨雲端平台的環境中流動時，掌握企業網路行為和資料流向將有助企業遵守不同安全政策地區的要求。雲端上可見性主要包含系統與應用可見、網路連接與流量可見、資源與設定可見等幾部分。

2. 可控性

雲端中的安全可控性是指雲端中不同責任的主體能並且只能對其當下許可權內的資料、資源、行為行使權力並負責的一種屬性，它要求主體具有可以透過各種安全控制措施保證客體不因外界影響而變化的控制能力。具體來說，當雲端上的系統、應用或設定偏離預期狀態時，使用者需要具備管理或控制此變化的能力，並且這個能力還需要被限制在可定義的許可權範圍內。當在對雲端中資源進行系統性控管時，需要確保系統和應用等元件嚴格以其最初設計和設定的要求來運行。評價雲端上安全可控性需要從存取控制、基礎設施安全、資料安全、威脅監測、回應與恢復等多個角度去綜合評價使用者的雲端上安全管理能力。

3. 可稽核

雲端安全的稽核是安全管理的重要組成部分，是任何使用者進行風險治理、安全管理以及符合規範工作的必備條件。雲端上使用者應該具備檢查各類許可權控制、操作行為、資源設定、資料處理等是否符合規範要求的能力，這個能力需要透過收集、整理和分析各類監控和留存的即時和歷史日誌等資訊來實現。安全稽核能力評估應從是否能夠支援稽核人員工作的角度出發，評價是否可以支援針對巨量稽核資料的快速提取、分析、檢索、處理，是否能提供充分的資料來支撐對威脅的發現、追蹤、定位源頭等。雲端中的稽核能力包含對存取控制的稽核、資源與設定的稽核、行為與流量的稽核等。

4. 靈活性

雲端安全能力需要繼承雲端服務靈活性的優勢，能夠隨選擴充並根據安全性原則的變化而即時地進行基礎架構和安全能力的調整和部署。這種靈活性需要表現在，當出現安全事件問題時，應快速聯動不同的雲端資源和第三方服務進行回應和恢復、靈活地進行設定，以支援不同場景的分析和稽核的工作要求，以及幫助使用者最大化地利用資源進行安全建設和營運，實現成本控制。

5. 自動化

安全管理能否最大限度地避免人工操作，準確地根據預案快速進行安全處置和回應，並形成自動化安全管理和安全營運閉環是雲端上安全能力的重要優勢。評估自動化安全能力主要是考慮使用者是否能實現雲端上資產和行為的全面自動化監測、回應，是否可以幫助使用者從耗時、耗力的警報分析、安全監測、漏洞修復、應急回應等基礎工作中解放出來，是否可以利用雲端的能力彌補大部分企業缺乏安全管理和運行維護人員平均能力的不足，在存取控制、資源設定、基礎設施與資料安全、日誌稽核、持續檢測與監控、回應恢復等方面自動化遵守雲端上最佳實踐的要求，提升效率、降低風險。

9.1.2 安全能力等級要求

安全能力等級要求可以簡單劃分為三級，如表 9-1-1 所示。

表 9-1-1

安全能力等級	能力要求
基礎級	能辨識安全風險，具備基礎防護能力，具備面對一般風險的監測和檢測能力。內部具有安全事件回應和安全管理流程，並能在事件發生後進行部分恢復
提進階	能夠具備全面的防護能力，能清晰辨識安全風險，防護成系統，能夠主動監測和檢測主要安全風險，事件回應較為及時，業務能夠及時恢復
增強級	能夠具備全面的防護能力，能清晰辨識安全風險，防護措施系統化、自動化程度高，能夠及時監測和檢測主要安全風險，能夠進行預警和安全態勢感知，內外安全資訊共用和協作程度高，具備完整的安全流程、組織和人員，事件回應及時有效，業務能夠即時恢復

9.2 雲端安全能力評估內容

9.2.1 辨識與存取管理

辨識和存取管理是雲端上安全建設的基礎，在雲端中，必須先建立一個帳戶並被授予特權，然後才能進行設定或編排資源。典型的自動化架構包括權利映射、授權或審核，秘密資料管理，執行職責分離和最低特權存取，即特權管理，減少對長期憑證的依賴。辨識與存取控制的評估需要從帳戶策略、帳戶通知與帳單管理、憑證與密碼管理、IAM 使用者管理和客戶身份管理等幾部分進行。

1. 帳戶策略

帳戶管理是評估雲端上辨識與存取管理能力的核心部分，企業上雲端的第一步就需要創建一個具有根許可權的帳戶，由於此帳戶始終具有管理所有資源和服務的許可權因而需要盡可能地減少使用。企業還應可以自訂針對不同場景和目的的使用者和群組，因此，必須為使用者和組建立安全和適當的帳戶結構。在這些使用者、群組被創建後，也可能需要獨立的密碼或存取金鑰等，這時就需要合理的策略來保護這些存取憑證。許多企業出於安全性或成本等因素的考慮往往使用多個帳戶，並使每個帳戶都與其他帳戶完全隔離。企業的帳戶策略可以透過使用帳戶隔離、VPC 等方式來隔離不同職能和專案的雲端環境。帳戶策略評估項如表 9-2-1 所示。

表 9-2-1

評估項	考驗標準
帳戶結構設計	是否採用多帳戶策略，各個帳戶分隔是否合理，如主帳單帳戶、服務共用帳戶（跳板機、AMIs、DNS、Active Directory）、稽核帳戶、雲端直連帳戶（虛擬網路介面等）？ 是否可基於策略進行多帳戶集中管理，如基於不同組織策略創建帳戶、下發策略？此管理過程是否自動化
帳戶創建流程	是否有帳戶創建和資源預置的審核流程？ 是否可以實現管用分？ 是否以安全性和經濟性原則來進行帳戶數量的合理性判斷？ 帳戶和資源創建過程是否已自動化，以滿足敏捷和高效的要求
根帳戶安全	根帳戶是否啟用多因數認證？ 根帳戶的存取憑證是否被強制寫入在程式中？ 多因數認證的物理裝置是否被安全地保存？ 根帳戶密碼（AK/SK）是否被安全保存，且與多因數認證裝置是否分開存放
安全帳戶	是否設有獨立的安全管理帳戶，集中管理安全服務，並由指定的安全員管理？ 是否設有獨立稽核帳戶集中管理稽核日誌，並由指定的安全稽核員管理？ 是否可以在多區域、多帳戶環境下自動創建基於安全基準線和組織許可權控制的新帳戶？ 聯合身份認證設定是否進行了多因數驗證

2. 帳戶通知與帳單管理

保持帳戶聯繫列表的更新和安全事件的及時通知對於雲端上租戶及時了解安全事件非常重要，而這部分在實作中往往會被企業忽略或由於人員變動而導致更新不及時，從而增加了企業對事件的回應時間。另外，由於帳單資訊和企業員工資訊具有價值性和隱私性的特點，因此存取這些資訊的許可權也需要被重點考慮。帳戶通知與帳單管理評估項如表 9-2-2 所示。

表 9-2-2

評估項	考驗標準
帳戶連絡人	所有帳戶（費率、營運、安全等）是否都設定了準確的聯絡人，以保證有效性和正確性？ 是否有備用連絡人，連絡人更新流程是否存在、可控和自動化
連絡人資訊	帳單資訊存取的許可權是否基於「知所必須」的原則對內部或外部開放
帳單管理	是否有獨立帳戶實現帳單合併？ 總帳單帳戶是否可以實現「管看分離」

3. 憑證與密碼管理

由於雲端帳戶或 IAM 使用者都具有唯一身份，因此它們有唯一的長期存取憑證，這些存取憑證與身份一一對應，一般包括兩種類型：存取管理主控台的用戶名與密碼和用於呼叫 API 的連線 ID 和金鑰。這些使用者應定期更改其密碼並輪換存取金鑰，刪除或停用不需要的憑證，對於敏感操作使用多因數驗證。憑證與密碼管理評估項如表 9-2-3 所示。

表 9-2-3

評估項	考驗標準
密碼策略	是否使用複雜密碼策略？ 管理員許可權使用者是否開啟多因數驗證？ 是否強制密碼輪換策略
金鑰憑證策略	若存在，本地 IAM 使用者的連線 ID 和金鑰是否被定期更換？ 無用金鑰是否被及時發現和清除？ 金鑰憑證是否被強制寫入到指令稿、原始程式碼或實例的使用者資料中

4. IAM 使用者管理

由於 IAM 存取控制管理為使用者和群組的資源存取權限提供了機制保證，任何與雲端中資源互動的使用者或應用都需要提供 IAM 來進行許可權分配和管理，因此需要從使用者身份全生命週期的角度評估基於 IAM 身份的使用者管理安全性。IAM 使用者管理評估項如表 9-2-4 所示。

表 9-2-4

評估項	考驗標準
使用者身份生命週期管理	是否有流程支撐存取權限且跟隨人員身份變動而進行即時調整？ 聯合身份安全性原則是否與存取雲端平台的身份策略保持一致
使用者角色與策略管理	IAM 策略是否僅用來授予受限的、確定的存取權限？ 是否具備定期檢查 IAM 策略以確保最小許可權原則的機制？ 是否基於角色來分配帳戶許可權及用於跨帳戶存取？ 非根許可權的管理員帳戶是否已開啟多因數認證？ 使用者身份授予流程是否符合「管用分離」的原則？ 內部使用者是否啟用單點登入，以盡可能降低本地帳戶數量？ 外部使用者是否可以支援基於第三方 IDP 的聯合身份認證，如 SAML 協定？ 透過聯合身份登入的使用者是否被指定最小許可權？是否也可以進行單點登入管理？ 跨帳戶特權角色的管理是否受到限制？ 當資源存取其他服務時，是否是基於臨時身份角色而非使用長期密碼憑證
客戶身份管理	是否使用聯合身份實現作業系統和應用的使用者身份管理？ 作業系統、資料庫系統等管理員密碼憑證是否採用 AD 目錄服務而不被共用

9.2.2 基礎設施安全

由於安全的基礎架構已成為必須承擔基礎性安全防禦的底座，因此可以從 VPC 架構、遠端網路連線安全性、入侵偵測與邊界防禦、實例級安全控制角度評估基礎設施是否曝露了過多的攻擊面，以及是否遵從雲端上縱深防禦的結構性安全設計。

1. VPC 架構

VPC 虛擬私有網路可以創建跨區域的、安全的、資源隔離的基礎架構環境，可以實現帳戶內不同網路之間的邏輯隔離，同時也可以實現內網與網際網路之間的網路層隔離。企業往往會在同一個帳戶中,透過 VPC 來實現對具有不同目的的環境的隔離,因此評估 VPC 模型是進行基礎設施安全的第一步。VPC 模型安全評估項如表 9-2-5 所示。

表 9-2-5

評估項	考驗標準
VPC 劃分	是否根據業務目標、資料分類、擁有者或責任人等條件使用不同的 VPC 進行網路隔離? 共用服務部署是否擁有獨立的 VPC 或共用帳戶
子網設計	VPC 中的公共子網和私有子網是否被合理地設計,如把所有公有子網上非網際網路存取的應用遷移到私有子網,並清除公有 IP? 公有子網是否透過網際網路閘道連接網際網路,公網和私網之間是否透過 NAT 進行轉換? 私有網路是否可透過加密通道,如虛擬私人網路關與客戶資料中心進行加密通訊
存取控制與安全性原則	是否可以進行子網級網路層的存取控制並管理子網間的存取? 是否可以進行實例級的存取控制策略? 是否避免使用預設安全性群組,是否可清除不受限制 IP(0.0.0.0/0)帶來的風險? 是否可以自動發現和限制違規策略,並持續監控任何策略的變更

2. 遠端網路連線安全性

在雲端租戶創建雲端上邏輯隔離的環境之後便可以啟動雲端上資源,此時有可能需要與本地資料中心進行互聯。這就需要有機制來保證雲端到本地連接的安全性,同時保證所有遠端存取行為的被管理和被稽核。遠端連線的安全評估項如表 9-2-6 所示。

表 9-2-6

評估項	考驗標準
遠端存取	是否使用堡壘機等方法保證遠端存取的安全和集中存取管理? 是否使用 SSH/RDP 等協定來實現安全的遠端系統存取? 存取物件是否被合理授權?過度授權是否能被即時發現? 存取操作是否被精確稽核
資料保護	客戶本地資料中心與雲端 VPC 之間的資料傳輸是否被加密保護
網路互通可靠性	資料中心與雲端的網路連接鏈路是否有容錯

3. 入侵偵測與邊界防禦

雲端中除了利用 VPC 架構及網路存取控制和實例級安全性群組等手段，還需要其他的一些元件和手段來建構完整的多層次縱深防禦系統，如入侵偵測與邊界防禦。入侵偵測與邊界防禦安全評估項如表 9-2-7 所示。

表 9-2-7

評估項	考驗標準
邊界防禦	是否具備針對巨量 DDoS 攻擊的防禦能力？ 是否具備針對 Web 應用層 OWASP top 10 的防禦能力？ 是否具備入侵偵測和防禦的能力
日誌稽核	是否收集基於 VPC 的流日誌服務並留存以進行未來的分析
安全能力	是否可以透過靈活縮放的邊界安全能力來應對變化的攻擊流量？ 是否具備漏洞掃描的能力來持續以系統和應用進行即時掃描

4. 實例級安全控制

雲端中的實例與物理主機或虛擬主機一樣，以相同的方式運行並選擇作業系統。根據雲端的共擔責任模型，雲端上的租戶需要具有自己來管理和更新作業系統更新、確保執行時期環境保持更新、配備主機防毒等端點安全控制能力，因此我們需要對實例等級的安全能力進行評估。實例安全評估項如表 9-2-8 所示。

表 9-2-8

評估項	考驗標準
主機安全	是否可以定義資源池，控制租戶選擇實例的類型和系統映像檔？ 是否可以辨識和保護實例的完整性？ 是否部署反病毒、主機防火牆等主機級安全能力
映像檔加固	是否使用安全加固的映像檔或方法（如 bootstrapping 指令稿）
安全性原則	是否存在更新安全性群組、存取控制清單、系統映射、指令稿、資料庫版本等策略和流程？ 是否有基於風險的架設在實例上的作業系統或資料庫系統更新的策略、流程、計畫
日誌分析	是否可收集不同系統日誌並進行集中監控和連結分析

9.2.3 資料安全保護

雲端上最重要的環節就是重要資訊資料的保護，雲端服務商應該提供全面的安全能力來保證整個生命週期資料的安全性。雲端上資料的評估可以根據重要級來進行並對工作負載的保存進行設計和標記，並透過 VPN、TLS/SSL、證書等方式來保證保存和傳輸中資料的安全性，這也是安全能力評估的重要組成部分。

1. 資料分級與保護策略

資料的安全分級與保護就是利用分級、加密、備份等措施，保證雲端中重要資料免受網路威脅的干擾和破壞、未經授權的存取等。如今，資料已成為企業最重要的核心資產之一，因此企業應該對重要資料和敏感資訊進行分類分級，以業務流程、資料標準為輸入，梳理場景資料，辨識資料資產分佈，明確不同級數據的安全控管策略和措施。對雲端平台來說，資料保護分為兩類：靜態資料的保護和傳輸資料的保護。客戶可以根據自己的需要來設計存放資料和使用資料的位置，在此評估中，我們主要考慮資料保護的策略，會對存放資料的所有位置進行符合規範性評估，但不會深入到監管部門的法律法規中。資料分級與保護策略評估項如表 9-2-9 所示。

表 9-2-9

評估項	考驗標準
資料分類和管理	資料分類標準是否被明確定義？ 是否有雲端上資料的資產清單？ 是否有對資料上雲端或雲端上管理的評審流程
策略與流程	是否有對不同場景存放和傳輸的資料進行管理的要求、規範？ 是否具有基於分類標準的雲端上資料加密策略、流程和工具？ 存取資料的控制策略是否基於資料分級和隱私保護標準？ 是否可以為不同媒體中的敏感性資料選擇不同的加密方式
人員和組織	是否設立專門資料安全官的角色或組織，以負責資料分級和保護的策略，以及敏感性資料上雲端後的監管

2. 靜態資料保護

靜態資料保護的核心是對雲端上的儲存服務、卷冊等級儲存區塊和作業系統內部等多個存放位置中的資料進行自動化加密並實施存取控制策略來增強安全性。評估靜態資料安全的主要內容是判斷企業是否有能力利用各類加密技術對在雲端中所有可能位置的資料進行保護，並可在多個可用區儲存多備份或低成本的長期保存，保證資料的高可用性和靈活的儲存策略。靜態資料評估項如表 9-2-10 所示。

表 9-2-10

評估項	考驗標準
區塊儲存安全	區塊儲存上的資料是否根據資料分級和保護要求進行加密
物件儲存安全	物件儲存上的資料是否根據資料分級和保護要求進行加密
資料庫安全	資料庫中的資料是否根據資料分級和保護要求進行加密
內容分發安全	若使用內容分發，網路上的快取資料是否加密
存取權限	是否具備合適的存取策略來存取儲存的資料
加密工具	是否可以對加密金鑰進行集中管理？ 如果需要，是否支援雲端中獨立金鑰管理模組
憑證與金鑰	憑證、密碼和證書是否有安全措施保護
敏感資訊保護	系統映像檔、日誌資訊、儲存桶檔案避免包含敏感資訊
安全設定和管理	是否透過標籤化等分類方式對資料加密？ 是否可自動即時核查儲存服務的違規設定？ 是否支持對重要資料實行版本控制管理？ 是否具備增強的資料安全措施（防意外刪除、快照或映像檔公開共用等）
可用性和備份	是否可以根據企業安全性原則來定義和執行 RTO（可容忍中斷時長）和 RPO（可容忍資料最大遺失量）？ 是否有資料生命週期管理策略、流程、工具（包括定期歸檔、備份流程等）

3. 資料傳輸安全

資料在流轉過程中的安全性包括採取一些必要的安全措施，防止資料被竊取、篡改和偽造，保證通訊網路的安全。透過加密技術、數位憑證、數位簽章、時間戳記等技術，以及 SSL/TLS 等安全通訊協定來保證資料的安全性、完整性、可靠性及存取資料身份的真實性等。對傳輸中資料的安全性評估對於企業雲端中資料的洩露風險非常重要。資料傳輸安全評估項如表 9-2-11 所示。

表 9-2-11

評估項	考驗標準
資料傳輸加密	重要資料在傳輸過程中是否被點對點加密？ 對於 Web 應用是否已使用 SSL/TLS 證書來保持對傳輸資料加密
Web 端驗證	是否使用公有數位憑證進行身份驗證
管理策略	是否有文件支撐定期自動更新 TLS 證書？ 是否根據資料分級和保護要求啟用不同的儲存桶保護策略？ 是否使用 VPC 終端節點對儲存桶進行存取

9.2.4 檢測與稽核（風險評估與持續監控）

雲端服務能夠提供各類日誌資料，以幫助使用者監控與雲端平台的各種互動。典型的自動化監控與稽核包括日誌整理、警報、富化、日誌搜索、視覺化、工作流程和工作需求系統等，透過評估稽核、監控和日誌模型，來評估是否可以形成較系統化的監測與稽核閉環。

1. 稽核能力

安全稽核管理員在開展稽核活動時，需要按照既定的安全性原則，利用各類資訊和行為記錄來檢查、審查事件的環境和活動，從而快速發現異常行為、系統漏洞等風險和問題，以改善安全能力，這就要求可見、可控的資訊自動化記錄內容要全面和豐富。稽核安全評估項如表 9-2-12 所示。

表 9-2-12

評估項	考驗標準
存取記錄	是否具備管理所有帳戶的租戶行為記錄的能力，並可集中儲存？ 是否可以主動監控管理員的操作行為？ 是否可以主動監控風險操作或 API 異常呼叫行為（如關閉日誌收集功能）
漏洞掃描	是否具備對實例、應用等進行漏洞掃描、管理和警報的能力？ 是否具備在程式上線前對程式進行稽核和評估的能力
滲透測試	是否具有定期開展安全滲透測試的能力
管理策略	是否啟用獨立稽核帳戶儲存租戶行為日誌？ 是否可以對日誌進行完整性驗證？ 是否可以對預先定義的風險操作進行自動化警報

2. 檢測與監控能力

檢測和監控的核心是透過持續性檢測和不斷改進過程來及時警報惡意行為、錯誤設定和資源濫用等情況，同時透過降低人工參與度來自動處理巨量警報的效率和準確性問題。監控安全能力評估項如表 9-2-13 所示。

表 9-2-13

評估項	考驗標準
系統和應用監控	是否具備利用監控工具（自有或第三方）監控系統異常行為的能力？ 是否具備監控實例和應用性能運行狀態的能力
資料庫監控	是否具備對資料庫異常存取行為進行監控的能力？ 是否具備對含有敏感資訊資料庫的活動進行監控的能力
流量監控	是否具備對即時流量的監控能力
資源和設定監控	是否具備對雲端資源健康程度的監控能力？ 是否具備對違反安全性原則的變更和設定的監控能力？ 設定等管理類日誌是否已被進行集中管理
證書監控	證書是否可自動更新或存在監控手段以監控證書有效期

3. 日誌與警報能力

企業雲端上的各類資產會產生多類巨量日誌，比如網路日誌、安全性記錄檔、作業系統日誌、流量日誌及應用程式日誌等。這些日誌中包含了雲端租戶或攻擊者的各類活動，因此需要在一段時期內保存以供將來調查，故日誌的保存、分析和啟動警報是日誌與警報評估的主要內容。日誌與警報評估項如表 9-2-14 所示。

表 9-2-14

評估項	考驗標準
系統日誌管理	是否使用集中的日誌系統來儲存和分析日誌？ 是否可建構日誌管理平台，以集中管理公有雲端上的所有系統和平台日誌，以及各類共用服務系統的日誌等
流量日誌管理	負載平衡日誌、VPC 流量日誌和儲存桶日誌是否開啟 重要流量日誌是否可被抓取並做安全分析
其他日誌	是否使用集中的日誌系統來儲存和分析安全性記錄檔、資源存取日誌、內容分發網路日誌、容器日誌、DNS 日誌等
日誌存取控制	日誌的存取控制僅授予必要使用者，如安全營運分析人員、事件響應人員及相關的專案團隊

9.2.5 事件回應與恢復能力評估

事件回應和恢復能力主要是指透過制訂應急回應計畫快速對威脅程度進行辨識、處置和恢復的能力。自動化事件回應流程可以顯著提升雲端上服務的可靠性、回應速度，並為事後稽核和分析創建更加方便的環境。評估企業回應和恢復能力主要考慮企業快速應對事件的能力，提供自動化擴充的能力，以及隔離可疑的元件、部署即時調查工具並創建工作流程形成回應和處置閉環的能力。

1. 自動化回應能力評估

事件回應是一種有效的策略，使企業能夠處理網路安全事件並最大限度地減小其對營運中斷的影響。同時，透過回顧還能提升對未來事件的防禦水準。自動化回應能力評估項如表 9-2-15 所示。

表 9-2-15

評估項	考驗標準
回應管理流程	是否具有雲端上事件回應處理流程？ 是否具有針對實例的緊急更新發佈流程和辦法？ 事件管理文件是否根據服務變更而及時更新？ 事件回應流程是否可以進行自動化處理（指令稿、程式或工具）
回應評價機制	是否可以透過追蹤指標來分析事件回應流程的有效性（如回應時間、處置時間、每個工作負載的安全事件數量、無法進行根因分析的事件比例等）
自動化應急	資源是否能夠應對突發流量連接高峰的威脅？ 事件回應是否可以基於事件和目標進行自動化處理
外部支持	是否可以得到外部廠商對安全事件的緊急支持？ 是否與監管機構建立應急回應的溝通機制
應急演練	是否定期針對事件進行應急演練以檢驗應急回應的有效性，以及事後及時處理和改善方案

2. 可用性與恢復能力評估

雲端客戶的可用性和恢復能力是指應對安全事件的容忍度，以及由安全事件恢復到正常狀態的一系列設計、運行、維護和管理的活動和流程，對於雲端客戶而言，大部分的託管服務都由雲端平台提供，可能已經實現高可用性，但仍然需要對責任共擔模型中客戶需要承擔的部分的合理性和完備性進行評估。可用性和恢復能力評估項如表 9-2-16 所示。

表 9-2-16

評估項	考驗標準
基礎架構高可用設計	基礎架構是否實現高可用？ 可用區是否實現災備分離、是否連接到不同的電信業者
應用架構高可用設計	應用架構是否實現高可用
其他服務高可用設計	針對雲端上其他原生服務是否實現高可用
災備預案	是否有雲災備預案，並定期進行測試

3. DevSecOps

DevSecOps 要求雲端上開發從一開始就要考慮應用和基礎架構的安全性問題，同時還要讓安全實現自動化，而非成為敏捷開發的主要障礙。成功的 DevSecOps 模型可以消除企業不同組織間的孤島，還可以促進安全團隊、風險管理團隊、資料團隊和技術團隊之間的協作。因此，必須考慮在 DevSecOps 中引入安全控制措施以保證安全性和回應能力。DevSecOps 評估項如表 9-2-17 所示。

表 9-2-17

評估項	考驗標準
CI/CD 流程	安全是否是 CI/CD 流程中的組成部分（將預防性、檢測性和響應式安全控制整合並自動化到 DevOps 中）
設定安全	基礎平台的設定和變更以程式方式實現
管理策略	是否為雲端中安全性原則定義了可觀察和衡量的實施標準和最佳實踐架構模型

第 10 章
雲端安全能力教育訓練
與認證系統

隨著技術創新和商業競爭環境的不斷變化，雲端運算已經發展成為企業必不可少的重要支撐平台。歷史表明，只要技術發生變化，企業和組織就不得不雇傭具有相關技能的人才或培訓現有員工以適應新技術的要求。雲端運算需求的增長迫切需要企業內部的安全相關人員要緊跟雲端安全的知識和技能，以幫助企業實現快速有效地安全遷移上雲端，並在雲端上建構安全能力及保持業務的符合規範性。企業透過教育訓練員工，使其在更安全、可控的環境下，充分利用雲端運算帶來的巨大優勢快速建立在市場上的優勢，並以更高效和更具有成本效益的方式持續發展，否則可能會成為阻礙企業雲端化的束縛。這就要求企業在建構雲端上安全能力的同時，還要思考如何制定雲端安全技能的教育訓練和發展的策略。本章以 AWS 的認證系統和競訓平台為例，幫助企業了解針對不同知識儲備的員工可以透過哪些課程、認證和訓練平台來培養、改進和提升雲端運算及雲端安全的技能。

10.1 雲端安全技能認證

下面主要介紹 AWS 的雲端安全學習路徑和技能認證，以及 AWS 如何為初學者、同好、安全從業者提供完整、有序的雲端安全學習內容和路徑，以便讓他們快速學習和提升在雲端中靈活運用安全技術和服務的能力，以及在 AWS 雲端中建構公司未來的安全教育訓練系統。

10.1.1 雲端安全學習路徑

基於 AWS 的雲端安全學習路徑是專為負責與安全相關的活動並希望獲得控制權和信心，以在 AWS 雲端平台中安全運行應用程式的個人設計的。為了獲得最佳的學習效果，需要你具有與安全性相關的技術性 AWS Cloud 經驗。

（1）雲端安全從業者的學習路徑

雲端安全從業者的學習路徑，如圖 10-1 所示。此學習路徑針對希望建立全面的 AWS 雲端知識結構並對知識進行檢驗的個人，對於使用 AWS 雲端工作的技術、管理、銷售、採購和財務等人員都十分有用。

圖 10-1

（2）雲端安全開發人員的學習路徑

雲端安全開發人員的學習路徑，如圖 10-2 所示。此學習路徑專為希望了解如何在 AWS 上開發雲端應用程式的軟體開發人員設計。

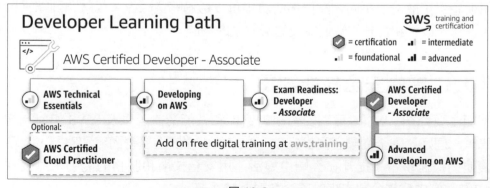

圖 10-2

（3）雲端架構師的學習路徑

雲端架構師的學習路徑分別如圖 10-3 和 10-4 所示。此學習路徑專為解決方案架構師、解決方案設計工程師，以及任何想了解如何在 AWS 上設計應用程式和系統的人員設計。

（4）AWS 安全性、身份和符合規範性課程

本課程概述了 AWS 安全技術、使用案例、優勢和服務，還介紹了 AWS 的安全性、身份和符合規範性服務類別中的各種服務。

線上 | 3 小時

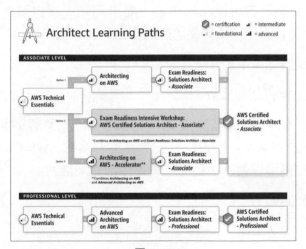

圖 10-3

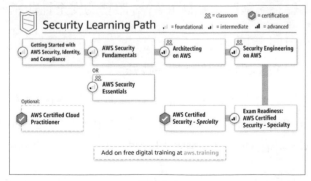

圖 10-4

（5）AWS 安全基礎知識

課程介紹 AWS Cloud 基本的安全概念，包括 AWS 存取控制、資料加密方法，以及如何確保對 AWS 基礎架構網路存取的安全。我們將在 AWS 雲端和可用的各種針對安全的服務中解決你的安全責任問題。

線上｜2 小時

（6）AWS 安全必備

獲得有關在 AWS Cloud 中安全使用資料的基礎知識。本課程介紹存取控制、資料加密方法，以及如何保護 AWS 基礎架構的相關內容，還涵蓋了 AWS 共用安全模型。學習者可以深入學習，提出問題，親自解決，並可以獲得 AWS 認可的、具有深厚技術知識講師的回饋。

教室（虛擬或面對面）|1 天

（7）在 AWS 上進行架構設計

透過 AWS 服務如何適合基於雲端的解決方案來了解如何最佳化 AWS Cloud，探索用於在 AWS 上建構最佳 IT 解決方案的 AWS Cloud 最佳實踐和設計模式，並在指導性動手活動中建構各種基礎架構。

教室（虛擬或面對面）| 3 天

（8）AWS 上的安全工程

了解如何有效使用 AWS 安全服務以便在 AWS 雲端中保持安全。本課程重點介紹關鍵計算、儲存、網路和資料庫 AWS 服務的安全性功能。

教室（虛擬或面對面）| 3 天

（9）考試準備：AWS 認證的安全性—特殊

透過驗證在 AWS 平台上保護和強化工作負載和架構的技術技能，為 AWS Certified Security-Specialty 考試做準備。它適用於具有 Cloud Practitioner 或 Associate 級 AWS 認證並且具有兩年以上執行安全角色經驗的人員。

教室（虛擬或面對面）| 4 個小時

（10）AWS 認證的安全性─專業

該證書適用於執行安全角色的個人。該考試主要驗證考生有效證明有關保護
AWS 平台的知識和能力。

考試 | 170 分鐘

10.1.2　雲端安全認證路徑

雲端安全認證路徑，如圖 10-5 所示。AWS Certification 可驗證雲端專業知識，
幫助專業人員突出緊缺技能，還可以使用 AWS 為雲端計畫組建有效的創新
團隊。根據角色和專業，幫助個人和團隊在獨特目標的各種認證考試中進行
選擇。其主要是為雲端從業者、架構師、開發人員和營運職務的人員打造的
基於角色的認證，以及針對特定技術領域的 Specialty 認證。

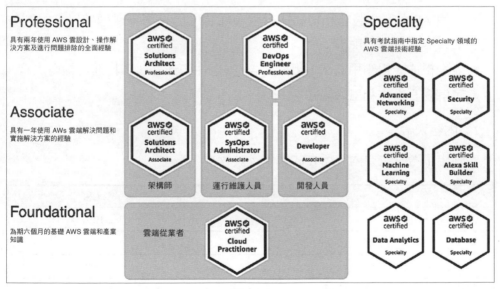

圖 10-5

10.1.3　雲端安全認證考試

建議你在具備有關 AWS 產品和服務的動手實踐經驗後，再參加 AWS
Certification 考試。我們會提供以下資源來補充你的經驗，並幫助你備考。

（1）考試指南

查看考試指南，其中包含認證考試的內容大綱和目標受眾。建議你先要進行自我評估，以便確定你在知識和技能方面存在的差距。

AWS 安全專家認證針對承擔安全防護職責的個人—AWS Certified Security-Specialty（SCS-C01）。

本考試旨在檢驗應試者能否展示出以下能力：

- 了解專業資料分類和 AWS 資料保護機制。
- 了解資料加密方法和實施這些方法的 AWS 機制。
- 了解安全 Internet 協定和實施這些協定的 AWS 機制。
- 掌握用於提供安全生產環境的 AWS 安全服務，以及服務功能方面的實用知識。
- 使用 AWS 安全服務和功能進行生產部署，已有兩年或兩年以上的經驗並獲取了足夠的能力。
- 能夠根據一組應用需求，針對成本、安全性和部署複雜性進行權衡決策。
- 了解安全操作和風險。

（2）內容大綱

下表列出了考試主要內容所在的領域及其權重。

領域	權重
領域 1：事故回應	12%
領域 2：日誌記錄和監控	20%
領域 3：基礎設施安全性	26%
領域 4：身份辨識和存取管理	20%
領域 5：資料保護	22%
總計	100%

領域 1：事故回應 。

1.1 當出現 AWS 濫用通知時，評估可疑的受侵害實例或洩露的存取金鑰。

1.2 驗證事故回應計畫是否包括相關的 AWS 服務。

1.3 評估自動警告的設定，針對與安全相關的事故和新出現的問題採取可能的修復措施。

領域 2：日誌記錄和監控。

2.1 設計並實施安全監控和警告。

2.2 安全監控和警告故障排除。

2.3 設計並實施日誌記錄解決方案。

2.4 日誌記錄解決方案故障排除。

領域 3：基礎設施安全性。

3.1 在 AWS 上設計邊緣安全措施。

3.2 設計和實施安全網路基礎設施。

3.3 安全網路基礎設施故障排除。

3.4 設計並實施基於主機的安全性。

領域 4：身份辨識和存取管理。

4.1 設計並實施可伸縮的授權和身份驗證系統以用於存取 AWS 資源。

4.2 用於存取 AWS 資源的授權和身份驗證系統的故障排除。

領域 5：資料保護。

5.1 設計並實施金鑰管理和使用方法。

5.2 金鑰管理故障排除。

5.3 設計並實施用於靜態資料和傳輸中資料的資料加密解決方案。

（3）考試模擬試題

AWS 認證安全—專項 AWS Certified Security – Specialty（SCS-C01）考試樣題。

1）一家公司的雲端安全性原則說明：公司 VPC 與 KMS 之間的通訊必須完全在 AWS 網路中傳輸，不可使用公共服務終端節點。以下哪些操作的組合最符合此要求？（選擇兩項）

A）將 aws:sourceVpce 條件增加到引用公司 VPC 終端節點 ID 的 AWS KMS 金鑰策略中。

B）從 VPC 中刪除 VPC Internet 閘道，並增加虛擬私人網路關到 VPC，以防止直接的公共 Internet 連接。

C）為 AWS KMS 創建 VPC 終端節點並啟用私有 DNS。

D）使用 KMS 匯入金鑰功能，透過 VPN 安全地傳輸 AWS KMS 金鑰。

E）將 "aws:SourceIp":"10.0.0.0/16" 條件增加到 AWS KMS 金鑰策略中。

2）一個應用程式團隊正在設計使用兩個應用程式的解決方案。該安全團隊希望將捕捉到的兩個應用程式的日誌保存在不同位置，因為其中一個應用程式會生成包含敏感性資料的日誌。下列哪種解決方案能夠以最小的風險和工作量來滿足這些要求？

A）使用 Amazon CloudWatch Logs 捕捉所有日誌，編寫解析記錄檔的 AWS Lambda 函數並將敏感性資料移到不同日誌中。

B）使用帶有兩個日誌組的 Amazon CloudWatch Logs，每個日誌組對應一個應用程式，並根據需要使用 AWS IAM 策略控制對日誌組的存取。

C）將多個日誌聚合到一個檔案中，然後使用 Amazon CloudWatch Logs 設計兩個 CloudWatch 指標篩選條件，用於從日誌中篩選敏感性資料。

D）將在 Amazon EC2 實例的本機存放區上保存的敏感性資料日誌的邏輯增加到應用程式中，然後編寫批次處理指令稿，以用於登入 Amazon EC2 實例並將敏感日誌移到安全位置。

3）安全工程師與產品團隊一起在 AWS 上建構 Web 應用程式。應用程式使用 Amazon S3 託管靜態內容，使用 Amazon API Gateway 提供 RESTful 服務，將 Amazon DynamoDB 作為後端資料儲存，目錄中已有透過 SAML 身份提供商公開的使用者。工程師應採取以下哪些操作群組合允許使用者透過 Web 應用程式的身份驗證並呼叫 API ？（選擇三項）

A）使用 AWS Lambda 創建自訂授權服務。

B）在 Amazon Cognito 中設定 SAML 身份提供商，以將屬性映射到 Amazon Cognito 使用者池屬性。

C）設定 SAML 身份提供商，增加 Amazon Cognito 使用者池並將其作為信賴方。

D）將 Amazon Cognito 身份池設定為與社交登入提供商整合。

E）更新 DynamoDB 以儲存使用者電子郵件位址和密碼。

F）更新 API Gateway 以使用 Amazon Cognito 使用者池授權方。

4）一家公司正在 AWS 上託管 Web 應用程式，並使用 Amazon S3 儲存桶儲存圖型，而且使用者應該能夠讀取儲存桶中的物件。安全工程師編寫了以下儲存桶策略來授予公開讀取存取權限：

```
{ "ID":"Policy1502987489630",
"Version":"2012-10-17",
"Statement":[
{
"Sid":"Stmt1502987487640",
"Action":[
"s3:GetObject",
"s3:GetObjectVersion"
],
"Effect":"Allow",
"Resource":"arn:aws:s3:::appbucket",
"Principal":"*"
}
] }
```

當其嘗試讀取某個物件時，卻收到錯誤訊息：「操作未應用到敘述中的任何資源」。

工程師應如何修復錯誤：

A）透過 PutBucketPolicy 許可權更改 IAM 許可權。

B）驗證策略的名稱與儲存桶名稱是否相同。如果不同，則改為相同名稱。

C）將 resource 部分更改為 "arn:aws:s3:::appbucket/*"。

D）增加 s3:ListBucket 操作。

5）一家公司決定將資料庫主機放在自己的 VPC 中，並設定 VPC 對等連接，連接到包含應用程式層和 Web 層的不同 VPC 中。如果應用程式伺服器無法連接到資料庫，則應該採取什麼網路故障排除步驟來解決這個問題？（選擇兩項）

A）檢查應用程式伺服器是位於私有子網還是位於公有子網中。

B）檢查應用程式伺服器子網的路由表中指向 VPC 對等連接的路由。

C）檢查資料庫子網的 NACL 規則是否允許來自 Internet 的流量。

D）檢查資料庫安全性群組的規則是否允許來自應用程式伺服器的流量。

E）檢查資料庫 VPC 是否具有 Internet 閘道。

6）當測試從 Amazon DynamoDB 表中檢索專案的新 AWS Lambda 函數時，安全工程師注意到函數未將任何資料記錄到 Amazon CloudWatch Logs 中。以下策略已分配到 Lambda 函數代入的角色：

```
{ "Version":"2012-10-17",
"Statement":[
{
"Sid":"Dynamo-1234567",
"Action":[ "dynamodb:GetItem" ],
"Effect":"Allow",
"Resource":"*"
}
}
```

那麼，增加下列哪個最小許可權策略可以讓此函數正確記錄？

```
A) {
"Sid":"Logging-12345",
"Resource":"*",
"Action":[ "logs:*" ],
"Effect":"Allow"
}
B) {
"Sid":"Logging-12345",
"Resource":"*",
"Action":[ "logs:CreateLogStream" ],
"Effect":"Allow"
}
C) {
"Sid":"Logging-12345",
"Resource":"*",
```

```
"Action":[ "logs:CreateLogGroup", "logs:CreateLogStream", "logs:PutLogEvents" ],
"Effect":"Allow"
}

D){
"Sid":"Logging-12345",
"Resource":"*",
"Action":[ "logs:CreateLogGroup", "logs:CreateLogStream", "logs:DeleteLogGroup",
"logs:DeleteLogStream", "logs:getLogEvents", "logs:PutLogEvents" ],
"Effect":"Allow"
}
```

7）一家公司正在 Amazon S3 上建構資料湖。資料由數百萬個小檔案組成，其中包含敏感資訊。安全團隊對架構提出了以下要求：

- 資料在傳輸過程中必須加密。

- 靜態資料必須加密。

- 儲存桶必須為私有，但是如果意外使儲存桶公有，其中的資料則必須保持機密。下列哪些步驟的組合可以滿足這些要求？（選擇兩項）

A）在 S3 儲存桶上，透過伺服器端加密，使用 Amazon S3 託管加密金鑰（SSE-S3）啟用 AES-256 加密。

B）在 S3 儲存桶上，透過伺服器端加密，使用 AWS KMS 託管加密金鑰（SSE-KMS）啟用預設加密。

C）增加儲存桶策略，當 PutObject 請求不包含 aws:SecureTransport 時使用 deny。

D）增加具有 aws:SourceIp 的儲存桶策略，僅允許從企業內網上傳和下載。

E）啟用 Amazon Macie 來監控對資料湖的 S3 儲存桶的更改並採取對應操作。

8）安全工程師必須確保收集的所有公司帳戶的所有 API 呼叫能線上保留，且在 90 天內可供即時分析。出於符合規範性要求，此資料必須在 7 年內可還原。那麼，採取下列哪些步驟才能以可擴充且經濟高效的方式來滿足資料保留的需求？

A）在所有帳戶上啟用 AWS CloudTrail 日誌記錄，並記錄到啟用了版本控制的集中 Amazon S3 儲存桶。設定生命週期策略，每天將資料移到 Amazon Glacier 並在 90 天后過期。

B）在所有帳戶上啟用 AWS CloudTrail 日誌記錄並記錄到 S3 儲存桶。設定生命週期策略，使各個儲存桶中的資料在 7 年後過期。

C）在所有帳戶上啟用 AWS CloudTrail 日誌記錄並記錄到 Amazon Glacier。設定生命週期策略，使資料在 7 年後過期。

D）在所有帳戶上啟用 AWS CloudTrail 日誌記錄並記錄到集中 Amazon S3 儲存桶。設定生命週期策略，在 90 天后將資料移到 Amazon Glacier 並在 7 年後使資料過期。

9）安全工程師被告知在 GitHub 上發現了使用者的存取金鑰。工程師必須確保此存取金鑰無法繼續使用，並且必須評估該存取金鑰是否已用於執行任何未經授權的操作。那麼，必須採取下列哪些步驟來執行這些任務？

A）檢查使用者的 IAM 許可權並刪除任何未辨識或未經授權的資源。

B）刪除使用者，檢查所有區域中的 Amazon CloudWatch Logs 並報告濫用。

C）刪除或輪換使用者的金鑰，檢查所有區域中的 AWS CloudTrail 日誌，刪除任何未辨識或未經授權的資源。

D）指示使用者從 GitHub 提交中刪除或輪換金鑰，並重新部署任何已啟動的實例。

答案：

1）A，C。IAM 策略 可 以 透 過 "Condition":{ "StringNotEquals":{ "aws:sourceVpce":"vpce- 0295a3caf8414c94a"}} 條件陳述式，拒絕除你的 VPC 終端節點之外對 AWS KMS 的存取。如果你選擇「啟用私有 DNS 名稱」選項，則標準 AWSKMS DNS 主機名稱解析為你的 VPC 終端節點。

2）B。 每 個 應 用 程 式 的 日 誌 可 以 設 定 為 將 日 誌 發 送 到 特 定 Amazon CloudWatch Logs 日誌組中。

3）B, C, F。當 Amazon Cognito 接收 SAML 斷言時，需要將 SAML 屬性映射到使用者池屬性。當將 Amazon Cognito 設定為接收來自身份提供商的 SAML 斷言時，你需要確保身份提供商已將 Amazon Cognito 設定為信賴方。Amazon API Gateway 需要能夠了解從 Amazon Cognito 傳遞的授權，這是一個設定步驟。

4）C。resource 部分應該與操作的類型匹配。更改 ARN，以在結尾包含 /*，因為這是物件操作。

5）B，D。你必須在各個 VPC 中設定路由表，透過對等連接彼此路由。你還必須增加規則到安全性群組，以使資料庫接受來自其他 VPC 中應用程式伺服器安全性群組的請求。

6）C。登入 Amazon CloudWatch Logs 所需的基本 Lambda 函數，其許可權包括 CreateLog Group，CreateLogStream 和 PutLogEvents。

7）B，C。使用 KMS 的儲存桶加密可在磁碟失竊，以及儲存桶提供公開存取等情況下進行保護。這是因為當使用者在 AWS 之外使用 AWS KMS 金鑰時，需要對該金鑰授予許可權。HTTPS 會保護傳輸中的資料。

8）D。使用生命週期策略傳輸到 Amazon Glacier 可以經濟高效率地滿足所有要求。

9）C。刪除金鑰並核查環境中的惡意活動。

10.2 競訓平台 AWS Jam

本節主要介紹 AWS 的競訓平台 AWS Jam。它是一個真實環境的挑戰平台，主要基於不同使用者實踐中累積的各種安全問題和場景，建構真實的挑戰案例，場景類型非常豐富。挑戰分為高、中、低三個等級，能為不同類型的使用者提供 AWS 最佳實踐的體驗和演練，幫助使用者進行深入地學習與實踐。

10.2.1 競訓平台介紹

AWS Jam 平台的介面如圖 10-6 所示，其主要是為個人和團體提供挑戰不同真實場景的技術水準和解決問題的能力。所有不同主題的場景都分為簡單、中等和困難三個等級。對涉及新主題或對使用者來說太難的主題的挑戰，Jam 平台提供了一些線索來幫助參與者學習最佳實踐。我們的公共活動旨在幫助參與者在學習新技能的同時嘗試一些挑戰。對於為特定客戶舉辦的 Jam

私人活動，主要是與客戶一起確定他們的預期結果，然後選擇有助實現目標的挑戰。

AWS Security Jam 主要是讓參考者透過組隊進行遊戲比賽得分的方式進行學習與競賽，讓參與者在真實場景和娛樂挑戰過程中學習不同規模使用者的最佳實踐和典型問題場景，透過深入的動手互動快速累積豐富的實戰經驗，幫助他們快速提升個人的雲端安全技能和團隊合作解決問題的能力，以及運用和創新適合自身的雲端安全最佳實踐的能力。

圖 10-6

10.2.2　AWS Jam 競賽活動分類

目前，我們提供了幾種具有不同目的和結果的公共活動。

1. AWS Security Jam

這是一個定時活動，在團隊中參與者可以共同解決許多安全性、風險和符合規範性的問題。這能使參與者在學習新技能的同時，針對一組模擬的安全事件練習最新技能。有些挑戰的結構可以容納所有等級的 AWS 使用者，並且由於它位於特定的房間內，因此我們的 AWS 專家將幫助參與者提升安全知識。參與者只需要攜帶一台筆記型電腦。

2. Jam Lounge

這裡提供了可以自訂進度的挑戰，參與者可以在 Jam Lounge 內休息、午餐甚至過夜。這些挑戰將幫助參與者學習新技能並在模擬環境中練習當前技能。新的挑戰將在整個活動中出現，以推動多日活動並保持參與者的學習熱情，參與者只需要攜帶一台筆記型電腦即可。

3. 奪旗 Capture The Flag（CTF）

其有兩個部分同時運行：一個是傳統的危險風格部分，另一個是「城堡防禦」部分。危險風格部分允許參與者按照自己的節奏來應對許多安全挑戰，以辨識特定的答案（標示）。在「城堡防禦」部分中，參與者會獲得需要加固的生產工作負荷，然後防禦整個 CTF 發生的許多安全事件。參與者在活動期間可以按照自己的節奏進行這兩個部分的工作。

10.2.3 AWS Jam 平台註冊

1. 註冊使用者

參與者和主持人的註冊過程相同，都可以在 AWS Jam 平台註冊。如果他們有一個預先存在的帳戶，則可以使用電子郵件和密碼登入。

參與者登入後，就可以透過輸入金鑰來存取 Jam，並在所有人都能看到的地方顯示金鑰，或透過電子郵件或其他方式分發金鑰。

2. 加入團隊或創造團隊

在加入 Jam 之後，會提示參與者加入現有團隊或創建新團隊。當創建團隊時，可以透過輸入密碼來使團隊私有。

3. 開始挑戰

在這裡，你會看到有關挑戰的更多資訊。在準備好開始此特定挑戰後，點擊「Start Challenge」按鈕。

4. AWS 主控台存取或重新啟動挑戰

這裡是有關你的 AWS 帳戶的一些其他詳細資訊：

如果挑戰項目要求你透過 SSH 進入雲端上的實例，我們將在此處為你提供金鑰檔案。如果沒有看到此訊息，則表示你不需要存取金鑰檔案。

5. 挑戰線索

大多數挑戰會包含三個線索，如果你使用所有線索，則會為你提供有關如何完成挑戰的完整指南。現在，線索通常會從你的團隊在特定挑戰中賺取的最大積分中扣除。在團隊中的某個人解開線索後，整個團隊就可以看到該線索。

10.2.4　AWS Jam 平台解題範例

1. 場景挑戰

如果你的應用團隊剛剛部署了 Magic Jam 網站的新版本，但不幸的是，應用程式團隊在上線之前「忘記」了強制性自動安全掃描和手動滲透測試，結果該網站出現一個小的跨網站指令稿（XSS）漏洞。幸運的是，一個細心的客戶向應用程式團隊報告了跨網站指令稿漏洞。當應用程式團隊忙於在原始程式碼中修復 XSS 漏洞時，你的任務是在應用程式的前面快速部署 WAF，以便在通用等級上防禦 XSS。

可以透過打開以下連結自行測試該漏洞：

```
http：// [ALB-URL] / ? name = 123 <script> alert ("xss-fun") </ script>
```

（將上面連結中的 [ALB-URL] 替換為你的負載平衡器的 DNS 名稱，其可以在「輸出屬性」部分中找到）。如圖 10-7 所示。

圖 10-7

警告：該 URL 僅在 Firefox 中可用，如果你啟用了 XSS-Protection Browser-Plugins，則必須為此暫時禁用它們。

第 11 章

雲端安全的發展趨勢

11.1 世界雲端安全的發展趨勢

11.1.1 雲端安全快捷、自動化的符合規範能力

近年來，隨著雲端運算的快速發展，在全球內主流的網路安全的規範、標準和指南等都把雲端安全作為重要的組成部分來進行要求，國家標準化組織發佈的 ISO-27017 也包含特定於雲端環境中資訊安全的條款等。

雖然安全符合規範只是企業安全建設的基本要求，但隨著雲端運算的應用越來越廣泛，法規制定者、產業管理機構對雲端安全的了解程度將不斷提升，符合規範標準將從一個基本要求逐漸成為企業數位化轉型中安全建設的主要參考標準和重要依據。企業透過深入地了解安全相關的法律法規和標準規範，可以有效開展雲端上安全規劃、安全建設和安全營運的工作。

在企業逐漸上雲端和業務不斷國際化的過程中，如何符合不同國家的法律法規、如何有效地控制符合規範帶來的組織成本等問題是企業安全工作需要格外關注的。而要解決這樣的問題，就需要企業具備自動化的符合規範控制能力。雲端平台作為服務提供者，在保證自身安全符合規範的同時，也有義務在企業實現架構安全、雲端中安全能力的過程中，提供更多自動化的管理工具和安全服務來配合企業實現安全能力建設，滿足符合規範要求。透過各類雲端原生自動化的安全工具，企業不必再進行頻繁的手動符合規範性評估，便可以持續地提升企業安全管理。因此，企業無論是應用公有雲、私有雲，還是混合雲的 IT 架構，都需要在建設時期就開始考慮如何簡化符合規範程式，找尋替代手動控制和清單核查的方案和工具。

從風險治理的角度看，成本的經濟效益是非常重要的工作，快速的持續符合規範能力將極大地幫助企業減小面臨罰款的可能性。風險治理和符合規範性是一個複雜的過程，以前企業往往需要花費大量時間來手動收集證據，而隨著歐洲 GDPR、美國《加州消費者隱私法案》等法規的出台，對個人資訊的保護規定將迫使更多數位化企業要嚴肅對待符合規範問題，企業必須努力實現自動化以符合法規要求。舉例來說，GDPR 的 72 小時條款規定，組織必須在違規後的 72 小時內將所需的資訊通知當局，而透過部署簡化的自動化符合規範性控制，組織能夠遵守此類標準。

在雲端服務商、安全廠商和企業的共同努力下，雖然已經逐步出現了一些針對符合規範的管理工具和解決方案，但在操作一致性、資訊全面可見性和及時性，以及針對不同規範的可參考性方面仍然有較大的資訊鴻溝需要跨越，企業想要進行快速、便捷、全面地安全符合規範治理，還需要產、學、研等各界的共同努力。

11.1.2　雲端原生安全能力重構企業安全架構

以微服務為中心，具備強移植性和自動管理能力是當今雲端原生應用的特點。隨著企業逐漸開始利用雲端原生應用的優勢發展業務，應用程式的設計和部署方式也將進行根本性的轉變。在微服務模型下，點對點業務的可見性、安全監控和檢測都會變得更加複雜。傳統的安全措施、安全工具可能不再有效，僅將傳統架構下的安全能力虛擬化複製到雲端上，已經無法完全解決雲端上的安全問題。隨著對雲端運算的了解和熟悉，大部分企業可能要從以下幾個方面來考慮重構雲端上的安全能力。

1）持續發表的安全性問題：在雲端原生環境中，隨著微服務和容器替代單片和傳統的多層應用程式，軟體發表和部署也將變得連續，而對亞馬遜自身而言，每天都會涉及幾百次的部署，因此安全核查必須是輕量級的、連續的，並深度巢狀結構進部署工具中的，否則就有可能會被繞過。

2）伺服器工作負載的保護：傳統的企業安全性往往更重視對終端、分段網路和邊界裝置的保護。但在雲端原生環境中，可能無法依賴固定的路由、閘道、邊界和代理找到保護點，安全威脅也可能就處於雲端之中，因此就需要從雲端的工作負載出發考慮安全建設。

3）快速和大規模地即時檢測：在微服務模型中，尤其是當連續進行部署和升級時，非常需要擺脫對靜態標籤檢測的依賴，實現動態威脅檢測能力。另外，還要在不影響生產環境的性能、穩定性的同時，實現能力的即時擴充。

4）混合堆疊保護：微服務應用程式可能在虛擬機器上的容器中運行，也可能在裸機上運行，但目前的安全措施對主機、虛擬化層、容器和應用程式的保護都是相互獨立的，缺乏整合性，將會影響對威脅的即時安全回應和操作，也會為安全管理工作引入不必要的麻煩。比如，是否將重要的容器部署到需要修補的實例上，如何了解實例是否需要系統更新，因此，企業需要考慮如何擁有整合的檢測和管理能力。

雲端平台可以提供天然的安全架構和雲端原生的安全能力，包括高度的安全自動化能力，而傳統的基於警示的安全操作已經無法跟上雲端原生系統的近乎無限的擴充性和動態性。因此，手動工作流將逐漸被企業淘汰，為了實現大規模的自動檢測和回應，企業會更加依賴雲端原生安全能力。同時，雲端應用本質上是分散式運算的應用程式，在這樣的環境中，雲端原生的安全能力能夠執行全域安全決策，對可優先執行的程式進行優先順序排序，實現快速檢測、快速修復，降低影響。雲端原生的安全能力和架構全面指定雲端上資源和帳戶數位化的身份、策略和設定的一致性、範本化的資來自動伸縮、細顆粒防護和全面資料加密等。而且所有這些針對身份、資料、資源等重要資產的保護也都直觀地顯示在主控台中，以實現快速安全風控、安全開發和安全運行維護等工作。原生的雲端安全能力可以保證企業在上雲端過程和後續應用部署中均處於一個安全的環境下，大幅降低人為操作失誤帶來的重大安全風險。

11.1.3 重建雲端環境下安全威脅的可見和可控能力

在傳統環境下，實現威脅的全面檢測是一項極其損耗人力的工作。在基於傳統 IT 架構的安全營運中心，檢測的邏輯是基於調查、分析警示和事件日誌來實現的。一個大企業的安全警報可能高達數千個，會產生 TB 級的日誌量，雖然透過自動化的方法可以過濾一些常見警報，但 SOC 分析工程師可能每天還要處理幾十個警報，這樣的工作量是難以想像的。同時，許多 SOC 沒有有效的指標來衡量營運效果和判斷工程師處理警報的能力，唯一的方法就是增加人力，而這樣會帶來更高的成本和管理複雜性。

在雲端環境下，由於雲端中的資產快速伸縮、巨量的資料不斷流動、業務之前的關係也不斷變化，因此提升可見性就不僅是針對安全資料的分析，而是關乎雲端上的管理工具、業務步驟、系統工作流的設計和監控、雲端上的安全檢測和監控，它們都需要一種不同的處理方式。企業就需要從工程的角度來看雲端上安全檢測和分析的整個問題，透過設計業務邏輯和合理地使用各類原生的管理工具，來進行自動化的持續檢測和監控。比如，雲端上檢測的重要方法是自動連結上下文，從各類網路日誌、Active Directory、API 存取行為和威脅情報來源中提取相關資訊，並根據一套預設的邏輯來執行分析，有效提升檢測效率並降低人員的查詢時間。

將軟體工程的想法應用於威脅檢測是雲端中進行高效檢測和回應威脅在思維模式上的重要改變，為了實現雲端環境的檢測，企業所採用的安全和管理工具需要具備以下能力：

1）能夠應對雲端架構下的安全需要，包括可以檢測雲端環境下特有的元件，如微服務模組、容器、無伺服器等，以及無縫地支援虛擬機器、物理裝置的檢測要求。

2）有效地降低警報，並且標準化警報邏輯。由於雲端上工作負載的留存時間可能很短暫，因此整體的警報量可能會比傳統架構中的高很多，即使是當下能力最強大的現代檢測系統也無法應對，因此，在雲端環境中將安全警示減少和標準化為有意義的讀取內容是非常重要的能力。

3）可規模化的分析能力，這一點之前已經提到。由於人工處理警報和檢測邏輯無法適應雲端中的巨量資源和複雜的環境，因此為了適應雲端中資源的規模和業務變化的速度，企業的分析能力要立足於可快速規模化的方案，檢測的工作流程也需要能夠透過實踐不斷地自我更新和改善，以保證可靠性和有效性。因此，對威脅檢測的流程和策略本身的有效性檢驗能力也是非常重要的。企業需要透過持續不斷地回饋循環和改進，以提升檢測程式的品質和精度。

持續地改善和提升雲端中威脅辨識、檢測和回應的能力，快速、自動地分析資產和依賴關係，了解資料的流動，並將這些資訊映射到檢測流程和安全性原則中，可以幫助企業快速發現和管理錯誤設定和安全威脅，從而使企業處於強勢地位，因此未來的企業將更加關注如何採用管理工具來有效應對利用雲端的系統架構和特有服務的威脅。與此同時，企業還應該關注如何合理使用雲端工具和新興的檢測方案，如擴充的檢測和回應解決方案，來自動收集和連結非雲端環境中的各類資訊和資料，提升檢測準確率，保證雲端環境的整體持續安全、持續符合規範。

11.1.4 人工智慧持續提升安全自動化能力

我們已經看到，雲端環境下龐大和靈活的系統無法由安全工程師來維護，大多數的公司都會逐漸開始依賴機器學習和人工智慧的能力來增強其安全團隊建設和實踐。除了威脅檢測，在一些非常特定的安全實踐中，機器學習在諸如模擬攻擊、資料分類、自動推理領域也可以得到極佳地應用。比如，企業使用機器學習來模擬攻擊者，從多個不同角度評估安全設定或在身份授權存取領域中，利用自動推理來判斷許可權是否過度或寬鬆等。

機器學習和人工智慧都可以透過類人的方式進行安全的分析和判斷，從學術上講，機器學習是 AI 的子集。它使用演算法從資料中學習，且分析的資料模式越多，基於這些模式進行處理和自我調整的內容就越多，其洞察力就變得越來越有價值。在人工智慧和機器學習中，有幾個關鍵能力是提升安全能力建設的重要支撐。首先是巨量資料的處理能力。網路安全系統產生的巨量資料已超過任何人類團隊的分析能力所能承受的數量，而機器學習技術使用不斷擴大的資料來分析安全事件，處理的資料越多，檢測和學習到的模型就越多，然後這些模型可被用於辨識正常模式流中的變化，因為這些變化更可能是網路威脅。舉例來說，機器學習記錄了一些正常的行為，包括員工何時何地登入系統、他們定期存取的內容，以及其他流量模式和使用者活動，而與這些規範的偏差（如在凌晨登入）會被標記出來。反過來，這表示可以更快地突出並處理潛在的威脅。其次，在事件預測方面，透過使用更多資料驅動的方法，人工智慧可以檢測和主動警報當前正在利用或將來可能被利用的漏洞和弱點，透過收集和分析進出被保護目標的資料等資訊，基於已知威脅和可疑行為進行預測和分析，並透過其他來源的情報來豐富它的參考依據，找到威脅的根源，而不僅是在檢測到攻擊後控制影響範圍。它還可以幫助縮短威脅檢測到修復的週期，支援安全團隊對威脅做出更快的反應。當發現異常時，人工智慧還可以協助進行自動警報以進行下一步的處置。透過採取這些措施，會在分鐘級或更短的時間內檢測並阻止事件，從而關閉了潛在危險程式向網路的流動，並防止了資料洩露。雖然針對威脅或異常的警報在許多安全平台中非常常見，但是在雲端平台上使用人工智慧技術透過分析將任務委派給機器程式，可以更加準確地降低誤報和警報，這樣組織可以提前確定其最突出的風險領域並據此對資源進行優先順序排序和自動化處理，安全團隊也可以將精力集中在更關鍵或更複雜的威脅上。

在雲端環境下，對於企業而言，幸運的是可以以相對較低的成本將大量資訊儲存在雲端中。因此，人工智慧技術可以從不斷增長的資料集中進行分析和「學習」。不過，這種資料過剩可能會帶來新的挑戰。這時，知道要捕捉什麼類型的資訊會變得非常重要，這不僅對有效而準確地進行機器學習決策，而且對達到法規遵從性都非常重要。

11.1.5　安全存取服務邊界的變化

在雲端和移動時代，圍繞資料中心進行的傳統網路安全架構是一種越來越無效且麻煩的操作。資料中心可以集中儲存、處理、分發大量的資料，但當企業依靠基於雲端的應用程式時，它們所需的資料可能不在資料中心內。當使用者只能透過企業網路或使用 VPN 存取資源時，可能還需要不同的軟體代理才能完成，這樣會極大地損害生產力和客戶體驗。

在未來，可能會不再存在分支機構的概念，其可能只是多個使用者集中的地方。在這樣的背景下，安全存取服務的核心就從機構位置轉變為身份，使用者直接連接到基於雲端的服務和資源中即可，而不再像傳統架構中分支機構與總部資料庫的連接模式。因此，無論裝置位置在哪兒，存取邊緣都需要將策略綁定到單一使用者，而非透過 IP 位址等來確定使用者是否具有合法的身份。根據其身份需要連接到其所需的服務，為了在任何地方都能提供對使用者、裝置和雲端服務的低延遲存取，企業就需要提供具有全球性的存取點和對等關聯式結構的安全存取能力，這個概念在 Gartner 中被叫作 SASE（Secure Access Service Edge，安全存取服務邊緣）。它需要像雲端一樣具備伸縮性、靈活性、低延遲並且可以在全世界分佈，企業的安全存取服務邊緣需要能夠進行網路整合並包含公司的所有資源。SASE 還處於早期開發階段，雖然目前還沒有哪家公司能夠真正提供服務於這個概念的安全產品或方案，但若能實現，可能在未來幾年內會成為主流。這主要得益於它需要具備四大優勢：

第一，雲端上的存取將變得更簡單，終端裝置將不需要大量的軟體代理。相反，只需要一個代理或裝置，並且能自動調整正確的存取策略，而無須使用者採取任何措施。

第二，成本將更低。由於所有服務的存取都將被整合，這表示最終使用者裝置上的軟體代理數量，以及分支機構中的裝置數量將減少。透過採用 SASE 並統一其技術，企業可以長期節省資金。

第三，存取性能將極大提升。由於供應商具備跨全球的存取點延遲最佳化能力，因此資料從一點到另一點的花費時間會更少。這對於視訊、團隊協作或遠端會議等應用程式，以及其他對延遲敏感的應用程式來講非常重要。

第四，極大提升安全性。借助於支援內容檢查以辨識惡意軟體和敏感性資料的 SASE 技術，可以掃描所有存取階段，這會使安全性原則更加一致，安全邊界不再侷限，而會成為企業需要的任何物理位置。在這一點上，SASE 也可以作為支撐零信任安全措施被了解和應用。

儘管安全存取邊界有很多好處，但它是一種全新的轉型，也是現有安全、網路等成熟產品的整合，還需要我們拭目以待。另外，對是否真正存在具備提供這種複雜場景下的安全存取邊緣架構的單一供應商也存在疑問。但無論如何，未來許多廠商一定會投入資源搶奪雲端安全場景，這個已逐漸被接受的概念市場。

11.2 新時期雲端運算安全

11.2.1 新基建帶來的雲端安全挑戰

新基建作為數位經濟相關基礎設施建設的重要長期發展目標，是實現「數位基礎設施化」和「基礎設施數位化」的重要基礎，其範圍不僅包含資訊技術的 5G 和巨量資料中心，也包含對交通、水利、能源等傳統設施的數位化改造的新建。雲端運算由於它強大的資源銜接能力，能夠透過虛擬化的能力為數位基礎設施提供池化的資源設定和管理能力，承擔起所需的技術資源、資料、開發、部署等工作，加快巨量資料、人工智慧、區塊鏈等新技術和新引用的創新速度，意義不言而喻。

可以看到，數位經濟將加速對傳統產業的融合，未來很多關乎民生的重要服務都會以數位化的方式提供，這些關鍵場景的持續穩定性，以及其承載的資料安全性都非常重要。比如，在衛生、生產、交通、教育等公共服務中，安全工作都不能再被看作輔助性的需求，而應該在基建的規劃階段重點考慮，同步規劃。

在這個過程中，可能會面臨一些新的挑戰：首先，巨量資料的安全問題。雲端支撐資訊基礎設施會更廣泛和更加深入服務於社會經濟，價值資訊、重要資料將以指數級激增，如何在不影響效率的前提下，辨識資訊和隱私在不同場景下的價值和意義，保證巨量資料的正確獲取、合理使用、安全脫敏，是雲端安全建設的首要任務。其次，安全的威脅面會不斷擴大。未來的數位化系統、應用服務部署會更加開放，互通性也會增強，重要產業與非重要產業在安全防禦上不能被區分對待，安全的木桶理論會被放大到產業上，風險從單一企業擴大到社會經濟整體，安全建設需要具備全域思維。同時，隨著攻擊面的擴大，網路威脅的影響力、隱蔽性會進一步提升，發現攻擊的難度也會對應增加，這就需要全面收集雲端、網、邊、端、物的各類資料並進行連結分析。由於邊界的模糊，攻擊的發生已經無法用內部和外部的方式來區分，這對存取授權、資源保護提出了更高的要求，企業也需要在複雜威脅下提供快速的恢復能力。物聯網的大連接也會帶來新的安全問題，在新基建中，交通數位化與能源網數位化都會要求支撐平台在全國範圍內可以實現極低建設和極低延遲，同時服務可用性保證也非常重要。另外，由於虛擬空間和物聯網資訊的雙向傳遞，新時期的攻擊不僅會影響虛擬空間的資料隱私、系統生產和服務供應，而且還可能會直接影響人們的現實生活，造成更嚴重的後果。

因此，新基建要求雲端安全建設不僅需要考慮自身架構的安全，還需要根據不同的應用場景有針對性地建設防護系統。這無論是對雲端平台的安全團隊，還是對企業的安全管理都提出了更高的要求，需要雙方建立互信，從更大範圍和深度上思考威脅的變化，逐步打造高效、敏捷的協作防護機制。

11.2.2 雲端安全為國際貿易保駕護航

由於海外環境、各國資訊化水準的差異、人力等問題，資訊基礎設施上雲端是最經濟、高效並且能保證統一管理的策略，無論是大型企業還是快速發展的創業組織都會首先考慮透過雲端的方式來建構自身的 IT 建設架構，而這時安全就成了企業的突出問題。如何在員工成分複雜、連線方式多樣的環境下保證業務資料的安全，如何在確保跨文化溝通高效的條件下保證合作夥伴或供應商合作過程中的商業資訊安全，如何在人手有限的條件下保證安全系統建設的符合規範，如何在跨時區時保證企業跨國安全管理的一致性等都是擺在企業管理層面前的難題，尤其是隨著市場競爭帶來的業務複雜度和多樣性會導致曝露面不斷增加，比如金融機構會提供更多行動端的服務、交通領域會實現多管道的售票、網際網路企業透過網路提供更豐富的服務、本地政府也逐漸透過網路實現電子政務甚至招投標，網路安全防範的範圍也因此不斷被擴大。

企業在選擇海外雲端服務商的過程中，首先需要考慮雲端服務商自身的安全性，主要是雲端服務商基礎設施的安全性問題，無論是設施的物理安全性還是資料在設施中流通的存放安全性，企業都需要選擇在目標國最安全的雲端設施商那裡進行建構，並始終隨時管理、控制和加密自己擁有的資料。雲端平台的可用性指標也非常重要，每個雲端平台往往都會有多個可用區，相互之間往往物理隔離，因此保證在隔離的可用區之間實現高可用性是雲端服務商的重要能力。尤其需要注意的是，在雲端平台區域內需要提供低延遲、低封包遺失率和較高的網路品質，這就需要雲端服務商擁有接近最終使用者的基礎設施覆蓋，為需要毫秒級的應用程式或大輸送量的業務系統提供性能支撐。由於大型企業在海外的業務往往都需要非常靈活的擴充性，因此雲端平台需要具有快速啟動資源的能力並且能夠靈活地選擇在何地運行工作負載。最後，若雲端平台能夠適應當前客戶對治理的要求，則可以主動把雲端服務能力當地語系化擴充到企業已經在海外擁有的基礎設施中，這可以更有效地幫助客戶提供混合體驗，也是成熟企業在海外建設過程中關注的部分。

11.2.3　疫情敲響雲端安全警鐘

突如其來的新冠肺炎疫情從客觀上要求更多的產業把業務從線下搬到線上，並利用遠端視訊、網上辦公的方式來推進。很多傳統企業在體會到雲端的彈性和高效帶來的強有力支撐的同時，也注意到了伴隨營運與業務調整帶來的安全性挑戰。

其間，最容易遭受攻擊的產業主要集中在與民生、資訊傳遞息息相關的領域，包括醫療、教育、媒體、零售等，而這些企業最大的問題是，由於業務的需要，傳統的內網資料和系統與不安全的公網環境產生了連通性，因此網路形態發生了改變。考慮到產業機構服務的物件都是普通民眾，並不是具備安全意識教育訓練的企業員工，他們存取使用的裝置也都不是企業配發的經過安全處理的電腦，可能是個人的手機、平板等裝置，因此存取的真實性、操作的安全性和環境的可信性都面臨更大的不確定性。比如，線上教育如何保證登入的人都是學生或家長，如何保證教育教材和資訊不被洩露，企業如何在內部線上協作辦公和外部客戶簽約、在供應商付款的過程中如何保證資訊安全和帳戶安全，醫療機構在對外就醫服務和疫情相關資訊推送的過程中如何保證資訊的真實準確，這些看似在傳統線下不會發生的問題，都是企業在享受遠端業務便利性的同時需要著重解決的問題。

在企業遷移到雲端的過程中，對供應商的情況、設定等往往沒有做到充分的調查，並且以前使用的安全工具、流程、應急措施都有可能因為上雲端而造成資訊缺失而無法發揮作用。從攻擊的角度來看，攻擊者往往會利用這些混亂對脆弱目標進行攻擊。網路釣魚活動是他們最常用的手段，由於疫情的影響，企業或個人都會在網上尋找一些不常使用的用品，如消毒用品、口罩等，而可能會因此造訪以前未知的網站或連結或相信一些社交媒體的資訊推送，而這些連結和推送往往就會成為新的網路釣魚或魚叉攻擊的工具。由於這些域名非常新，過時的威脅情報還來不及把它們納入，因此組織需要最新的資料或進階的演算法來裝備自己。在這方面，全球部署的雲端平台就可以發揮它的能力，在第一時間探知威脅。由於工作方式的變化，在家工作的員工往往會透過各式各樣的裝置連線企業組織或服務商的網路中，無論是 PC 還是終端，這些不安全的裝置還是會連線到不安全的公共網路中，這無形之間就打通了敏感性資料與公共網的通路，而且由於巨量的長期連線，給了攻擊者足夠的攻擊通路和時間來完成攻擊，因此，雲端平台需要充分發揮零信任等新技術的優勢，同時結合多因素身份驗證的手段，並持續地動態授權以保證最小的安全風險。

雲端原生安全服務和管理工具與雲端上各類資源的協作性可以幫助企業獲得全面的即時監控能力、及時回應和恢復的能力，並能不斷降低運行維護的複雜程度和安全管理的成本，以應對出現的各類安全問題。

之後，雲端上服務會成為企業生存的必需品，雲端服務也會隨著知識門檻的下降而不斷被大眾所接受，因此雲端上的網路安全問題必將成為像物理世界中的安全管理規章制度、門鎖和消防裝置一樣的必需品。

11.2.4 全球隱私保護升級

隨著 GDPR 等隱私保護條例的出台，隱私保護已經逐漸成為一個單獨的領域。由於隱私涉及的問題不僅包含組織本身的資料，還包含客戶、合作夥伴，甚至是國家的保密資料，如個人身份資訊、受保護健康資訊、財務與付款資料或其他機密資料。因此，雲端環境下的存取權限、資料共用、管理視覺化等問題都亟待需要符合雲端安全的管理工具和安全服務來解決。

大多數雲端提供商都具有非常清晰、明確的責任共擔模型，但客戶也需要仔細考慮雲端平台的能力，加強自身對擁有和處理資料的保護。

企業上雲端需要考慮的挑戰：首先是資料被竊取的問題，因為資料遺失對任何企業來說都是一場災難。在雲端上，需要重視使用者授權，否則有可能會因為不當的授權使存取者可以存取其他使用者的資料。同樣，從管理的角度看，管理員的疏忽或設定錯誤也會使更大範圍的隱私資料受到威脅。

除了資料的保護範圍，縱觀各國的隱私保護要求，可以發現它們都要求本國產生的資料能夠留在本國境內，這通常是雲端服務商所面臨的挑戰，因為雲端平台在業務上很難完全支持和保證私人資料將始終保留在該國境內或地區，尤其是在覆蓋較低或本地資源較為昂貴的國家，如某些歐洲國家，但一旦本地發生故障，隱私資料有可能就會流向備用的外國資料中心的網站。更加經常發生的是，雲端平台在服務客戶時，有可能需要存取其他地區和國家的客戶資料，如果這完全依賴某國分支的服務能力則無法提供全面的服務保證。因此，即使雲端平台都能支持資料加密的要求，也無法滿足隱私保護中資料駐留的要求。

相對於資料保護，隱私除了對資料本身的種類管理，更要注重基於個體標識對資料進行更細顆粒的管理。同時，由於隱私法對資料主體一系列新的權力，如可攜帶權、被遺忘權，雲端平台需要有能力提供給使用者相關隱私資料的訂製化服務，有能力從巨量使用者資料中搜索出某一個資料主體的資料，並履行刪除、攜帶等法律法規要求的權利。因此，基於主體身份的自動化隱私符合規範控制可能是雲端安全面臨的最大挑戰。相信，隨著更多技術力量對這方面的重視，雲端安全能力將逐漸可以同法律法規的監管要求完美同頻，在確保企業和個人享受前端科技的同時，最大化減小隱私曝露帶來的傷害。